TURING 图灵程序设计丛书

Fullstack React
The Complete Guide to ReactJS and Friends

React全家桶
前端开发与实例详解

[美]安东尼·阿科马佐 纳特·默里 阿里·勒纳 等 著
欧阳奖 译

U0277861

人民邮电出版社
北　京

图书在版编目（CIP）数据

React全家桶：前端开发与实例详解 /（美）安东尼·
阿科马佐（Anthony Accomazzo）等著；欧阳奖译. --
北京：人民邮电出版社，2021.1（2023.8重印）
（图灵程序设计丛书）
ISBN 978-7-115-55138-2

Ⅰ. ①R… Ⅱ. ①安… ②欧… Ⅲ. ①移动终端—应用
程序—程序设计 Ⅳ. ①TN929.53

中国版本图书馆CIP数据核字(2020)第205968号

内 容 提 要

使用 React 能让前端开发人员用更少、更安全的代码来构建更可靠、更强大的应用程序。本书分为两部分，全面介绍了 React 的相关主题。第一部分通过例子循序渐进地讲解基础知识，包括创建一个投票应用程序、编写组件、处理用户交互、管理富表单，以及与服务器交互，此外还探索了 Create React App 的工作原理，编写自动化单元测试，以及使用客户端路由构建多页面应用程序。第二部分探讨在大型应用程序产品中使用的更高级的概念——数据的架构、传输和管理的策略，讲解了 Redux、GraphQL、Relay，以及如何使用 React Native 编写原生、跨平台的移动应用程序。书中每一章都配有示例代码，有助于读者巩固所学。

本书适合前端开发人员阅读。

◆ 著　　　[美] 安东尼·阿科马佐　纳特·默里
　　　　　阿里·勒纳 等
　　译　　　欧阳奖
　　责任编辑　温　雪
　　责任印制　周昇亮
◆ 人民邮电出版社出版发行　　北京市丰台区成寿寺路11号
　　邮编　100164　电子邮件　315@ptpress.com.cn
　　网址　https://www.ptpress.com.cn
　　北京天宇星印刷厂印刷
◆ 开本：800×1000　1/16
　　印张：39.25　　　　　　　2021年1月第1版
　　字数：1043千字　　　　　2023年8月北京第7次印刷
　　著作权合同登记号　图字：01-2019-6860号

定价：169.00元
读者服务热线：(010)84084456-6009　印装质量热线：(010)81055316
反盗版热线：(010)81055315
广告经营许可证：京东市监广登字 20170147 号

版 权 声 明

Authorized translation from the English language edition, entitled *Fullstack React: The Complete Guide to ReactJS and Friends* by Anthony Accomazzo, Nate Murray, Ari Lerner, Clay Allsopp, David Guttman and Tyler McGinnis © 2018 Fullstack.io.

All rights reserved. No part of this book may be reproduced or transmitted in any form or by any means, electronic or mechanical, including photocopying, recording or by any information storage retrieval system, without permission from the author.

Simplified Chinese-language edition copyright © 2020 by Posts & Telecom Press. All rights reserved.

本书中文简体字版由 Fullstack.io 授权人民邮电出版社独家出版。未经作者书面许可，不得以任何方式复制或抄袭本书内容。

版权所有，侵权必究。

序

Web 开发通常被视为一个疯狂的世界，在这个世界中，开发软件时需要考虑使用不同的代码解决浏览器兼容性问题。我相信 React 改变了这种局面，它的设计原则是帮你打下坚实的基础。

数据模型与 DOM 同步的过程是前端应用程序 bug 的一个主要来源。这是因为很难保证每当数据发生变化时，用户界面（UI）中的所有内容都会随之更新。

React 最重要的创新之一是引入了用纯 JavaScript 表示的 DOM，并在用户空间实现了差异对比，然后使用事件发送简单的命令，如 create（创建）、update（更新）和 delete（删除）。

使用 React，**任何变化都会重新渲染所有内容**。你不仅拥有了**默认安全**的代码，而且**工作量更少**，因为你只需编写创建路径，不用关心更新。

Christopher Chedeau——Facebook 前端工程师，React Native 共同创作者

长期以来，DOM 的 API 数量非常庞大，没什么浏览器能支持全部实现，这就导致浏览器的兼容性各有差异。React 不仅提供了一种解决浏览器差异的好方法，而且还支持前端库以前不可能实现的场景，比如服务器端渲染，以及在原生 iOS、Android 甚至硬件组件上渲染的能力。

关于 React 最重要的一点，也是你应该阅读本书的主要原因是，它不仅可以帮助你为用户创建**优秀的应用程序**，还可以让你成为**一名更优秀的开发人员**。前端库总是兴起一段时间然后逐渐淡出人们的视野，React 也不例外。React 和其他库的不同之处在于，它可以教会你一些概念，**这些概念可以在你的整个职业生涯中反复使用**。

因为 React 没有附带模板系统，而是迫使你使用 JavaScript 的全部功能来构建 UI，所以你的 **JavaScript 技能会变得更好**。

你将使用 map() 函数和 filter() 函数来体验函数式编程（functional programming）的部分功能，我们鼓励你使用 JavaScript 的最新特性（包括 ES6）。由于没有抽象出数据管理，React 会迫使你考虑如何构建应用程序，并鼓励你考虑"不可变性"之类的概念。

我非常自豪的是，围绕 React 构建的社区勇于"重新思考最佳实践"。社区在许多领域挑战现状。我推荐你阅读这本**优秀**的著作来学习和理解 React 的基本原理。学习新概念可能会感到不适，你需要花 5 分钟练习，直到适应为止。

要**试着打破规则**。构建软件没有最好的方法，React 也不例外。实际上 React 接受了这一事实，当你不想按照 React 方式做事时，它也为你提供了一些方法。

想一些疯狂的点子吧，也许有一天你会发明出下一个 React 呢！

Christopher Chedeau（@vjeux）

Facebook 前端工程师，React Native 共同创作者

如何充分利用本书

概述

本书旨在成为学习 React 最有用的资源。读完本书后，你和你的团队将拥有构建可靠且功能强大的 React 应用程序所需的一切知识。

React 核心库简洁而强大。学完前几章后，你将对 React 的基本原理有扎实的理解，并能够使用该框架构建一系列丰富的交互式 Web 应用程序。

除了核心库之外，React 生态系统中还有许多工具，可以帮助构建应用程序产品，比如客户端的页面间路由、复杂状态管理和大规模的 API 交互等。

本书由两部分组成。

第一部分通过例子循序渐进地讲解所有的基础知识。你将创建**第一个应用程序**，学习**如何编写组件**，开始**处理用户交互**，管理富表单，甚至与**服务器交互**。

我们将探索 Create React App（它是 Facebook 运行 React 应用程序的工具）的工作原理，编写自动化**单元测试**，使用**客户端路由**构建多页面应用程序。

第二部分介绍在大型应用程序产品中使用的更**高级的概念**。这些概念将探讨**数据的架构**、**传输**和**管理**的策略。

Redux 是基于 Facebook Flux 架构的状态管理范式。它为大型状态树提供了一个结构，并允许将应用程序中的用户交互与状态更改解耦。

GraphQL 是一种功能强大、基于类型的 REST API 替代方案，其中客户端描述了所需的数据。我们还会介绍如何为你自己的数据**编写 GraphQL 服务器**。

Relay 是 GraphQL 和 React 之间的黏合剂。它是一个获取数据的库，有助于编写灵活、高性能的应用程序，且无须编写大量获取数据的代码。

最后一章将讨论如何使用 React Native 编写原生、跨平台的移动应用程序。

为了充分利用本书，我们想给你一些指引。

首先，你不需要从头到尾按顺序阅读本书，不过我们认为本书内容的编排顺序非常适合你学习。建议你在深入学习第二部分的概念之前，先学习第一部分中的所有概念。

其次，请记住它不只是一本书，它还是一门课程，每一章都有示例代码。下面，我们将告诉你：

- 如何运行**示例代码**；
- 如何在出现问题时**获得帮助**。

运行示例代码

本书附带了可运行的示例代码库①。如果你的书是在亚马逊网站上购买的，你应该会收到一封附带说明的电子邮件。

如果你在查找或下载示例代码时遇到任何问题，请发送电子邮件至 react@fullstack.io。

我们使用 npm 运行本书的**示例**。你可以使用以下两个命令启动大多数应用程序：

```
npm install
npm start
```

 如果你不熟悉 npm，可以在 1.2 节学习如何安装。

运行 npm start 后，你会在屏幕上看到一些输出，这些输出告诉你要打开哪些 URL 来查看应用程序。

有些应用程序需要额外的命令来设置。**如果你不清楚如何运行特定的示例应用程序，请查看该项目目录中的 README.md 文件。**每个示例项目都包含一个 README.md 文件，说明如何运行应用程序。

项目设置

前两个项目从简单的 React 设置开始，从而使我们能快速地编写 React 应用程序。

除了几个项目以外，本书的其他项目是使用 Create React App 构建的。

Create React App 是基于 Webpack 开发的。Webpack 是一个处理 JavaScript、CSS、HTML 和图像文件的打包工具。第 7 章将深入探讨 Create React App，但 Create React App **并不是**使用 React 的**必要条件**，它只是包装了 Webpack（以及其他一些工具），使其易于入门。

代码块和上下文

本书中的每个代码块都来自**示例代码库**，例如，下面是第 1 章中的一个代码块：

voting_app/public/js/app-2.js

```
class ProductList extends React.Component {
  render() {
    return (
      <div className='ui unstackable items'>
        <Product />
```

---

① 本书中文版读者可访问 ituring.cn/book/2673 下载代码。——编者注

```
      </div>
    );
  }
}
```

请注意，该代码块的头部表示包含该代码的文件路径：voting_app/public/js/app-2.js。

如果你觉得示例代码缺少上下文，请使用你喜欢的文本编辑器打开完整的代码文件。**我们也希望你能在阅读示例代码的同时动手敲敲代码**。

例如，我们通常需要导入库来运行代码。在本书前几章中，我们包含了这些 import 语句，目的是让你清楚地知道库来自哪里；后面的章节则是进阶篇，更侧重于**关键概念**，而不是重复前面介绍的样板代码。**如果你不清楚上下文，请打开下载的示例代码**。

代码块编号

本书有时会分步骤创建一个更大的示例。如果你看到载入的文件具有数字后缀，通常意味着正在构建更大的文件。

例如，在上面的代码块中有一个文件名为 app-2.js。当你看到-N.js 时，这个文件名后缀表示正在构建该文件的最终版本。你可以跳转到该文件，并查看特定阶段所有代码的状态。

获取帮助

虽然我们已尽力做到清晰明了并准确地阐述，但你还是有可能在编写代码时遇到问题。

通常可以把问题归为三类：

- 书中出错了（例如，本书错误地描述了一些内容）；
- 本书的代码出错了；
- 你的代码出错了。

如果你发现我们有些描述不准确，或者觉得有些概念不清楚，请给我们发电子邮件！我们希望确保这本书的内容既准确又清晰。

如果你怀疑示例代码有问题，请确保你下载的代码包版本是最新的，因为我们会定期地发布代码更新。

如果你正在使用的代码是最新的，并且你觉得在**代码**中发现了一个 bug，那么请告知我们。

如果你在运行自己的应用程序（不是**我们的**示例代码）时遇到困难，那我们处理这种情况会更加困难一些。

当你想获取自定义应用程序的帮助时，第一选择应该是我们的非官方社区 GITTER 的 fullstackreact/fullstackreact 聊天室。我们这些作者有时会在线，但那里还有数百位其他读者，他们也许能够更快地帮助你。

如果你的问题仍然没有解决，我们依旧希望能收到你的来信，下面有一些技巧能帮助你及时收到清晰的回复。

给我们发电子邮件

如果你给我们发电子邮件寻求技术支持，以下内容是我们想知道的。

- 你使用的是本书的哪个版本？
- 你使用的操作系统是什么？（例如 Mac OS X 10.8、Windows 95）
- 相关的章节和示例项目是什么？
- 你想达到什么目的？
- 你做了哪些尝试？
- 你期望得到什么输出结果？
- 目前实际情况是怎样的？（包括相关的日志输出）

获得技术支持的最佳方法是向我们发送一个简短的、独立的问题示例。我们希望你将问题示例上传到 Plunkr，并将链接发送给我们。

如果可以将代码复制并粘贴到该项目中，重现错误并发送给我们，则你及时收到有用回复的可能性会大大增加。

当你做好这些准备后，请发送电子邮件至 react@fullstack.io。期待你的来信！

技术支持时间

我们**每周有一次**免费的技术支持。

如果需要我们更快地回复你并回答你的团队的所有问题，那么可以考虑高级支持选项。请发邮件至react@fullstack.io。

本书修订及更新

本书修订编号 39，支持 React 16.7.0（2019-01-10）。如果你希望在 Twitter 上收到有关本书更新的通知，请关注@fullstackio。

社区交流

我们使用 GITTER 作为非官方的社区交流平台。如果你想和其他人一起交流，请加入我们的GITTER。

兴奋起来

使用 React 编写 Web 应用程序**很有趣**。通过本书，你将学习如何快速构建真正的 React 应用程序（比你花几个小时分析过时的博客文章要快得多）。

如果你以前编写过客户端 JavaScript，就会发现 React 非常直观。如果这是你第一次真正涉足前端，那么你会感到震惊，因为你居然可以如此快地创建一些值得分享的东西。

所以，抓紧学习。你即将成为 React 专家，并会在这个过程中获得很多乐趣。让我们一起深入研究 React 吧！

——纳特和安东尼

电子书

扫描如下二维码，即可购买本书中文版电子书。

目　　录

第一部分

## 第 1 章

第一个 React Web 应用程序

1.1 构建 Product Hunt 项目

本章通过构建一个简单的投票应用程序（受 Product Hunt 网站启发）来快速学习 React。你将熟悉 React 如何处理前端开发，以及从头到尾构建交互式 React 应用程序所需的所有基础知识。由于 React 核心库比较简单，学完本章，你就能编写各种快速、动态的接口了。

我们专注于让 React 应用程序快速运行起来，并会深入研究本书涉及的概念。

1.2 设置开发环境

1.2.1 代码编辑器

学习本书需要编写代码，所以你需要一个称手的代码编辑器。如果还没有喜欢的编辑器，建议你使用 Atom 或 Sublime Text。

1.2.2 Node.js 和 npm

本书的所有项目需要运行在包含 npm 的 Node.js 开发环境中。

安装 Node.js 有多种方式，可以访问 Node.js 网站获取详细信息。

 如果你使用的是 Mac，最好直接从 Node.js 网站安装它，而不是通过其他软件包管理器（如 Homebrew）。通过 Homebrew 安装 Node.js 会导致一些问题。

Node Package Manager（简称 npm）是 Node.js 的一部分，随 Node.js 一起安装。要检查 npm 作为开发环境的一部分是否可用，可以打开一个终端窗口并输入：

```
$ npm -v
```

如果未打印出版本号并且有错误，请下载一个包含 npm 的 Node.js 安装程序。

1.2.3 安装 Git

本章的应用程序需要用 Git 安装一些第三方库。

如果你没有安装 Git，请到 Git 网站参阅与你的计算机操作系统对应的安装说明。

安装 Git 后，建议你重启计算机。

1.2.4 浏览器

最后，强烈建议你使用 Google Chrome 浏览器来开发 React 应用程序。本书将使用 Chrome 开发工具包。为了配合开发和调试，建议你现在就去下载 Chrome。

1.3 针对 Windows 用户的特殊说明

本书所有代码都已在 Windows 10 上使用 PowerShell 进行了测试。

确保已安装了 IIS

如果你使用的是 Windows 计算机并且尚未在该机器上进行过 Web 开发，那么安装 Internet Information Services（IIS）后才能在本地运行 Web 服务器。

请参阅 How-To Geek 网站的教程"How to Install IIS on Windows 8 or Windows 10"来安装 IIS。

1.4 JavaScript ES6/ES7

JavaScript 是 Web 的编程语言。它可以在很多浏览器上运行，如 Google Chrome、Firefox、Safari、Microsoft Edge 和 Internet Explorer。不同浏览器具有不同的执行 JavaScript 代码的解释器。

JavaScript 作为互联网的客户端脚本语言被广泛采用，从而形成了标准组织来管理它的规范。规范的名称就是 ECMAScript 或 ES。

该规范的第 5 版称为 ES5。可以将 ES5 看作 JavaScript 编程语言的"版本"。ES5 于 2009 年完成，在几年内就为所有主流浏览器所采用。

JavaScript 的第 6 版称为 ES6，于 2015 年完成。各主流浏览器的最新版本直到 2017 年仍在添加对 ES6 的支持。ES6 是一次重大的更新，包含了一系列 JavaScript 新特性。用 ES6 编写的 JavaScript 与用 ES5 编写的 JavaScript 截然不同。

ES7 基于 ES6 构建，更新较少，于 2016 年 6 月获得批准。ES7 仅包含两个新特性。

ES6/ES7 是 JavaScript 的未来，我们希望现在就使用它们编写代码，但也希望 JavaScript 能够在较旧的浏览器上运行，直到旧的浏览器逐渐消失。在本章后面我们就能体会到如何在支持世界上绝大多数浏览器的同时享受 ES6/ES7 所带来的好处。

本书是用 JavaScript ES7 编写的。因其大部分新特性是在 ES6 中被批准的，所以书中的新特性被称为 ES6 特性。

附录 B 包含了 ES6 语法，我们可以在第一次遇到 ES6 语法时参考该附录。如果你碰到不熟悉的语法，也可以查阅附录 B 看它是不是新的 ES6 JavaScript 语法。

ES6 有时称为 ES2015，2015 即它最终完成的年份。相应地，ES7 通常被称为 ES2016。

1.5 开始

1.5.1 示例代码

每章中的所有示例代码都可以在本书的代码包中找到。该代码包包含每个应用程序的完整版本以及构建这些应用程序的样板文件。每一章都提供了详细的指导，教你如何独立完成任务。

虽然没有必要跟着本书编写代码，但我们强烈建议你这样做。动手敲代码有助于巩固和加深对概念的理解。

1.5.2 应用程序预览

接下来，我们将构建一个基本的 React 应用程序。在深入学习之前，我们先从宏观上了解一下 React 最重要的概念。下面来看看该应用程序的工作实现。

打开本书的示例代码文件夹，使用终端切换到 voting_app 目录：

```
$ cd voting_app/
```

 如果你不熟悉 cd 指令，需要知道它表示 "change directory"（更改目录）。如果你使用的是 Mac，请执行以下操作以打开终端并切换到正确的目录：

(1) 打开/Applications/Utilities/Terminal.app；

(2) 输入 cd，先不要按回车键；

(3) 按空格键；

(4) 在 Finder 中，将 voting_app 文件夹拖到终端窗口；

(5) 按回车键。

此时终端已经在正确的目录下了。

 本书以$开头的代码块表示要在终端中运行的命令。

首先需要使用 npm 来安装所有依赖项：

```
$ npm install
```

安装完依赖项后，就可以使用 npm start 命令启动服务器：

```
$ npm start
```

启动过程中控制台会打印一些日志，见图 1-1。

图 1-1　启动日志

此外，浏览器可能会自动启动并打开该应用程序。如果没有自动打开，你可以在浏览器中输入
`http://localhost:3000` 来查看正在运行的应用程序，见图 1-2。

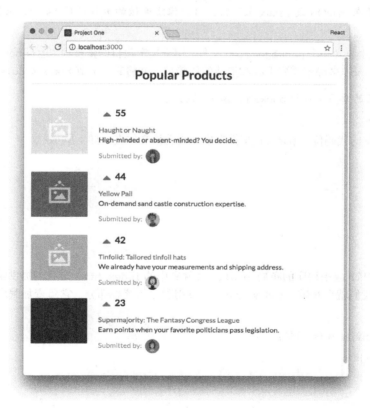

图 1-2　应用程序的完整版本

这个示例应用程序类似于 Product Hunt 和 Reddit 网站。这些网站提供了用户投票的链接列表。和
这些网站一样，该示例应用程序也可以对产品进行投票，所有产品都根据票数进行实时排序。

停止运行 Node 服务器的快捷键是 Ctrl+C。

1.5.3   应用程序准备

在终端中运行 ls 查看项目布局：

```
$ ls
README.md
disable-browser-cache.js
nightwatch.json
node_modules/
package.json
public/
tests/
```

如果在 macOS 或 Linux 上运行，可以像上面做的那样使用 ls -1p 来格式化输出。

Node 应用程序包含一个 package.json 文件，用来指定项目的依赖项。运行 npm install 时，npm 会使用 package.json 来确定需要下载和安装的依赖项，并将其安装到 node_modules 文件夹中。

后面的章节会探讨 package.json 的格式。

我们即将使用的代码位于 public 文件夹中。查看该文件夹，如下所示：

```
$ ls public
favicon.ico
images/
index.html
js/
semantic/
style.css
vendor/
```

这是常见的 Web 应用程序的布局。public 文件夹中的 index.html 是我们提供给请求网站的浏览器的文件。很快我们就会知道，index.html 是应用程序的核心部分，它负责加载应用程序中的其他资源。

接下来查看 public/js 目录：

```
$ ls public/js
app-1.js
app-2.js
app-3.js
app-4.js
app-5.js
app-6.js
app-7.js
app-8.js
app-9.js
```

```
app-complete.js
app.js
seed.js
```

public/js 是应用程序中存放 JavaScript 的位置。app.js 是编写 React 应用程序的地方。app-complete.js 是正在开发的应用程序的完整版本，我们刚刚已经看过。

此外，本章中构建的 app.js 的每个版本（app-1.js、app-2.js 等）都已包含在示例代码库中。每个代码块中引用的不同应用程序版本都可以在里面找到。你可以将这些应用程序版本中较长的代码复制到 app.js 中使用。

 所有项目都包含实用的 README.md 文件，它将说明如何运行应用程序。

在开始前，首先要确保在 index.html 中不再加载 app-complete.js。然后我们就有了一个空白的画布并可以在 app.js 中开始工作了。

在文本编辑器中打开 public/index.html，内容如下所示：

voting_app/public/index.html

```html
<!DOCTYPE html>
<html>

  <head>
    <meta charset="utf-8">
    <title>Project One</title>
    <link rel="stylesheet" href="./semantic-dist/semantic.css" />
    <link rel="stylesheet" href="./style.css" />
    <script src="vendor/babel-standalone.js"></script>
    <script src="vendor/react.js"></script>
    <script src="vendor/react-dom.js"></script>
  </head>

  <body>
    <div class="main ui text container">
      <h1 class="ui dividing centered header">Popular Products</h1>
      <div id="content"></div>
    </div>
    <script src="./js/seed.js"></script>
    <script src="./js/app.js"></script>
    <!-- 在开始前删除下面的 script 标签 -->
    <script
      type="text/babel"
      data-plugins="transform-class-properties"
      src="./js/app-complete.js"
    ></script>
  </body>

</html>
```

稍后讨论<head>标签中加载的所有依赖项。HTML 文档的核心是以下几行代码：

voting_app/public/index.html

```
<div class="main ui text container">
  <h1 class="ui dividing centered header">Popular Products</h1>
  <div id="content"></div>
</div>
```

 这个项目使用 Semantic UI 进行样式设计。

Semantic UI 是一个 CSS 框架，与 Twitter 公司的 Bootstrap 很像。它提供了一个网格系统和一些简单的样式。你无须了解 Semantic UI 即可使用本书，因为我们提供了你需要的所有样式代码。在某些情况下，你需要查看 Semantic UI 文档来熟悉它的框架，并探索如何将其应用到自己的项目中。

这里的 class 属性只作用于样式，可以安全地忽略。删除它们，核心代码就变得简洁了：

```
<div>
  <h1>Popular Products</h1>
  <div id="content"></div>
</div>
```

页面有一个标题（h1）和一个 id 为 content 的 div。这个 div 是最终挂载 React 应用程序的地方。你很快就会知道它代表什么意思。

接下来的几行代码告诉浏览器要加载哪些 JavaScript。在开始构建自己的应用程序前，需要把 ./app-complete.js 脚本标签完全删除。

```
<script src="./js/seed.js"></script>
<script src="./js/app.js"></script>
<!-- 在开始前删除下面的 script 标签 -->
<script
  type="text/babel"
  data-plugins="transform-class-properties"
  src="./js/app-complete.js"
></script>
```

保存更新后的 index.html 并重新加载浏览器，可以看到应用程序已经消失。

1.6　什么是组件

构建 React 应用程序的基础就是组件。可以将单独的 React 组件视为应用程序中的一个 UI 组件。我们的应用程序的界面组件可分为两类，见图 1-3。

图 1-3 应用程序的组件

该界面是由一个父组件和多个子组件组成的层次结构,父组件和子组件分别称为 ProductList 组件和 Product 组件。

(1) ProductList 组件:包含 Product 组件的列表。

(2) Product 组件:显示给定产品。

React 组件不仅可以清晰地映射到对应的 UI 组件,而且是独立的。标记代码、视图逻辑以及组件的特定样式都集中在一个地方。该特性使得 React 组件可重用。

此外,在本章或本书中可以知道,React 的组件数据流和交互性范式是严格定义的。在 React 中,当组件的输入发生更改时,框架只是重新渲染该组件。这保证了 UI 的强一致性:

对于给定的输入集合,输出(组件在页面上的显示)总是相同的。

1.6.1 第一个组件

从构建 ProductList 组件开始入手。本章其余的 React 代码会在 public/js/app.js 文件中编写。打开 app.js 并插入组件:

voting_app/public/js/app-1.js

```
class ProductList extends React.Component {
  render() {
    return (
      <div className='ui unstackable items'>
        Hello, friend! I am a basic React component.
      </div>
```

```
    );
  }
}
```

React 组件是继承 React.Component 类的 **ES6 类**。代码中引用了 React 变量，因为 index.html 已提前加载了 React 库，所以可以在这里引用它：

voting_app/public/index.html

```
<script src="vendor/react.js"></script>
```

ProductList 类中有一个方法 render()。**render()是** React 组件唯一必需的方法。React 通过该方法的返回值来确定要渲染到页面的内容。

 虽然 JavaScript 不是一种经典语言，但 ES6 引入了类声明语法。ES6 类是 JavaScript 基于原型的继承模型的语法糖。

本书介绍了为构建 React 组件的类需要了解的重要细节。要详细了解 ES6 类，请参阅相关的 MDN 的文档。

声明 React 组件有两种方法：

(1) 作为 ES6 类（如上）；

(2) 导入并使用 createReactClass()方法。

使用 ES6 类的示例如下所示：

```
class HelloWorld extends React.Component {
    render() { return(<p>Hello, world!</p>) }
}
```

使用 create-response-class 库中的 createReactClass 函数编写相同的组件：

```
import createReactClass from 'create-react-class';

const HelloWorld = createReactClass({
    render() { return(<p>Hello, world!</p>) }
})
```

在 React 15 及更早的版本中，这个方法可通过 react 库获得：

```
const HelloWorld = React.createClass({
    render() { return(<p>Hello, world!</p>) }
})
```

在撰写本书时，两种类型的声明都已被广泛使用。不过社区推荐尽可能使用 ES6 类组件，这也正是本书使用的风格。

如果你对 JavaScript 有一定的了解，应该会觉得下面的返回值很奇怪：

voting_app/public/js/app-1.js

```
return (
  <div className='ui unstackable items'>
```

```
      Hello, friend! I am a basic React component.
   </div>
);
```

返回值的语法看起来和传统的 JavaScript 有些不像。该语法称为 **JavaScript 扩展语法**（JavaScript eXtension syntax，JSX），是由 Facebook 编写的 JavaScript 语法的扩展。JSX 使开发人员能够以熟悉的类 HTML 语法为组件视图编写标记代码。JSX 代码最后会编译成 vanilla JavaScript（原生 JavaScript）。虽然 JSX 不是必需的，但本书会使用它，因为它与 React 配合得非常好。

 即使你不太熟悉 JavaScript，我们依然建议你在 React 代码中使用 JSX。通过体验，你将了解 JSX 和 JavaScript 之间的界线。

1.6.2　JSX

React 组件最终渲染为浏览器中显示的 HTML。因此，组件的 render() 方法需要描述视图该怎样表示为 HTML。React 使用文档对象模型（Document Object Model，DOM）的虚拟表示来构建应用程序，并称之为**虚拟 DOM**。现在暂不深入讨论细节，但要知道 React 允许我们用 JavaScript 描述组件的 HTML 表示。

 DOM 是指浏览器的 HTML 树，它构成了一个 Web 页面。

创建 JSX 的目的是使表示 HTML 的 JavaScript 看起来更像 HTML。要了解 HTML 和 JSX 之间的区别，请参考以下 JavaScript 语法：

```
React.createElement('div', {className: 'ui items'},
   'Hello, friend! I am a basic React component.'
)
```

其在 JSX 中则表示为

```
<div className='ui items'>
   Hello, friend! I am a basic React component.
</div>
```

后者的可读性略有提高。以下嵌套树结构会使之恶化：

```
React.createElement('div', {className: 'ui items'},
   React.createElement('p', null, 'Hello, friend! I am a basic React component.')
)
```

而用 JSX 则表示为

```
<div className='ui items'>
   <p>
      Hello, friend! I am a basic React component.
   </p>
</div>
```

JSX 在 JavaScript 版本上提供了轻量级抽象，但带来了更好的代码可读性。可读性提高了应用程序的寿命，也会让新的开发人员更容易上手。

虽然上面的 JSX 代码看起来与 HTML 几乎相同，但要记住 JSX 实际上是编译成了 JavaScript（例如 React.createElement('div')）。

React 负责在运行时把每个组件渲染成浏览器中实际的 HTML。

1.6.3 开发者控制台

现在你已编写了第一个组件，并知道它使用了一种名为 JSX 的特殊 JavaScript 来提高可读性。在编辑完并保存好 app.js 文件后，刷新浏览器看看有什么变化，见图 1-4。

图 1-4　刷新浏览器之后的页面

什么都没有？

每个主流浏览器都附带一个工具包，可帮助开发人员处理 JavaScript 代码。工具包的核心部分是控制台，可以将它视为 JavaScript 和开发人员之间的主要通信媒介。如果 JavaScript 在执行过程中遇到错误，它就会在控制台中提示。

Web 服务器 live-server 应在检测到 app.js 有变化时自动刷新页面。

要在 Chrome 中打开控制台，请在浏览器菜单栏中依次打开 View>Developer> JavaScript Console。

或者使用快捷键：在 Mac 上为 Command＋Option＋J；在 Windows/Linux 上为 Control＋ Shift＋L。

打开控制台（见图 1-5），我们得到了一条神秘的线索：

```
Uncaught SyntaxError: Unexpected token <
```

图 1-5 控制台错误信息

这个 SyntaxError 阻止了代码运行。当 JavaScript 引擎在解析代码时遇到不符合语言语法的令牌或令牌顺序时，将抛出 SyntaxError。此类型的错误表示某些代码的位置不正确或拼写错误。

报错的原因是什么呢？**是因为浏览器的 JavaScript 解析器在遇到 JSX 时会出错**。解析器对 JSX 一无所知。对它而言，符号<的位置完全是错误的。

如前所述，JSX 是标准 JavaScript 的扩展。所以可以让浏览器的 JavaScript 解释器使用此扩展。

1.6.4 Babel

本章开头提到，本书中的所有代码都将使用 ES6 JavaScript。然而，目前大多数浏览器并不完全支持 ES6。

Babel 是一个 JavaScript **转译器**。**它会将 ES6 代码转换为 ES5 代码**，这个过程被称为**转译**。因此，现在可以享受 ES6 的特性，同时也能确保代码在仅支持 ES5 的浏览器中仍能运行。

Babel 的另一个实用功能是它可以理解 JSX。Babel 把 JSX 编译成 vanilla ES5 JS，这样就可以被浏览器解释和执行了。只需要告诉浏览器我们希望使用 Babel 编译和运行 JavaScript 代码。

示例代码中的 index.html 已在其 head 标签中导入了 Babel：

```
<head>
  <!-- ... -->
  <script src="vendor/babel-standalone.js"></script>
  <!-- ... -->
</head>
```

而我们需要做的就是告诉 JavaScript 运行时，代码应该由 Babel 编译。当我们将 index.html 中的脚本导入 text/babel 时，可以通过设置 type 属性来实现这一点。

打开 index.html 并修改加载 ./js/app.js 的脚本，我们将为它添加两个属性：

```
<script src="./js/seed.js"></script>
<script
  type="text/babel"
  data-plugins="transform-class-properties"
  src="./js/app.js"
></script>
```

第一个属性 type="text/babel" 表示需要 Babel 处理此脚本的加载。第二个属性 data-plugins 指定了本书中使用的一个特殊的 Babel 插件。本章末尾将讨论这个插件。

保存 index.html 并刷新页面，见图 1-6。

图 1-6　保存 index.html 并刷新页面后的效果

还是什么都没有，但控制台不再有错误。你可能会看到一些警告（用黄色而不是红色高亮显示），这取决于 Chrome 版本。可以安全地忽略这些警告。

Babel 成功地将 JSX 编译成 JavaScript，并且浏览器也能毫无问题地运行该 JavaScript。

所以问题到底出在哪里？虽然我们已定义了组件，**但是还没有告诉 React 去使用它**。我们需要告诉 React 框架，组件应该插入这个页面。

你可能会看到两个错误，具体取决于 Chrome 版本。

第一个：

Fetching scripts with an invalid type/language attributes is deprecated and will be \
removed in M56, around January 2017.

这个警告具有误导性，可以放心地忽略。第二个：

You are using the in-browser Babel transformer. Be sure to precompile your scripts f\
or production

同样，也可以忽略它。为了快速启动和运行项目，我们让 Babel 在浏览器中**实时转译**。本书稍后将探讨更适用于生产环境的其他 JavaScript 转译策略。

1.6.5　ReactDOM.render()方法

我们需要告知 React 在一个特定的 DOM 节点中渲染这个 ProductList 组件。

在 app.js 内的组件下面添加以下代码：

voting_app/public/js/app-1.js

```
class ProductList extends React.Component {
  render() {
    return (
      <div className='ui unstackable items'>
        Hello, friend! I am a basic React component.
      </div>
    );
  }
}

ReactDOM.render(
  <ProductList />,
  document.getElementById('content')
);
```

ReactDOM 来自 react-dom 库，我们在 index.html 中也引入了这个库。ReactDOM.render()方法需要两个参数，第一个参数是需要渲染的组件（what），第二个参数是渲染组件的位置（where）：

```
ReactDOM.render([what], [where]);
```

对于 what，我们在 JSX 中传递了 React 的 ProductList 组件的引用。对于 where，你应该还记得在 index.html 中包含了一个 div 标签，其 id 为 content：

voting_app/public/index.html

```
<div id="content"></div>
```

传递该 DOM 节点的引用作为 ReactDOM.render()方法的第二个参数。

在这里值得注意的是，不同类型的 React 元素声明使用不同的大小写表示。示例中有类似<div>这样的 HTML DOM 元素和一个名为<ProductList />的 React 组件。在 React 中，原生 HTML 元素始终以小写字母开头，而 React 组件名称始终以大写字母开头。

现在 ReactDOM.render()方法已添加到 app.js 的末尾，接着保存文件并刷新浏览器页面，见图 1-7。

图 1-7　组件已在页面上渲染出来

回顾一下，我们使用 ES6 类和 JSX 编写了一个 React 组件，指定 Babel 将示例代码转译为 ES5，然后使用 ReactDOM.render()方法将组件写入 DOM。

完成这些后，我们发现当前的 ProductList 组件就显得相当无趣了。我们最终想要的结果是 ProductList 组件能渲染出产品列表。

每个产品都是自己的 UI 元素，即一个 HTML 片段。可以把每个元素表示为它自己的 Product 组件。React 范式的核心是组件可以渲染其他组件。我们可以让 ProductList 组件渲染 Product 组件，并显示自己喜欢的产品到页面上。每个 Product 组件都是 ProductList（父组件）的子组件。

1.7　构建 Product 组件

让我们构建一个包含产品清单的 Product 子组件。就像 ProductList 组件一样，需要声明一个继承 React.Component 的新 ES6 类，并定义一个 render()方法：

```
class Product extends React.Component {
  render() {
    return (
      <div>
        { /* ... todo ... */ }
      </div>
    );
  }
}
```

```
ReactDOM.render(
  // ...
);
```

我们会为每个产品添加图像、标题、描述以及该帖子的作者头像。标记代码如下所示：

voting_app/public/js/app-2.js

```
class Product extends React.Component {
  render() {
    return (
      <div className='item'>
        <div className='image'>
          <img src='images/products/image-aqua.png' />
        </div>
        <div className='middle aligned content'>
          <div className='description'>
            <a>Fort Knight</a>
            <p>Authentic renaissance actors, delivered in just two weeks.</p>
          </div>
          <div className='extra'>
            <span>Submitted by:</span>
            <img
              className='ui avatar image'
              src='images/avatars/daniel.jpg'
            />
          </div>
        </div>
      </div>
    );
  }
}

ReactDOM.render(
```

 上面代码块的标题表示引用了本书代码包中位于 voting_app/public/js/ app-2.js 路径下的代码。这种模式在本书中很常见。

如果你想要将标记代码复制并粘贴到 app.js 中，请参考此文件。

这里的代码再次使用了一些 Semantic UI 样式。如前所述，JSX 代码将被转译为浏览器中的常规 JavaScript。因为 JSX 在浏览器中是以 JavaScript 的方式运行的，所以我们不能在 JSX 中使用任何 JavaScript 保留字。class 是一个保留字。因此，React 让我们使用 className 属性名称。当 HTML 元素到达页面时，此属性名称会被写成 class。

Product 组件在结构上和 ProductList 组件相似。两者都有 render() 方法，该方法用来返回最终需要显示在页面上的 HTML 的结构信息。

 请记住，JSX 组件实际上返回的**不是**最终要渲染的 HTML，而是我们希望 React 去渲染到 DOM 中的**表示**。

要使用 Product 组件，我们可以修改 ProductList 父组件的 render()方法输出，来包含 Product
子组件：

voting_app/public/js/app-2.js

```
class ProductList extends React.Component {
  render() {
    return (
      <div className='ui unstackable items'>
        <Product />
      </div>
    );
  }
}
```

保存 app.js 并刷新 Web 浏览器，见图 1-8。

图 1-8　刷新 Web 浏览器之后的页面

通过修改，现在应用程序中已渲染了两个 React 组件。ProductList 父组件将 Product 组件渲染
为嵌套在其根 div 元素下的子组件。

虽然看起来很巧妙，但此时 Product 子组件是静态的。我们对图像、名称、描述和作者的详细信
息进行了硬编码。要把组件用得更有意义一些，需要将其更改为数据驱动的方式，因此组件是动态的。

1.8　让数据驱动 Product 组件

使用数据驱动 Product 组件，我们将能够根据所提供的数据动态渲染组件。让我们熟悉一下产品
的数据模型。

1.8.1　数据模型

在这个示例代码中，public/js 里包含了一个名为 seed.js 的文件。seed.js 文件包含了产品的一些示例数据（它将"播种"出应用程序的数据），还包含一个名为 Seed.products 的 JavaScript 对象。Seed.products 是一个 JavaScript 对象数组，每个元素代表一个产品对象：

voting_app/public/js/seed.js

```
const products = [
  {
    id: 1,
    title: 'Yellow Pail',
    description: 'On-demand sand castle construction expertise.',
    url: '#',
    votes: generateVoteCount(),
    submitterAvatarUrl: 'images/avatars/daniel.jpg',
    productImageUrl: 'images/products/image-aqua.png',
  },
```

每个产品都有唯一的 id 和少量的属性，包括 title 和 description。使用 seed.js 包含的 generateVoteCount()函数可以为每个产品生成随机投票。

可以在 React 代码中使用相同的属性键。

1.8.2　使用 props

我们想要修改 Product 组件，让它不再使用静态的硬编码属性，而是接收从 ProductList 父组件传递下来的数据。用这种方式设置组件结构能够让 ProductList 组件动态地渲染任意数量的 Product 组件，且每个 Product 组件都有自己独特的属性。数据流图见图 1-9。

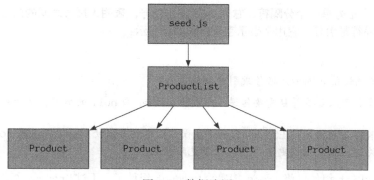

图 1-9　数据流图

React 中数据从父组件流向子组件是通过 props 实现的。当父组件渲染子组件时，它可以给子组件发送其依赖的 props。

让我们看看它是如何运作的。首先，修改 ProductList 组件并将 props 传递给 Product 组件。seed.js 可以让我们不必手动创建一堆数据。从 Seed.products 数组中取出第一个对象，并将其用作单个产品的数据：

voting_app/public/js/app-3.js

```
class ProductList extends React.Component {
  render() {
    const product = Seed.products[0];
    return (
      <div className='ui unstackable items'>
        <Product
          id={product.id}
          title={product.title}
          description={product.description}
          url={product.url}
          votes={product.votes}
          submitterAvatarUrl={product.submitterAvatarUrl}
          productImageUrl={product.productImageUrl}
        />
      </div>
    );
  }
}
```

这里 product 变量被设置为用来描述第一个产品的 JavaScript 对象。我们使用[propName]=[propValue]语法将产品的所有属性单独传递给 Product 组件。在 JSX 中分配属性的语法和 HTML、XML 完全相同。

这里有两个有趣的事情。第一个是包裹每个属性值的大括号（{}）：

voting_app/public/js/app-3.js

```
id={product.id}
```

在 JSX 中，大括号是一个分隔符，它向 JSX 发出信号，表明大括号之间的内容是 JavaScript 表达式。另一个分隔符是引号，它用来表示字符串，如下所示：

```
id='1'
```

> ⚠ JSX 属性值**必须**由大括号或引号分隔。
> 如果类型很重要并且需要传递一个类似 Number 或 null 的类型，请使用大括号。

如果你之前使用过 ES5 JavaScript 编程，则可能习惯使用 var 而不是 const 或 let。有关这些新声明的更多信息，请参见附录 B。

现在 ProductList 组件已将 props 传递给 Product 组件了。不过 Product 组件尚未使用它们，让我们修改该组件来使用这些 props。

在 React 中，组件可以通过 this.props 对象访问所有的 props。Product 组件内部的 this.props 对象如下所示：

```
{
  "id": 1,
```

```
  "title": "Yellow Pail",
  "description": "On-demand sand castle construction expertise.",
  "url": "#",
  "votes": 41,
  "submitterAvatarURL": "images/avatars/daniel.jpg",
  "productImageUrl": "images/products/image-aqua.png"
}
```

让我们使用 props 替换所有硬编码的数据。在这里，我们会添加更多标记代码，如描述和投票图标：

voting_app/public/js/app-3.js

```
class Product extends React.Component {
  render() {
    return (
      <div className='item'>
        <div className='image'>
          <img src={this.props.productImageUrl} />
        </div>
        <div className='middle aligned content'>
          <div className='header'>
            <a>
              <i className='large caret up icon' />
            </a>
            {this.props.votes}
          </div>
          <div className='description'>
            <a href={this.props.url}>
              {this.props.title}
            </a>
            <p>
              {this.props.description}
            </p>
          </div>
          <div className='extra'>
            <span>Submitted by:</span>
            <img
              className='ui avatar image'
              src={this.props.submitterAvatarUrl}
            />
          </div>
        </div>
      </div>
    );
  }
}
```

同样，在 JSX 内部的任何地方插入一个变量，都需要用大括号（{}）来分隔变量。注意，我们插入的数据像是标签内的文本内容，如下所示：

voting_app/public/js/app-3.js

```
<div className='header'>
  <a>
    <i className='large caret up icon' />
```

```
    </a>
    {this.props.votes}
</div>
```

HTML 元素的属性赋值也同样如此：

voting_app/public/js/app-3.js

```
<img src={this.props.productImageUrl} />
```

以这种方式将 **props** 与 HTML 元素交织在一起，是我们创建动态的、数据驱动的 React 组件的方式。

 this 是 JavaScript 中的特殊关键字。this 的细节有一些细微差别，但就本书的大部分内容而言，**this** 会绑定到 React 组件类。所以当我们在组件内部编写 this.props 时，它将访问组件上的 props 属性。当本书后面的章节中偏离这条规则时，我们会指出来。

有关 this 的详细信息，请查看 MDN 上的 this 页面。

保存更新的 app.js 文件后，再次刷新 Web 浏览器，见图 1-10。

图 1-10　刷新 Web 浏览器之后的页面

ProductList 组件现在显示单个产品，即从 Seed 数组中提取的第一个对象。

现在情况变得有趣了，即 Product 组件现在是数据驱动的。根据接收的 props，它可以渲染出我们喜欢的任何产品。

代码已做好准备，可以让 ProductList 渲染任意数量的产品。只需要配置此组件来渲染一定数量的 Product 组件，每个组件对应一个我们想在页面上表示的产品。

1.8.3   渲染多个产品

要渲染多个产品，首先需要让 ProductList 组件生成一个 Product 组件数组。每个 Product 组件来源于 Seed 数组中的单个对象。我们将使用 map()方法来执行此操作：

voting_app/public/js/app-4.js

```
class ProductList extends React.Component {
  render() {
    const productComponents = Seed.products.map((product) => (
      <Product
        key={'product-' + product.id}
        id={product.id}
        title={product.title}
        description={product.description}
        url={product.url}
        votes={product.votes}
        submitterAvatarUrl={product.submitterAvatarUrl}
        productImageUrl={product.productImageUrl}
      />
    ));
```

传递给 map()方法的函数返回一个 Product 组件。这个 Product 组件和以前一样，是使用 props 从 Seed 数组中拉取对象来创建的。

> ℹ️ 我们将箭头函数传递给 map()方法。箭头函数在 ES6 中被引入。有关它的更多信息，请参阅附录 B。

因此，productComponents 变量最终会得到一个 Product 组件的数组：

```
// productComponents 数组
[
  <Product id={1} ... />,
  <Product id={2} ... />,
  <Product id={3} ... />,
  <Product id={4} ... />
]
```

值得注意的是，我们能够在 return 内部的 JSX 中表示 Product 组件实例。可能一开始看起来拥有一个包含 JSX 元素的 JavaScript 数组似乎很奇怪，但请记住 Babel 会将每个 Product（<Product />）组件的 JSX 表示转译为常规的 JavaScript：

```
// productComponents 数组在 JavaScript 中是这样的
[
  React.createElement(Product, { id: 1, ... }),
  React.createElement(Product, { id: 2, ... }),
  React.createElement(Product, { id: 3, ... }),
  React.createElement(Product, { id: 4, ... })
]
```

Array 对象的 map() 方法

Array 对象的 map() 方法将函数作为参数。它使用数组内的每个子项（在本例中为 Seed.products 数组中的每个对象）来调用此函数，并使用每个函数调用的返回值来构建一个**新**数组。

因为 Seed.products 数组有四个子项，所以 map() 方法会调用此函数四次，每个子项一次。当 map() 方法调用此函数时，它将每个子项作为第一个参数传入。此函数调用的返回值将插入 map() 方法正在构建的新数组中。在处理完最后一个子项后，map() 方法就会返回这个新数组。这里我们把这个新数组存储在 productComponents 变量中。

 注意 key={'product-' + product.id}属性的使用。React 使用这个特殊属性为 Product 组件的每个实例创建唯一绑定。这个 key 属性不是我们的 Product 组件使用的，而是由 React 框架使用。它是一个特殊属性，第 5 章将深入讨论。目前只需注意，对于列表中的每个 React 组件，该属性都必须是唯一的。

在 productComponents 变量的声明下面，现在我们需要修改 render()方法的返回值。之前我们渲染的是单个 Product 组件，下面可以渲染 productComponents 数组了：

voting_app/public/js/app-4.js

```
return (
  <div className='ui unstackable items'>
    {productComponents}
  </div>
);
```

刷新页面，可以看到所有 Seed 数组列出的四种产品，见图 1-11。

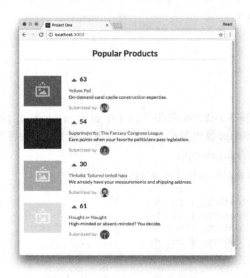

图 1-11　Seed 数组列出的四种产品

现在总共有五个 React 组件正在运行，其中有一个 ProductList 父组件，它包含四个 Product 子组件，每个产品对象都来自于 seed.js 中的 Seed.products 数组，见图 1-12。

图 1-12　ProductList 组件内的 Product 组件

目前产品还没有按照它们的票数排序，让我们对它们进行排序。我们使用 Array 对象的 sort() 方法来执行此操作，然后在构建 productComponents 数组的行之前对产品进行排序：

voting_app/public/js/app-5.js

```
class ProductList extends React.Component {
  render() {
    const products = Seed.products.sort((a, b) => (
      b.votes - a.votes
    ));
    const productComponents = products.map((product) => (
      <Product
```

刷新页面，可以看到产品已排好序。

 sort() 方法改变了调用它的原始数组。虽然现在看起来很好，但在本书的其他地方我们将讨论为什么改变数组或对象是一种危险的模式。

在上面的 Product 组件的标记代码中，我们添加了一个"向上投票"的插入符号图标。如果现在点击其中任意一个按钮，会发现没有任何反应，因为还没有将事件连接到按钮。

虽然我们在 Web 浏览器中运行了一个以数据驱动的 React 应用程序，但该页面仍缺乏交互性。虽然 React 提供了一种简单、干净的方式来组织 HTML，并能够基于灵活、动态的 JavaScript 对象驱动生成 HTML，但我们仍然没有发掘其真正的能力：创建动态接口。

本书的其余部分将深入研究这种能力。让我们从一件简单的事情开始：赋予产品投票的能力。

Array 对象的 sort() 方法接收一个可选的函数作为参数。如果省略该函数，它将只按每个子项的 Unicode 代码点的值对数组进行排序。这不是程序员所希望的。如果提供了函数，则它会根据函数的返回值对元素进行排序。

在每次迭代中，参数 a 和 b 是数组中的两个后续元素。排序取决于函数的返回值：

(1) 如果返回值小于 0，则 a 应排在前面（具有较低的索引）；
(2) 如果返回值大于 0，则 b 应排在前面；
(3) 如果返回值等于 0，则保持 a 和 b 的顺序相对于彼此不变。

1.9　应用程序的第一次交互：投票事件响应

当点击每个 Product 组件上的向上投票按钮时，我们希望它能更新该 Product 组件的 votes 属性，并将值增加 1。

但 Product 组件无法修改它的票数，因为 this.props 对象是不可变的。

虽然子组件可以读取其 props，但无法修改它们。子组件不是其 props 的所有者。在我们的应用程序中，**父组件 ProductList 拥有 props 并提供给 Product 组件。**React 支持单向数据流的想法。这意味着数据的更改来自于应用程序的"顶部"，并通过其包含的各种组件"向下"传递。

 子组件不是其 props 的所有者。父组件拥有子组件的 props。

Product 组件需要有一种方法让 ProductList 组件知道它的向上投票图标被点击了；接着可以让 ProductList 组件（产品数据的所有者）更新该产品的票数；然后更新的数据将从 ProductList 组件向下流向 Product 组件。

 在 JavaScript 中，如果将数组或对象视为**不可变**，则意味着我们不能或不应该对它进行修改。

1.9.1　事件传递

我们知道父组件通过 props 向子组件传递数据。因为 props 是不可变的，所以子组件需要某种方式来向父组件传递事件。然后父组件可以进行任何必要的数据更改。

也可以将**函数**作为 props 传递，并可以让 ProductList 组件为每个 Product 组件提供一个函数，以便它在向上投票按钮被点击时调用。通过 props 传递函数是子组件与其父组件传递事件的标准方式。

让我们看看它是如何运作的。首先通过向上投票按钮向控制台记录消息，然后再通过它增加目标产品的 votes 属性。

ProductList 组件中的 handleProductUpVote 函数只接收一个名为 productId 的参数。该函数会将产品的 id 记录到控制台：

voting_app/public/js/app-6.js

```
class ProductList extends React.Component {
  handleProductUpVote(productId) {
    console.log(productId + ' was upvoted.');
  }

  render() {
```

接下来, 该函数将作为属性传递给每个 Product 组件。我们将该属性命名为 onVote:

voting_app/public/js/app-6.js

```
const productComponents = products.map((product) => (
  <Product
    key={'product-' + product.id}
    id={product.id}
    title={product.title}
    description={product.description}
    url={product.url}
    votes={product.votes}
    submitterAvatarUrl={product.submitterAvatarUrl}
    productImageUrl={product.productImageUrl}
    onVote={this.handleProductUpVote}
  />
));
```

现在可以通过 this.props.onVote 属性在 Product 组件中访问此函数。

让我们在 Product 组件中编写一个函数来调用这个新的属性函数, 并将该函数命名为 handleUpVote():

voting_app/public/js/app-6.js

```
// 在 Product 组件内
handleUpVote() {
  this.props.onVote(this.props.id);
}

render() {
```

我们使用产品的 id 作为参数来调用 this.props.onVote 属性函数。现在只需在用户每次单击插入符号图标时调用此函数即可。

在 React 中, 可以使用 onClick 这个特殊属性来处理鼠标点击事件。

我们可以在 HTML 的 a 标签 (向上投票按钮) 上设置 onClick 属性, 并指示它每次被点击时调用 handleUpVote() 函数:

voting_app/public/js/app-6.js

```
{/* Inside `render` for Product` */}
<div className='middle aligned content'>
  <div className='header'>
    <a onClick={this.handleUpVote}>
      <i className='large caret up icon' />
```

```
      </a>
      {this.props.votes}
    </div>
```

当用户单击向上投票图标时，它会触发一系列的函数调用。

(1) 用户点击向上投票图标。

(2) React 调用 Product 组件的 handleUpVote() 函数。

(3) handleUpVote() 函数调用它的 onVote 属性函数。该函数位于 ProductList 父组件内，将消息记录到控制台。

还需要做最后一件事才能完成这项工作。在 handleUpVote() 函数里引用 this.props 对象：

voting_app/public/js/app-6.js

```
handleUpVote() {
  this.props.onVote(this.props.id);
}
```

这里是比较奇怪的部分：在 render() 函数中工作时，我们已目睹了 this 总是绑定到当前组件，但在自定义的组件方法 handleUpVote() 中，this 的值实际上是 null。

1.9.2   绑定自定义组件方法

在 JavaScript 中，特殊的 this 变量根据上下文具有不同的**绑定**。例如，在 render() 函数中 this 被"绑定"到当前组件。换句话说，this "引用"这个组件。

理解 this 的绑定是学习 JavaScript 编程最棘手的部分之一。鉴于此，React 初学者一开始不理解 this 的所有细节是没有问题的。

简而言之，我们希望 handleUpVote() 函数内部的 this 引用当前组件，就像在 render() 函数中一样。但是为什么 render() 函数中的 this 引用的是当前组件，而 handleUpVote() 函数中的 this 却不是呢？

对于 render() 函数，React 自动帮我们把 **this** 绑定到当前组件。React 指定一组默认的特殊 API 方法。render() 就是这样的一个方法。我们将在本章末尾看到，componentDidMount() 是另一个特殊的 API 方法。对于每个特殊的 React 方法，React 会自动将 this 变量绑定到组件。

因此，当我们自定义组件方法时，就必须手动将 **this** 绑定到自己的组件。这是常用的一种模式。

将以下 constructor() 函数添加到 Product 组件的顶部：

voting_app/public/js/app-6.js

```
class Product extends React.Component {
  constructor(props) {
    super(props);

    this.handleUpVote = this.handleUpVote.bind(this);
  }
```

constructor() 函数是 JavaScript 类中的一个特殊函数。任何情况下通过类创建对象时，JavaScript

就会调用 constructor()函数。如果你之前从未使用过面向对象语言，那么知道 React 在初始化组件时首先会调用 constructor()函数就足够了。React 将组件的 props 作为参数来调用 constructor()函数。

因为 constructor()函数在组件初始化时被调用，所以本书会将它用于几种不同类型的情况。就当前的目的而言，只需知道，当想要将自定义组件方法绑定到 React 组件类时，就可以使用这种模式：

```
class MyReactComponent extends React.Component {
  constructor(props) {
    super(props); // 总是先调用这个方法

    // 自定义方法在这里绑定
    this.someFunction = this.someFunction.bind(this);
  }
}
```

有关此模式的详细信息，请参阅附加栏"在 constructor()函数中绑定"。

本章的末尾将使用一个实验性的 JavaScript 特性来绕过这个模式。但是，在使用常规 ES7 JavaScript 时，请务必牢记这个模式。

 当定义自己的 React 组件类方法时，必须在 constructor()函数中执行绑定模式，以便 this 能引用组件。

保存更新后的 app.js，并刷新 Web 浏览器，然后点击向上投票按钮，可以看到一些文本会记录到 JavaScript 控制台，见图 1-13。

图 1-13　一些文本记录到 JavaScript 控制台

可以看到，事件正在向父组件传递！

ProductList 组件是产品数据的所有者。现在只要有用户对产品进行投票，Product 组件就会通知其父组件。下一个任务是更新产品的票数。

但在哪里执行更新操作呢？目前应用程序还没有存储和管理数据的地方。Seed 对象应该被视为示例的种子数据，而不是应用程序的数据存储。

应用程序目前缺少的是**状态**。

 事实上，我们可能想要更新 Seed.products 数组中的票数，如下所示：

```
// 这会有用吗？
Seed.products.forEach((product) => {
  if (product.id === productId) {
    product.votes = product.votes + 1;
  }
});
```

这样做是行不通的。更新 Seed 对象时，**React 应用程序不会被告知变化**。在 UI 上，也没有迹象表明票数增加了。

在 constructor() 函数中绑定

在 constructor() 函数里做的第一件事就是调用 super(props) 函数。Product 类继承了 React.Component 类并定义了自己的 constructor() 函数。通过调用 super(props) 函数，可以让父类的 constructor() 函数被优先调用。

重要的是，**React.Component 类定义的 constructor() 函数会将我们的 constructor() 函数内部的 this 绑定到组件**。因此，每当你为组件声明 constructor() 函数时，始终优先调用 super() 函数是一个好习惯。

在调用 super() 函数之后，需要在自定义组件方法上调用 bind() 方法：

```
this.handleUpVote = this.handleUpVote.bind(this);
```

函数的 bind() 方法允许我们将函数体中的 this 变量指定到需要设置的地方。这是一种常见的 JavaScript 模式。我们重新定义了组件的 handleUpVote() 方法，并将其赋值到相同的函数，但绑定到 this 变量（组件）下。现在，每当 handleUpVote() 函数执行时，this 将引用当前组件而不是 null。

1.9.3   使用 state

props 是不可变的并且由组件的父级所拥有，而 **state 由组件拥有**。this.state 是组件私有的，我们将看到它可以使用 this.setState() 方法进行更改。

重要的是，**当组件的 state 或 props 更新时，组件会重新渲染**。

每个 React 组件都是作为一个由 this.props 和 this.state 组成的函数来渲染的。这种渲染是确定性的。这意味着若给定一组 props 和一组 state，React 组件将始终以一种方式渲染。如本章开头所述，这种方式能确保 UI 的强一致性。

因为我们正在修改产品的数据（票数），**所以应该认为这些数据是有状态的。**ProductList 组件将是此状态的所有者。它会将 state 作为 props 传递给 Product 组件。

目前，ProductList 组件直接在 render() 函数中读取 Seed 对象以获取产品数据。让我们将这些数据迁移到组件的 state 中。

将 state 添加到组件时，要做的第一件事是定义 state **的初始值**。因为在初始化组件时调用了 constructor() 函数，所以它是定义 state 初始值的最佳位置。

在 React 组件中，state 是一个对象。ProductList 组件中的 state 对象的结构如下所示：

```
// ProductList 组件的 state 对象的结构
{
  products: <Array>,
}
```

我们会将 state 初始化为空的 products 数组对象。将此 constructor() 函数添加到 ProductList 组件中：

voting_app/public/js/app-7.js

```
class ProductList extends React.Component {
  constructor(props) {
    super(props);

    this.state = {
      products: [],
    };
  }

  componentDidMount() {
    this.setState({ products: Seed.products });
  }
```

与 Product 组件中的 constructor() 函数调用一样，这个 constructor() 函数中的第一行同样是调用 super(props) 函数。我们为 React 组件编写的任何 constructor() 的第一行总是相同的。

 从技术上讲，因为我们没有提供任何 props 给 ProductList 组件，所以不需要将 props 参数传递给 super()。但这是一个好习惯，可以帮助避免将来出现奇怪的错误。

在 state 初始化后，我们接下来修改 ProductList 组件的 render() 函数，使它使用 state 而不是从 Seed 对象中读取。我们用 this.state 来读取 state：

voting_app/public/js/app-7.js

```
render() {
  const products = this.state.products.sort((a, b) => (
    b.votes - a.votes
  ));
```

ProductList 组件现在已由自己拥有的状态驱动了。如果现在保存并刷新，所有的产品都会消失。这是因为在 ProductList 组件中没有任何机制可以将产品添加到它的 state 中。

1.9.4　使用 this.setState()设置 state

如之前所做的那样，将组件的 state 初始化为"空"是一种很好的做法。第 3 章介绍与服务器异步工作时将探讨这背后的原因。

然而在组件初始化后，我们希望使用 Seed 对象中的数据为 ProductList 组件的 state 赋值。

React 指定了一组**生命周期方法**。在组件挂载到页面之后，React 会调用 componentDidMount()生命周期方法。我们将在此方法中为 ProductList 组件的 state 赋值。

 第 5 章将探讨其余的生命周期方法。

知道了这一点后，可以在 componentDidMount()方法中将 state 设置为 Seed.products 数组：

```
class ProductList extends React.Component {
  // ...
  // 这样有效果吗
  componentDidMount() {
    this.state = Seed.products;
  }
  // ...
}
```

然而这样做是无效的。constructor()函数是唯一能以这种方式修改 state 的地方。**React 为组件提供了 this.setState()方法，用于 state 初始化之后的所有修改操作**。除此之外，该方法会触发 React 组件重新渲染，这在 state 更改后非常重要。

 永远不要在 this.setState()方法之外修改 state。它为 state 修改提供了重要的 Hook，我们不能绕过它。

本书详细讨论了 state 的管理。

下面将 componentDidMount()函数添加到 ProductList 组件中。我们将使用 setState()方法来为组件的 state 赋值：

voting_app/public/js/app-8.js

```
class ProductList extends React.Component {
  constructor(props) {
    super(props);

    this.state = {
      products: [],
    };
  }

  componentDidMount() {
    this.setState({ products: Seed.products });
  }
```

该组件在挂载时 state 是一个空的 this.state.products 数组。挂载后，我们使用 Seed 对象的数据为 state 赋值。该组件将重新渲染，产品也将显示出来。这是以用户察觉不到的速度发生的。

如果现在保存并刷新，可以看到产品又回来了。

1.10 更新 state 和不变性

现在 ProductList 组件正在使用 state 管理产品，我们准备修改这些数据以响应用户输入。具体来说，我们希望当用户投票时增加产品的 votes 属性。

我们刚刚讨论过只能使用 this.setState() 方法修改 state。因此，虽然组件可以修改它的 state，**但我们应该将 this.state 对象视为不可变的**。

如前所述，如果我们将数组或对象视为不可变，就永远不会对它进行修改。例如，假设在 state 中有一组数字：

```
this.setState({ nums: [ 1, 2, 3 ] });
```

如果想要修改 state 的 nums 数组以包含 4，我们可能会尝试像下面这样使用 push() 方法：

```
this.setState({ nums: this.state.nums.push(4) });
```

从表面上看，我们似乎将 this.state 视为不可变的，但 push() 方法**修改了原始数组**：

```
console.log(this.state.nums);
// [ 1, 2, 3 ]
this.state.nums.push(4);
console.log(this.state.nums);
// [ 1, 2, 3, 4 ] <-- Uh-oh!
```

我们把 4 推入数组后立即调用了 this.setState() 方法，但依然在 setState() 方法之外修改了 this.state，这是不好的做法。

 这种做法不好的部分原因是 **setState() 方法实际上是异步的**。我们无法保证 React 在什么时候会更新状态并重新渲染组件。第 5 章将对此进行探讨。

因此在最终调用 this.setState() 方法时，我们无意中修改了 state。

下面的方法也不起作用：

```
const nextNums = this.state.nums;
nextNums.push(4);
console.log(nextNums);
// [ 1, 2, 3, 4 ]
console.log(this.state.nums);
// [ 1, 2, 3, 4 ] <-- Nope!
```

新变量 nextNums 与 this.state.nums 引用的是内存中的相同数组，见图 1-14。

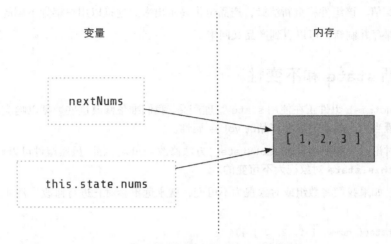

图 1-14   两个变量都引用了内存中的相同数组

因此，在使用 push() 方法修改数组时，我们也在修改 this.state.nums 指向的相同数组。

不过可以使用 Array 对象的 concat() 方法代替。**concat() 方法创建了一个新数组，该数组包含调用它的数组元素，后面是作为参数传入的元素。**

使用 concat() 方法，可以避免修改 state：

```
console.log(this.state.nums);
// [ 1, 2, 3 ]
const nextNums = this.state.nums.concat(4);
console.log(nextNums);
// [ 1, 2, 3, 4]
console.log(this.state.nums);
// [ 1, 2, 3 ] <-- Unmodified!
```

整本书都会涉及不变性。虽然在许多情况下可以通过修改 state 来"侥幸成功"，但更好的做法是将 state 视为不可变的。

 将 state 对象视为不可变的，对于了解这些对象是被哪些 Array 和 Object 的方法调用并修改的非常重要。

 如果数组作为参数传入 concat() 方法，那么它的元素将附加到新数组。例如：

```
> [ 1, 2, 3 ].concat([ 4, 5 ]);
=> [ 1, 2, 3, 4, 5 ]
```

知道了我们想要将 state 视为不可变的，下面处理向上投票事件的方式可能会有问题：

```
// 在 ProductList 组件里面
// 无效
handleProductUpVote(productId) {
  const products = this.state.products;
  products.forEach((product) => {
```

```
    if (product.id === productId) {
      product.votes = product.votes + 1;
    }
  });
  this.setState({
    products: products,
  });
}
```

当 products 初始化为 this.state.products 时，products 与 this.state.products 都引用内存中相同的数组，见图 1-15。

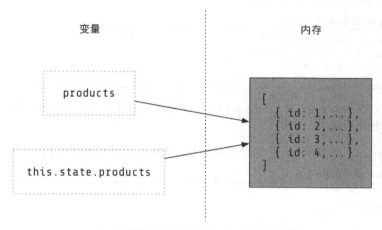

图 1-15　两个变量都引用内存中的相同数组

因此，当我们通过 forEach() 方法增加某个 product 的票数来修改该 product 对象时，**同时也修改了 state 中的原始 product 对象**。

相反，我们应该创建一个**新**的产品数组。如果要修改其中任意一个产品对象，应该修改对象的**副本**而不是原始对象。

让我们看看要将 state 视为不可变的，handleProductUpVote() 的实现是什么样的。我们先完整地看一遍，然后拆开讲解：

voting_app/public/js/app-9.js

```
// 在 ProductList 组件内
handleProductUpVote(productId) {
  const nextProducts = this.state.products.map((product) => {
    if (product.id === productId) {
      return Object.assign({}, product, {
        votes: product.votes + 1,
      });
    } else {
      return product;
    }
  });
```

```
  this.setState({
    products: nextProducts,
  });
}
```

首先，使用 map() 方法遍历 products 数组。重要的是，map() 方法返回**新**数组，而不是修改 this.state.products 数组。

其次，比较当前 product 是否与 productId 匹配。如果两者匹配，那么创建新对象并复制原始 product 对象的属性。然后**重写**新 product 对象上的 votes 属性，并将其赋值为增加后的票数。我们使用 Object 的 assign() 方法来执行这些操作：

voting_app/public/js/app-9.js

```
if (product.id === productId) {
  return Object.assign({}, product, {
    votes: product.votes + 1,
  });
```

 我们经常使用 Object.assign() 方法来避免改变对象。有关该方法的更多信息，请查看附录 B。

如果当前 product 不是 productId 指定的产品，则将其原封不动地返回：

voting_app/public/js/app-9.js

```
} else {
  return product;
}
```

最后使用 setState() 方法来更新 state。

因为 map() 方法创建了新数组，所以你可能会问：为什么不能直接修改 product 对象呢？像这样：

```
if (product.id === productId) {
  product.votes = product.votes + 1;
}
```

当我们创建一个新数组时，**它的 product 变量仍引用位于 state 中的原数组里的 product 对象**。因此，如果对它进行修改，那么也会修改 state 中的对象。所以我们使用 Object.assign() 方法将原 product 对象克隆到新对象中，然后再修改新对象上的 votes 属性。

对向上投票的 state 修改已到位，还有最后一件事要做：自定义的 handleProductUpVote() 组件方法现在引用 this。我们需要添加一个 bind() 方法调用，就像对 Product 组件中的 handleUpVote() 方法那样：

voting_app/public/js/app-9.js

```
class ProductList extends React.Component {
  constructor(props) {
    super(props);

    this.state = {
```

```
    products: [],
};

    this.handleProductUpVote = this.handleProductUpVote.bind(this);
}
```

现在 handleProductUpVote() 方法中的 this 引用的就是当前组件了。

应用程序最终应该响应用户的交互。保存 app.js 并刷新浏览器，见图 1-16。

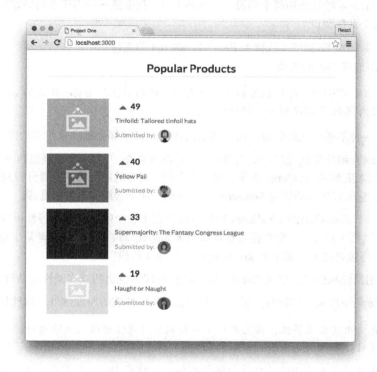

图 1-16　刷新浏览器之后的页面

投票计数器终于可以正常工作了！尝试对一个产品进行多次投票，并注意看它如何超过票数较少的产品。

1.11　用 Babel 插件重构 transform-class-properties

本节将探索使用实验性的 JavaScript 特性对类组件进行重构的可能性。你很快就会明白这个特性在 React 开发人员中受欢迎的原因。由于社区依然在采纳此特性，因此本书会向你展示两种类组件样式。

我们可以使用 Babel 的**插件**和**预设库**来使用此特性。

1.11.1 Babel 插件和预设

这个项目一直使用 Babel，它使我们能够编写时髦的 JavaScript，并能在大多数 Web 浏览器中运行。具体来说，我们的代码一直使用 Babel 将 ES6 语法和 JSX 转换为 vanilla ES5 JavaScript。

有几种方法可以将 Babel 集成到项目中。我们一直在使用 babel-standalone，它可以让我们快速设置 Babel 以便直接在浏览器中使用。

babel-standalone 默认使用两个预设。在 Babel 中，**预设是一组用于支持特定语言特性的插件**。Babel 一直使用两个默认预设。

- es2015：添加对 ES2015（或称为 ES6）JavaScript 的支持。
- react：添加对 JSX 的支持。

> ℹ️ 请记住，ES2015 只是 ES6 的另一个名称。此项目使用 Babel 默认的 es2015 预设，因为无须使用 ES7 的两个新特性。

JavaScript 是一种不断变化的语言。按照目前的速度，每年都会批准采用新的语法。

由于 JavaScript 会继续发展，像 Babel 这样的工具会继续存在。开发人员希望能利用最新的语言特性，但浏览器需要时间来更新其 JavaScript 引擎，而且大众需要更多的时间将浏览器升级到最新版本。Babel 缩小了这个差距。它的代码库能够与 JavaScript 一起发展，而不会抛弃旧的浏览器。

除了 ES7 之外，后面提出的 JavaScript 特性可以存在于各个阶段。一个特性可以是实验提案，社区仍在制定细节（"第 1 阶段"）。实验提案存在随时被删除或修改的风险。或者某个特性可能已被"批准"，这意味着它将包含在下一版本的 JavaScript 中（"第 4 阶段"）。

我们可以使用预设和插件自定义 Babel，以利用这些即将推出的或实验性的特性。

本书一般会避免使用实验性特性，但有一个看起来要被批准的特性例外：属性初始化器。

> ℹ️ 避免使用实验性特性，因为我们不希望教授可能被修改或删除的特性。对于你自己的项目，使用 JavaScript 特性的"严格"程度取决于你和你的团队。
>
> 想了解更多有关 Babel 预设和插件的信息，请在 Babel 网站搜索 Plugins 查看相关文档。

1.11.2 属性初始化器

有关属性初始化器的详细信息，请在 GitHub 网站搜索 proposal-class-public-fields，查看提案"ES Class Fields & Static Properties"。虽然实验性特性尚未被批准，但属性初始化器提供了一个引人注目的语法，大大简化了 React 类组件。该特性与 React 搭配使用效果非常好。

属性初始化器能在 Babel 插件 transform-class-properties 中使用。回想一下，在 index.html 中我们为 app.js 指定了这个插件：

```
<script
  type="text/babel"
  data-plugins="transform-class-properties"
```

```
      src="./js/app.js"
></script>
```

因此,我们已准备好在代码中使用此特性。了解此特性的最佳方式是观察它的实际应用。

1.11.3　重构 Product 组件

在 Product 组件中,我们定义了组件方法 handleUpVote()。如前所述,因为 handleUpVote()方法不是标准 React 组件 API 中的一部分,所以 React 不会将该方法内部的 this 绑定到组件。因此我们必须在构造函数中手动执行绑定:

voting_app/public/js/app-9.js

```
class Product extends React.Component {
  constructor(props) {
    super(props);

    this.handleUpVote = this.handleUpVote.bind(this);
  }

  handleUpVote() {
    this.props.onVote(this.props.id);
  }

  render() {
```

使用 transform-class-properties 插件,我们可以将 handleUpVote 写为箭头函数。这会确保函数内部的 this 能绑定到当前组件,正如预期:

voting_app/public/js/app-complete.js

```
class Product extends React.Component {
  handleUpVote = () => (
    this.props.onVote(this.props.id)
  );

  render() {
```

使用此特性,可以删除 constructor()函数,无须手动绑定调用。

请注意,render()之类的方法是标准 React API 的一部分,依然会被保留为类方法。如果我们编写一个自定义组件方法并希望将 this 绑定到组件,就可以使用箭头函数来写。

1.11.4　重构 ProductList 组件

可以对 ProductList 组件中的 handleProductUpVote 函数进行相同的处理。此外,属性初始化器提供了一种可选的定义组件初始状态的方法。

之前我们使用 ProductList 组件中的 constructor()函数将 handleProductUpVote 函数绑定到组件并定义了组件的初始状态:

```
class ProductList extends React.Component {
  constructor(props) {
    super(props);

    this.state = {
      products: [],
    };

    this.handleProductUpVote = this.handleProductUpVote.bind(this);
  }
```

使用属性初始化器，就不再需要使用构造函数了。可以这样定义初始状态：

voting_app/public/js/app-complete.js

```
class ProductList extends React.Component {
  state = {
    products: [],
  };
```

如果将 handleProductUpVote 定义为箭头函数，那么 this 也将按照我们的期望绑定到组件：

voting_app/public/js/app-complete.js

```
handleProductUpVote = (productId) => {
  const nextProducts = this.state.products.map((product) => {
    if (product.id === productId) {
      return Object.assign({}, product, {
        votes: product.votes + 1,
      });
    } else {
      return product;
    }
  });
  this.setState({
    products: nextProducts,
  });
}
```

总之，可以使用属性初始化器为 React 组件进行两处重构：

(1) 使用箭头函数来自定义组件方法（避免必须要绑定 this）；

(2) 在 constructor() 函数之外定义初始状态。

本书展示了两种方法，因为它们都已被广泛使用。对于是否使用 transform-class-properties 插件，每个项目都是一致的。欢迎你继续在自己的项目中使用 vanilla ES6。不过，transform-class-properties 插件提供的简洁性往往太有吸引力了，而不容错过。

    将 ES6/ES7 与其他预设或插件一起使用有时被社区称为 "ES6+/ES7+"。

1.12 祝贺你

我们刚刚编写了第一个 React 应用程序。还有很多强大的特性没有介绍，但它们都建立在刚刚介绍的核心基础之上：

(1) 我们将 React 应用程序视为组件，并将其组织起来；

(2) 在 render() 方法中使用 JSX；

(3) 通过 props 实现数据从父组件流向子组件；

(4) 通过函数实现事件从子组件流向父组件；

(5) 利用 React 生命周期方法；

(6) 有状态的组件以及 state 与 props 的不同之处；

(7) 如何在 state 被视为不可变时操作它。

继续前进吧！

## 第 2 章

组　　件

2.1　计时器应用程序

上一章描述了 React 如何将应用程序组织到组件中以及如何在父组件和子组件之间传递数据，并讨论了核心概念，比如如何管理 state 以及使用 props 在组件之间传递数据。

本章将构建一个更复杂的应用程序。我们将研究一种模式，你可以使用该模式从头开始构建 React 应用程序，然后可以用这些步骤构建计时器管理界面。

在这个时间跟踪应用程序中，用户可以添加、删除和修改各种计时器。每个计时器都对应用户想要计时的不同任务，见图 2-1。

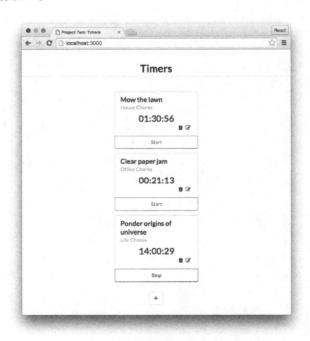

图 2-1　计时器对应于用户想要计时的任务

此应用程序将比上一章构建的应用程序具有更多的交互功能。这会给我们带来一些有趣的挑战，并加深我们对 React 核心概念的熟悉程度。

2.2 开始

和其他章节一样，请确保你已下载了本书的示例代码并准备就绪。

2.2.1 应用程序预览

下面从一个完整实现的应用程序开始。

在终端中，使用 cd 命令进入 time_tracking_app 目录：

```
$ cd time_tracking_app
```

使用 npm 安装所有依赖项：

```
$ npm install
```

然后启动服务器：

```
$ npm start
```

现在可以在浏览器中查看该应用程序了。打开浏览器并输入 http://localhost:3000。

花几分钟来体验一下它所有的功能。刷新浏览器并注意我们的更改已持久化。

 请注意，此应用程序与投票应用程序使用了不同的 Web 服务器。此应用程序不会在浏览器中自动启动，也不会在你做出更改时自动刷新。

2.2.2 应用程序准备

在终端中运行 ls 命令来查看项目的布局：

```
$ ls
README.md
data.json
nightwatch.json
node_modules/
package.json
public/
semantic.json
server.js
tests/
```

这和上一个项目相比有一些结构上的变化。

首先，注意现在项目中有一个 server.js 文件。上一章使用了预构建的 Node 包（称为 live-server）来提供资源。

这次有一个定制服务器，它提供资源，并且还增加了一个持久层。下一章将详细介绍服务器。

访问网站时，**资源**是浏览器下载并用于显示该页面的文件。传递到浏览器的 index.html 在 head 标签内指定了浏览器需要从服务器下载的附加文件。

上一个项目中资源是 index.html、样式表和图片。

在这个项目中，public 目录下的所有文件都是资源。

在投票应用程序中，我们从 JavaScript 变量中加载了应用程序的所有初始数据，而这些数据又是从 seed.js 文件中加载的。

这一次，我们最终会将它存储在 data.json 文本文件中。这种做法更接近于数据库。通过使用 JSON 文件，可以对数据进行编辑，即使应用程序关闭了，这些数据也会被持久化。

 JSON 的全称是 JavaScript Object Notation，它使我们能够序列化 JavaScript 对象并可以在文本文件中进行读写。

如果不熟悉 JSON，可以查看 data.json 文件。很容易识别，对吧？JavaScript 有一种内置的机制来解析此文件的内容并使用它的数据来初始化 JavaScript 对象。

看 public 目录：

```
$ cd public
$ ls
```

这里的结构与上一个项目相同：

```
favicon.ico
index.html
js/
semantic/
style.css
vendor/
```

index.html 也是这个应用程序的核心。它是包含所有 JavaScript 和 CSS 文件的地方，也是我们指定最终挂载 React 应用程序的 DOM 节点的地方。

这里再次使用 Semantic UI 进行样式设计。所有 Semantic UI 的资源都在 semantic/目录下面，而所有的 JavaScript 文件都在 js/目录下：

```
$ ls js/
app-1.js
app-2.js
app-3.js
app-4.js
app-5.js
app-6.js
app-7.js
app-8.js
app-9.js
app-complete.js
app.js
client.js
helpers.js
```

我们将在 app.js 中构建应用程序。下一章将完成的应用程序的完整版本代码位于 app-complete.js

中。我们经历的每个步骤都包括在这里：app-1.js、app-2.js 等。和上一章一样，本章中的代码示例以文件目录为标题，以帮助你在文件中找到该示例。

另外，此项目将使用一些额外的 JavaScript 文件。我们会看到 client.js 包含了下一章中用来与服务器连接的函数。helpers.js 包含了一些组件会使用的辅助函数。

和以前一样，第一步是要确保在 index.html 中不再加载 app-complete.js。需要改为加载空的 app.js 文件。

打开 index.html：

time_tracking_app/public/index.html

```html
<!DOCTYPE html>
<html>

  <head>
    <meta charset="utf-8">
    <title>Project Two: Timers</title>
    <link rel="stylesheet" href="./semantic-dist/semantic.css" />
    <link rel="stylesheet" href="style.css" />
    <script src="vendor/babel-standalone.js"></script>
    <script src="vendor/react.js"></script>
    <script src="vendor/react-dom.js"></script>
    <script src="vendor/uuid.js"></script>
    <script src="vendor/fetch.js"></script>
  </head>

  <body>
    <div id="main" class="main ui">
      <h1 class="ui dividing centered header">Timers</h1>
      <div id="content"></div>
    </div>
    <script type="text/babel" src="./js/client.js"></script>
    <script type="text/babel" src="./js/helpers.js"></script>
    <script
      type="text/babel"
      data-plugins="transform-class-properties"
      src="./js/app.js"
    ></script>
    <!-- 在开始前删除下面的 script 标签 -->
    <script
      type="text/babel"
      data-plugins="transform-class-properties"
      src="./js/app-complete.js"
    ></script>
  </body>

</html>
```

总的来说，这个文件与我们在投票应用程序中使用的文件非常相似。我们在 head 标签中加载依赖项（资源）。在 body 内部有一些元素，而以下 div 是我们最终挂载 React 应用程序的地方：

time_tracking_app/public/index.html

```html
<div id="content"></div>
```

下面的 script 标签是我们引导浏览器把 app.js 加载到页面的地方：

time_tracking_app/public/index.html

```
<script
  type="text/babel"
  data-plugins="transform-class-properties"
  src="./js/app.js"
></script>
```

本章再次使用 Babel 的 transform-class-properties 插件。上一章的末尾讨论了这个插件。

按照注释说明删除加载 app-complete.js 的 script 标签：

```
<script
  type="text/babel"
  data-plugins="transform-class-properties"
  src="./js/app.js"
></script>
<!-- 在开始前删除下面的 script 标签 -->
<script
  type="text/babel"
  data-plugins="transform-class-properties"
  src="./js/app-complete.js"
></script>
```

保存 index.html。如果你现在重新加载页面，会看到应用程序已经消失。

2.3　第(1)步：将应用程序分解为组件

正如我们在上一个项目中所做的那样，开始前应该将应用程序分解为组件。同样，可视化组件通常紧密映射到它们各自的 React 组件。让我们来看看应用程序的界面，见图 2-2。

图 2-2　应用程序的界面

　　上一个项目中有 ProductList 和 Product 组件，前者包含后者的实例。这里，我们发现了与此相同的模式，这次是 TimerList 和 Timer 组件，见图 2-3。

　　但有一个较小的区别：在计时器列表底部有一个小的"+"图标。如我们所见，使用此按钮可以将新的计时器添加到列表中。因此，TimerList 事实上不仅仅是计时器列表组件，而且还包含了一个用于创建新计时器的小部件。

　　可以将组件视为函数或对象，并应用单一职责原则。理想情况下，组件应该只**负责一项功能**。因此正确的做法是将 TimerList 组件的职责范围缩小为仅展示计时器列表，然后将它嵌套在父组件下。我们将父组件称为 TimersDashboard。TimersDashboard 组件把 TimerList 组件和"+"创建表单小部件作为子级，见图 2-4。

图2-3　TimerList组件包含Timer组件的实例

图2-4　TimersDashboard组件把TimerList组件和"+"创建表单小部件作为子级

　　职责分离不仅使组件变得简单，而且通常还可以提高它的复用性。将来我们可以将 TimerList 组件放在应用程序中的任何位置，假如这些位置只显示一个计时器列表。此组件不再承担创建计时器的职责，我们可能只希望这个面板视图具有该行为。

> 如何命名组件确实取决于你，但是要有一些一致的规则，就像我们围绕着语言所做的那样，这将大大提高代码的清晰度。
>
> 在这种情况下，开发人员可以快速推断出以 List 结尾的任何组件只渲染一个子级列表，仅此而已。

　　"+"创建表单小部件很有趣，因为它有两个不同的表示。当点击"+"按钮时，小部件将转换为表单。表单关闭后，小部件又会转换回"+"按钮。

我们可以采取两种方法。一种方法是让 TimersDashboard 父组件根据一些有状态的数据决定渲染"+"组件还是表单组件。这样可以在两个子组件之间切换，但会增加 TimersDashboard 组件的职责。另一种方法是创建一个新的拥有单一职责的组件，它负责决定显示"+"按钮还是创建计时器表单。我们称之为 ToggleableTimerForm 组件。作为子组件，它可以渲染 TimerForm 组件或"+"按钮的 HTML 标记代码。

这时候已划分出四个组件，见图 2-5。

图 2-5　划分的四个组件

现在我们有了敏锐的眼光来识别超负荷的组件，另一个候选组件应该引起我们的注意，见图 2-6。

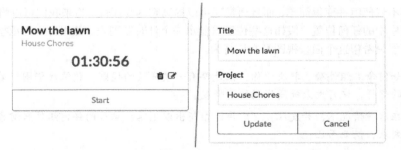

图 2-6　单个计时器：显示时间（左）与编辑表单（右）

计时器本身具有相当多的功能。它可以转换为编辑表单，能删除自身，还可以自行启动和停止。需要将它拆分出来吗？如果需要，该怎么做？

显示计时器和编辑计时器是两个不同的 UI 元素。它们应该是两个不同的 React 组件。像 `ToggleableTimerForm` 组件一样，我们需要一个容器组件，并根据是否正在编辑计时器的状态来决定是渲染计时器的外观还是编辑表单。

我们称这个容器组件为 `EditableTimer`。`EditableTimer` 组件的子组件会是 `Timer` 组件或编辑表单组件。创建和编辑计时器的表单非常相似，因此假定在两个上下文中可以使用同一个 `TimerForm` 组件，见图 2-7。

至于计时器的其他功能，比如启动和停止按钮，现在还很难确定它们是否应该拥有自己的组件。不过可以相信，在我们编写了一些代码后，答案会更加明显。

回顾一下组件树，可以看到 `TimerList` 的组件名称是不恰当的。它实际上是一个 `EditableTimerList` 组件，但其他的看起来不错。

因此，我们有了最终的组件层次结构，但对于计时器组件的最终状态还有些模糊，见图 2-8。

图2-7　两个上下文中可以使用同一个 TimerForm组件

图2-8　最终的组件层次结构

- TimersDashboard：父容器
  - EditableTimerList：显示计时器的容器列表
    * EditableTimer：显示计时器或它的编辑表单
      · Timer：显示给定的计时器
      · TimerForm：显示给定计时器的编辑表单
  - ToggleableTimerForm：显示用于创建新计时器的表单
    * TimerForm（还没有显示过）：显示新计时器的创建表单

用层次树表示见图 2-9。

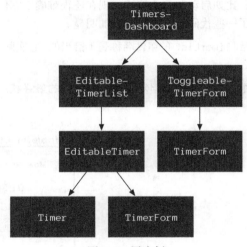

图 2-9　层次树

> 在之前的应用程序中，ProductList 组件不仅需要渲染组件，还负责处理向上投票事件并和数据仓库进行交互。虽然这样做应用程序也能工作，但可以想象随着代码库的扩展，总有一天我们会想要释放 ProductList 组件的职责。
>
> 例如，假设在 ProductList 组件中添加了"按票数排序"功能。如果希望某些页面可以排序（类别页面），但其他页面是静态的（只显示前 10 名），该怎么办？我们希望将排序职责"提升"到父组件，并使 ProductList 组件成为列表的直接渲染器。
>
> 这个新的父组件需要包括排序组件，并且将排序后的产品传递给 ProductList 组件。

2.4　从头开始构建 React 应用程序的步骤

现在我们已很好地理解了组件的组成，并已准备好构建应用程序的静态版本。顶层组件最终将与服务器通信。**服务器将是初始状态的数据来源**，React 会根据服务器提供的数据进行渲染。应用程序也会向服务器发送更新数据，例如启动计时器时，见图 2-10。

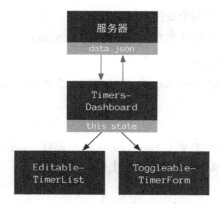

图 2-10 计时器应用程序的数据交互

但就像在上一章中所做的那样，如果我们从构建静态组件开始将简化一些工作。React 组件只会渲染 HTML。点击按钮不会产生任何行为，因为我们没有连接任何交互。这将使我们能够为应用程序奠定框架，并清楚地了解组件树的组织方式。

接下来可以确定应用程序的 state 以及它应该在哪个组件中。首先将 state 硬编码到组件中，而不是从服务器加载。

在那时我们将拥有**从父组件到子组件**的数据流。然后可以添加反向数据流，将事件**从子组件传递到父组件**。最后修改顶层组件使它能与服务器通信。

事实上，这是一个从零开始开发 React 应用程序的实用框架：

(1) 将应用程序分解为组件；

(2) 构建应用程序的静态版本；

(3) 确定哪些组件应该是有状态的；

(4) 确定每个 state 应该位于哪个组件中；

(5) 通过硬编码来初始化 state；

(6) 添加反向数据流；

(7) 添加服务器通信。

在上一个项目中我们遵循了这个模式。

(1) 将应用程序分解为组件

我们查看了所需的 UI，并确定了需要 ProductList 和 Product 组件。

(2) 构建应用程序的静态版本

组件开始时没有使用 state。不过我们让 ProductList 组件将静态的 props 传递给 Product 组件。

(3) 确定哪些组件应该是有状态的

为了使应用程序具有交互性，我们必须能够修改每个产品的 votes 属性。每个产品都必须是可变的，因此它们是有状态的。

(4) 确定每个 state 应该位于哪个组件中

ProductList 组件使用 React 组件类方法来管理投票的 state。

(5) 通过硬编码来初始化 state

我们使用 this.state 来重写 ProductList 组件时，会从 Seed.products 数组中获取数据并为 this.state 赋值。

(6) 添加反向数据流

我们在 ProductList 组件中定义了 handleUpVote()函数，并通过 props 传递下去，以便每个 Product 组件都可以向 ProductList 组件通知向上投票事件。

(7) 添加通信服务器

我们没有将服务器组件添加到上一个应用程序中，但会在这次添加，具体内容在第 3 章讲解。

如果此过程中的步骤你现在还没有完全清楚，请不要担心。本章的目的就是让你熟悉此过程。

我们已介绍了步骤(1)并对所有组件有了很好的理解，除了在 Timer 组件上的一些不确定性。步骤 (2)是构建应用程序的静态版本。与上一个项目一样，这相当于定义 React 组件、它们的层次结构及 HTML 表示。现在完全避开了使用 state。

2.5　第(2)步：构建应用程序的静态版本

2.5.1　TimersDashboard 组件

让我们从 TimersDashboard 组件开始。同样，本章所有 React 代码都将在 public/app.js 文件中。

首先定义 render()方法：

time_tracking_app/public/js/app-1.js

```
class TimersDashboard extends React.Component {
  render() {
    return (
      <div className='ui three column centered grid'>
        <div className='column'>
          <EditableTimerList />
          <ToggleableTimerForm
            isOpen={true}
          />
        </div>
      </div>
    );
  }
}
```

此组件负责渲染嵌套在 div 标签下的两个子组件。TimersDashboard 组件传递 isOpen 属性给 ToggleableTimerForm 组件。子组件用它来决定是渲染 "+" 或 TimerForm 组件。当 ToggleableTimerForm 组件为 "打开" 状态时，则表示正在显示表单。

和上一章一样，不用担心 div 标签上的 className 属性。它最终会定义为 HTML 中的 div 元素上的类，纯粹用于样式显示。

这个例子中像 ui three column centered grid 这些类都来自 Semantic UI CSS 框架。该框架已包含在 index.html 的头部。

接下来将定义 EditableTimerList 组件。它将渲染两个 EditableTimer 组件，其中一个最终会渲染计时器的外观，另一个则会渲染计时器的编辑表单：

time_tracking_app/public/js/app-1.js

```
class EditableTimerList extends React.Component {
  render() {
    return (
      <div id='timers'>
        <EditableTimer
          title='Learn React'
          project='Web Domination'
          elapsed='8986300'
          runningSince={null}
          editFormOpen={false}
        />
        <EditableTimer
          title='Learn extreme ironing'
          project='World Domination'
          elapsed='3890985'
          runningSince={null}
          editFormOpen={true}
        />
      </div>
    );
  }
}
```

我们将五个 props 传递给每个子组件。这两个 EditableTimer 组件的主要区别是 editFormOpen 属性设置的值。我们使用布尔值来指示 EditableTimer 组件该渲染哪个子组件。

 runningSince 属性的用途稍后将在应用程序的开发中介绍。

2.5.2　EditableTimer 组件

EditableTimer 组件基于 editFormOpen 属性的值来决定返回 TimerForm 组件还是 Timer 组件：

time_tracking_app/public/js/app-1.js

```
class EditableTimer extends React.Component {
  render() {
    if (this.props.editFormOpen) {
      return (
        <TimerForm
          title={this.props.title}
          project={this.props.project}
        />
```

```
      );
    } else {
      return (
        <Timer
          title={this.props.title}
          project={this.props.project}
          elapsed={this.props.elapsed}
          runningSince={this.props.runningSince}
        />
      );
    }
  }
}
```

注意，title 和 project 都作为 props 传递给 TimerForm 组件。这使得组件能够用计时器的当前值来填充这些字段。

2.5.3　TimerForm 组件

我们将构建一个包含两个输入字段的 HTML 表单。第一个输入字段是 title，第二个输入字段是 project，底部还有一对按钮：

time_tracking_app/public/js/app-1.js

```
class TimerForm extends React.Component {
  render() {
    const submitText = this.props.title ? 'Update' : 'Create';
    return (
      <div className='ui centered card'>
        <div className='content'>
          <div className='ui form'>
            <div className='field'>
              <label>Title</label>
              <input type='text' defaultValue={this.props.title} />
            </div>
            <div className='field'>
              <label>Project</label>
              <input type='text' defaultValue={this.props.project} />
            </div>
            <div className='ui two bottom attached buttons'>
              <button className='ui basic blue button'>
                {submitText}
              </button>
              <button className='ui basic red button'>
                Cancel
              </button>
            </div>
          </div>
        </div>
      </div>
    );
  }
}
```

请看 input 标签。我们指定了它们的类型是 text，然后使用了 React 的 defaultValue 属性。当表单用于编辑时，我们将根据需要把字段设置为计时器的当前值。

> ⓘ　稍后我们将在 ToggleableTimerForm 组件中再次使用 TimerForm 组件来创建计时器。ToggleableTimerForm 组件不会给 TimerForm 组件传递任何 props。因此 this.props.title 和 this.props.project 的值都将返回 undefined，并且输入字段的值也将为空。

我们在 render()方法开头和 return 语句之间定义了 submitText 变量。该变量通过判断 this.props.title 是否存在来确定表单底部的提交按钮应显示的文本。如果 title 存在，可以知道我们正在编辑现有的计时器，因此它显示 "Update"（更新），否则，显示 "Create"（创建）。

有了所有这些逻辑，TimerForm 组件已准备好渲染用于创建新的计时器或者是编辑现有计时器的表单了。

> ⓘ　我们使用带有**三元运算符**的表达式来设置 submitText 的值。语法如下：
>
> condition ? expression1 : expression2
>
> 如果 condition 为 true，则运算符返回 expression1 的值；否则，返回 expression2 的值。在我们的示例中，变量 submitText 被设置为返回的表达式。

2.5.4　ToggleableTimerForm 组件

让我们把注意力转向 ToggleableTimerForm 组件。回顾一下，它是 TimerForm 组件的包装组件。它可以显示 "+" 按钮或 TimerForm 组件。现在它接收来自父组件的单个属性 isOpen，并用来指示其行为：

time_tracking_app/public/js/app-1.js

```
class ToggleableTimerForm extends React.Component {
  render() {
    if (this.props.isOpen) {
      return (
        <TimerForm />
      );
    } else {
      return (
        <div className='ui basic content center aligned segment'>
          <button className='ui basic button icon'>
            <i className='plus icon' />
          </button>
        </div>
      );
    }
  }
}
```

如前所述，TimerForm 组件不会从 ToggleableTimerForm 组件接收任何 props。因此，它的 title

和 project 字段将被渲染为空。

　　else 代码块下的 return 语句是用于渲染 "+" 按钮的标记代码。可以认为这应该是它自己的 React 组件（比如 PlusButton），但目前先把代码放在 ToggleableTimerForm 组件中。

2.5.5　Timer 组件

　　下面介绍 Timer 组件。同样，不必担心所有的 div 和 span 元素以及 className 属性。我们提供了以下代码用于样式渲染：

time_tracking_app/public/js/app-1.js

```
class Timer extends React.Component {
  render() {
    const elapsedString = helpers.renderElapsedString(this.props.elapsed);
    return (
      <div className='ui centered card'>
        <div className='content'>
          <div className='header'>
            {this.props.title}
          </div>
          <div className='meta'>
            {this.props.project}
          </div>
          <div className='center aligned description'>
            <h2>
              {elapsedString}
            </h2>
          </div>
          <div className='extra content'>
            <span className='right floated edit icon'>
              <i className='edit icon' />
            </span>
            <span className='right floated trash icon'>
              <i className='trash icon' />
            </span>
          </div>
        </div>
        <div className='ui bottom attached blue basic button'>
          Start
        </div>
      </div>
    );
  }
}
```

　　此应用程序中 elapsed 是以毫秒为单位的。这是 React 会保留的数据的表示形式，也是一个很好的机器表示，但我们希望给普通用户展示更易读的格式。

　　我们使用了 helpers.js 中定义的 renderElapsedString() 函数。如果你对它的实现方式感到好奇，可以打开该文件查看。该字符串渲染的格式为 "HH:MM:SS"。

> 请注意，虽然我们可以以秒而不是毫秒为单位存储 elapsed，但 JavaScript 的时间功能是以毫秒为单位的。为简单起见，我们将 elapsed 与此保持一致。作为奖励，计时器也会稍微准确一些，即使它们在显示给用户时会四舍五入成秒。

2.5.6 应用程序渲染

在定义了所有组件之后，最后一步是确保我们调用了 ReactDOM#render() 方法，接着就可以查看静态应用程序了。把该方法放在文件的底部：

time_tracking_app/public/js/app-1.js

```
ReactDOM.render(
  <TimersDashboard />,
  document.getElementById('content')
);
```

> 同样，我们使用 ReactDOM#render() 方法指定需要渲染的 React 组件以及在 HTML 文档（index.html）中的渲染位置。
>
> 在这个案例中，我们在 id 为 content 的 div 中渲染 TimersDashboard 组件。

2.5.7 试试看

保存 app.js 并启动服务器（npm start）。在浏览器中打开地址 localhost:3000，见图 2-11。

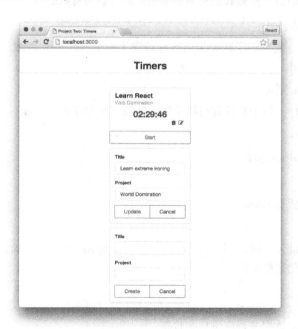

图 2-11 打开地址 localhost:3000

调整一些 props 并刷新，然后查看结果。例如：

- 将传递给 ToggleableTimerForm 组件的属性从 true 翻转为 false，然后就能看到 "+" 按钮被渲染出来；
- 在 editFormOpen 属性上翻转参数值，然后见证 EditableTimer 组件会渲染相应的子组件。

让我们回顾一下在页面上显示的所有组件。

TimersDashboard 组件的内部是两个子组件：EditableTimerList 组件和 ToggleableTimerForm 组件。

EditableTimerList 组件包含两个 EditableTimer 组件。第一个组件有一个 Timer 组件作为子组件，第二个组件是 TimerForm 组件。这些底层组件（也称为**叶子组件**）占据了页面的大部分 HTML。这是普遍的情况。叶子组件上方的组件主要与流程控制有关。

ToggleableTimerForm 组件渲染 TimerForm 组件。要注意页面上的两个表单如何为其按钮设置不同的语义，第一个是更新，第二个是创建。

2.6　第(3)步：确定哪些组件应该是有状态的

为了使应用程序具有交互性，我们必须将它从静态的发展为可变的。第一步是明确**什么**应该是可变的。让我们首先收集静态应用程序中每个组件使用的数据。在静态应用程序中，数据存在于我们定义或使用 props 的任何地方。然后我们将确定哪些数据应该是有状态的。

TimersDashboard 组件

在静态应用程序中，它声明了两个子组件并设置了一个 isOpen 属性，即传递给 ToggleableTimerForm 组件的布尔值。

EditableTimerList 组件

它声明了两个子组件，每个都具有与给定计时器属性相对应的 props。

EditableTimer 组件

它使用了 editFormOpen 属性。

Timer 组件

它使用了计时器的所有 props。

TimerForm 组件

它具有两个交互式输入字段，一个是 title，另一个是 project。当编辑现有计时器时，它会使用计时器的当前值初始化这些字段。

2.6.1　state 准则

可以应用准则来确定数据是否应该具有状态：

以下问题来自 Facebook 的优秀文章 "Thinking In React"。你也可以阅读原文。

(1) 它是通过 props 从父组件那里传递进来的吗？如果是的话，那它很可能不是 state。

子组件使用的许多数据已列在其父组件中。这个准则有助于减少重复。

例如，"计时器属性"已被多次列出。当我们看到 EditableTimerList 组件声明的属性时，可以将其视为 state。但是当我们在其他地方看到时，它就不是 state 了。

(2) 它会随着时间而改变吗？如果不是的话，那它很可能不是 state。

这是有状态的数据的关键准则：它会发生变化。

(3) 可以根据组件中的其他 state 或 props 来计算它吗？如果是的话，那它就不是 state。

为简单起见，我们希望用尽可能少的数据点来表示 state。

2.6.2 应用准则

TimersDashboard 组件

- ToggleableTimerForm 组件中的 isOpen 布尔值

有状态的。数据在这里定义。它会随着时间而改变，且不能从其他 state 或 props 计算得到。

EditableTimerList 组件

- 计时器属性

有状态的。数据在此组件中定义。它会随着时间而改变，且不能从其他 state 或 props 计算得到。

EditableTimer 组件

- 给定计时器的 editFormOpen 属性

有状态的。数据在此组件中定义。它会随着时间改变，且不能从其他 state 或 props 计算得到。

Timer 组件

- 计时器属性

在这个上下文中，它**不是有状态的**。属性是从父组件传递而来。

TimerForm 组件

我们可能会得出这样的结论，TimerForm 组件没有管理任何有状态的数据，因为 title 和 project 是从父组件传递下来的 props。不过，我们将看到表单本身就是特殊的状态管理器。

因此除了 TimerForm 组件外，我们已确定了这些数据是有状态的：

- 计时器列表和每个计时器的属性；
- 是否打开计时器的编辑表单；
- 是否打开创建表单。

2.7 第(4)步：确定每个 state 应该位于哪个组件中

虽然我们能确定这些有状态的数据存在于静态应用程序中的特定组件里，但这并不表示它处在有状态的应用程序中的最佳位置。下面的任务是确定三个独立的 state 中每个 state 的最佳位置。

这会是一个挑战，但我们可以再次从 Facebook 的指南 "Thinking in React" 中学习并应用以下步骤来帮助我们完成这个过程。

对于每一个 state：

- 标识基于该 state 渲染的每个组件；
- 查找共同所有者组件（在层次结构中需要该 state 的所有组件上方的单个组件）；
- 共同所有者组件或其他层次结构中较高层的组件应该拥有该 state；
- 如果你找不到拥有该 state 的组件，只需创建一个新组件来保存 state，并将其添加到共同所有者组件上方层次结构中的某个位置。

让我们将此方法应用到应用程序中。

2.7.1 计时器列表和每个计时器的属性

乍一看，我们可能会认为 TimersDashboard 组件似乎没有使用这个 state。相反，使用它的第一个组件是 EditableTimerList 组件。这与静态应用程序中声明此数据的位置相匹配。由于 ToggleableTimerForm 组件似乎也没有使用这个 state，因此我们可能推断出 EditableTimerList 组件必须是共同所有者。

虽然这可能符合显示、修改和删除计时器的情况，但创建呢？ToggleableTimerForm 组件不需要根据 state 渲染，不过它可以影响 state。它需要具备插入一个新计时器的能力，并将新计时器的数据向上传递到 TimersDashboard 组件。

因此，TimersDashboard 组件才是真正的共同所有者。它将通过传递计时器的 state 来渲染 EditableTimerList 组件。TimersDashboard 组件可以处理 EditableTimerList 组件的相关修改和 ToggleableTimerForm 组件创建新计时器的操作，并能够改变 state。新的 state 将通过 Editable-TimerList 组件向下传递。

2.7.2 是否打开计时器的编辑表单

在静态应用程序中，EditableTimerList 组件指定了 EditableTimer 组件是否应该渲染打开的编辑表单。从技术上讲，这个 state 应该只存在于每个 EditableTimer 组件中。这是因为在层次结构中没有父组件依赖于此数据。

将 state 存储在 EditableTimer 组件中可以满足当前的需求，但将来可能会需要把这个 state "提升" 到组件层次结构的更高位置。

例如我们想要施加一个限制，一次只能打开一个编辑表单，该怎么办？因此 EditableTimerList 组件拥有该 state 是有意义的，因为它需要检查并决定是否允许新的 "编辑表单打开" 事件能响应成功。如果我们希望只允许一个表单打开，包括创建表单，那么需要将该 state 提升到 TimersDashboard 组件中。

2.7.3　创建表单的可见性

TimersDashboard 组件似乎不关心 ToggleableTimerForm 组件是打开的还是关闭的。我们可以放心地推断，state 只存在于 ToggleableTimerForm 组件中。

总之，我们拥有三种 state 分别位于三个不同的组件中：

- TimersDashboard 组件拥有并管理计时器的数据；
- 每个 EditableTimer 组件管理计时器编辑表单的 state；
- ToggleableTimerForm 组件管理表单可见性的 state。

2.8　第(5)步：通过硬编码来初始化 state

现在已做好充分准备让应用程序变得有状态。在这个阶段，我们还不会与服务器通信。相反，我们将在组件中定义初始 state。这意味着需要对顶层组件 TimersDashboard 中的计时器列表进行硬编码。对于其他两种 state，我们将默认关闭组件的表单。

在将初始 state 添加到父组件后，我们需要确保在其子组件中正确地创建 props。

2.8.1　为 TimersDashboard 组件添加 state

首先修改 TimersDashboard 组件并将计时器的数据直接保存在组件内：

time_tracking_app/public/js/app-2.js

```
class TimersDashboard extends React.Component {
  state = {
    timers: [
      {
        title: 'Practice squat',
        project: 'Gym Chores',
        id: uuid.v4(),
        elapsed: 5456099,
        runningSince: Date.now(),
      },
      {
        title: 'Bake squash',
        project: 'Kitchen Chores',
        id: uuid.v4(),
        elapsed: 1273998,
        runningSince: null,
      },
    ],
  };

  render() {
    return (
      <div className='ui three column centered grid'>
        <div className='column'>
          <EditableTimerList
            timers={this.state.timers}
```

```
        />
        <ToggleableTimerForm />
      </div>
    </div>
  );
  }
}
```

我们依靠 Babel 的 `transform-class-properties` 插件来提供属性初始化器的语法。我们使用密钥计时器将初始 state 设置为对象。`timers` 指向一个包含两个硬编码计时器对象的数组。

 上一章讨论了属性初始化器的相关内容。

在下面的 render() 方法中，我们将 `state.timers` 传递给 `EditableTimerList` 组件。

对于 `id` 属性，使用名为 uuid 的库。我们在 index.html 中加载这个库，并使用 uuid.v4() 方法为每个子项随机生成一个通用唯一识别码（Universally Unique Identifier，UUID）。

 UUID 是一个像下面的字符串：

2030efbd-a32f-4fcc-8637-7c410896b3e3

2.8.2   在 EditableTimerList 组件中接收 props

`EditableTimerList` 组件接收计时器列表作为属性，属性名称是 `timers`。修改该组件以使用这些 props：

time_tracking_app/public/js/app-2.js

```
class EditableTimerList extends React.Component {
  render() {
    const timers = this.props.timers.map((timer) => (
      <EditableTimer
        key={timer.id}
        id={timer.id}
        title={timer.title}
        project={timer.project}
        elapsed={timer.elapsed}
        runningSince={timer.runningSince}
      />
    ));
    return (
      <div id='timers'>
        {timers}
      </div>
    );
  }
}
```

希望这看起来很熟悉。我们使用 map() 方法将 timers 数组构建为 EditableTimer 组件列表。这正是上一章我们在 ProductList 组件中构建 Product 组件列表的方式。

2

我们也把 id 传递给 EditableTimer 组件，这个准备很有必要。还记得 Product 组件是怎样通过调用一个函数并传入它的 id 来与 ProductList 组件通信吗？可以肯定的是，还会再来一次。

2.8.3　props 和 state

随着你对 React 的 state 范式有了新理解，让我们重新思考 props。

请记住，**props 可理解为不可改变的 state**。TimersDashboard 组件中存在的可变的 state 将作为不可变的 props 传递给 EditableTimerList 组件。

我们详细讨论了作为 state 的条件，还有它应该存在的位置。幸运的是，不需要对 props 进行同样冗长的讨论。一旦你理解了 state，就能明白 props 是如何作为它的**单向数据管道**的。state 在一些选定的父组件中进行管理，然后该数据通过 props 向下流向子组件。

如果 state 更新了，组件会通过调用 render()方法来管理该 state 并重新渲染。这也导致了它所有的子组件都会依次重新渲染，还有那些子组件的子级，并沿着链条一直往下。

让我们继续沿着这条链走下去吧。

2.8.4　为 EditableTimer 组件添加 state

在应用程序的静态版本中，EditableTimer 组件依赖从父级传递下来的 editFormOpen 属性。我们决定让这个 state 存在于组件本身。

我们将 editFormOpen 的初始值设置为 false，这意味着表单默认是关闭的。我们还会将 id 属性沿着链条向下传递：

time_tracking_app/public/js/app-2.js

```
class EditableTimer extends React.Component {
  state = {
    editFormOpen: false,
  };

  render() {
    if (this.state.editFormOpen) {
      return (
        <TimerForm
          id={this.props.id}
          title={this.props.title}
          project={this.props.project}
        />
      );
    } else {
      return (
        <Timer
          id={this.props.id}
          title={this.props.title}
          project={this.props.project}
          elapsed={this.props.elapsed}
          runningSince={this.props.runningSince}
        />
```

```
      );
    }
  }
}
```

2.8.5　Timer 组件保持无状态

如果你看下 Timer 组件，就会发现它无须修改。它一直使用自己专有的 props，到目前为止还没有受到我们重构的影响。

2.8.6　为 ToggleableTimerForm 组件添加 state

我们知道需要调整 ToggleableTimerForm 组件，因为已经给它分配了一些有状态的职责。我们希望此组件来管理 isOpen 状态。因为该状态与此组件是隔离的，所以下面为应用程序添加第一个交互。

让我们从初始化 state 开始，希望组件初始化为关闭状态：

time_tracking_app/public/js/app-2.js

```
class ToggleableTimerForm extends React.Component {
  state = {
    isOpen: false,
  };
```

接下来定义一个函数来使表单的状态切换为打开：

time_tracking_app/public/js/app-2.js

```
handleFormOpen = () => {
  this.setState({ isOpen: true });
};

render() {
```

如上一章末尾所述，我们需要将此函数编写为**箭头**函数，以确保函数内部的 this 能绑定到组件。React 会自动把与组件 API 相对应的类方法（如 render() 和 componentDidMount() 方法）绑定到组件。

复习一下，如果没有属性初始化器特性，我们只能像这样编写自定义组件方法：

```
handleFormOpen() {
  this.setState({ isOpen: true });
}
```

下一步是在构造函数内将此方法绑定到组件，如下所示：

```
constructor(props) {
  super(props);

  this.handleFormOpen = this.handleFormOpen.bind(this);
}
```

这是一种非常有效的方法，且不使用 ES7 之外的任何特性，但我们会在此项目中使用属性初始化器。

这里还可以添加一些交互：

time_tracking_app/public/js/app-2.js

```
render() {
  if (this.state.isOpen) {
    return (
      <TimerForm />
    );
  } else {
    return (
      <div className='ui basic content center aligned segment'>
        <button
          className='ui basic button icon'
          onClick={this.handleFormOpen}
        >
          <i className='plus icon' />
        </button>
      </div>
    );
  }
}
```

和上一个应用程序中的向上投票按钮一样，我们使用按钮上的 onClick 属性来调用 handleFormOpen()
函数。handleFormOpen() 函数能修改 state，并将 isOpen 设置为 true。这会导致组件重新渲染。当
render() 方法被第二次调用时，this.state.isOpen 的值为 true，ToggleableTimerForm 组件渲染
为 TimerForm 组件。妙！

2.8.7　为 TimerForm 组件添加 state

前面提到 TimerForm 组件会管理 state，因为它包含了一个表单。在 React 中，**表单是有状态的**。

回顾一下，TimerForm 组件包含两个输入字段，见图 2-12。

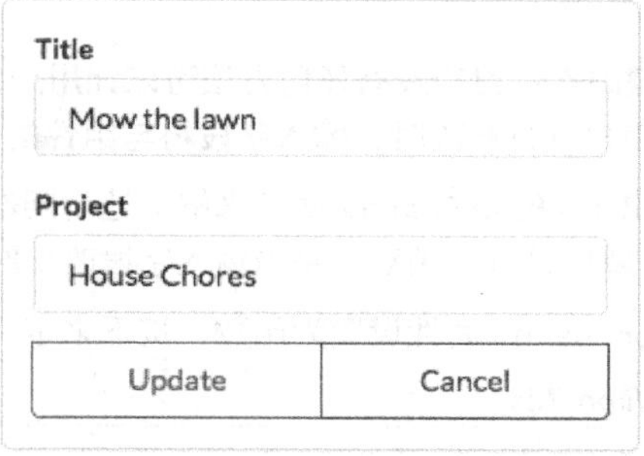

图 2-12　TimerForm 组件包含两个输入字段

这些输入字段对用户来说是可修改的。在 React 中，对组件进行的**所有修改**都应由 React 处理并
保存在 state 中。这包括修改输入字段等变化。通过让 React 管理所有修改，我们可以确保用户在 DOM
上交互的可视化组件与后台 React 组件的状态匹配。

理解这一点的最好方法就是看看它是什么样子的。

要使这些输入字段有状态，首先需要在组件顶部初始化 state：

time_tracking_app/public/js/app-2.js

```
class TimerForm extends React.Component {
  state = {
    title: this.props.title || '',
    project: this.props.project || '',
  };
```

state 对象有两个属性，每个属性对应一个 TimerForm 组件管理的输入字段。我们将这些属性的初始 state 设置为 props 传递下来的值。如果 TimerForm 组件正在**创建**一个新计时器而非编辑现有的计时器，那么这些 props 的值将是 undefined。在这种情况下，我们将两个输入字段的值初始化为空字符串（"）。

 我们希望避免将 title 或 project 字段初始化为 undefined。这是因为从技术上讲，输入字段的值永远不可能是 undefined。如果它为空，那么它在 JavaScript 中的值是空字符串。实际上，如果将输入字段的值初始化为 undefined，React 就会报错。

defaultValue 属性仅在**初始**渲染时设置输入字段的值。可以使用 value 属性将输入字段直接连接到组件的 state，而不用 defaultValue 属性。我们可以这样做：

```
<div className='field'>
  <label>Title</label>
  <input
    type='text'
    value={this.state.title}
  />
</div>
```

通过此更改，输入字段将由状态来驱动。每当状态属性 title 或 project 发生变化时，输入字段就会更新至新值。

然而，我们忽略了一个关键因素：**目前没有任何方法可以让用户修改这个 state**。输入字段将与组件的 state 同步启动，但当用户进行修改时，**输入字段将与组件的 state 不同步**。

可以在 input 元素上使用 React 的 **onChange** 属性来解决这个问题。像按钮或元素的 onClick 属性一样，我们可以将 onChange 属性设置为函数。每当输入字段改变时，React 将调用指定的函数。

让我们把两个输入字段的 onChange 属性设置为函数，接下来定义该函数：

time_tracking_app/public/js/app-2.js

```
<div className='field'>
  <label>Title</label>
  <input
    type='text'
    value={this.state.title}
    onChange={this.handleTitleChange}
  />
</div>
```

```
<div className='field'>
  <label>Project</label>
  <input
    type='text'
    value={this.state.project}
    onChange={this.handleProjectChange}
  />
</div>
```

handleTitleChange 和 handleProjectChange 函数都将在 state 中修改它们各自的属性：

time_tracking_app/public/js/app-2.js

```
handleTitleChange = (e) => {
  this.setState({ title: e.target.value });
};

handleProjectChange = (e) => {
  this.setState({ project: e.target.value });
};
```

当 React 调用传递给 onChange 属性的函数时，它会使用事件对象来调用该函数。我们将此参数称为 e。该事件对象包含 target.value 字段下的更新值。我们将 state 更新为输入字段的新值。

在 React 中组合使用 state、value 和 onChange 属性是编写表单元素的规范方法。第 6 章将深入探讨表单的相关知识，6.2.3 节将详细探讨此主题。

回顾一下，下面是一个 TimerForm 组件生命周期的例子：

(1) 页面上有一个标题为 "Mow the lawn" 的计时器；

(2) 用户切换并打开此计时器的编辑表单，这样 TimerForm 组件就挂载到页面了；

(3) TimerForm 组件将 title 状态属性初始化为字符串"Mow the lawn"；

(4) 用户将输入字段的值修改为"Cut the grass"；

(5) 每次按键时，React 都会调用 handleTitleChange()方法。title 的内部状态与用户在页面上看到的内容保持同步。

通过对 TimerForm 组件进行重构，我们已完成了在选出的组件中建立有状态的数据。向下数据管道中，props 已组装好了。

我们已准备好了，也许有点急切地想去使用反向数据流建立交互。但在开始之前，先保存并重新加载应用程序以确保一切正常。我们希望能看到基于 TimersDashboard 组件中的硬编码数据渲染的新计时器的示例，还希望点击 "+" 按钮能切换并打开表单，见图 2-13。

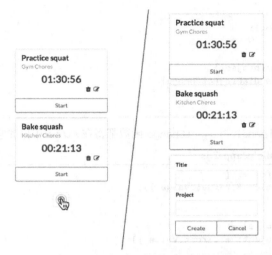

图 2-13　基于 `TimerDashboard` 组件中的硬编码数据渲染的新计时器，
以及可点击的 "+" 按钮

2.9　第(6)步：添加反向数据流

如上一章所述，子组件是通过父组件传递的 props 中的函数与父组件通信的。在 ProductHunt 应用程序中，当点击向上投票按钮时，Product 组件并没有进行任何数据管理的操作。它不是状态的所有者。相反，Product 组件调用了 ProductList 组件传递给它的函数，并传入了它的 id 作为参数。因此 ProductList 组件就能管理状态了。

需要在两个地方使用反向数据流：

- TimerForm 组件需要传递 **create** 和 **update** 事件（在 ToggleableTimerForm 组件下传递 create 事件，而在 EditableTimer 组件下传递 update 事件）。这两个事件最终都会传到 TimersDashboard 组件。
- Timer 组件具有相当多的行为。它需要处理 **delete** 和 **edit** 的点击事件，以及**启动**和**停止**计时器的逻辑。

让我们从 TimerForm 组件开始吧。

2.9.1　TimerForm 组件

为了清楚地了解 TimerForm 组件究竟需要什么，我们首先向它添加事件处理程序，然后在它上层的组件中去做这个事情。

TimerForm 组件需要两个事件处理程序：

- 表单提交时（创建或更新计时器）；
- 点击 "Cancel"（取消）按钮时（关闭表单）。

TimerForm 组件将接收两个 props 传递的函数来处理每个事件。使用 TimerForm 组件的父组件负责提供以下函数。

- props.onFormSubmit(): 在表单提交时调用。
- props.onFormClose(): 点击 "Cancel" 按钮时调用。

我们很快就会明白这样做的目的: 这使得父组件能够在这些事件发生时决定应该采取何种行为。

先修改 TimerForm 组件上的按钮, 并为每个按钮指定 onClick 属性:

time_tracking_app/public/js/app-3.js

```
<div className='ui two bottom attached buttons'>
  <button
    className='ui basic blue button'
    onClick={this.handleSubmit}
  >
    {submitText}
  </button>
  <button
    className='ui basic red button'
    onClick={this.props.onFormClose}
  >
    Cancel
  </button>
</div>
```

"Submit" (提交) 按钮的 onClick 属性指定了 this.handleSubmit 函数, 该函数将在后面定义。"Cancel" 按钮的 onClick 属性直接指定了 props 传递的 onFormClose 函数。

下面来看 handleSubmit()函数:

time_tracking_app/public/js/app-3.js

```
handleSubmit = () => {
  this.props.onFormSubmit({
    id: this.props.id,
    title: this.state.title,
    project: this.state.project,
  });
};

render() {
```

handleSubmit()函数调用了一个尚未定义的 onFormSubmit()函数, 并传入了一个具有 id、title 和 project 属性的数据对象。对于创建表单来说意味着 id 的值是 undefined, 因为 id 还不存在。

在继续之前, 让我们对 TimerForm 组件做最后一次调整:

time_tracking_app/public/js/app-3.js

```
render() {
  const submitText = this.props.id ? 'Update' : 'Create';
```

我们将 submitText 的值换成 id 而非 title。这是因为使用 id 属性来确定一个对象是否已被创建是一种更常见的做法。

2.9.2　ToggleableTimerForm 组件

让我们跟踪 TimerForm 组件中的提交事件，因为它会在组件层次结构中向上冒泡。首先要修改 ToggleableTimerForm 组件。我们需要它将两个属性函数传递给 TimerForm 组件，分别是 onFormClose() 和 onFormSubmit()：

time_tracking_app/public/js/app-3.js

```
// 在 ToggleableTimerForm 组件内
handleFormOpen = () => {
  this.setState({ isOpen: true });
};

handleFormClose = () => {
  this.setState({ isOpen: false });
};

handleFormSubmit = (timer) => {
  this.props.onFormSubmit(timer);
  this.setState({ isOpen: false });
};

render() {
  if (this.state.isOpen) {
    return (
      <TimerForm
        onFormSubmit={this.handleFormSubmit}
        onFormClose={this.handleFormClose}
      />
    );
  } else {
```

首先看一下 render() 函数，可以看到我们将两个函数作为 props 传递下去。函数就像其他属性一样。

这里最有趣的是 handleFormSubmit() 函数。请记住，ToggleableTimerForm 组件并不是计时器状态的管理者。TimerForm 组件发出事件，在这个例子中是提交新计时器。ToggleableTimerForm 组件只是此消息的代理。因此在表单提交时，它会调用自己的 props.onFormSubmit() 属性函数。我们最终会在 TimersDashboard 组件中定义此函数。

handleFormSubmit() 函数接收 timer 参数。回想一下，在 TimerForm 组件中该参数是包含所需计时器属性的对象。这里只是传递这个参数。

在调用了 onFormSubmit() 函数之后，handleFormSubmit() 函数调用 setState() 方法来关闭它的表单。

请注意，onFormSubmit()函数的结果不会影响表单是否关闭。我们调用 onFormSubmit()
函数，它最终会创建对服务器的异步调用。在我们收到服务器的回复之前，程序会
继续执行，这意味着 setState()方法会被调用。

如果 onFormSubmit()函数调用失败了，如服务器暂时无法访问，在理想情况下我们
需要有一些方法来显示错误消息并把表单重新打开。

2.9.3　TimersDashboard 组件

现在我们已到达了层次结构的顶层，即 TimersDashboard 组件。由于此组件将负责管理计时器的
数据，因此我们将在此处定义用于处理在叶子组件上捕获的事件的逻辑。

我们关注的第一个事件是表单提交。当事件发生时，它要么正在**创建**新计时器，要么正在**更新**现
有计时器。我们将使用两个单独的函数来处理两个不同的事件：

- handleCreateFormSubmit()函数将处理创建表单事件，并作为属性传递给 ToggleableTimerForm
  组件。
- handleEditFormSubmit()将处理更新表单事件，并作为属性传递给 EditableTimerList 组件。

这两个函数都沿着它们各自的组件层次结构向下移动，直到它们作为 onFormSubmit()属性传递
到 TimerForm 组件。

让我们从 handleCreateFormSubmit 函数开始，它会把新计时器插入计时器列表的 state 中：

time_tracking_app/public/js/app-3.js

```
// 在 TimersDashboard 内
handleCreateFormSubmit = (timer) => {
  this.createTimer(timer);
};

createTimer = (timer) => {
  const t = helpers.newTimer(timer);
  this.setState({
    timers: this.state.timers.concat(t),
  });
};

render() {
  return (
    <div className='ui three column centered grid'>
      <div className='column'>
        <EditableTimerList
          timers={this.state.timers}
        />
        <ToggleableTimerForm
          onFormSubmit={this.handleCreateFormSubmit}
        />
      </div>
    </div>
  );
}
```

我们使用 helpers.newTimer() 方法来创建计时器对象。可以看一下 helpers.js 中的实现。我们传入 TimerForm 组件中产生的对象,该对象具有 title 和 project 属性。helpers.newTimer() 方法返回一个具有 title 和 project 以及新生成的 id 属性的对象。

下一行调用 setState() 方法,把新计时器附加到我们在 timers 变量下保存的计时器数组中。我们将整个 state 对象传递给 setState() 方法。

> 你可能想知道:为什么 handleCreateFormSubmit() 和 createTimer() 要分开?虽然这不是严格要求的,但我们的想法是,需要有一个用于处理事件的函数(handleCreate-FormSubmit())和另一个用于执行创建计时器的函数(createTimer())。
>
> 这种分离遵循单一职责原则,使我们可以在任何需要的地方调用 createTimer() 函数。

我们已完成了创建计时器流程的连接,从 TimerForm 组件中的表单到 TimersDashboard 组件的状态管理。保存 app.js 并重新加载浏览器。切换并打开创建表单然后创建一些新计时器,见图 2-14。

图 2-14　点击"Create"可创建新计时器

2.10　更新计时器

需要对更新计时器流程给予相同的处理方法。但是,如你在当前应用程序的状态中所见,我们尚未添加编辑计时器的功能。因此,没有办法显示编辑表单,但这是提交编辑表单的先决条件。

要显示编辑表单,需要用户点击计时器上的编辑图标。这应该将事件传递到 EditableTimer 组件并告诉它翻转其子组件以打开表单。

2.10.1　为 Timer 组件添加编辑功能

要通知应用程序有用户想要编辑计时器，需要将 onClick 属性添加到编辑按钮的 span 标签中。我们期望得到一个 onEditClick()属性函数：

time_tracking_app/public/js/app-4.js

```
{ /* Inside Timer.render() */ }
<div className='extra content'>
  <span
    className='right floated edit icon'
    onClick={this.props.onEditClick}
  >
    <i className='edit icon' />
  </span>
  <span className='right floated trash icon'>
    <i className='trash icon' />
  </span>
</div>
```

2.10.2　更新 EditableTimer 组件

现在已准备好更新 EditableTimer 组件了。同样，它将显示 TimerForm 组件（如果正在编辑）或单独的 Timer 组件（如果没在编辑）。

让我们为两个都可能存在的子组件添加事件处理程序。对于 TimerForm 组件，需要处理表单被关闭或提交的事件。对于 Timer 组件，需要处理编辑图标被按下的事件：

time_tracking_app/public/js/app-4.js

```
// 在 EditableTimer 组件内
handleEditClick = () => {
  this.openForm();
};

handleFormClose = () => {
  this.closeForm();
};

handleSubmit = (timer) => {
  this.props.onFormSubmit(timer);
  this.closeForm();
};

closeForm = () => {
  this.setState({ editFormOpen: false });
};

openForm = () => {
  this.setState({ editFormOpen: true });
};
```

将这些事件处理程序作为 props 向下传递：

time_tracking_app/public/js/app-4.js

```
render() {
  if (this.state.editFormOpen) {
    return (
      <TimerForm
        id={this.props.id}
        title={this.props.title}
        project={this.props.project}
        onFormSubmit={this.handleSubmit}
        onFormClose={this.handleFormClose}
      />
    );
  } else {
    return (
      <Timer
        id={this.props.id}
        title={this.props.title}
        project={this.props.project}
        elapsed={this.props.elapsed}
        runningSince={this.props.runningSince}
        onEditClick={this.handleEditClick}
      />
    );
  }
}
```

是不是看起来有点熟悉？EditableTimer 组件使用与 ToggleableTimerForm 组件非常类似的方式处理从 TimerForm 组件发出的相同事件。这是有道理的。EditableTimer 和 ToggleableTimerForm 组件只是 TimerForm 和 TimersDashboard 组件之间的中介。TimersDashboard 组件是定义提交函数的处理程序的地方，并将它们分配到给定的组件树。

和 ToggleableTimerForm 组件一样，EditableTimer 组件对传入的 timer 对象不执行任何操作。在 handleSubmit()函数中，EditableTimer 组件只是盲目地将此对象传递给 onFormSubmit()属性函数，然后使用 closeForm()函数关闭表单。

我们将新属性传递给 Timer 组件，它是 onEditClick 函数。该函数的行为在 handleEditClick 函数中定义，handleEditClick 函数将修改 EditableTimer 组件的状态并打开表单。

2.10.3   更新 EditableTimerList 组件

向上移动一级，我们在 EditableTimerList 组件中添加一行代码，将提交函数从 TimersDashboard 组件发送到每个 EditableTimer 组件中：

time_tracking_app/public/js/app-4.js

```
// 在 EditableTimerList 组件内
const timers = this.props.timers.map((timer) => (
  <EditableTimer
    key={timer.id}
    id={timer.id}
    title={timer.title}
```

```
        project={timer.project}
        elapsed={timer.elapsed}
        runningSince={timer.runningSince}
        onFormSubmit={this.props.onFormSubmit}
      />
    ));
    // ...
```

EditableTimerList 组件不需要对这个事件执行任何操作，因此我们还是直接传递该函数。

2.10.4 在 TimersDashboard 组件中定义 onEditFormSubmit()函数

这个路径的最后一步是定义和传递 TimersDashboard 组件中的编辑表单的提交函数。

对于创建表单操作，我们有函数来创建具有指定属性的新 timer 对象，然后将这个新对象附加到 state 中的 timers 数组的末尾。

对于更新表单操作，我们需要搜索 timers 数组，直到找到正在更新的 timer 对象。如上一章所述，state 对象是**无法**直接更新的，我们必须使用 setState()方法。

因此，我们将使用 map()方法遍历计时器对象数组。如果计时器的 id 与提交的表单的 id 匹配，则会返回一个属性已更新后的计时器的新对象；否则，只会返回原来的计时器。这个新计时器对象数组将被传给 setState()方法：

time_tracking_app/public/js/app-4.js

```
// 在 TimersDashboard 组件内
handleEditFormSubmit = (attrs) => {
  this.updateTimer(attrs);
};

createTimer = (timer) => {
  const t = helpers.newTimer(timer);
  this.setState({
    timers: this.state.timers.concat(t),
  });
};

updateTimer = (attrs) => {
  this.setState({
    timers: this.state.timers.map((timer) => {
      if (timer.id === attrs.id) {
        return Object.assign({}, timer, {
          title: attrs.title,
          project: attrs.project,
        });
      } else {
        return timer;
      }
    }),
  });
};
```

我们在 render() 方法内将 handleEditFormSubmit 函数作为一个属性向下传递：

time_tracking_app/public/js/app-4.js

```
{ /* 在 TimersDashboard.render()方法内 */ }
<EditableTimerList
  timers={this.state.timers}
  onFormSubmit={this.handleEditFormSubmit}
/>
```

请注意，可以在传递给 setState() 方法的 JavaScript 对象中调用 this.state.timers 数组的 map() 方法。这是一种常用的模式。map() 方法调用会被执行，然后 timers 属性会被设置为返回的结果。

在 map() 函数内部，需要检查 timer 对象是否与正在更新的计时器匹配。如果不匹配，则只返回原 timer 对象。否则，使用 Object#assign() 方法返回属性更新后的计时器的新对象。

请记住，**将 state 视为不可变很重要**。我们通过创建一个**新** timers 对象，然后使用 Object#assign() 方法来给它赋值，并不会修改任何处于 state 中的对象。

 最后一章会讨论 Object#assign() 方法。

正如对 ToggleableTimerForm 组件和 handleCreateFormSubmit 函数所做的那样，我们也会把 handleEditFormSubmit 函数作为 onFormSubmit 的属性传递下去。TimerForm 组件调用了这个属性函数，忽略了该函数在 EditableTimer 组件下渲染与在 ToggleableTimerForm 组件下渲染是完全不同的事实。

这两个表单都已连接起来了！保存 app.js，重新加载页面，并尝试去创建和更新计时器。还可以在打开的表单上点击 "Cancel" 按钮来关闭它，见图 2-15。

图 2-15   在打开的表单上点 "Cancel" 按钮

其余的工作在计时器中，我们需要：

- 连接删除按钮（删除计时器）；
- 实现启动/停止按钮及其本身的计时逻辑。

到那时，我们将拥有一个完整的无服务器解决方案。

动手试一试：在继续下一节之前，看看你离可以自行连接删除按钮的距离还有多远，然后继续并验证你的解决方案。

2.11 删除计时器

2.11.1 为 Timer 组件添加事件处理程序

在 Timer 组件中，我们定义了一个处理删除按钮点击事件的函数：

time_tracking_app/public/js/app-5.js

```
class Timer extends React.Component {
  handleTrashClick = () => {
    this.props.onTrashClick(this.props.id);
  };

  render() {
```

然后使用 onClick 属性将该函数连接到垃圾桶图标：

time_tracking_app/public/js/app-5.js

```
{ /* 在 Timer.render()方法内 */ }
<div className='extra content'>
  <span
    className='right floated edit icon'
    onClick={this.props.onEditClick}
  >
    <i className='edit icon' />
  </span>
  <span
    className='right floated trash icon'
    onClick={this.handleTrashClick}
  >
    <i className='trash icon' />
  </span>
</div>
```

设置为 onTrashClick()属性的函数还没有定义。但可以想象当这个事件到达顶部（TimersDashboard 组件）时，我们要用 id 来筛选出需要删除的计时器。handleTrashClick()方法则为这个函数提供 id。

2.11.2 通过 EditableTimer 组件进行路由

EditableTimer 组件只是代理了函数：

time_tracking_app/public/js/app-5.js

```
// 在 EditableTimer 组件内
} else {
  return (
    <Timer
      id={this.props.id}
```

```
        title={this.props.title}
        project={this.props.project}
        elapsed={this.props.elapsed}
        runningSince={this.props.runningSince}
        onEditClick={this.handleEditClick}
        onTrashClick={this.props.onTrashClick}
      />
    );
  }
```

2.11.3　通过 `EditableTimerList` 组件进行路由

`EditableTimerList` 组件做法也一样：

time_tracking_app/public/js/app-5.js

```
// 在 EditableTimerList.render()函数内
const timers = this.props.timers.map((timer) => (
  <EditableTimer
    key={timer.id}
    id={timer.id}
    title={timer.title}
    project={timer.project}
    elapsed={timer.elapsed}
    runningSince={timer.runningSince}
    onFormSubmit={this.props.onFormSubmit}
    onTrashClick={this.props.onTrashClick}
  />
));
```

2.11.4　在 `TimersDashboard` 组件中实现删除功能

最后一步是在 `TimersDashboard` 组件中定义从 `state` 数组中删除所需计时器的函数。在 JavaScript 中有很多方法可以实现这一点。如果你的解决方案不一样，或者没有完全解决问题，请不要着急。

需要添加最终作为属性传递的处理函数：

time_tracking_app/public/js/app-5.js

```
// 在 TimersDashboard 组件内
handleEditFormSubmit = (attrs) => {
  this.updateTimer(attrs);
};

handleTrashClick = (timerId) => {
  this.deleteTimer(timerId);
};
```

`deleteTimer()`函数使用 Array 对象的 `filter()`方法并返回新数组，移除了具有与 `timerId` 匹配的 `id` 的 `timer` 对象：

time_tracking_app/public/js/app-5.js

```
// 在 TimersDashboard 组件内
deleteTimer = (timerId) => {
```

```
    this.setState({
      timers: this.state.timers.filter(t => t.id !== timerId),
    });
};
```

最后将 handleTrashClick() 函数作为属性传递下去：

time_tracking_app/public/js/app-5.js

```
{ /* 在 TimersDashboard.render()方法内 */ }
<EditableTimerList
  timers={this.state.timers}
  onFormSubmit={this.handleEditFormSubmit}
  onTrashClick={this.handleTrashClick}
/>
```

 Array 对象的 filter()方法接收一个函数，该函数用于"测试"数组中的每个元素。
filter()方法返回一个包含"通过"测试的所有元素的新数组。如果函数返回 true，
则保留元素。

保存 app.js 并重新加载应用程序。现在可以删除计时器了，见图 2-16。

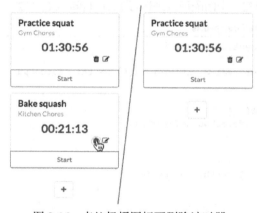

图 2-16　点垃圾桶图标可删除计时器

2.12　添加计时功能

现在创建、更新和删除功能已为计时器准备好了。下一个挑战是让这些计时器发挥作用。

可以通过几种不同的方式来实现计时器系统。最简单的方法是让函数每秒更新每个计时器的
elapsed 属性，但这是非常有限的。当应用程序关闭后会发生什么？计时器应继续"运行"。

这就是为什么我们包含了计时器的 runningSince 属性。计时器初始化时，elapsed 值为 0。当用
户点击"Start"（开始）按钮时，我们不会增加 elapsed 的值。相反，只是将 runningSince 的值设为
开始时间。

然后，可以用当前时间和开始时间之差来为用户渲染时间。当用户点击"Stop"（停止）按钮时，当前时间和开始时间之差将被添加到 elapsed 中。同时设置 runningSince 属性的值为 null。

因此，在任何给定的时间里，我们都可以通过 Date.now() - runningSince 的值推导出计时器已运行的时间，并将其添加到总累计时间（elapsed）里。我们将在 Timer 组件中对这些进行计算。

为了使应用程序运行起来像真正的计时器，我们希望 React 不断地执行此操作并重新渲染计时器。但是计时器在运行时不会改变 elapsed 和 runningSince 的值。因此到目前为止，可以看到通过触发来调用 render() 方法的机制还不完善。

不过可以使用 React 的 forceUpdate() 方法来替代。它会强制组件重新渲染。可以在一段时间间隔内调用它，从而使实时计时器的外观显得更加流畅。

2.12.1   为 Timer 组件添加 forceUpdate() 间隔函数

helpers.renderElapsedString() 方法接收的第二个参数 runningSince 是可选的。它将 Date.now() - runningSince 的值与 elapsed 相加，并使用 millisecondsToHuman() 函数返回格式为 HH:MM:SS 的字符串。

我们将在组件挂载后创建一个间隔函数来运行 forceUpdate() 方法：

time_tracking_app/public/js/app-6.js

```
class Timer extends React.Component {
  componentDidMount() {
    this.forceUpdateInterval = setInterval(() => this.forceUpdate(), 50);
  }

  componentWillUnmount() {
    clearInterval(this.forceUpdateInterval);
  }

  handleTrashClick = () => {
    this.props.onTrashClick(this.props.id);
  };

  render() {
    const elapsedString = helpers.renderElapsedString(
      this.props.elapsed, this.props.runningSince
    );
    return (
```

在 componentDidMount() 函数中，我们使用了 JavaScript 的 setInterval() 函数。它会每 50 毫秒调用一次 forceUpdate() 函数，导致组件重新渲染。我们将 setInterval() 函数的返回值设置为 this.forceUpdateInterval。

在 componentWillUnmount() 函数中，我们使用 clearInterval() 方法来停止 this.forceUpdate-Interval 的间隔执行。componentWillUnmount() 方法会在应用程序删除组件之前调用。如果计时器被删除，它就会发生。我们希望能确保在页面删除计时器后就不再继续调用 forceUpdate() 方法，否则 React 会抛出错误。

setInterval()函数接收两个参数：第一个是你想要重复调用的函数；第二个是调用该函数的时间间隔（以毫秒为单位）。

setInterval()函数返回唯一的间隔ID。可以随时将此间隔ID传递给clearInterval()方法以停止间隔执行。

你可能会问：如果不在已停止的计时器上连续调用 forceUpdate()方法，会不会更有效率？

实际上，这可以节省几个循环操作，但由此增加的代码复杂性是不值得的。React会调用 render()方法，该方法在 JavaScript 中执行一些不耗时的操作，然后 React会将这次与前一次调用 render()方法的结果进行比较，可以看到并没有发生任何变化。React 应用程序停在那里，并不会尝试任何 DOM 操作。

50毫秒的间隔不是科学推导出来的。选择太高的间隔会让计时器看起来不太自然。它会在各个值之间不均匀地跳跃。选择太低的间隔只会增加大量不必要的工作。50毫秒的间隔对人来说很好，且在计算机领域中比较长。

2.12.2　试试看

保存 app.js 并重新加载。第一个计时器应该在运行中。

我们已开始开发真正实用的应用程序了！只需连接启动/停止按钮，无服务器的应用程序的功能就将完成。

2.13　添加启动和停止功能

如果计时器是暂停状态，底部的操作按钮应显示"Start"；如果计时器正在运行中，底部的操作按钮则应显示"Stop"。该按钮还应该在被点击时传递事件，具体取决于计时器状态是停止还是启动的。

可以将所有的这些功能构建到 Timer 组件中且可以让 Timer 组件决定渲染哪个 HTML 片段，这取决于它是否在运行。这会给 Timer 组件增加更多的职责和复杂性。不过可以让按钮拥有自己的 React 组件。

2.13.1　为 Timer 组件添加计时器操作事件

让我们修改 Timer 组件，并期望得到一个名为 TimerActionButton 的新组件。这个按钮只需要知道计时器是否在运行。它还需能够传递两个事件：onStartClick()和 onStopClick()。这些事件最终需要一直传递到 TimersDashboard 组件，因为只有它才可以修改计时器上的 runningSince 属性。

首先看一下事件处理程序：

time_tracking_app/public/js/app-7.js

```
// 在 Timer 组件内
componentWillUnmount() {
  clearInterval(this.forceUpdateInterval);
```

```
  }

  handleStartClick = () => {
    this.props.onStartClick(this.props.id);
  };

  handleStopClick = () => {
    this.props.onStopClick(this.props.id);
  };
  // ...
```

然后我们将在 render() 方法内部的最外层 div 的底部声明 TimerActionButton 组件：

time_tracking_app/public/js/app-7.js

```
    {/* 在 Timer.render() 方法底部 */}
    <TimerActionButton
      timerIsRunning={!!this.props.runningSince}
      onStartClick={this.handleStartClick}
      onStopClick={this.handleStopClick}
    />
  </div>
);
```

我们使用了和其他点击事件处理程序相同的技术：HTML 元素上的 onClick 属性指定一个在组件中调用属性函数的处理函数，并传入计时器的 id 作为参数。

 这里使用 !! 为 TimerActionButton 组件派生布尔属性 timerIsRunning。当 runningSince 值为 null 时，!! 返回 false。

2.13.2   创建 TimerActionButton 组件

下面开始创建 TimerActionButton 组件：

time_tracking_app/public/js/app-7.js

```
class TimerActionButton extends React.Component {
  render() {
    if (this.props.timerIsRunning) {
      return (
        <div
          className='ui bottom attached red basic button'
          onClick={this.props.onStopClick}
        >
          Stop
        </div>
      );
    } else {
      return (
        <div
          className='ui bottom attached green basic button'
          onClick={this.props.onStartClick}
        >
```

```
        Start
      </div>
    );
  }
 }
}
```

我们根据 this.props.timerIsRunning 属性来确定渲染哪一个 HTML 片段。

你知道该怎么做。下面需要在组件层次结构中运行这些事件，直到可以管理状态的 TimersDashboard 组件。

2.13.3　通过 EditableTimer 和 EditableTimerList 运行事件

首先是 EditableTimer 组件：

time_tracking_app/public/js/app-7.js

```
// 在 EditableTimer 组件内
} else {
  return (
    <Timer
      id={this.props.id}
      title={this.props.title}
      project={this.props.project}
      elapsed={this.props.elapsed}
      runningSince={this.props.runningSince}
      onEditClick={this.handleEditClick}
      onTrashClick={this.props.onTrashClick}
      onStartClick={this.props.onStartClick}
      onStopClick={this.props.onStopClick}
    />
  );
}
```

然后是 EditableTimerList 组件：

time_tracking_app/public/js/app-7.js

```
// 在 EditableTimerList 组件内
const timers = this.props.timers.map((timer) => (
  <EditableTimer
    key={timer.id}
    id={timer.id}
    title={timer.title}
    project={timer.project}
    elapsed={timer.elapsed}
    runningSince={timer.runningSince}
    onFormSubmit={this.props.onFormSubmit}
    onTrashClick={this.props.onTrashClick}
    onStartClick={this.props.onStartClick}
    onStopClick={this.props.onStopClick}
  />
));
```

最后在 TimersDashboard 组件中定义这些函数。它们应该使用 map() 方法来搜索 state 中的计时器数组，在找到匹配的计时器时给 runningSince 设置合适的值。

首先定义处理函数：

time_tracking_app/public/js/app-7.js

```
// 在 TimersDashboard 组件内
handleTrashClick = (timerId) => {
  this.deleteTimer(timerId);
};

handleStartClick = (timerId) => {
  this.startTimer(timerId);
};

handleStopClick = (timerId) => {
  this.stopTimer(timerId);
};
```

接着是 startTimer() 和 stopTimer() 函数：

time_tracking_app/public/js/app-7.js

```
deleteTimer = (timerId) => {
  this.setState({
    timers: this.state.timers.filter(t => t.id !== timerId),
  });
};

startTimer = (timerId) => {
  const now = Date.now();

  this.setState({
    timers: this.state.timers.map((timer) => {
      if (timer.id === timerId) {
        return Object.assign({}, timer, {
          runningSince: now,
        });
      } else {
        return timer;
      }
    }),
  });
};

stopTimer = (timerId) => {
  const now = Date.now();

  this.setState({
    timers: this.state.timers.map((timer) => {
      if (timer.id === timerId) {
        const lastElapsed = now - timer.runningSince;
        return Object.assign({}, timer, {
          elapsed: timer.elapsed + lastElapsed,
```

```
            runningSince: null,
        });
    } else {
        return timer;
    }
    }),
  });
};
```

最后将这些函数作为 props 传递下去：

time_tracking_app/public/js/app-7.js

```
{/* 在 TimerDashboard.render()方法内 */}
<EditableTimerList
  timers={this.state.timers}
  onFormSubmit={this.handleEditFormSubmit}
  onTrashClick={this.handleTrashClick}
  onStartClick={this.handleStartClick}
  onStopClick={this.handleStopClick}
/>
```

当 startTimer()方法在其 map()方法调用中遇到相关联的计时器时，它会将该计时器的 runningSince 属性的值设置为当前时间。

stopTimer()方法计算 lastElapsed 的值，它是计时器自启动以来运行的时间总量。该方法会将此数量添加到 elapsed 属性并将 runningSince 属性设置为 null，然后"停止"计时器。

2.13.4 试试看

保存 app.js，重新加载浏览器，注意看！现在可以创建、更新和删除计时器，也可以用它们来计时，见图 2-17。

图 2-17 重新加载浏览器之后的页面

这是很好的进展。但是，如果没有连接到服务器，应用程序的存在则很短暂。如果刷新页面，则将丢失所有的计时器数据。这是因为应用程序没有任何持久性。

服务器可以给我们持久性。我们会让服务器把计时器数据的所有更改写入文件。当应用程序加载数据时，我们不会对 TimersDashboard 组件内部的状态进行硬编码，而是查询服务器并根据服务器提供的数据构建计时器的状态。然后我们会让 React 应用程序通知服务器所有状态的变化，例如启动一个计时器。

与服务器通信是使用 React 开发和分发实际 Web 应用程序所需的最后一个主要的构建模块。

2.14　方法回顾

在构建计时器应用程序时，我们学习并应用了构建 React 应用程序的方法。再次回顾一下这些步骤。

(1) 将应用程序分解为多个组件

通过查看应用程序的工作 UI，我们绘制了应用程序的组件结构图。然后，应用单一职责原则来分解组件，使每个组件具有了最小的可行功能。

(2) 构建应用程序的静态版本

底层（用户可见）组件基于从父对象传递的静态的 props 来渲染 HTML。

(3) 确定哪些组件应该是有状态的

我们运用了一系列的问题来推断出哪些数据应该是有状态的。这些数据在静态应用程序中表示为 props。

(4) 确定每个 state 应该位于哪个组件中

我们运用了另一系列的问题来确定哪个组件应该拥有 state。TimersDashboard 组件拥有计时器的 state 数据，ToggleableTimerForm 和 EditableTimer 组件都持有是否渲染 TimerForm 组件相关的 state。

(5) 通过硬编码来初始化 state

然后使用硬编码的值来初始化 state 所有者的 state 属性。

(6) 添加反向数据流

我们通过使用 onClick 处理程序来修饰按钮以增加交互性。这些被调用的函数作为 props 从所有拥有相关 state 操作的组件中传递到下级层次结构。

最后一步是第(7)步：**添加服务器通信**。下一章将解决这个问题。

## 第 3 章

组件和服务器

3.1 介绍

上一章使用了一种方法来构建 React 应用程序。计时器的状态管理发生在 TimersDashboard 顶层组件中。和所有 React 应用程序一样，数据从顶部经过组件树向下流向叶子组件。叶子组件通过调用属性函数将事件传递给状态管理者。

目前，TimersDashboard 组件的初始状态是通过硬编码实现的。对状态的任何更改只会在浏览器窗口打开时生效。这是因为所有的状态变化都发生在 React 内部的内存中。我们需要 React 应用程序与服务器通信。服务器将负责持久化数据。在 React 应用程序中，数据的持久化发生在 data.json 文件中。

EditableTimer 和 ToggleableTimerForm 也有硬编码的初始状态。但因为这种状态只用来表示它们的表单是否打开，所以无须将这些状态变化传达给服务器。可以在每次应用程序启动时将表单设置为关闭状态。

准备

为了帮助你熟悉这个项目的 API，并使你能够在一般情况下使用它，我们准备了一个简短的章节来介绍它，并在 React 之外向 API 发出请求。

curl

我们将使用 curl 工具从命令行发出更多复杂的请求。

OS X 用户的系统应该已安装了 curl 工具。

Windows 用户可以在 curl 网站的 Download 页面下载并安装 curl。

3.2 server.js

此项目文件夹的根目录中包含一个名为 server.js 的文件。这是专为时间跟踪应用程序设计的 Node.js 服务器。

 你不必去了解有关 Node.js 或一般服务器的任何信息就可以使用我们提供的服务器。我们会为你提供所需的相关指导。

server.js 使用 data.json 文件作为它的"数据仓库"。服务器通过读取和写入此文件来持久化数据。你可以看一下该文件以查看我们提供的数据仓库的初始状态。

当 server.js 被要求提供所有子项数据时，它将返回 data.json 的内容。当服务器收到通知时，任何更新、删除或计时器停止和启动的状态都会在 data.json 中反映。即使重新加载或关闭浏览器，数据也会以这种方式被保存。

在开始使用服务器之前，简要介绍一下它的 API。同样，如果这个大纲有点令人困惑，请不要担心。随着我们开始编写一些代码，它有望变得更加清晰。

3.3 服务器 API

本章的最终目标是**在服务器上复制状态的更改**。我们不会将所有状态的管理都专门转移到服务器上。相反，服务器会维护它自己的状态（在 data.json 中），而 React 也是如此（在本例中，它存在于 TimersDashboard 组件中的 this.state 对象内），见图 3-1。稍后将演示为什么在两个地方都保持状态是可取的。

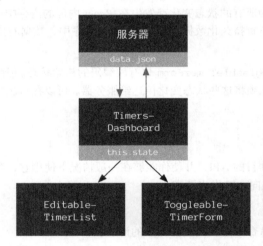

图 3-1 TimersDashboard 组件与服务器通信

如果我们对要持久化 React（"客户端"）状态执行操作，则还需要通知服务器该状态的更改。这将使得两个状态保持同步。我们会着重考虑这些"写"操作。需要发送给服务器的写操作如下所示：

- 创建计时器；
- 更新计时器；
- 删除计时器；
- 启动计时器；
- 停止计时器。

我们只有一个读操作：从服务器请求所有计时器数据。

HTTP API

本节假定你熟悉 HTTP API。如果不熟悉，则可能需要阅读相关的文档。

但是，暂时不要停止学习本章。本质上，我们所做的就是从浏览器发起一个"调用"到本地服务器，并遵循指定的格式。

3.3.1 `text/html` 端点

对 / （根路径）发出 `GET` 请求

实际上在整个过程中，`server.js` 一直负责为应用程序提供服务。当浏览器请求 `localhost:3000/` 时，服务器会返回 `index.html` 文件。`index.html` 加载了我们所有的 JavaScript 和 React 代码。

请注意，React 从不会用此路径向服务器发出请求。这只用于浏览器来加载应用程序。React 只会与 JSON 端点进行通信。

3.3.2 JSON 端点

`data.json` 是一个 JSON 文档。如上一章所述，JSON 是一种存储人类可读的数据对象的格式。可以将 JavaScript 对象序列化为 JSON。这使得 JavaScript 对象可以存储在文本文件中，也能在网络中传输。

`data.json` 包含一个对象数组。该数组中的数据虽然不是严格的 JavaScript，但可以很容易地加载到 JavaScript 中。

在 `server.js` 中，可以看到如下几行：

```
fs.readFile(DATA_FILE, function(err, data) {
  const timers = JSON.parse(data);
  // ...
});
```

`data` 是一个字符串，`JSON.parse()`方法将该字符串转换为实际的 JavaScript 对象数组。

`GET /api/timers` 端点

返回所有计时器的列表。

`POST /api/timers` 端点

接收一个带有 `title`、`project` 和 `id` 属性的 JSON 作为 HTTP 请求体，并将新的计时器对象插入数据仓库中。

`POST /api/timers/start` 端点

接收一个带有 `id` 和 `start`（时间戳）属性的 JSON 作为 HTTP 请求体；搜索数据仓库并找到具有匹配 `id` 的计时器；设置 `runningSince` 的值为 `start`。

`POST /api/timers/stop` 端点

接收一个带有 `id` 属性和 `stop`（时间戳）属性的 JSON 作为 HTTP 请求体；搜索数据仓库并找到

具有匹配 id 的计时器；根据计时器运行的时间（stop – runningSince）修改 elapsed 的值；将
runningSince 的值设置为 null。

PUT /api/timers 端点

接收一个带有 id、title 和 project 属性（title 和 project 不要求全部包含，可只包含其一）
的 JSON 作为 HTTP 请求体；搜索数据仓库并找到具有匹配 id 的计时器；将 title 和 project 更新
为新属性。

DELETE /api/timers 端点

接收一个带有 id 属性的 JSON 作为 HTTP 请求体。搜索数据仓库并删除具有匹配 id 的计时器。

3.4　使用 API

如果服务器未启动，请确保启动它：

```
npm start
```

你可以在浏览器中访问/api/timers 端点并查看 JSON 响应（localhost:3000/api/timers）。当
你在浏览器中访问新的 URL 时，它会发出一个 GET 请求。因此浏览器调用 GET /api/timers 端点时
服务器会返回所有计时器数据，见图 3-2。

图 3-2　服务器返回所有计时器的数据

请注意，服务器剥离了 data.json 中的所有无关空格，包括换行符，以保证有效负载尽可能小。
那些空格只存在于 data.json 中，使其更具可读性。

可以使用像 JSONView 这样的 Chrome 扩展工具来美化原始 JSON。JSONView 会采用这些原始
JSON 块并把空格添加回来以提高可读性，见图 3-3。

图 3-3　安装 JSONView 后再访问端点

我们只能轻松地使用浏览器发出 GET 请求。对于**写入数据**（如启动和停止计时器），我们必须发出 POST、PUT 或 DELETE 请求。因此我们将使用 curl 来写入数据。

在命令行中运行以下命令：

```
$ curl -X GET localhost:3000/api/timers
```

-X 标志指定要使用的 HTTP 方法。此请求应该会返回一个看起来有点像下面这样的响应数据：

```
[{"title":"Mow the lawn","project":"House Chores","elapsed":5456099,"id":"0a4a79cb-b\
06d-4cb1-883d-549a1e3b66d7"},{"title":"Clear paper jam","project":"Office Chores","e\
lapsed":1273998,"id":"a73c1d19-f32d-4aff-b470-cea4e792406a"},{"title":"Ponder origin\
s of universe","project":"Life Chores","id":"2c43306e-5b44-4ff8-8753-33c35adbd06f","\
elapsed":11750,"runningSince":"1456225941911"}]
```

可以通过向/api/timers/start 端点发出 PUT 请求来启动其中一个计时器。需要发送这个计时器的 id 和 start 时间戳作为参数：

```
$ curl -X POST \
-H 'Content-Type: application/json' \
-d '{"start":1456468632194,"id":"a73c1d19-f32d-4aff-b470-cea4e792406a"}' \
localhost:3000/api/timers/start
```

-H 标志为 HTTP 请求设置了标头 Content-Type。这里通知服务器请求的主体是 JSON。

-d 标志用于设置请求的主体。在单引号''内是 JSON 数据。

当我们按回车键时，curl 会快速返回而不输出任何内容。请求此端点成功时服务器不会返回任何内容。如果我们打开 data.json 文件，就会看到之前指定的计时器现在有了 runningSince 属性，并已设置为我们在请求中指定的 start 值。

如果你愿意，也可以尝试使用其他端点来了解它们的工作方式。只需确保使用-X 来设置适当的方法，并为写入端点传递 JSON Content-Type。

我们编写了一个小型库（名为 client），来帮助你在 JavaScript 中与 API 进行交互。

 请注意，上面的反斜杠\仅用于断开多行命令以提高可读性。它仅适用于 macOS 和 Linux，Windows 用户只能输入一个长字符串。

工具提示：jq

对于 macOS 和 Linux 用户：如果你要在命令行上解析和处理 JSON，我们强烈推荐使用 jq 工具。

你可以用管道将 curl 响应直接传送给 jq，使得响应的格式更美观：

```
curl -X GET localhost:3000/api/timers | jq '.'
```

还可以对 JSON 进行一些强大的操作，例如遍历响应中的所有对象并返回特定字段。在这个例子中，我们只提取了数组中每个对象的 id 属性：

```
curl -X GET localhost:3000/api/timers | jq '.[] | { id }'
```

3.5   从服务器加载状态

现在已通过硬编码 JavaScript 对象（计时器数组）在 TimersDashboard 组件中设置了初始状态，下面修改这个函数并换成从服务器加载数据。

我们已编写了 client 客户端库，且 React 应用程序将使用它与服务器交互。该库在 public/js/client.js 中定义。我们会先使用它，然后在下一节中再看它是如何工作的。

GET /api/timers 端点提供了所有计时器的列表，如 data.json 中所示。可以在 React 应用程序中使用 client.getTimers()方法调用此端点。这样做是为了给 TimersDashboard 组件保存的状态"补充水分"（从服务器加载状态）。

当我们调用 client.getTimers()方法时，网络请求是**异步**进行的。被调用的函数本身不会返回任何有用的值：

```
// 错误的做法
// getTimers()方法不会返回计时器列表
const timers = client.getTimers();
```

不过可以向 getTimers()方法传递一个成功函数。如果服务器成功返回结果，getTimers()方法将在服务器返回消息后调用该函数。getTimers()方法会用一个参数调用该函数，该参数则是服务器返回的计时器列表：

```
// 给 getTimers()方法传递一个成功函数
client.getTimers((serverTimers) => (
  // 用计时器数组 serverTimers 做一些事情
));
```

client.getTimers()方法使用了 Fetch API，下一节会介绍。就我们的目的而言，需要知道的重要一点是，当调用 getTimers()方法时，它会向服务器发出请求，然后**立即**返回控制流。程序的执行不会等待服务器的响应，这就是 getTimers()被称为**异步函数**的原因。

我们传递给getTimers()的成功函数称为**回调**。也可以这么说："当你最终收到服务器的回复时，如果是成功的响应，则调用该函数。"这种异步范式可确保 JavaScript 的执行不会被 **I/O 阻塞**。

我们会初始化组件的状态，并将 timers 属性设置为空数组。这将允许所有组件挂载并执行它们的初始渲染。然后，可以通过向服务器发出请求并设置状态来填充应用程序：

time_tracking_app/public/js/app-8.js

```
class TimersDashboard extends React.Component {
  state = {
    timers: [],
  };

  componentDidMount() {
    this.loadTimersFromServer();
    setInterval(this.loadTimersFromServer, 5000);
  }

  loadTimersFromServer = () => {
    client.getTimers((serverTimers) => (
      this.setState({ timers: serverTimers })
      )
    );
  };
  // ...
```

下面的时间线是最好的媒介之一来说明实际发生了什么。

(1) 在初始渲染之前

React初始化组件时，state 被设置为具有 timers 属性的对象，它返回一个空数组。

(2) 初始渲染

然后 React 在 TimersDashboard 组件上调用 render()方法。为了完成渲染，它的两个子组件 EditableTimerList 和 ToggleableTimerForm 必须要渲染。

(3) 子组件被渲染

EditableTimerList 组件调用了它的 render()方法。因为它传递的是一个空白数据的数组，所以它只生成如下的 HTML 输出：

```
<div id='timers'>
</div>
```

ToggleableTimerForm 组件也会渲染它的 HTML，即 "+" 按钮。

(4) 初始渲染完成

渲染完子组件后，TimersDashboard 组件的初始渲染就完成了，HTML 会写入 DOM 中。

(5) 调用 componentDidMount()方法

现在已挂载了组件，TimersDashboard 组件会调用 componentDidMount()方法。

此方法调用了 loadTimersFromServer()函数，该函数接着调用 client.getTimers()方法。这会向服务器发出 HTTP 请求，以请求计时器列表。当 client 收到回复时，它会调用成功函数。

在调用时，成功函数传递一个参数 serverTimers，这是服务器返回的计时器数组。然后调用 setState()方法，这将触发一个新的渲染。新的渲染使用 EditableTimer 子组件及其所有子组件来填充应用程序。至此，应用程序已完全加载，并以用户无感知的速度运行。

我们还在 componentDidMount()方法中做了另外一件有趣的事情。我们使用 setInterval()方法来确保每 5 秒调用一次 loadTimersFromServer()方法。虽然我们会尽最大努力在客户端和服务器之间反映状态的变化，但服务器的这种状态硬刷新将确保状态从服务器向客户端转移时始终正确。

服务器被视为 state 的主要持有者，客户端仅仅是一个复制。这在多实例场景中变得异常强大。如果应用程序的两个实例运行在两个不同的选项卡或两个不同的计算机上，其中一个的更改会在 5 秒内推送到另一个。

试试看

现在让我们玩得开心点。保存 app.js 并重新加载应用程序，应该可以看到一个由 data.json 驱动的全新计时器列表。你采取的任何操作都会在 5 秒钟内消失。客户端的状态每 5 秒从服务器恢复数据。例如，尝试删除计时器，并见证它弹性恢复而不受影响。因为我们没有告诉服务器发生了这些动作，所以它的状态保持不变。

另一方面，可以尝试修改 data.json。请注意，对 data.json 的任何修改都将在 5 秒内传播到应用程序。妙。

我们正在从服务器加载初始状态，且有一个间隔函数来确保在多实例场景中客户端应用程序的状态不会偏离服务器的状态。

我们需要通知服务器其余的状态变化：创建、更新（包括启动和停止）和删除。但让我们先打开 client 背后的逻辑，看看它是如何工作的。

 虽然服务器的数据更改能无缝地传递到视图确实很巧妙，但在某些应用程序（如消息传递）中，5 秒是非常长的。我们将在未来的应用程序中介绍**长轮询**的概念。长轮询使变化能够立即推送到客户端。

3.6　client

如果你打开 client.js，在库中定义的第一个方法就是 getTimers()：

time_tracking_app/public/js/client.js

```
function getTimers(success) {
  return fetch('/api/timers', {
    headers: {
      Accept: 'application/json',
    },
  }).then(checkStatus)
    .then(parseJSON)
    .then(success);
}
```

我们使用新的 Fetch API 来执行所有 HTTP 请求。如果你曾经使用过 XMLHttpRequest 或 jQuery 的 ajax() 方法，那么 Fetch 的接口应该看起来比较熟悉。

Fetch

在 Fetch 之前，JavaScript 开发人员有两种发起 Web 请求的选择：使用所有浏览器原生支持的 XMLHttpRequest 或导入一个库，该库提供了 XMLHttpRequest 的包装（如 jQuery 的 ajax()）。Fetch 提供了比 XMLHttpRequest 更好的接口。虽然 Fetch 仍在进行标准化，但它已得到了一些主流浏览器的支持。在撰写本书时，Firefox 39 及以上版本和 Chrome 42 及以上版本会默认打开 Fetch。

在 Fetch 被浏览器广泛采用前，为了以防万一，最好包含这个库。我们已在 index.html 中这样做了：

```
<!-- 在 index.html 的 head 标签中 -->
<script src="vendor/fetch.js"></script>
```

可以在 client.getTimers() 方法中看到，fetch() 方法接收两个参数：

- 我们要获取的资源的路径；
- 请求参数的对象。

Fetch 在默认情况下会发出 GET 请求，因此我们告诉 Fetch 是向/api/timers 端点发出 GET 请求。我们还传递了一个参数——headers，它是请求中的 HTTP 标头，告诉服务器此请求只**接受** JSON 响应。

在 fetch() 方法调用的末尾附加了一连串 .then() 语句：

time_tracking_app/public/js/client.js

```
}).then(checkStatus)
  .then(parseJSON)
  .then(success);
```

为了理解这是如何工作的，让我们先回顾一下传递给每个 .then() 语句的函数。

- **checkStatus()函数**：此函数在 client.js 中定义。它检查服务器是否返回错误。如果服务器返回错误，checkStatus() 函数会将错误记录到控制台。
- **parseJSON()函数**：此函数也是在 client.js 中定义的。它接收 fetch() 方法发出的响应对象并返回一个 JavaScript 对象。
- **success()函数**：这是作为参数传递给 gettimer() 方法的函数。如果服务器成功返回响应，那么 getTimers() 方法会调用此函数。

Fetch 返回一个 promise。虽然我们不会详细介绍 promise，但可以看到 promise 在这里允许链接 .then() 语句。我们给每个 .then() 语句传递一个函数。这里实际上是说："从 /api/timers 端点获取计时器数据；然后检查服务器返回的状态码；之后从响应中提取 JavaScript 对象；最后将该对象传递给 success 函数。"

在管道的每个阶段，前一个语句的结果将作为参数传递给下一个语句。

(1) 当调用 checkStatus() 函数时，它会传递 fetch() 方法返回的 Fetch 响应对象。

(2) checkStatus() 函数在验证响应后，返回相同的响应对象。

(3) 调用 parseJSON() 函数并传递 checkStatus() 函数返回的响应对象。

(4) parseJSON() 函数返回从服务器返回的计时器的 JavaScript 数组。

(5) 使用 parseJSON() 函数返回的计时器数组调用 success() 函数。

可以将无数个 .then() 语句附加到管道后面。这种模式使我们能够以一种易于阅读的格式将多个函数调用链接在一起，并支持像 fetch() 这样的异步函数。

 如果你仍不习惯 promise 的概念，那也没关系。我们已为你编写了本章所有的客户端代码，因此你在完成本章时不会遇到问题。之后你可以再回来体验一下 client.js，并了解它是如何工作的。

你可以在这里阅读更多关于 JavaScript 的 Fetch[1] 以及 promise[2] 的内容。

查看 client.js 中的其余函数，你会注意到这些方法包含许多相同的样板代码，只是基于调用的 API 端点而存在很小的差异。

我们刚刚看了 getTimers() 方法，它演示了从服务器**读取**数据的过程。我们将再看一个**写入**服务器的函数。

startTimer() 方法向 /api/timers/start 端点发出 POST 请求。服务器需要计时器的 id 和开始时间作为请求数据。该请求方法如下所示：

time_tracking_app/public/js/client.js

```
function startTimer(data) {
  return fetch('/api/timers/start', {
    method: 'post',
    body: JSON.stringify(data),
    headers: {
      'Accept': 'application/json',
      'Content-Type': 'application/json',
    },
  }).then(checkStatus);
}
```

除了 headers 之外，我们传递给 fetch() 方法的请求参数对象还有两个属性：

---

① 参见 MDM 文档 "Fetch API"。

② 参见 MDM 文档 "Promise"。

time_tracking_app/public/js/client.js

```
method: 'post',
body: JSON.stringify(data),
```

它们如下所示。

● method：HTTP 请求方法。fetch()方法默认是 GET 请求，因此这里指定了一个 POST 方法。
● body：HTTP 请求的主体，是我们发送到服务器的数据。

startTimer()方法需要 data 参数。该参数是将要在请求体中发送的对象，包含 id 属性和 start 属性。调用 startTimer()方法可能如下所示：

```
// 调用 startTimer()方法的例子
startTimer(
  {
    id: "bc5ea63b-9a21-4233-8a76-f4bca9d0a042",
    start: 1455584369113,
  }
);
```

在这个例子中，我们向服务器发出的请求体是这样的：

```
{
  "id": "bc5ea63b-9a21-4233-8a76-f4bca9d0a042",
  "start": 1455584369113
}
```

服务器将从请求体中提取 id 和 start 时间戳并"启动"计时器。

我们没有给 startTimers()方法传递成功函数。应用程序不需要服务器提供此请求的数据，实际上服务器除了返回"OK"之外不会返回其他任何内容。

getTimers()方法是唯一的读操作，因此也是我们传递成功函数的唯一操作。我们对服务器的其余调用是写操作。让我们现在就实现它们。

3.7 向服务器发送开始和停止请求

可以使用 client 库中的 startTimer()和 stopTimer()方法来调用服务器上相应的端点。只需要传入一个包含计时器 id 以及启动/停止计时器的对象即可：

time_tracking_app/public/js/app-9.js

```
// 在 TimersDashboard 组件内
// ...
startTimer = (timerId) => {
  const now = Date.now();

  this.setState({
    timers: this.state.timers.map((timer) => {
      if (timer.id === timerId) {
        return Object.assign({}, timer, {
          runningSince: now,
```

```
      });
    } else {
      return timer;
    }
  }),
});

client.startTimer(
  { id: timerId, start: now }
);
};

stopTimer = (timerId) => {
  const now = Date.now();

  this.setState({
    timers: this.state.timers.map((timer) => {
      if (timer.id === timerId) {
        const lastElapsed = now - timer.runningSince;
        return Object.assign({}, timer, {
          elapsed: timer.elapsed + lastElapsed,
          runningSince: null,
        });
      } else {
        return timer;
      }
    }),
  });

client.stopTimer(
  { id: timerId, stop: now }
);
};

render() {
```

你可能会问：为什么仍在 React 中手动更改状态？能不能只通知服务器需要采取的操作，然后根据服务器（真实数据的来源）来更新状态？实际上，以下实现是有效的：

```
startTimer: function(timerId) {
  const now = Date.now();

  client.startTimer(
    { id: timerId, start: now }
  ).then(loadTimersFromServer);
},
```

可以将 .then() 链接到 startTimer() 函数后面，因为该函数返回原始的 Promise 对象。startTimer() 管道的最后一个阶段是调用 loadTimersFromServer() 函数。因此，在服务器处理完启动计时器请求后，我们会立即发出后续的请求来获取最新的计时器列表。这个响应会包含当前正在运行的计时器中。然后，React 的状态更新和这个正在运行的计时器将反映在 UI 中。

同样，上面这样做是有效的，但用户的体验会有一些不足之处。不过我们现在点击 start/stop（开始或停止）按钮就能提供**即时**反馈，因为状态在本地更改且 React 会立即重新渲染。如果我们等待服务器回复，则操作（鼠标点击）和响应（计时器开始运行）之间可能会有明显的延迟。你可以在本地尝试，但如果发出请求必须通过互联网，那么延迟是最明显的。

我们在这里做的是**乐观更新**。在等待服务器的回复之前，我们在本地更新客户端。这会导致状态更新工作重复，因为在客户端和服务器上都执行了更新。但这样做可以使应用程序尽可能地响应用户操作。

 这里的"乐观"是指假定请求会成功，不会出现错误。

使用与启动和停止相同的模式，看看你是否可以自己实现创建、更新和删除请求。然后回来把你的工作与下一节进行比较。

乐观更新：需要验证

每当使用乐观更新时，我们总是试图复制服务器可能具有的任何限制。这样我们客户端才能与服务器在相同的条件下更改状态。

例如，想象服务器强制计时器的标题不能包含符号，但客户端没有强制执行这样的限制。那会发生什么呢？

如果用户有一个名为 Gardening 的计时器。他觉得有点不合适，于是把它重命名为 Gardening :P。UI 立即反映了他的更改，并显示 Gardening :P 作为该计时器的新名称。用户很满意，他正要站起来拿起剪刀。可是等一下！他的计时器名称突然跳回 Gardening。

为了成功实现用户希望得到的更新，我们必须努力复制客户端和服务器上管理状态变化的代码。此外，在生产应用程序中，如果请求服务器时由于代码不一致或其他一些意外情况（如服务器关闭）导致了任何错误，则应该将它们显示出来。

3.8 向服务器发送创建、更新和删除请求

time_tracking_app/public/js/app-complete.js

```
// 在 TimersDashboard 组件内
// ...
createTimer = (timer) => {
  const t = helpers.newTimer(timer);
  this.setState({
    timers: this.state.timers.concat(t),
  });

  client.createTimer(t);
};

updateTimer = (attrs) => {
  this.setState({
```

```
    timers: this.state.timers.map((timer) => {
      if (timer.id === attrs.id) {
        return Object.assign({}, timer, {
          title: attrs.title,
          project: attrs.project,
        });
      } else {
        return timer;
      }
    }),
  });

  client.updateTimer(attrs);
};

deleteTimer = (timerId) => {
  this.setState({
    timers: this.state.timers.filter(t => t.id !== timerId),
  });

  client.deleteTimer(
    { id: timerId }
  );
};

startTimer = (timerId) => {
```

回想一下，在 createTimer() 和 updateTimer() 函数中，timer 和 attrs 对象分别包含一个服务器要求的 id 属性。

对于创建请求，需要发送一个完整的计时器对象。它应该包含一个 id、一个 title 和一个 project。对于更新请求，可以发送一个 id 以及需要更新的任何属性。现在无论发生什么变化，我们总是发送 title 和 project 属性。但值得注意的是这其中的差异，它反映在我们正在使用的变量名称中（timer 或者 attrs ）。

运行一下

我们现在已会把所有状态的变化都发送到服务器。保存 app.js 并重新加载应用程序。添加并启动一些计时器，然后刷新，要注意这些操作都是持久化的。甚至可以在一个浏览器的选项卡中对应用程序进行更改，然后可以看到变化已传递到另一个选项卡中。

3.9　下一步

我们已通过可重用的方法来构建 React 应用程序，且现在已了解了如何将 React 应用程序连接到 Web 服务器。有了这些概念，你就可以构建各种动态 Web 应用程序了。

接下来的几章将介绍在 Web 上遇到的各种不同的组件类型（如表单和日期选择器），还会探索更复杂的应用程序的状态管理范式。

第4章 JSX 和虚拟 DOM 4

4.1　React 使用了虚拟 DOM

　　React 的工作方式与许多早期的前端 JavaScript 框架不同,它没有使用**浏览器的 DOM**,而是构建了 DOM 的**虚拟表示**。所谓虚拟,指的是**表示"实际的 DOM"**的 JavaScript 对象树。稍后会详细介绍。

　　在 React 中,我们**不直接操作实际的 DOM**,而是必须操作虚拟 DOM,并让 React 负责更改浏览器的 DOM。

　　本章我们将看到,这是一个非常强大的功能,但它要求我们从不同的角度来思考如何构建 Web 应用程序。

4.2　为什么不修改实际的 DOM

　　这值得一问:为什么需要虚拟 DOM?难道不能只使用"实际的 DOM"吗?

　　当进行"经典"(例如 jQuery)风格的 Web 开发时,我们通常会这样做:

　　(1) 查找一个元素(使用 document.querySelector 或 document.getElementById);

　　(2) 直接修改该元素(例如通过在元素上设置 .innerHTML)。

　　这种开发方式存在以下问题。

- **很难跟踪变化**:跟踪 DOM 的当前(和先前)状态以将其操作为需要的形式会变得很困难。
- **它可能会很慢**:修改实际的 DOM 是一个代价高昂的操作,且在每次变化时都修改 DOM 会导致性能显著下降。

4.3　什么是虚拟 DOM

　　创建虚拟 DOM 是为了解决上面的问题,但**究竟什么是虚拟 DOM 呢**?

　　虚拟 DOM 指的是表示实际的 DOM 的 JavaScript 对象树。

　　使用虚拟 DOM 的其中一个有趣的原因是它提供的 API。当使用虚拟 DOM 编码时,就好像**每次更新都需要重新创建整个 DOM 一样**。

这种重新创建整个 DOM 的想法产生了一个易于理解的开发模型：开发人员只需返回**他们希望看到**的 DOM，而不是跟踪所有 DOM 的状态变化。React 负责幕后的转换工作。

这种在每次更新时都重新创建虚拟 DOM 的想法可能听起来像个坏主意：它不会变慢吗？事实上，React 的虚拟 DOM 实现带来了重要的性能优化，使其变得非常快。

虚拟 DOM 的实现如下：

- 使用高效的**差异算法**，以了解发生了哪些变化；
- 会同时**更新** DOM 的**子树**；
- **批量更新** DOM。

所有这些都为构建 Web 应用程序提供了一个优化的且易于使用的方法。

4.4 虚拟 DOM 片段

同样，在 React 中构建 Web 应用程序时，我们不是直接使用浏览器中的"实际的 DOM"，而是使用它的**虚拟表示**。我们的工作是为 React 提供足够的信息来构建一个**代表**浏览器渲染内容的 **JavaScript** 对象。

但这个虚拟 DOM 的 JavaScript 对象实际上包含了什么呢？

React 的虚拟 DOM 是一个由 ReactElement 组成的树。

通过一些示例来理解虚拟 DOM、ReactElement 以及它们如何与"实际的 DOM"交互会容易得多，下面会进行说明。

> 问：虚拟 DOM 和影子 DOM 是一回事吗？（答：不是。）
>
> 也许你已听说过"影子 DOM"，并想知道影子 DOM 与虚拟 DOM 是否相同。答案是不相同。
>
> 虚拟 DOM 指的是表示真实 DOM 的 JavaScript 对象树。
>
> 影子 DOM 是对元素进行封装的一种形式。想想在你的浏览器中使用<video>标签。在 video 标签中，浏览器会创建一组视频控件，例如播放按钮、时间码编号、滑块进度条等。这些元素不属于"常规的 DOM"，却是"影子 DOM"的一部分。
>
> 本章不会讨论影子 DOM，但如果你想了解更多有关影子 DOM 的信息，请阅读文章"Introduction to Shadow DOM"。

4.5 ReactElement

ReactElement 是虚拟 DOM 中对 DOM 元素的表示。

React 会采用这些 ReactElement 并将它们放入"实际的 DOM"中。

要对 ReactElement 有一个直观的认识，最好的方法就是在浏览器中尝试一下。

4.5.1 尝试使用 ReactElement

在浏览器中尝试

本节请在浏览器中打开代码文件/jsx/basic/index.html（在已下载的代码库中）。

然后打开开发者控制台并在其中输入命令。你可以通过点击鼠标右键并选择 "Inspect"（检查）来打开检查器，然后点击检查器中的 "Console"（控制台）来访问 Chrome 的控制台，见图 4-1。

图 4-1 基本的控制台界面

我们首先使用一个简单的 HTML 模板（见图 4-2），它包含一个带有 id 标签的<div>元素：

```
<div id='root' />
```

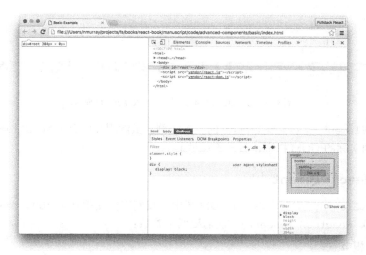

图 4-2 根元素

让我们看看如何在（实际的）DOM 中使用 React 渲染 `<b></b>` 标签。当然，我们不打算直接在 DOM 中创建 `<b>` 标签（就像使用类似 jQuery 的库时那样）。

相反，React 希望我们提供一个**虚拟 DOM 树**。也就是说，我们会给 React 提供一组 JavaScript 对象，**React 会把它们变成一个真正的 DOM 树**。

组成树的对象是 ReactElement。要创建 ReactElement，我们需要使用 React 提供的 createElement() 方法。

例如，要在 React 中创建一个表示 `<b>`（粗体）元素的 ReactElement，需要在浏览器控制台中输入以下内容（见图 4-3）：

```
var boldElement = React.createElement('b');
```

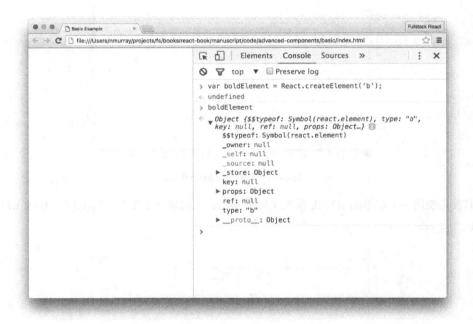

图 4-3   boldElement 是一个 ReactElement

上面的 boldElement 是 ReactElement 的一个实例。虽然现在已有了 boldElement，但它如果没有被 React 渲染到实际的 DOM 树中，就是不可见的。

4.5.2 渲染 ReactElement

为了把 ReactElement 渲染到实际的 DOM 树中，我们需要使用 ReactDOM.render() 方法（本章后面会详细介绍）。ReactDOM.render() 方法需要两个参数：

(1) 虚拟树的**根节点**；
(2) 我们希望 React 写入**实际浏览器 DOM 中的挂载位置**。

在这个简单模板中,我们希望能够访问 id 为 root 的 div 标签。要获得实际 DOM 的 root 元素的引用,可以使用以下任何一种方法:

```
// 这两种方法都可以
var mountElement = document.getElementById('root');
var mountElement = document.querySelector('#root');

// 如果我们使用了 jQuery,下面这种方法也可以
var mountElement = $('#root')
```

通过从 DOM 中检索到的 mountElement,可以给 React 提供一个点来插入它需要渲染的 DOM(见图 4-4):

```
var boldElement = React.createElement('b');
var mountElement = document.querySelector('#root');
// 在 DOM 树中渲染 boldElement
ReactDOM.render(boldElement, mountElement);
```

图 4-4　一个可插入 React 需要渲染的 DOM 的点

虽然 DOM 中没有出现任何内容,但有一个新的空元素作为 mountElement 的子级已插入文档中。

 如果我们点击 Chrome 检查器中的"Element"(元素)选项卡,可以看到 b 标签已在实际的 DOM 中创建好了。

4.5.3　使用子元素来添加文本

虽然现在 DOM 中已有了一个 b 标签，但如果我们可以在标签中添加一些文本就好了。因为文本位于 b 标签的开始和结束的标签之间，所以添加文本就是创建该元素的**子元素**。

上面使用的 React.createElement 函数只有一个参数（'b'表示 b 标签），然而 React.createElement() 函数可以接收三个参数：

(1) DOM 元素类型；

(2) 元素的 props（属性）；

(3) 元素的子元素。

本节稍后会详细介绍 props，现在先将此参数设置为 null。

DOM 元素的子元素必须是 ReactNode 对象，它可以是以下任何一种：

(1) ReactElement；

(2) 字符串或数字（ReactText 对象）；

(3) ReactNode 数组。

例如要将文本放在 boldElement 中，我们可以传递一个字符串作为上面的 createElement()函数中的第三个参数（见图 4-5）：

```
var mountElement = document.querySelector('#root');
// 第三个参数是内部文本
var boldElement = React.createElement('b', null, "Text (as a string)");
ReactDOM.render(boldElement, mountElement);
```

图 4-5　传递一个字符串作为 CreateElement()函数中的第三个参数

4.5.4 `ReactDOM.render()`

可以看到，我们使用 React 渲染器将虚拟树置于"真实的"浏览器视图（"实际的 DOM"）中。

但 React 使用自己的视图树虚拟表示有一个很好的副作用：它可以在**多种类型的画布**中渲染这个树。

也就是说，React 不仅可以渲染到浏览器的 DOM 中，而且还可用于**在其他框架（如移动应用程序）中渲染视图**。在 React Native（本书后面会讨论）中，该树被渲染为**原生移动视图**。

本节大部分时间会花在 DOM 上，因此我们将使用 ReactDOM 渲染器来管理浏览器 DOM 中的元素。

如我们所见，`ReactDOM.render()` 函数就是我们将 React 应用程序放入 DOM 的方式：

```
// ...
const component = ReactDOM.render(boldElement, mountElement);
```

我们可以多次调用 `ReactDOM.render()` 函数，但它只在必要时对 DOM 中发生变化的地方执行更新。

`ReactDOM.render()` 函数接收的第三个参数是在组件渲染/更新后执行的回调参数。可以使用此回调作为应用程序启动后运行函数的方法：

```
ReactDOM.render(boldElement, mountElement, function() {
  // React 应用程序已被渲染或更新
});
```

4.6　JSX

4.6.1　使用 JSX 创建元素

前面创建 ReactElement 时使用了 `React.createElement` 函数，如下所示：

```
var boldElement = React.createElement('b', null, "Text (as a string)");
```

它工作得很好，因为只有一个小组件，但是如果有很多嵌套组件，语法可能很快就会变得混乱。因为 DOM 是有层次的，所以 React 组件树也应该是分层次的。

可以这样想：为了向浏览器描述页面，我们编写 HTML；浏览器解析 HTML 以创建用于组成 DOM 的 HTML 元素。

HTML 非常适合用来指定标签的层次结构。使用标记代码表示 React 组件树会很不错，就像我们对 HTML 所做的那样。

这就是 JSX 背后的思想。

使用 JSX 时，它会替我们处理好创建 ReactElement 对象的工作。JSX 使用了以下的等效结构语法来取代每个元素都调用 `React.createElement` 函数的做法：

```
var boldElement = <b>Text (as a string)</b>;
// => boldElement 现在是一个 ReactElement
```

JSX 解析器将读取该字符串并**为我们调用 React.createElement 函数**。

JSX 是 **JavaScript Syntax Extension** 的缩写，它是 React 提供的语法，看起来非常像 HTML 或 XML。因此我们不会直接使用普通的 JavaScript 构建组件树，而是像编写 HTML 一样编写组件。

JSX 提供了类似于 HTML 的语法。不过，在 JSX 中我们也可以创建自己的标签（它对其他组件的功能进行封装）。

虽然它的名称听起来很可怕，但编写 JSX 并不会比编写 HTML 难多少。例如下面这个 JSX 组件：

```
const element = <div>Hello world</div>;
```

React 组件和 HTML 标签之间的一个区别在于命名。HTML 标签以小写字母开头，而 React 组件以大写字母开头。例如：

```
// html 标签
const htmlElement = (<div>Hello world</div>);

// React 组件
const Message = props => (<div>{props.text}</div>)

// 使用带有 Message 标签的 React 组件
const reactComponent = (<Message text="Hello world" />);
```

我们经常用圆括号（()）包裹 JSX。虽然技术上这并不总是必需的，但它有助于我们区分 JSX 和 JavaScript。

浏览器并不知道如何读取 JSX，那么 JSX 该如何变成可能呢？

在用浏览器加载 JSX 之前，**我们会使用预处理器构建工具将它转换成 JavaScript**。

当我们编写 JSX 时，需要将它传递给一个“编译器”（有时我们说代码**被转译**），该编译器会将 JSX 转换为 JavaScript。最常见的工具是 babel 插件，稍后会介绍。

除了能够编写类似 HTML 的组件树外，JSX 还提供了另一个优势：我们可以将 JavaScript 与 JSX 标记代码混合使用。这样就能添加与视图内联的逻辑。

本书已多次介绍 JSX 的基本示例。本节的不同之处在于，我们会更结构化地了解使用 JSX 的不同方式。我们将介绍使用 JSX 的技巧，然后讨论要如何处理一些棘手的情况。

让我们来看：

- 属性表达式；
- 子表达式；
- 布尔属性；
- 注释。

4.6.2　JSX 属性表达式

为了在组件的属性中使用 JavaScript 表达式，我们需要将它包裹在大括号（{}）中，而不是使用引号（""）。

```
// ...
const warningLevel = 'debug';
const component = (<Alert
                    color={warningLevel === 'debug' ? 'gray' : 'red'}
                    log={true} />)
```

此示例在 color 属性上使用了三元运算符。

如果 warningLevel 变量的值设置为 debug,那么 color 属性的值将是'gray'(灰色),否则就是'red' (红色)。

4.6.3　JSX 子条件表达式

另一种常见模式是使用布尔检查表达式,然后根据条件来渲染另一个元素。

例如,如果我们正在构建一个显示管理员用户选项的菜单,可以这样写:

```
// ...
const renderAdminMenu = function() {
  return (<MenuLink to="/users">User accounts</MenuLink>)
}
// ...
const userLevel = this.props.userLevel;
return (
  <ul>
    <li>Menu</li>
    {userLevel === 'admin' && renderAdminMenu()}
  </ul>
)
```

也可以使用三元运算符来决定渲染哪一个组件。

例如,如果我们想为登录用户显示一个<UserMenu>组件,为匿名用户显示一个<LoginLink>组件, 则可以使用这个表达式:

```
const Menu = (<ul>{loggedInUser ? <UserMenu /> : <LoginLink />}</ul>)
```

4.6.4　JSX 布尔属性

在 HTML 中,某些属性若存在需要将该属性设置为 true。例如,一个禁用的<input> HTML 元 素可以这样定义:

```
<input name='Name' disabled />
```

在 React 中,需要将它们设置为布尔值。也就是说,需要显式传递一个 true 或 false 作为属性:

```
// 直接在括号中设置布尔值
<input name='Name' disabled={true} />

// ……或者使用 JavaScript 变量
let formDisabled = true;
<input name='Name' disabled={formDisabled} />
```

如果需要**启用**上面的 input 输入框,只需将 formDisabled 设置为 false 即可。

4.6.5   JSX 注释

可以通过使用带有注释分隔符（/**/）的大括号（{}）来定义 JSX 内部的注释：

```
let userLevel = 'admin';
{/*
   如果 userLevel 的值是 admin，则显示管理员菜单
*/}
{userLevel === 'admin' && <AdminMenu />}
```

4.6.6   JSX 扩展语法

有时当有许多属性传递给组件时，如果单独列出每个属性可能会很麻烦。幸运的是，JSX 有一个快捷的语法，能使它变得简单。

例如，有一个具有两个键的 props 对象：

```
const props = {msg: "Hello", recipient: "World"}
```

可以像下面这样单独传递每个属性：

```
<Component msg={"Hello"} recipient={"World"} />
```

但通过使用 JSX 扩展语法，我们可以换成这样做：

```
<Component {...props} />
<!-- 本质上和下面一样： -->
<Component msg={"Hello"} recipient={"World"} />
```

4.6.7   JSX 陷阱

虽然 JSX 模仿了 HTML，但仍有一些重要的区别需要注意。

下面有一些事项需要记住。

1. JSX 陷阱：class 和 className

当我们想要设置 HTML 元素的 CSS 类时，通常会在标签中使用 class 属性：

```
<div class='box'></div>
```

由于 JSX 与 JavaScript 密切相关，因此我们无法使用 JavaScript 在标签的属性中使用的标识符。例如属性 for 和 class 会与 JavaScript 的关键字 for 和 class 冲突。

因此 JSX 使用 className 而不是 class 来标识类：

```
<!-- 与 <div class='box'></div> 相同 -->
<div className='box'></div>
```

className 属性的工作方式类似于 HTML 中的 class 属性。它需要接收一个字符串，该字符串表示与 CSS 类相关联的类。

要在 JSX 中传递多个类，我们可以加入一个数组，并将其转换为字符串：

```
var cssNames = ['box', 'alert']
```

```
// 在 JSX 中使用 cssNames 数组
(<div className={cssNames.join(' ')}></div>)
```

2. 提示：使用 classnames 管理 className

classnames 的 npm 包是一个很好的扩展，我们用它来帮助管理 CSS 类。它可以接收字符串或对象列表作为参数，并允许我们根据条件将类应用到元素中。

classnames 包可以接收多个参数，然后会将它们转换为对象，并根据条件（在值为真时）把它们应用到 CSS 类中。

code/jsx/basic/app.js

```
class App extends React.Component {
  render() {
    const klasses = classnames({
      box: true, // 总是应用 box 类
      alert: this.props.isAlert, // 如果属性已经设置了，则使用这个类
      severity: this.state.onHighAlert, // 根据状态判断
      timed: false // 永远不使用这个类
    });
    return React.createElement(
      'div',
      {className: klasses},
      React.createElement('h1', {}, 'Hello world')
    );
  }
}
```

该包中的 readme 文档[1]为更复杂的环境提供了备用示例。

3. JSX 陷阱：for 和 htmlFor

出于同样的原因我们也不能使用这个 class 属性，即不能将 for 属性应用到 `<label>` 元素中。必须换成使用 htmlFor 属性。该属性是一个传递属性，它会在下面这种情况下应用该属性：

```
<!-- ... -->
<label htmlFor='email'>Email</label>
<input name='email' type='email' />
<!-- ... -->
```

4. JSX 陷阱：HTML 实体和表情符号

实体是 HTML 中的保留字符，包括小于号（`<`）、大于号（`>`）和版权符号等。为了显示实体，可以将实体代码放在纯文字的文本中。

```
<ul>
  <li>phone: &phone;</li>
  <li>star: &star;</li>
</ul>
```

为了在动态数据中显示实体，需要将它们包裹在大括号（{}）内的字符串中。和预期的一样直接

---

① 参见 GitHub 网站的 JedWatson/classnames 页面。

在 JS 中使用 Unicode，就像可以直接将 JS 作为 UTF-8 文本发送到浏览器一样。浏览器知道如何原生地显示 UTF-8 代码。

或者可以使用 Unicode 版本来代替使用实体字符代码。

```
return (
  <ul>
    <li>phone: {'\u0260e'}</li>
    <li>star: {'\u2606'}</li>
  </ul>
)
```

表情符号只是 Unicode 字符序列，因此我们可以用同样的方式来添加它（见图 4-6）：

```
return(
  <ul>
    <li>dolphin: {'\uD83D\uDC2C'}</li>
    <li>dolphin: {'\uD83D\uDC2C'}</li>
    <li>dolphin: {'\uD83D\uDC2C'}</li>
  </ul>
)
```

- dolphin: 🐬
- dolphin: 🐬
- dolphin: 🐬

图 4-6　每个人都需要更多的海豚

5. JSX 陷阱：`data-`

如果想应用 HTML 规范没有涵盖的属性，则必须在属性键前面加上字符串 `data-`。

```
<div className='box' data-dismissible={true} />
<span data-highlight={true} />
```

虽然此要求**仅**适用于 HTML 原生的 DOM 组件，但并不意味着自定义组件不能接受任意的键作为属性。也就是说，可以接受自定义组件的**任何属性**：

```
<Message dismissible={true} />
<Note highlight={true} />
```

有一套标准的 Web 可访问性[1]的属性[2]，使用它们是个好主意，因为有很多人在没有它们的情况下使用我们的网站会很困难。可以在一个元素上任意使用这些属性，只需元素的键前面带有字符串 `aria-`。例如要设置 hidden 属性：

```
<div aria-hidden={true} />
```

---

[1] 参见 W3C 网站的 WAI-ARIA Overview 页面。

[2] 参见 W3C 网站文章 "Accessible Rich Internet Applications (WAI-ARIA) 1.1"。

4.6.8 JSX 总结

JSX 并不神奇，关键是要记住 JSX 是用于调用 React.createElement 的语法糖。

JSX 会解析我们编写的标签，然后创建 JavaScript 对象。它是一种便捷的语法，用于帮助构建组件树。

如前所述，当我们在代码中使用 JSX 标签时，它会转换为 ReactElement：

```
var boldElement = <b>Text (as a string)</b>;
// => boldElement 现在是一个 ReactElement
```

可以将 ReactElement 传递给 ReactDOM.render 函数并查看代码在页面上渲染的效果。

但是有一个问题：ReactElement 是无状态且不可变的。如果我们想在应用程序中添加交互性（带状态），就需要另一块拼图：ReactComponent。

下一章将深入讨论 ReactComponent。

4.7 参考文献

想要阅读更多关于 JSX 和虚拟 DOM 的信息，可以查看以下这些文档：

- Reacr 网站的 "JSX in Depth" ——（Facebook）
- Reacr 网站的 "If-Else in JSX" ——（Facebook）
- Reacr 网站的 "React (Virtual) DOM Terminology" ——（Facebook）
- "What is Virtual DOM" ——（Jack Bishop）

## 第 5 章

具有 props、state 和 children 的高级组件配置

与本书其他章节不同，本章旨在深入研究 React 的不同特征。因此，本章没有包含循序渐进风格的项目。

5.1 介绍

本章将深入研究组件的配置。

ReactComponent 是一个 JavaScript 对象，它至少有一个 render()函数。render()函数需要**返回一个 ReactElement**。

回顾一下，ReactElement 指的是虚拟 DOM 中 DOM 元素的表示。

 第 4 章广泛讨论了 ReactElement。如果想更好地理解 ReactElement，请查看该章。

ReactComponent 的目标如下所示：

- 在 render()函数中渲染一个 ReactElement（它最终将成为真正的 DOM）；
- 将功能附加到页面的这个部分。

"附加功能"这个表述有点含糊不清，它包括附加事件处理程序、管理状态、与子级交互等。本章会介绍：

- render()——每个 ReactComponent 中唯一必需的函数；
- props——组件的"输入参数"；
- context——组件的"全局变量"；
- state——保存组件本地数据的地方（影响渲染）；
- 无状态组件——编写可重用组件的简化方法；
- children——允许与子组件交互并操纵子组件；
- statics——允许在组件上创建"类方法"。

让我们开始吧！

5.2　如何使用本章

本章是使用名为 styleguidist 的特定工具构建的。代码中有一个名为 components-cookbook 的部分，该部分附带了与之绑定的 styleguidist 工具。要使用允许对组件本身进行内部检查的 styleguidist 工具，可以通过本章开始该部分。

为了启动它，请切换到 components-cookbook/的代码目录，需要修改几个文件才能运行代码。因为要使用一些变量来定义配置，所以需要在代码中包含这些变量。

有多种方法可以处理这个过程，我们在代码中的设计方式是使用环境变量。这样就可以为不同的环境提供环境变量，只需要使用在构建过程中替换的变量值。

检查 webpack.config.js 文件，并使用 webpack.DefinePlugin 以及 dotenv 包（用于读取目录中的.env 文件）定义该过程：

```
// ...
plugins: [
  new webpack.DefinePlugin({
    __WEATHER_API_KEY__: JSON.stringify(cfg.parsed.WEATHER_API_KEY),
    __GOOGLE_API_KEY__: JSON.stringify(cfg.parsed.GOOGLE_API_KEY)
  })
]
}
```

需要在根目录（顶级目录）中创建.env 文件才能使其正常工作。让我们添加一个.env 文件：

```
touch .env
```

我们要在这个文件中定义这些变量。开始时它们可以是空变量，也可以使用密钥：

```
WEATHER_API_KEY='1e78b4ef2f66eb0146c13f070ea33702'
GOOGLE_API_KEY=''
```

稍后可以修改这些变量，以便在部署时将它们设置为新密钥的值。

接下来在终端中切换到根目录并发出以下命令。首先需要使用 npm install 获取项目的依赖项：

```
npm install
```

启动该应用程序，需要发出 npm start 命令：

```
npm start
```

一旦服务器运行起来，我们就可以导航到浏览器并转到 http://localhost:6060。我们将看到样式指南与本章所有公开的组件一起运行，并可以浏览实时执行的组件的运行示例。

5.3　ReactComponent

5.3.1　使用 createReactClass 或 ES6 类创建 ReactComponent

如第 1 章所述，有两种方法可以定义 ReactComponent 实例：

（1）createReactClass() 函数；

（2）ES6 类。

如我们所见，如下创建组件的两种方法大致相同：

advanced-components/components-cookbook/src/components/Component/CreateClassApp.js

```
import React from 'react';
import createReactClass from 'create-react-class';

// React.createClass
const CreateClassApp = createReactClass({
  render: function() {} // required method
});

export default CreateClassApp;
```

和

advanced-components/components-cookbook/src/components/Component/Components.js

```
import React from 'react';

// ES6 类风格
class ComponentApp extends React.Component {
  render() {} // required
}

export default ComponentApp;
```

无论使用什么方法来定义 ReactComponent，React 都希望我们定义 render() 函数。

5.3.2　render() 函数返回一个 ReactElement 树

render() 方法[1]是在 ReactComponent 上定义的唯一必需的方法。

在组件挂载并初始化后，render() 函数会被调用。render() 函数的工作是为 React 提供原生 DOM 组件的虚拟表示。

将 createReactClass() 与 render() 函数一起使用的例子如下所示：

advanced-components/components-cookbook/src/components/Component/CreateClassHeading.js

```
const CreateClassHeading = createReactClass({
  render: function() {
    return <h1>Hello</h1>;
  }
});
```

或者使用 ES6 类风格的组件：

---

[1] 一般来说，面向对象技术中的称为方法，面向过程中的称为函数。本书翻译时是按作者原书翻译的，将 "function" 译为 "函数"，将 "method" 译为方法。——译者注

advanced-components/components-cookbook/src/components/Component/Header.js

```
class Heading extends React.Component {
  render() {
    return (
      <h1>Hello</h1>
    )
  }
};
```

上面的代码看起来应该很熟悉。它描述了一个具有单个 render()方法的 Heading 组件类，该方法返回<h1>标签的一个简单的虚拟 DOM 表示。

请记住，此 render()方法返回的 ReactElement 不是"实际的 DOM"的一部分，而是返回虚拟 DOM 的描述。

React 期望 render()方法返回**单个子元素**。它可以是 DOM 组件的虚拟表示，也可以返回 null 或 false 这样的假值。React 通过渲染一个空元素（一个<noscript />标签）来处理假值，用于从页面中删除该标签。

保持 render()方法的副作用，它免费提供了一个重要的优化，并使得代码更容易理解。

5.3.3 把数据放入 render()函数

虽然 render()方法是唯一需要的方法，但如果我们唯一可以渲染的是在编译时已知的数据，那就不是很有趣了。也就是说，我们需要一种方法：

- 可以将"参数"输入组件中；
- 可以在组件中维护状态。

React 提供了实现这两种功能的方法，分别是 props 和 state。

要使得组件在更大的应用程序中具有动态性和**可用性**，理解这些至关重要。

在 React 中，props 是从父组件传递到子组件的不可变数据片段。

组件的 state 是保存组件本地数据的地方。通常当组件的 state 发生变化时，组件需要重新渲染。与 props 不同，state 是组件私有的，且是可变的。

下面将详细介绍 props 和 state。在此过程中，还将讨论 context，它是一种通过整个组件树传递的"隐式 props"。

让我们更详细地看一下这些内容。

5.4 props 是参数

props 是组件的输入。如果我们将组件视为函数，则可以将 props 视为参数。

让我们来看一个例子：

```
<div>
  <Header headerText="Hello world" />
</div>
```

在示例代码中，我们创建了一个<div>和一个<Header>元素，其中<div>是普通的 DOM 元素，而<Header>则是 Header 组件的一个实例。

在这个例子中，我们通过 headerText 属性将来自当前组件的数据（字符串"Hello world"）传递给 Header 组件。

 将数据通过属性传递给组件的方式通常称为 props 传递。

当我们通过属性将数据传递给组件时，它可以通过 this.props 属性被组件使用。因此在这个例子中，我们可以通过 this.props.headerText 属性访问 headerText：

```
import React from 'react';

export class Header extends React.Component {
  render() {
    return (
      <h1>{this.props.headerText}</h1>
    );
  }
}
```

虽然可以访问 headerText 属性，但**无法修改它**。

我们通过使用 props 获得了静态组件，并允许它根据传递进去的 headerText 值进行动态渲染。<Header>组件不能修改 headerText，但它可以使用 headerText 本身或将其传递给它的子级。

可以通过 props 传递任何 JavaScript 对象。可以传递基本类型、简单的 JavaScript 对象、原子操作、函数等，甚至可以传递其他 React 元素和虚拟 DOM 节点。

可以使用 props 记录组件的功能，还可以使用 PropTypes 指定每个属性的**类型**。

5.5   PropTypes

PropTypes 是验证通过 props 传递的值的一种方法。定义良好的接口在应用程序运行时为我们提供了一层安全保障，还向组件的使用者提供了一份文档。

我们在 package.json 中包含了 prop-types 的依赖包。

我们通过设置**静态**（类）propTypes 属性来定义 PropTypes。这个对象的结构应该是属性名的键到 PropTypes 值的映射：

```
class MapComponent extends React.Component {
  static propTypes = {
    lat: PropTypes.number,
    lng: PropTypes.number,
    zoom: PropTypes.number,
    place: PropTypes.object,
    markers: PropTypes.array
  };
```

如果使用 createReactClass，我们定义 PropTypes 时将它们作为一个选项传递给 createReactClass()方法：

```
const MapComponent = createReactClass({
  propTypes: {
    lat: PropTypes.number,
    lng: PropTypes.number
    // ...
  },
}
```

在上面的示例中，组件将验证 lat、lng 和 zoom 是否都是数字，而 place 是一个对象，marker 是一个数组。

有许多内置的 PropTypes，我们可以自己定义。

我们在附录 A 中为许多 PropTypes 验证器编写了一个代码示例。有关 PropTypes 的更多详细信息，请查看该附录。

下面需要知道有标量类型的验证器：

- string；
- number；
- boolean。

还可以验证复杂类型，如：

- function；
- object；
- array；
- arrayOf——期望得到一个特定类型的数组；
- node；
- element。

还可以验证输入对象的特定类型，或验证它是否是特定类的实例。

5.6 使用 getDefaultProps()获取默认 props

有时候我们希望 props 具有默认值。可以使用静态属性 defaultProps 来执行此操作。

例如，创建一个 Counter 组件的定义，并告诉组件如果在 props 中没有设置 initialValue，则使用 defaultProps 将其设置为 1：

```
class Counter extends React.Component {
  static defaultProps = {
    initialValue: 1
  };
  // ...
};
```

现在可以在不设置 initialValue 属性的情况下使用该组件。组件的这两个用法在功能上等效：

```
<Counter />
<Counter initialValue={1} />
```

5.7　上下文

有时候可能需要有一个想要"全局"公开的属性。在这种情况下，我们可能会发现将这个特定的属性从根部通过各个中间组件传递到每个叶子组件是很麻烦的。

从 React 16.3.0 开始，React 添加了新的 API，它允许我们指定想要通过组件树向下传递的变量，而无须手动将变量从父组件传递给子组件。

React 的上下文 API 比旧的更有效，因为其中实验版的 context 支持静态类型检查和深度更新。

为了告诉 React 我们想向下传递一个 context "全局"变量，需要使用上下文 API 来指定它。让上下文派上用场的一个例子是，在组件层次结构中向下传递一个组件树中许多组件需要的主题或首选项。

当我们指定一个 context 时，React 负责将 context 从一个组件传递到另一个组件，以便在树层次结构中的任何位置、任何组件都可以到达定义它的"全局"上下文，并能访问父组件的变量。

为了告诉 React 我们想要通过上下文传递一个变量，则需要定义一个向下传递的上下文。为此，可以先使用 React.createContext()方法定义 Provider/Consumer 组件上下文的 context。

然后使用上下文的 Provider 组件（该组件专门用于传递上下文）通过 React 树向下传递上下文。可以通过把 Consumer 组件作为 Provider 组件的子元素从 Provider 组件中访问该上下文。

让我们看看它是如何工作的。假设我们想为用户提供为网站选择主题的能力。下面来看一个明暗主题，见图 5-1。

图 5-1　明暗主题

为了定义一个上下文，需要创建一个 React 上下文来保存主题。我们将使用 React.createContext() 方法来执行此操作：

advanced-components/components-cookbook/src/components/theme/src/theme.js

```
mport React from 'react';
  // ...
export const ThemeContext = React.createContext(themes.dark);
```

React.createContext() 方法只接收一个参数，该参数是上下文提供的**默认值**。在这个例子中，我们的主题将默认设置为 themes.dark 值。

现在已有了 ThemeContext，我们想要将这个主题**提供**给子组件。创建好 ThemeContext 后，可以使用 Provider 组件传递该主题。

例如，在下面演示的应用程序中，我们会有一个使用 Header 组件的 App 组件。在 App 组件中，可以指定一个主题。

advanced-components/components-cookbook/src/components/theme/src/App.js

```
class App extends Component {
  state = {theme: themes.dark};
  // ...
  render() {
    return (
      <div className="App">
        <ThemeContext.Provider value={this.state.theme}>
          <Header />
          <p className="App-intro">
            To get started, edit <code>src/App.js</code> and save to reload.
          </p>

          <button onClick={this.changeTheme}>Change theme</button>
        </ThemeContext.Provider>
      </div>
    );
  }
```

通过 ThemeContext.Provider 组件传递主题，它允许我们从较低层次的组件中获取该主题。请注意，我们在 ThemeContext.Provider 组件中传递了 value 属性。如果没有这个 value 属性，那么子组件就无法访问该提供者的值。

ThemeContext.Provider 组件是一个特殊的组件，它专门设计用于把数据传递给子组件。

为了**消费**该上下文的值，需要使用之前从 ThemeContext 导出的另一个组件：Consumer 组件。

下面来看 <Header /> 组件。我们希望它可以访问全局的主题上下文，因此需要在此处导入 ThemeContext：

advanced-components/components-cookbook/src/components/theme/src/Header.js

```
import {ThemeContext} from './theme';
```

下面可以使用 ThemeContext 的消费者组件从 Provider 父组件中获取主题：

advanced-components/components-cookbook/src/components/theme/src/Header.js

```
export const Header = props => (
  <ThemeContext.Consumer>
    {theme => (
      <header
        className="App-header"
        style={{backgroundColor: theme.background}}
      >
        <img src={logo} className="App-logo" alt="logo" />
        <h1 className="App-title" style={{color: theme.foreground}}>
          Welcome to React
        </h1>
      </header>
    )}
  </ThemeContext.Consumer>
);
```

　　Consumer 组件的用法可能看起来与我们习惯使用的有点不同，它的子项是一个方法，并将 Provider 组件的值作为参数传递给该方法。使用此方法，我们可以访问传递下来的属性。

　　如果我们希望能够动态更新组件提供的值，只需修改 App 组件中 state.theme 的值，就像普通的状态修改一样。

advanced-components/components-cookbook/src/components/theme/src/App.js

```
class App extends Component {
  state = {theme: themes.dark};
  // ...
  changeTheme = evt => {
    this.setState(state => ({
      theme: state.theme === themes.dark ? themes.light : themes.dark
    }));
  };
  // ...
}
```

5.7.1　默认值

　　我们之前传入的默认值呢？

advanced-components/components-cookbook/src/components/theme/src/theme.js

```
import React from 'react';
  // ...
export const ThemeContext = React.createContext(themes.dark);
```

　　如果子组件没有包装在 ThemeContext.Provider 组件中，那么这些消费者将使用默认值。

5.7.2　多个上下文

　　可以像平常一样在应用程序中包装多个上下文提供者。事实上，无须做任何特别的事情。可以简单地将组件包装在多个上下文 Provider 组件中。

假如有一个 UserContext：

advanced-components/components-cookbook/src/components/theme/src/user.js

```
import React from 'react';
  // ...
export const UserContext = React.createContext(null);
```

可以用相同的方式来访问 User 的上下文：

advanced-components/components-cookbook/src/components/theme/src/Body.js

```
import {UserContext} from './user';
  // ...
export const Body = props => (
  <ThemeContext.Consumer>
    {theme => (
      <header
        className="App-header"
        style={{backgroundColor: theme.background}}
      >
        <UserContext.Consumer>
          <h1>{user => (user ? 'Welcome back' : 'Welcome')}</h1>
        </UserContext.Consumer>
      </header>
    )}
  </ThemeContext.Consumer>
);
```

Consumer 组件必须源自创建它的上下文。如果不是这样，该值就不会被传递下来。因此，需要在同一个文件中创建上下文并导出，否则该值将不起作用。

5.8 state

我们将在组件中处理的第二类数据是 state。要想知道何时应用 state，我们需要了解**有状态组件**的概念。当组件需要**保存动态数据块**时，就可以认为该组件是有状态的。

例如，当一盏灯的开关打开时，则该灯开关保持"开启"状态。把灯关掉可描述为把灯的状态翻转为"关闭"。

在构建应用程序时，可能会有一个描述特定设置的开关，例如需要验证的输入或聊天应用程序中特定用户的存在值。这些都是用于保持组件状态的情况。

我们把包含本地可变数据的组件称为**有状态**组件。下面会详细讨论何时应该使用组件状态，而现在只需要知道应该**尽可能少地使用有状态组件**。这是因为状态引入了复杂性，使得组件的组合使用变得更加困难。也就是说，有时需要组件的本地状态，因此我们先来看如何实现它，然后再讨论何时使用它。

5.8.1 使用 **state** 构建自定义单选按钮

在此示例中，我们将使用内部状态来构建单选按钮以在支付方式之间切换。图 5-2 是完成后的表单的样子。

Switch

Pay with Creditcard
Pay with Bitcoin
Paying with: Creditcard

`<Switch />`

Switch between choices.

图 5-2　简单的开关

让我们来看如何使组件变得有状态：

advanced-components/components-cookbook/src/components/Switch/steps/Switch1.js

```
class Switch extends React.Component {
  state = {};

  render() {
    return <div><em>Template will be here</em></div>;
  }
}

module.exports = Switch;
```

就像上面这样！当然，仅仅在组件上设置状态并不是那么有趣。要在组件上**使用**状态，我们需要使用 this.state 来引用它：

advanced-components/components-cookbook/src/components/Switch/steps/Switch2.js

```
const CREDITCARD = 'Creditcard';
const BTC = 'Bitcoin';

class Switch extends React.Component {
  state = {
    payMethod: BTC,
  };

  render() {
    return (
      <div className='switch'>
        <div className='choice'>Creditcard</div>
        <div className='choice'>Bitcoin</div>
        Pay with: {this.state.payMethod}
      </div>
    );
  }
}

module.exports = Switch;
```

在 render() 函数中，可以看到用户能够选择的选项（尽管我们还不能改变支付方式）以及存储在组件的 state 中的当前选项。现在 Switch 组件已有状态了，因为它跟踪了用户的首选支付方式。

但支付开关还不具有交互性，因为我们无法改变组件的状态。让我们通过在用户选择不同的支付方式时添加一个事件处理程序来连接第一个交互。

为了添加交互，我们需要响应点击事件。**任何**组件要添加回调处理程序，可以在组件上使用 onClick 属性。只要点击定义它的组件，就会触发 onClick 处理程序。

advanced-components/components-cookbook/src/components/Switch/steps/Switch3.js

```
return (
  <div className='switch'>
    <div
      className='choice'
      onClick={this.select(CREDITCARD)} // 添加 this
    >Creditcard</div>
    <div
      className='choice'
      onClick={this.select(BTC)} // ……这里也一样
    >Bitcoin</div>
    Pay with: {this.state.payMethod}
  </div>
);
```

使用 onClick 属性时，我们附加了一个回调处理程序，每次点击其中一个 <div> 元素时都会调用该回调处理程序。

onClick 处理程序期望接收一个**函数**，该函数将在点击事件发生时调用。让我们来看一下 select 函数：

advanced-components/components-cookbook/src/components/Switch/steps/Switch3.js

```
class Switch extends React.Component {
  state = {
    payMethod: BTC,
  };

  select = (choice) => {
    return (evt) => {
      // <-- 处理程序从这里开始
      this.setState({
        payMethod: choice,
      });
    };
  };
```

关于 select 函数，要注意两点：

(1) 它的返回值是一个函数；

(2) 它使用了 setState() 方法。

1. 返回一个新函数

注意 select 和 onClick 的一些有趣之处：onClick 属性需要传入一个**函数**，但我们首先**调用**了一个函数。这是因为 select 函数本身会返回一个函数。

这是向处理程序传递参数的常见模式。当调用 select 函数时，我们会**关闭** choice 参数。select 函数会返回一个新函数，新函数将使用适当的 choice 参数来调用 setState() 方法。

当其中一个<div>子元素被点击时，处理函数就会被调用。请注意，select 函数实际上是在**渲染**过程中调用的，而 onClick 调用的是 select 函数的**返回值**。

2. 更新状态

调用处理函数时，组件会自己调用 setState() 方法。调用 setState() 方法会触发刷新，这意味着 render() 函数会被再次调用，那么我们就能够在视图中看到当前的 state.payMethod 值。

> **setState() 方法会影响性能**
>
> 因为 setState() 方法会触发刷新，所以我们要注意调用它的频率。
>
> 修改实际的 DOM 很慢，因此我们不希望触发一连串的 setStates() 方法调用，因为这可能导致用户的性能变得很差。

3. 查看选项

在组件中，除了附带的文本之外，我们还没有方法来表明选择了哪个选项。

如果选项本身具有被选择的视觉指示，那会很好。我们通常会通过应用一个 CSS 的 active 类来实现这一点。本例中使用 className 属性。

为了做到这一点，需要根据组件的当前状态添加一些 CSS 类的逻辑。

但在添加太多的 CSS 逻辑之前，让我们先重构该组件并使用一个函数来渲染每个选项：

advanced-components/components-cookbook/src/components/Switch/steps/Switch4.js

```
      <div className='choice' onClick={this.select(choice)}>
        {choice}
      </div>
    );
  };

  render() {
    return (
      <div className='switch'>
        {this.renderChoice(CREDITCARD)}
        {this.renderChoice(BTC)}
        Pay with: {this.state.payMethod}
      </div>
    );
  }
}

module.exports = Switch;
```

现在不再将所有的渲染代码放入 render() 函数中，而是将选项的渲染隔离到它自己的函数中。最后将 .active 类添加到 `<div>` 选项组件。

advanced-components/components-cookbook/src/components/Switch/steps/Switch5.js

```js
const cssClasses = [];

if (this.state.payMethod === choice) {
  cssClasses.push(styles.active); // 添加 .active 类
}

return (
  <div
    className='choice'
    onClick={this.select(choice)}
    className={cssClasses}
  >
    {choice}
  </div>
);
};

render() {
  return (
    <div className='switch'>
      {this.renderChoice(CREDITCARD)}
      {this.renderChoice(BTC)}
      Pay with: {this.state.payMethod}
    </div>
  );
}
```

> 请注意，我们是将 styles.active 样式推送到 cssClassses 数组中。那么 styles 来自哪里？
>
> 对于这个代码示例，我们使用了 webpack 加载器来导入 CSS。本章不会深入研究 webpack 的工作原理，但为了让你知道如何使用它，你需要知道以下两点。
>
> (1) 导入像这样的导入样式：import styles from '../Switch.css'。
> (2) 这意味着文件中的所有样式都可以像对象一样访问，例如 styles.active 为我们提供了对 Switch.css 文件中的 .active 类的引用。
>
> 这样做是因为它是 CSS 封装的一种形式。也就是说，实际的 CSS 类事实上不是 .active，这意味着我们不会与其他可能使用相同类名的组件发生冲突。

5.8.2 有状态的组件

在组件上定义状态要求我们在对象原型类中设置一个名为 this.state 的实例变量。为了做到这一点，它要求我们在两个地方之一设置状态，要么作为类的属性，要么在构造函数中设置。

以这种方式设置有状态的组件的好处如下所示。

(1) 允许我们定义组件的初始状态。

(2) 告诉 React 我们的组件会是有状态的。如果没有定义这个方法，组件会被视为无状态的。

对于一个有状态的组件，它看起来如下所示：

advanced-components/components-cookbook/src/components/InitialState/Component.js

```
class InitialStateComponent extends React.Component {
  // ...
  constructor(props) {
    super(props)

    this.state = {
      currentValue: 1,
      currentUser: {
        name: 'Ari'
      }
    }
  }
  // ...
}
```

在此示例中，state 对象只是一个 JavaScript 对象，但我们可以在此函数中返回任何数据。例如，我们可能想要将它设置为一个单独的值：

advanced-components/components-cookbook/src/components/InitialState/Component.js

```
class Counter extends React.Component {
  constructor(props) {
    super(props)

    this.state = 0
  }
}
```

其实不应该在组件中设置 props。在处理组件的状态时，**只有**在设置 state 属性的初始值时才应该使用 props。也就是说，如果想要将属性值设置到状态中，则应该在这时候做。

如果在组件中有一个属性表示该组件的值，那么我们应该将该值应用到 constructor()方法的 state 属性中。作为属性值的更好的名称是 initialValue，它表示将设置该值的初始状态。

例如，有一个 Counter 组件，它显示一个计数并包含一个递增和递减按钮。可以像下面这样设置计数器的初始值：

advanced-components/components-cookbook/src/components/Counter/CounterWrapper.js

```
const CounterWrapper = props => (
  <div key="counterWrapper">
    <Counter initialValue={125} />
  </div>
);
```

从<Counter>组件的使用可以知道，Counter 组件的值只会通过 initialValue 属性来改变。Counter 组件可以在 constructor()函数中使用该属性：

advanced-components/components-cookbook/src/components/Counter/Counter.js

```
class Counter extends Component {
  constructor(props) {
    super(props);

    this.state = {
      value: this.props.initialValue
    };

    this.increment = this.increment.bind(this);
    this.decrement = this.decrement.bind(this);
  }
  // ...
}
```

由于构造函数在组件本身挂载之前只运行一次，因此我们可以使用它来建立初始状态。

5.8.3 状态更新依赖于当前状态

Counter 组件具有递增和递减计数的按钮，见图 5-3。

图 5-3 Counter 组件

当点击 "-" 按钮时，React 会调用 decrement() 方法。decrement() 方法会从 state 的值中减去 1。类似这样做似乎就足够了：

advanced-components/components-cookbook/src/components/Counter/Counter1.js

```
decrement = () => {
  // 看起来是正确的，但有更好的方法
  const nextValue = this.state.value - 1;
  this.setState({
    value: nextValue
  });
};
```

但是，当状态更新依赖于当前状态时，最好将一个函数传递给 setState() 方法。可以这样做：

advanced-components/components-cookbook/src/components/Counter/Counter.js

```
this.decrement = this.decrement.bind(this);
```

setState() 方法将使用先前版本的状态作为第一个参数来调用此函数。

为什么需要这样设置状态？这是因为 setState() 方法**是异步的**。

这里有一个例子。假设我们正在使用第一个 decrement() 方法，并将一个对象传递给 setState()

方法。当我们第一次调用 decrement() 方法时，它的值为 125。然后再次调用 setState() 方法，并传递一个值为 124 的对象。

但是**状态不一定会立即更新**。相反，React 会将我们请求的状态更新添加到其队列中。

假设用户点击鼠标的速度特别快，但计算机的处理速度特别慢。在 React 抽出时间来进行先前的状态更新之前，用户设法**再次**点击了递减按钮。由于响应用户的交互是高优先级的，因此 React 会先调用 decrement() 方法。此时 state 中的值仍然是 125。因此，在我们将**另一个**状态更新插入队列时，会再次将值设置为 124。

React 接着会提交两个状态更新。令我们精明且敏捷的用户失望的是，应用程序显示的不是正确的 123，而是 124。

在我们的简单示例中，这个 bug 发生的可能性很小。但随着 React 应用程序的复杂性不断增加，React 可能会遇到高优先级工作（如动画）过载的情况。可以想象，状态更新可能会排队等待相应的时间长度。

每当状态转换依赖于当前状态时，使用函数来设置状态有助于避免发生这种神秘的 bug。

 有关此主题的进一步阅读，请参阅 Medium 网站 Sophia Shoemaker 的帖子 "Using a Function in setState Instead of an Object"。

5.8.4 关于状态的思考

在应用程序中传播状态会让我们很难去推断组件的渲染结果。在构建有状态的组件时，我们应该知道需要在状态中放**什么**以及**为什么**要使用状态。

通常，我们希望将应用程序中保持组件本地状态的组件数量最小化。

如果有一个组件，它具有以下的 UI 状态：

(1) 不能从外部 "获取"；

(2) 无法传递到此组件中。

通常这就是将状态构建到组件中的情况。

然而，任何可以通过 props 或其他组件传入的数据通常来说最好保持不变。**唯一**应该放入状态中的信息是一些未计算的值，且它们不需要在应用程序中**同步**。

决定是否将状态置于组件中与 "面向对象编程" 和 "函数式编程" 之间的关系密切相关。

在函数式编程中，如果有一个纯函数，那么使用相同的参数调用该函数，对于给定的输入集总是返回相同的值。这使得纯函数的行为易于推断，因为对于相同的输入，输出始终是一致的。

在面向对象编程中，你可以有一些对象并能在对象中保持状态。然后，对象的状态成为对象上方法的隐式参数。因为状态可以改变，所以在程序的不同时间使用相同的参数调用相同的函数，可以返回不同的答案。

这与 React 组件中的 props 和 state 相关，因为你可以将 props 视为组件的"参数"，将 state 视为对象的"实例变量"。

如果组件仅使用 props 来配置组件（并且它不使用 state 或任何其他外部变量），那么我们可以轻松预测特定组件的渲染结果。

但是，如果我们使用可变的组件本地状态，那么就很难推断出组件在特定时间会渲染什么内容。

因此，虽然通过状态传递"隐式参数"很方便，但也会使系统变得难以推理。

也就是说，状态是无法完全避免的。举个例子，现实世界中有一个状态：当你按一个电灯开关，世界就改变了。因此程序必须能够处理状态才能在现实世界中运行。

好消息是，现在已出现了各种各样的工具和模式来处理 React 中的状态（尤其是 Flux 及其变体），我们会在本书的其他地方讨论。你应该遵循的经验法则是尽可能将具有状态的组件数量最小化。

保持状态通常有利于强制执行和维护一致的 UI，否则 UI 不会更新。此外，还有一件事要记住，就是我们应该尽量减少放入状态中的信息量。保存的信息量越小、越可序列化（即可以轻松地将其转换为 JSON），则效果越好。这是因为这样使得应用程序不仅会更快，而且更容易被推断。然而，当状态变得庞大且无法管理时，这通常是危险信号。

可以缓解和最小化复杂状态的一种方法是，使用多个无状态组件（不保存状态的组件）组成一个有状态组件来构建应用程序。

5.9 无状态组件

构建**有状态**组件的另一种方法是使用**无状态**组件。无状态组件是轻量级组件，不需要对组件进行任何特殊处理。

无状态组件是 React 构建只需要 render() 方法的组件的轻量级方法。

让我们看一个无状态组件的示例：

advanced-components/components-cookbook/src/components/Header/StatelessHeader.js

```
const Header = function(props) {
  return (<h1>{props.headerText}</h1>)
}
```

请注意，我们在访问 props 时并没有引用 this，因为它们只是被传递到函数中。这里的无状态组件实际上并不是一个类，因为它不是一个 ReactElement。

在使用无状态的函数式组件时，我们不会引用 this。这是因为它们只是函数，没有支撑实例（backing instance）。这些组件**不能**包含状态，也不会被普通的组件生命周期方法调用。

React 允许我们在无状态组件上使用 propTypes 和 defaultProps。

无状态组件有这么多限制，为什么还要使用它呢？有两个原因。

首先，如上所述，有状态组件通常会在整个系统中传播复杂性。尽可能使用无状态组件可以帮助应用程序减少使用包含状态的位置。这使得程序更容易推断。

其次，使用函数式组件可以提高性能。因为组件设置和拆卸的"仪式"较少。React 核心团队已经提到，未来可能会为函数式组件引入更多的性能改进。

一个好的经验法则是尽可能多地使用无状态组件。如果我们无须任何生命周期方法，只需要一个渲染函数，那么使用无状态组件是一个很好的选择。

5.9.1　切换到无状态

可以将上面的 Switch 组件转换为无状态组件吗？可以，不过当前选择的支付选项**是一个状态**，因此必须把它放在某个地方。

虽然无法完全消除状态，但至少可以隔离它。这是 React 应用程序中的常见模式：尝试将状态放到几个父组件中。

在 Switch 组件中，可以将每个选项放到 renderChoice 函数中。这表明它是一个很好的候选对象，可以将其拖放到自己的无状态组件中。但有一个问题：renderChoice 是调用 select 的函数，这意味着它是间接调用 setState 的函数。下面来看如何处理这个问题：

advanced-components/components-cookbook/src/components/Switch/steps/Switch6.js

```
const Choice = function (props) {
  const cssClasses = [];

  if (props.active) {
    // <-- 检查 props，而不是 state
    cssClasses.push(styles.active);
  }

  return (
    <div
      className='choice'
      onClick={props.onClick}
      className={cssClasses}
    >
      {props.label} {/* <-- 允许显示任何 label */}
```

这里创建了 Choice 函数，它是无状态组件。但有一个问题：如果组件是无状态的，那么我们就无法从 state 中读取数据。该怎么办呢？**可以通过 props 向下传递参数**。

在 Choice 组件中，我们做了三处修改（上面的代码中用注释标记的地方）：

(1) 通过读取 props.active 的值来判断这个选项是否有效；

(2) 当一个 Choice 组件被点击时，就会调用 props.onClick 上的任何函数；

(3) 标签由 props.label 决定。

所有这些变化都意味着 Choice 与 Switch 语句是**解耦**的。现在只要通过 props 传递 active、onClick 和 label 参数，就可以在任何地方使用 Choice 组件。

下面来看这是如何改变 Switch 组件的：

advanced-components/components-cookbook/src/components/Switch/steps/Switch6.js

```
render() {
  return (
    <div className='switch'>
      <Choice
        onClick={this.select(CREDITCARD)}
        active={this.state.payMethod === CREDITCARD}
        label='Pay with Creditcard'
      />

      <Choice
        onClick={this.select(BTC)}
        active={this.state.payMethod === BTC}
        label='Pay with Bitcoin'
      />

      Paying with: {this.state.payMethod}
```

这里使用了 Choice 组件并传递了 onClick、active 和 label 三个 props（参数）。它的巧妙之处在于我们可以很容易地做到下面的事项：

(1) 通过修改 onClick 的输入来修改点击此选项时发生的情况；

(2) 通过修改 active 属性来修改特定选项被视为有效的条件；

(3) 可以将标签更改为任意字符串。

通过创建这个 Choice 无状态组件，我们能够让 Choice 组件变得可重用，而不是绑定到任何特定的 state 属性中。

5.9.2 鼓励重用无状态组件

无状态组件是创建可重用组件的好方法。因为无状态组件需要从外部传递所有配置，所以只要提供了正确的挂钩，就几乎可以在任何项目中重用无状态组件。

现在已介绍了 props、context 和 state，接下来将介绍一些可以与组件一起使用的更高级的特性。

组件存在于层次结构中，有时我们需要与子组件通信或操作子组件。下一节将讨论如何做到这一点。

5.10 使用 `props.children` 与子组件对话

虽然我们通常自己指定 props，但 React 为我们提供了一些特殊的 props。在组件中，可以使用 this.props.children 来引用树中的子组件。

例如有一个包含 Article 组件的 Newspaper 组件：

advanced-components/components-cookbook/src/components/Article/Newspaper.js

```
const Newspaper = props => {
  return (
    <Container>
      <Article headline="An interesting Article">
```

```
        Content Here
      </Article>
    </Container>
  )
}
```

此容器组件只包含一个 Article 子组件。Article 组件包含了多少个子级呢？它包含一个子级，即文本 "Content Here"。

在 Container 组件中，假设我们想要对 Article 组件渲染的内容添加标记代码。为此，需要在 Container 组件中编写 JSX，然后放入 this.props.children：

advanced-components/components-cookbook/src/components/Article/Container.js

```
class Container extends React.Component {
  render() {
    return <div className="container">{this.props.children}</div>;
  }
```

Container 组件将创建一个带有 class='container' 的 div，且此 React 树的子元素将在该 div 中渲染。

一般来说，如果有多个子组件，React 会将 this.props.children 属性作为组件列表传递，而如果只有一个组件，则传递单个元素。

既然已经知道 this.props.children 是如何工作的，那么我们应该重写前面的 Container 组件以使用 propTypes 来记录组件的 API。我们预测 Container 组件可能包含多个 Article 组件，但它也可能只包含一个 Article 组件。因此我们指定 children 属性既可以是一个元素又可以是数组。

 如果你对 PropTypes.oneOfType 不熟悉，请参阅附录 A，它解释了 PropTypes.oneOfType 的工作原理。

advanced-components/components-cookbook/src/components/Article/DocumentedContainer.js

```
class DocumentedContainer extends React.Component {
  static propTypes = {
    children: PropTypes.oneOf([PropTypes.element, PropTypes.array])
  };
  // ...
  render() {
    return <div className="container">{this.props.children}</div>;
  }
}
```

每次我们想要在组件中使用 children 属性时，都要检查它是什么类型，这会变得很麻烦。可以通过以下两种方式来处理这个问题。

(1) 要求 children 属性是单个子元素（例如将子元素包裹在它们自己的元素中）。

(2) 使用 React 提供的 Children 帮助程序。

第一个方法很简单，它要求子元素是单一元素。因此可以将上面的子元素设置为单个元素，而不是定义成 oneOfType()。

advanced-components/components-cookbook/src/components/Article/SingleChildContainer.js

```
class SingleChildContainer extends React.Component {
  static propTypes = {
    children: PropTypes.element.isRequired
  };
  // ...
  render() {
    return <div className="container">{this.props.children}</div>;
  }
}
```

在 SingleChildContainer 组件中,需要**始终能保证将子组件渲染为层次结构中的单个叶子组件**。

第二种方法是使用 React.Children 实用的帮助程序来处理子组件。处理子组件的辅助方法有很多,下面来看一下。

5.10.1　React.Children.map()和 React.Children.forEach()方法

对子组件使用的最常见的操作是映射它们的列表。我们经常使用 map()方法在子组件上调用 React.cloneElement()或 React.createElement()方法。

> ℹ️ **map()和 forEach()函数**
>
> map()和 forEach()函数对迭代器 (对象或数组) 中的每个元素都会执行一次所提供的函数。
>
> ```
> [1, 2, 3].forEach(function(n) {
>   console.log("The number is: " + n);
>   return n; // 我们不会看到这个
> })
> [1, 2, 3].map(function(n) {
>   console.log("The number is: " + n);
>   return n; // 我们会得到这些
> })
> ```
>
> map()和 forEach()函数的区别在于,map()的返回值是回调函数结果的数组,而 forEach()不收集结果。
>
> 因此在这个例子中,虽然 map()和 forEach()函数都会打印 console.log 中的语句,但 map()函数将返回数组[1,2,3],而 forEach()函数则不会。

下面重写前面的 Container 组件,以便为**每个子组件提供一个可配置的包装组件**。有这个想法是因为这个组件需要:

(1) 一个 component 属性,它将包装每个子组件;

(2) 一个 children 属性,它是我们要包装的子组件列表。

为此,我们调用 React.createElement()方法为每个子组件生成一个新的 ReactElement:

advanced-components/components-cookbook/src/components/Article/MultiChildContainer.js

```
class MultiChildContainer extends React.Component {
  static propTypes = {
    component: PropTypes.element.isRequired,
    children: PropTypes.element.isRequired
  };
  // ...
  renderChild = (childData, index) => {
    return React.createElement(
      this.props.component,
      {}, // <~ 子元素的 props
      childData // <~ 子元素的 children
    );
  };
  // ...
  render() {
    return (
      <div className="container">
        {React.Children.map(this.props.children, this.renderChild)}
      </div>
    );
  }
}
```

重申一下，React.Children.map()和 React.Children.forEach()函数之间的区别在于前者会创建一个数组并返回每个函数执行后的结果，而后者不会。在渲染一个子集合时，我们主要使用.map()函数。

5.10.2　React.Children.toArray()函数

props.children 会返回一个比较难处理的数据结构。通常在处理子元素时，我们想要把 props.children 对象转换为常规数组，例如当我们想要重新排列子元素的顺序时。React.Children.toArray()函数可以把 props.children 的数据结构转换为子元素的数组。

advanced-components/components-cookbook/src/components/Article/ArrayContainer.js

```
class ArrayContainer extends React.Component {
  static propTypes = {
    component: PropTypes.element.isRequired,
    children: PropTypes.element.isRequired
  };
  // ...
  render() {
    const arr = React.Children.toArray(this.props.children);

    return <div className="container">{arr.sort((a, b) => a.id < b.id)}</div>;
  }
}
```

5.11 总结

通过使用 props 和 context，可以将数据放入组件中；通过使用 PropTypes，可以明确指出需要的数据是什么。

通过使用 state，可以保留组件本地数据，并告诉组件在状态发生变化时需要重新渲染，但状态可能很棘手！最小化有状态组件数量的一种技术是使用无状态的函数式组件。

可以使用这些工具创建强大的交互式组件。然而，有一组重要的配置还没有讨论：生命周期方法。

像 componentDidMount() 和 componentDidUpdate() 这样的生命周期方法提供了进入应用程序过程的强大 Hook。下一章将深入研究组件的生命周期，并展示如何使用这些 Hook 来验证表单，挂钩外部 API 以及构建复杂的组件。

5.12 参考文献

- React 网站的文档 "React Top-Level API Docs"。
- React 网站的文档 "React Component API Docs"。

第6章

表　单

6.1　表单 101

表单是应用程序中最重要的部分之一。虽然通过点击和鼠标移动可以获得一些交互，但实际上通过表单，我们才能从用户那里获得大部分丰富的输入。

从某种意义上说，表单就像是橡胶轮胎遇上道路一样恰如其分。用户可以通过表单添加支付信息、搜索结果、编辑个人资料、上传照片或发送消息。表单把 Web 站转换成了 Web 应用程序。

表单可能看起来很简单。你真正需要的只是一些 input 标签和一个包含在 form 标签中的 submit 标签。然而，创建一个丰富、交互式且易于使用的表单通常涉及大量的编程。

- 表单输入会修改页面和服务器上的数据。
- 数据变化通常必须与页面上其他位置保持同步。
- 用户可以输入无法预测的值，有些值我们希望直接修改或者立即拒绝。
- 在验证失败的情况下，UI 需要清楚地说明所期望的数据和错误信息。
- 字段可以相互依赖，并且具有复杂的逻辑。
- 表单中收集的数据通常会异步发送到后端服务器，我们需要让用户知道发生了什么。
- 我们希望能够测试表单。

如果这听起来吓人，请不要担心！这正是 React 被创造出来的原因：处理需要在 Facebook 上构建的复杂表单。

我们将通过构建一个注册应用程序来探索如何使用 React 来应对这些挑战。我们会从简单开始，并在每个步骤中添加更多功能。

6.1.1　准备

下载本书代码，导航到 forms 目录：

```
$ cd forms
```

该文件夹包含了本章所有的代码示例。要在浏览器中查看它们，请运行 npm install（简写为 npm i）来安装依赖项：

```
$ npm i
```

完成后,可以使用 npm start 启动应用程序:

```
$ npm start
```

你应该会在终端中看到以下内容:

```
$ npm start
Compiled successfully!
The app is running at:
  http://localhost:3000/
```

如果现在在浏览器中输入 http://localhost:3000,你应该可以看到该应用程序。

 这个应用程序由 Create React App 提供支持,下一章会介绍。

6.1.2　基础按钮

表单的核心是与用户对话。字段是应用程序的问题,而用户输入的值则是答案。

下面问一下用户对 React 的看法。

可以向用户显示一个文本框,但我们将从更简单的开始。在这个例子中,我们会把响应限制在两个可能的答案之中。我们想知道用户认为 React 是 "Great"(很棒的)还是 "Amazing"(令人惊讶的),最简单的方法是给他们两个按钮来选择。

图 6-1 是第一个例子。

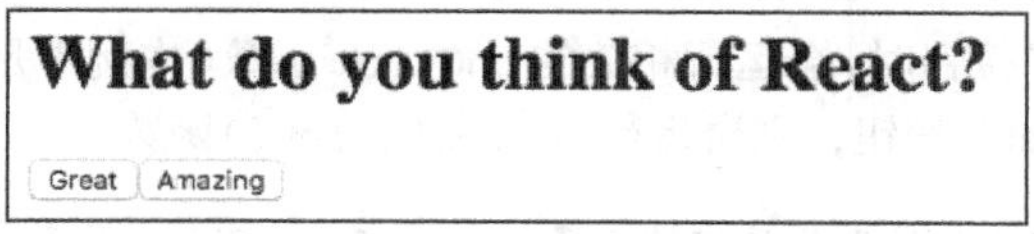

What do you think of React?

Great Amazing

图 6-1　基础按钮

为了让应用程序达到这个阶段,我们创建了一个带有 render() 方法的组件,该方法返回一个 div,其中包含三个子元素:一个用于显示问题的 h1;两个用于显示答案的 button 元素。如下所示:

forms/src/01-basic-button.js

```
render() {
  return (
    <div>
      <h1>What do you think of React?</h1>

      <button
        name='button-1'
        value='great'
        onClick={this.onGreatClick}
      >
        Great
      </button>

      <button
        name='button-2'
```

```
        value='amazing'
        onClick={this.onAmazingClick}
      >
        Amazing
      </button>
    </div>
  );
}
```

到目前为止，这看起来很像是使用 vanilla HTML 来处理表单。需要注意的重要部分是 button 元素的 onClick 属性。当一个 button 被点击时，如果它有一个函数设置为 onClick 属性，则该函数会被调用。我们将使用这一行为来了解用户的答案。

要知道用户的答案，我们需要为每个按钮传递不同的函数。具体来说，我们会创建 onGreatClick() 函数并将其提供给 "Great" 按钮，创建 onAmazingClick() 函数并将其提供给 "Amazing" 按钮。

这些函数如下所示：

forms/src/01-basic-button.js

```
onGreatClick = (evt) => {
  console.log('The user clicked button-1: great', evt);
};

onAmazingClick = (evt) => {
  console.log('The user clicked button-2: amazing', evt);
};
```

当用户点击 "Amazing" 按钮时，会运行相关的 onClick 函数（本例中是 onAmazingClick() 函数）。相反，如果用户点击 "Great" 按钮，则会运行 onGreatClick() 函数。

 请注意，在 onClick 处理程序中传递了 this.onGreatClick 而不是 this.onGreatClick()。

有什么不同呢？

在第一种情况下（没有括号）传递了 onGreatClick 函数，而在第二种情况下传递了调用 onGreatClick 函数的结果（这不是我们现在想要的）。

这变成了应用程序响应用户输入的基础能力。它可以根据用户的响应做不同的事情，本例中是将不同的消息记录到控制台。

6.1.3　事件和事件处理程序

请注意，onClick 函数（onAmazingClick() 和 onGreatClick()）接收一个 evt 参数。这是因为这些函数是**事件处理程序**。

在 React 中处理表单的核心是处理事件。当我们为元素的 onClick 属性提供函数时，该函数就变成了事件处理程序。当事件被触发时会调用该函数，该函数会接收一个事件对象作为参数。

在上面的示例中，当 button 元素被点击时，相应的事件处理函数（onAmazingClick() 或 onGreatClick()）会被调用，并为其提供了鼠标点击的事件对象（本例中为 evt）。这个对象是

SyntheticMouseEvent。SyntheticMouseEvent 对象只是一个跨浏览器的包装器，它包装了浏览器原生的 MouseEvent 对象，因此你可以像使用原生 DOM 事件一样使用它。此外，如果你需要原始的原生事件，可以通过 nativeEvent 属性访问它（例如 evt.nativeEvent）。

　　事件对象包含了许多关于所发生操作的有用信息。例如，MouseEvent 对象让你在点击时能查看鼠标的 x 和 y 坐标，知道是否按了 shift 键，并能够获取被点击的元素的引用（对于此示例最有用的一点）。下一节将使用这些信息来简化工作。

> ℹ️　相反，如果我们对鼠标移动感兴趣，可以创建一个事件处理程序并将其提供给 onMouseMove 属性。实际上，这样的元素属性还有很多：onClick、onContextMenu、onDoubleClick、onDrag、onDragEnd、onDragEnter、onDragExit、onDragLeave、onDragOver、onDragStart、onDrop、onMouseDown、onMouseEnter、onMouseLeave、onMouseMove、onMouseOut、onMouseOver 和 onMouseUp 等。
>
> 　但这些只是鼠标事件。其实还有剪贴板、合成、键盘、焦点、表单、选择、触摸、UI、滚轮、媒体、图像、动画和过渡事件组。每个组都有自己的事件类型，并不是所有事件都适合所有元素。例如，这里我们主要使用 onChange 和 onSubmit 表单事件，它们与 form 和 input 元素相关。
>
> 　有关 React 中事件的更多信息，请参阅 React 关于事件系统的文档"SyntheticEvent"。

6.1.4　回到按钮

　　在上一节，我们能够根据用户的操作执行不同的函数（记录不同的消息），但需要为每个操作都创建一个单独的函数。相反，如果我们为两个按钮提供相同的事件处理程序，并使用事件本身的信息来确定响应的内容，就会更加清晰。

　　为此，我们将两个事件处理程序 onGreatClick() 和 onAmazingClick() 替换为一个新的事件处理程序 onButtonClick()：

forms/src/02-basic-button.js

```
onButtonClick = (evt) => {
  const btn = evt.target;
  console.log(`The user clicked ${btn.name}: ${btn.value}`);
};
```

　　点击处理函数接收一个 evt 事件对象。evt 对象有一个 target 属性，它是对用户点击的按钮的引用。这样我们就可以访问用户点击的按钮，而无须为每个按钮都创建函数。然后，可以针对不同的用户行为输出不同的消息。

　　接下来需要更新 render() 函数，以便 button 元素能使用相同的事件处理程序，即新的 onButtonClick() 函数，见图 6-2。

forms/src/02-basic-button.js

```
render() {
  return (
    <div>
```

```
    <h1>What do you think of React?</h1>

    <button
      name='button-1'
      value='great'
      onClick={this.onButtonClick}
    >
      Great
    </button>

    <button
      name='button-2'
      value='amazing'
      onClick={this.onButtonClick}
    >
      Amazing
    </button>
  </div>
  );
}
```

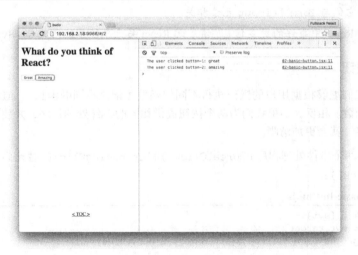

图 6-2　两个按钮都使用同一个事件处理程序

　　通过利用事件对象和共享事件处理程序，我们可以添加 100 个新按钮，而无须对应用程序进行任何其他修改。

6.2　文本输入

　　在前面的示例中，我们将用户的响应限制为两种可能性之一。现在我们知道了如何利用 React 中的事件对象和处理程序，下面将接受范围更广的响应，并讨论表单更典型的用法：文本输入。

为了显示文本输入，我们将创建一个"Sign Up Sheet"（注册表）应用程序。这个应用程序的目的是允许用户记录想要注册活动的人员名单。

此应用程序会向用户显示一个文本框，用户可以在其中输入一个名字并点击"Submit"。当他们输入一个名字后，该名字会添加到一个列表中，这个列表会立即显示出来，接着文本框会被清空，这样他们就可以输入一个新的名字了。

如图 6-3 所示。

图 6-3　注册信息添加到列表中

6.2.1　使用 refs 访问用户输入

我们希望能够在用户提交表单时读取文本字段的内容。一种简单的方法是等待用户提交表单，接着在 DOM 中找到该文本字段，最后再获取它的值。

首先需要创建一个包含两个子元素的表单元素：一个文本输入字段和一个提交按钮，如下代码所示。

forms/src/03-basic-input.js

```
render() {
  return (
    <div>
      <h1>Sign Up Sheet</h1>

      <form onSubmit={this.onFormSubmit}>
        <input
          placeholder='Name'
          ref='name'
        />

        <input type='submit' />
      </form>
    </div>
  );
}
```

这与前面的示例非常相似，但不同的是现在已经不是两个 button 元素，而是一个 form 元素并带有两个子元素：一个文本字段和一个提交按钮。

有两点需要注意：我们首先在 form 元素中添加了一个 onSubmit 事件处理程序；其次为文本字段提供了一个 ref 属性（'name'）。

通过在 form 元素上使用 onSubmit 事件处理程序，这个示例的行为将与以前略有不同。其中一个变化是当 form 元素有焦点时，可以通过点击"Submit"按钮或按下回车键来调用处理程序。这比强制让用户点击"Submit"按钮会更加友好一些。

但因为事件处理程序与 form 元素绑定，因此与前一个示例相比，该处理程序的事件对象参数就没有那么有用了。在此之前，我们能够使用事件的 target 属性引用 button 元素并获取其值。而这一次我们感兴趣的是文本字段的值。一种选择是使用该事件的 target 属性来引用 form 元素，并从中找到我们感兴趣的 input 子元素，但有一种更简单的方法。

在 React 中，如果想要轻松访问组件中的 DOM 元素，可以使用 refs（references）。我们之前为文本字段添加了一个 ref 属性（'name'）。稍后当 onSubmit 处理程序被调用时，我们能够通过访问 this.refs.name 来获得对该文本字段的引用。onFormSubmit() 事件处理程序就像下面这样：

forms/src/03-basic-input.js

```
onFormSubmit = (evt) => {
  evt.preventDefault();
  console.log(this.refs.name.value);
};
```

 在 onSubmit 处理程序中使用 preventDefault() 方法来防止浏览器会默认提交表单的操作。

如你所见，通过使用 this.refs.name，我们获得了对文本字段元素的引用，并可以访问它的 value 属性（见图 6-4）。该 value 属性包含输入字段中的文本。

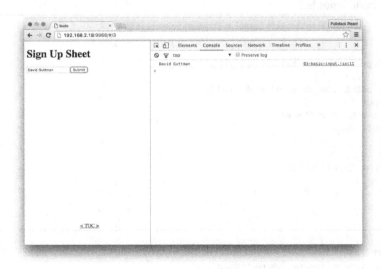

图 6-4　记录名字

我们虽然仅使用了 render() 和 onFormSubmit() 两个函数，但现在应该能在点击"Submit"按钮时看到控制台中显示的文本字段的值。下一步将获取该值并将其显示在页面上。

6.2.2　使用用户的输入

现在已展示了我们可以获取用户提交的名字，下面可以开始使用这些信息来修改应用程序的状态和 UI 了。

此示例的目的是显示包含所有用户输入的名字列表。React 会让这一切变得简单。我们将在状态中使用一个数组来保存名字，并在 render() 方法中使用该数组来填充列表。

当应用程序加载时，数组将是空的。每次用户提交一个新名字时，我们都会将它添加到数组中。为此，我们将为组件添加一些内容。

首先，我们会在状态中创建一个 names 数组。在 React 中，当我们使用 ES6 组件类时，可以通过定义 state 属性来设置 state 对象的初始值。

如下所示：

forms/src/04-basic-input.js

```
module.exports = class extends React.Component {
  static displayName = "04-basic-input";
  state = { names: [] }; // <-- 初始状态
```

 static 属于该类

注意在该组件中的这一行：

static displayName = "04-basic-input";

这意味着此组件类具有一个静态属性 displayName。若属性是静态的，则意味着它是一个类属性（而不是实例属性）。在本例中，我们将在演示清单页面上显示示例列表时使用这个 displayName 属性。

接下来需要修改 render() 方法来显示此列表。在 form 元素下面，我们将创建一个新的 div。这个新的 div 容器将包含一个标题（h3）和名字列表，该列表由一个 ul 父元素组成，每个名字都是一个 li 子元素。下面是更新后的 render() 方法：

forms/src/04-basic-input.js

```
render() {
  return (
    <div>
      <h1>Sign Up Sheet</h1>

      <form onSubmit={this.onFormSubmit}>
        <input
          placeholder='Name'
          ref='name'
        />

        <input type='submit' />
```

```
      </form>

      <div>
        <h3>Names</h3>
        <ul>
          { this.state.names.map((name, i) => <li key={i}>{name}</li>) }
        </ul>
      </div>
    </div>
  );
}
```

　　ES2015 提供了一种简洁的方式来插入 li 子元素。由于 this.state.names 是一个数组，因此我们可以利用它的 map() 方法为数组中的每个名字返回一个 li 子元素。此外，对于 map() 方法中的迭代函数，可以通过使用"箭头"语法在不显式使用 return 的情况下返回 li 元素。

　　这里要注意的另一件事是我们为 li 元素提供了一个 key 属性。当我们在数组或迭代器中有子项时（如上所示），React 推荐每个子项都设置一个 key 属性。React 通过此信息能够跟踪子元素，并确保它在渲染过程中可以重复使用。

　　我们不会在这里删除或重新排序列表，因此知道通过索引来标识每个子元素就足够了。如果我们想优化更复杂用例的渲染，可以为每个名字分配一个不可变的 id，这个 id 不与每个名称的值或数组的顺序绑定。这将允许 React 可以重用元素，即使元素的位置或值发生了变化。

　　更多信息，请参阅 React 网站关于多个组件和动态子级的文档"Composition vs Inheritance"。

　　现在 render() 方法已更新，onFormSubmit() 方法需要使用新名字来更新 state。想要将名字添加到 state 中的 names 数组里，我们可能会尝试 this.state.names.push(name) 这样的操作。但是，React 依赖于 this.setState() 方法来修改 state 对象，因为它被执行后会触发一个新的 render() 方法调用。

　　正确的做法如下所示：

（1）创建一个复制了当前 names 数组的新变量；

（2）把新名字添加到新数组中；

（3）在调用 this.setState() 方法时使用该变量。

　　我们还需要清空文本字段，以便它可以接受其他的用户输入。如果在添加新名字之前要求用户删除别人的输入，这对用户来说并非非常友好。由于我们已可以通过 refs 访问文本字段，因此可以将其值设置为空字符串来清空它。

　　现在 onFormSubmit() 方法应该如下所示：

forms/src/04-basic-input.js

```
onFormSubmit = (evt) => {
  const name = this.refs.name.value;
```

```
    const names = [ ...this.state.names, name ];
    this.setState({ names: names });
    this.refs.name.value = '';
    evt.preventDefault();
};
```

此时注册应用程序才是功能完善的。以下是应用程序流程的概述。

(1) 用户输入名字并点击 "Submit" 按钮。

(2) onFormSubmit 函数被调用。

(3) 使用 this.refs.name 访问文本字段的值（一个名字）。

(4) 该名字将被添加到 state 中的 names 列表里。

(5) 清空文本字段，以便为更多的输入做准备。

(6) render() 函数被调用，并显示更新后的名字列表。

现在看起来还不错！下一节会进一步改进它。

6.2.3 非受控组件与受控组件

前几节利用 refs 来访问用户的输入。在创建 render() 方法时，我们添加了一个带有 ref 属性的 input 字段。稍后，我们使用该属性来获取渲染的 input 字段的引用，以便能访问和修改它的值。

我们介绍了在表单中使用 refs 属性，因为它在概念上与不使用 React 的表单处理方式类似。但是，通过这种方式使用 refs 属性，会放弃使用 React 的主要优势。

在前面的示例中，我们通过直接访问 DOM 来从文本字段检索名字，并在用户输入的名字提交后重置字段来直接操作 DOM。

使用 React，我们不必担心修改 DOM 来匹配应用程序状态。我们应该只专注于改变 state，并依赖 React 的能力来有效地操纵 DOM 来匹配状态。这为我们提供了确定性，对于任何给定的 state 值，我们都可以预测到 render() 方法将返回什么，从而也能知道应用程序会是什么样子的。

在前面的示例中，文本字段被称为 "非受控组件"。这是 React 不 "控制" 它的渲染方式的另一种说法，尤其是它的值。换句话说，React 不干涉组件的行为，并允许它自由地接受用户交互的影响。这意味着即使知道应用程序的状态也不足以预测页面（特别是 input 字段）的外观。因为用户可以选择在字段中输入或者不输入，所以要知道 input 字段的唯一方法是通过 refs 属性访问它并检查它的值。

还有另一种方式。通过将该字段转换为 "受控组件"，就可以让 React 控制它。它的值总是会由 render() 方法和应用程序的状态指定。当我们这样做时，就可以通过检查 state 对象来预测应用程序的外观。

通过直接将视图绑定到应用程序的状态，我们只需做很少的工作就可以获得某些特性。例如，假设有一个很长的表单，用户必须通过填写许多 input 字段来回答很多问题。如果用户中途不小心重新加载了页面，那么通常所有的这些字段都会被清空。但如果这些是受控组件，且应用程序的状态已被持久化到 localStorage 中，那么我们就能够准确地回到用户中断的位置。稍后将讨论受控组件的另一个重要特性，它为组件的验证铺平了道路。

6.2.4 使用 state 访问用户输入

将非受控的 input 组件转换为受控组件需要做三件事：首先在 state 中的某个地方存储它的值；其次在 state 内提供一个位置作为它的 value 属性；最后添加一个 onChange 处理程序，这样就可以在 state 中更新它的值。受控组件的流程如下所示。

(1) 用户输入或修改字段。

(2) 使用 change 事件来调用 onChange 处理程序。

(3) 在 state 中使用 event.target.value 来更新 input 元素的值。

(4) 调用 render() 函数并使用 state 中的新值来更新 input 元素的值。

将 input 组件转换为受控组件后，render() 函数的改动如下所示：

forms/src/05-state-input.js

```
render() {
  return (
    <div>
      <h1>Sign Up Sheet</h1>

      <form onSubmit={this.onFormSubmit}>
        <input
          placeholder='Name'
          value={this.state.name}
          onChange={this.onNameChange}
        />

        <input type='submit' />
      </form>

      <div>
        <h3>Names</h3>
        <ul>
          { this.state.names.map((name, i) => <li key={i}>{name}</li>) }
        </ul>
      </div>
    </div>
  );
}
```

唯一的区别是我们删除了 input 元素的 ref 属性并将其替换为 value 和 onChange 属性。

既然 input 元素是"受控制的"，那么它的值会始终被设置成和 state 中的一个属性相等。在本例中，该属性是 name，因此 input 元素的值就是 this.state.name。

虽然这不是严格要求的，但为组件中使用的 state 的属性提供合理的默认值是一个好习惯。因为现在使用 state.name 作为 input 元素的值，所以我们希望在用户有机会提供一个值之前可以选择它默认的值。在本例中，我们希望该字段为空，因此默认值为一个空字符串（''）。

forms/src/05-state-input.js

```
state = {
  name: '',
  names: [],
};
```

如果我们停在这一步，那么 input 元素会被有效地禁用。无论用户输入什么，它的值都不会改变。事实上如果这样做了，React 会在控制台中向我们发出警告。

为了使 input 元素变得可操作，我们需要监听它的 onChange 事件并使用它们来更新 state。为此，我们为 onChange 创建了一个事件处理程序。此处理程序负责更新 state，这样 state.name 就会随着用户在字段中输入的内容而更新。为此，我们创建了 onNameChange() 方法。

如下所示：

forms/src/05-state-input.js

```
onNameChange = (evt) => {
  this.setState({ name: evt.target.value });
};
```

onNameChange() 是一个非常简单的函数。就像在前一节中所做的那样，我们使用传递给处理程序的事件来引用字段并获取其值。然后，使用该值更新 state.name。

现在受控组件闭环已完成。用户与该字段交互会触发 onChange 事件，它会调用 onNameChange() 处理程序。onNameChange() 处理程序更新 state，然后触发 render() 方法使用新值更新字段。

不过，应用程序还需要再做一次修改。当用户提交表单时会调用 onFormSubmit() 方法，我们需要该方法将输入的名字（state.name）添加到名字列表（state.names）中。当我们上次看到 onFormSubmit() 方法时，它使用 this.refs 实现了这一点。因为我们不再使用 ref，所以需要修改该方法，如下所示：

forms/src/05-state-input.js

```
onFormSubmit = (evt) => {
  const names = [ ...this.state.names, this.state.name ];
  this.setState({ names: names, name: '' });
  evt.preventDefault();
};
```

请注意，要获取当前输入的名字，只需访问 this.state.name，因为 onNameChange() 处理程序会不断地更新它。然后将它附加到名字列表（this.state.names）中，并更新 state。还需要清空 this.state.name，使得该字段为空并准备好去接收新的名字。

虽然应用程序在本节中没有获得任何新特性，但这已为更好的功能（如验证和持久性）铺平了道路，同时也更充分地利用了 React 范式。

6.2.5 多个字段

注册表看起来还不错，但如果要添加更多字段会发生什么呢？如果注册表和其他大多数项目一样，那么添加字段只是时间问题。对于表单来说，我们经常会想要添加输入字段。

如果我们继续使用当前的方法去创建更多的受控组件，每个组件都具有相应的 state 属性和 onChange 处理程序，那么组件将变得非常冗长。在输入、状态和处理程序之间建立一对一的关系并不理想。

下面探索如何修改应用程序，才能以干净、可维护的方式来提供额外的输入。为了说明这一点，让我们把电子邮件地址添加到注册表中。

前一节中的 input 字段在 state 对象的根节点上有一个专用属性。如果我们也这样做，那么需要添加另一个属性：email。为了避免为 state 对象上的每个输入都添加属性，我们改为添加一个 fields 对象来把所有字段的值存储在同一个位置。下面是新 state 对象的初始值：

forms/src/06-state-input-multi.js

```
state = {
  fields: {
    name: '',
    email: ''
  },
  people: []
};
```

这个 fields 对象可以存储任意数量的输入状态。这里我们指定了要存储 name 和 email 字段（见图 6-5）。现在可以在 state.fields.name 和 state.fields.email 中找到这些值，而不是在 state.name 和 state.email 中。

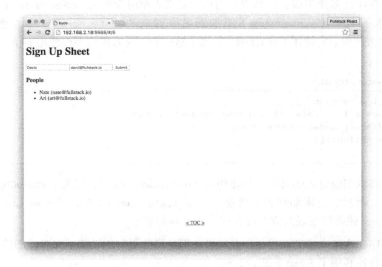

图 6-5　name 和 email 字段

当然这些值需要由事件处理程序更新。我们**可以**为表单中的每个字段创建一个事件处理程序，但这会涉及大量代码的复制和粘贴，且会毫无必要地让组件变得臃肿。它还会使维护组件变得更难，因为任何对表单的更改都需要在多个位置进行。

无须为每个输入都创建 onChange 处理程序，可以只创建一个方法来接收来自**所有**输入的修改事件。编写此方法的诀窍是根据触发事件的 input 字段来更新 state 中正确对应的属性。要实现这一点，该方法使用了 event 参数来确定哪个输入已被修改，并更新相应的 state.fields 对象。比如说，有一个 input 字段，它的 name 属性设置为 "email"，那么当它触发事件时，我们就能知道它是电子邮件字段，因为 event.target.name 的值就是 "email"。

想知道它是如何实现的，请看下面更新后的 render() 函数：

forms/src/06-state-input-multi.js

```
render() {
  return (
    <div>
      <h1>Sign Up Sheet</h1>

      <form onSubmit={this.onFormSubmit}>
        <input
          placeholder="Name"
          name="name"
          value={this.state.fields.name}
          onChange={this.onInputChange}
        />

        <input
          placeholder="Email"
          name="email"
          value={this.state.fields.email}
          onChange={this.onInputChange}
        />

        <input type="submit" />
      </form>

      <div>
        <h3>People</h3>
        <ul>
          {this.state.people.map(({name, email}, i) => (
            <li key={i}>
              {name} ({email})
            </li>
          ))}
        </ul>
      </div>
    </div>
  );
}
```

有几点需要注意。第一，我们添加了第二个 input 字段来处理电子邮件地址。

第二，我们修改了 input 字段的 value 属性，这样就不需要访问 state 对象根节点上的属性。访问 state.fields 的属性的方式已被替代。查看上面的代码，表示名字的 input 字段现在将其值设置为 this.state.fields.name。

第三，两个 input 字段的 onChange 属性都设置为相同的 onInputChange()事件处理程序。下面将介绍如何把 onNameChange()修改为一个更通用的事件处理程序，它可以接收来自任何字段的事件，而不仅仅是"name"字段。

第四，现在的 input 字段有一个 name 属性。这和上一点有关。为了让通用事件处理程序 onInputChange()能够知晓更改事件的来源以及如何将其存储到状态中（例如，如果更改来自属性名为"email"的 input 字段，则应将其新值存储在 state.fields.email 中），我们提供了 name 属性，以便它可以通过事件的 target 属性来实现。

第五，我们修改了人员列表的渲染方式。因为它不再仅仅是一个名字列表，所以我们修改了 li 元素，用来显示之前的 name 属性以及我们即将拥有的新 email 数据。

为了确保所有数据都放在正确的位置，我们需要确保事件处理程序的修改是恰当的。onInputChange()事件处理程序（在任何字段的输入更改时调用）应如下所示：

forms/src/06-state-input-multi.js

```
onInputChange = evt => {
  const fields = Object.assign({}, this.state.fields);
  fields[evt.target.name] = evt.target.value;
  this.setState({fields});
};
```

它的核心思路与我们在上一节在 onNameChange()函数中所做的类似，但有两个主要区别：

(1) 我们更新的是嵌套在 state 对象中的值（例如，更新 state.fields.email 而不是 state.email）；

(2) 我们使用 evt.target.name 来通知 state.fields 中的哪个属性需要更新。

为了能正确地更新状态，我们首先获取了对 state.fields 对象的本地引用；然后使用事件中的信息（evt.target.name 和 evt.target.value）来更新本地引用；最后使用修改后的本地引用来调用 setState()方法。

具体来看如果用户在"email"字段中输入"someone@somewhere.com"会发生什么。

首先，evt 对象将作为参数来调用 onInputChange()方法。evt.target.name 的值将是"email"（因为在 render()方法中"email"被设置为它的 name 属性），而 evt.target.value 的值将是"someone@somewhere.com"（因为这是用户输入该字段的内容）。

接下来，onInputChange()方法将获取对 state.fields 对象的本地引用。如果这是第一次输入，那么 state.fields 和本地引用会是 state 中 fields 属性的默认值{ name: '', email: '' }。接着本地引用会被修改，fields 属性值就变成了{ name: '', email: "someone@somewhere.com" }。

最后使用这些更改来调用 setState()方法。

此时，this.state.fields 会始终与 input 字段中的文本保持同步，但我们需要修改 onFormSubmit()方法，才可以将该信息放入已注册的人员列表中。下面是更新后的 onFormSubmit()方法：

forms/src/06-state-input-multi.js

```
onFormSubmit = evt => {
  const people = [...this.state.people, this.state.fields];
  this.setState({
    people,
    fields: {
      name: '',
      email: ''
    }
  });
  evt.preventDefault();
};
```

在 onFormSubmit()方法中，我们首先获得已注册的人员列表（this.state.people）的本地引用；然后将 this.state.fields 对象（它表示当前输入 name 和 email 字段中的对象）添加到 people 列表中；最后调用 this.setState()方法并使用新信息更新列表，同时通过将 state.fields 返回值设置成空的默认值（{ name: '', email: '' }）来清空所有字段。

这样做的好处是我们可以很容易地添加更多的输入字段，而只需要很少的更改。实际上只有 render()方法需要修改。对于添加一个新字段，我们所要做的就是再添加一个 input 字段，并修改列表的渲染方式以显示新字段。

举个例子，如果我们想要添加一个电话号码字段，那么只需添加一个具有合适的 name 和 value 属性值的新 input 字段：name 属性值会是 phone，value 属性值会是 this.state.fields.phone。和其他字段一样，onChange 属性值将是我们现有的 onInputChange()处理程序。

完成后，state 将自动跟踪电话字段并将其添加到 state.people 数组中，然后我们可以修改视图显示信息的方式（例如使用 li）。

此时有了一个功能良好的应用程序，它可以随着需求的发展进行扩展和修改。然而，它还缺少一个大部分表单需要的关键点：验证。

6.2.6　验证

验证对于构建表单非常重要，因此很少有表单没有验证。验证既可以在**单个字段**的级别上进行，也可以在**整个表单**上进行。

当在单个字段上进行验证时，需要确保用户输入的数据符合应用程序对该数据相关的期望和约束。

举个例子，如果想让用户输入电子邮件地址，我们就会希望他们的输入看起来像有效的电子邮件地址。如果输入看起来不像电子邮件地址，那么他们有可能搞错了，应用程序很可能会遇到麻烦（例如，他们无法激活自己的账户）。其他需要验证的常见示例包括：确保美国邮政编码恰好有 5 个（或 9 个）数字字符，或者强制密码至少为某个最小长度。

而对整个表单的验证会略有不同。这里需要确保所有必填的字段都已输入了。这里也是检查内部一致性的好地方。例如，你有一个订单表单，其中特定的产品需要特定的选项。

此外，对于"如何"及"何时"验证也需要权衡。在某些字段中，我们可能希望实时提供验证反馈。例如，我们可能希望在用户输入时显示密码强度（通过查看长度和使用的字符）。但是，如果想验证用户名的可用性，则需要等到用户完成输入之后再向服务器或数据库发出请求来确定。

还可以选择如何来显示验证错误。可以改变字段的样式（例如红色边框），并在字段附近显示文本（例如 "请输入有效的电子邮件"），或者禁用表单的提交按钮，以防止用户处理无效信息。

对于应用程序，可以从整个表单的验证开始：

(1) 确保有 name 和 email 字段；

(2) 确保电子邮件是有效的地址。

6.2.7   在应用程序中添加验证

为了给注册应用程序添加验证，我们做了一些修改。概括来说，这些变化如下所示：

(1) 在 state 中添加一个位置来存储验证错误（如果存在的话）；

(2) 修改 render()方法，因此它会显示验证错误消息（如果存在的话），并在每个字段旁边显示红色文本；

(3) 添加一个新的 validate()方法，然后将 fields 对象作为参数传入并返回一个 fieldErrors 对象；

(4) onFormSubmit()方法将调用新的 validate()方法来获取 fielderror 对象，如果有错误，就会把它们添加到状态中（以便它们可以在 render()中显示），并提前返回而不会把 "person" 字段添加到 state.people 列表中。

首先需要修改初始的 state 对象：

forms/src/07-basic-validation.js

```
state = {
  fields: {
    name: '',
    email: ''
  },
  fieldErrors: {},
  people: []
};
```

这里唯一的变化是我们已为 fieldErrors 属性创建了一个默认值。我们将在这里存储每个字段的错误（如果存在的话）。

更新后的 render()方法如下所示：

forms/src/07-basic-validation.js

```
render() {
  return (
    <div>
      <h1>Sign Up Sheet</h1>

      <form onSubmit={this.onFormSubmit}>
        <input
```

```
        placeholder="Name"
        name="name"
        value={this.state.fields.name}
        onChange={this.onInputChange}
      />

      <span style={{color: 'red'}}>{this.state.fieldErrors.name}</span>

      <br />

      <input
        placeholder="Email"
        name="email"
        value={this.state.fields.email}
        onChange={this.onInputChange}
      />

      <span style={{color: 'red'}}>{this.state.fieldErrors.email}</span>

      <br />

      <input type="submit" />
    </form>

    <div>
      <h3>People</h3>
      <ul>
        {this.state.people.map(({name, email}, i) => (
          <li key={i}>
            {name} ({email})
          </li>
        ))}
      </ul>
    </div>
  </div>
  );
}
```

这里唯一的区别是增加了两个新的 span 元素，每个字段都有一个。每个 span 都将在 state.fieldErrors 中的相应位置查找错误消息。如果找到错误，就会在该字段旁边以红色文本显示。接下来将介绍这些错误消息如何写入 state。

在用户提交表单后，我们会检查其输入的有效性。因此，做验证的合适位置是在 onFormSubmit() 方法中。但是，我们要为该方法创建一个独立的函数来调用。为此我们创建了纯函数，即 validate() 方法：

forms/src/07-basic-validation.js

```
validate = person => {
  const errors = {};
  if (!person.name) errors.name = 'Name Required';
  if (!person.email) errors.email = 'Email Required';
  if (person.email && !isEmail(person.email)) errors.email = 'Invalid Email';
```

```
    return errors;
  };
```

　　validate()方法非常简单，只有两个目的。首先，要确保名字和电子邮件都存在。通过检查它们是否为真，可以知道它们是否已被定义，而不是空字符串。其次，我们想知道所提供的电子邮件地址是否有效。这确实是一个棘手的问题，因此我们依靠 validator（第三方提供的验证器）来验证。如果不满足其中任何一个条件，我们就会向 errors 对象添加相应的键，并将其值设置为错误消息。

　　之后，需要更新 onFormSubmit()方法来使用这个新的 validate()方法，并对返回的 error 对象进行操作：

forms/src/07-basic-validation.js

```js
onFormSubmit = evt => {
  const people = [...this.state.people];
  const person = this.state.fields;
  const fieldErrors = this.validate(person);
  this.setState({fieldErrors});
  evt.preventDefault();

  if (Object.keys(fieldErrors).length) return;

  this.setState({
    people: people.concat(person),
    fields: {
      name: '',
      email: ''
    }
  });
};
```

　　要使用 validate()方法，我们需要从 this.state.fields 获取字段的当前值，并将其作为参数提供。如果没有错误，validate()方法将返回一个空对象；如果有错误，它将返回一个对象，其中的键对应于每个字段名，值对应于每个错误消息。这两种情况下，我们都需要更新 state.fieldErrors 对象，以便 render()方法可以根据需要显示或隐藏消息。

　　如果验证错误对象存在任何键（Object.keys(fieldErrors).length > 0），那么我们就知道有错误存在。如果没有验证错误，那么逻辑与前几节相同，即添加新信息并清空字段（见图 6-6）；但如果有任何错误，我们就会提前返回（见图 6-7）。这可以防止将新信息添加到列表中。

图6-6　电子邮件必填

图6-7　无效的电子邮件

至此，我们已介绍了在 React 中创建验证表单的基本知识。下一节将进一步介绍如何在字段级别进行实时验证，当应用程序具有多个不同验证要求的字段时，我们将创建一个 Field 组件以提高可维护性。

6.2.8 创建 Field 组件

上一节在表单中添加了验证。但是，表单组件不但负责在整个表单上进行验证，同样也**为每个字段运行单独的验证规则**。

如果**每个字段**只负责在**它自己的输入**上标识验证错误，而父表单只负责在表单级别标识错误，那么这是比较理想的。这样做有如下几个好处。

(1) 以这种方式创建的电子邮件字段可以在用户输入时实时检查其输入的格式。

(2) 字段可以包含其验证的错误消息，从而使得父表单不必跟踪它。

为此，首先要创建一个独立的新 Field 组件，并使用它来代替表单中的 input 元素。它能够将常规的 input 元素与逻辑验证及错误消息结合起来。

在开始创建这个新组件之前，我们从宏观上来考虑它的输入和输出会很有用。换句话说，"需要提供哪些信息给这个组件？"以及"期望得到什么样的结果？"

这些输入将成为这个组件的 props，输出将被用作传递给事件处理程序的参数。

因为 Field 组件会包含一个 input 子元素，所以我们需要提供相同的基准信息以便将其传递下去。如果我们想要 Field 组件在它的 input 子元素上使用特定的 placeholder 属性来渲染，那么在表单的 render() 方法中创建 Field 组件时，也必须将 placeholder 作为一个属性提供。

需要提供的另外两个属性是 name 和 value。就像之前所做的那样，name 属性将允许我们在组件之间共享一个事件处理程序，value 属性将允许父表单预填充 Field 组件并让它保持更新。

此外，这个新的 Field 组件将负责自己的验证。因此，需要为它提供其包含的数据的特定规则。如果它是"电子邮件"的 Field 组件，那么我们需要为它提供验证函数作为它的 validate 属性。在组件内部，它将运行此函数来确定它的输入是否是有效的电子邮件地址。

最后，需要为 onChange 事件提供一个事件处理程序。我们提供的 onChange 属性函数会在每次 Field 组件的输入发生变化时调用，并会使用我们定义的一个事件参数来调用它。这个事件参数应该有三个我们感兴趣的属性：Field 组件的名称、输入的当前值，以及当前的验证错误信息（如果存在的话）。

下面快速看一下，若要使新的 Field 组件能完成工作，它需要以下几个属性。

- placeholder：它会直接传递给 input 子元素。与标签类似，它告诉用户 Field 组件需要什么数据。
- name：我们需要它的原因与为 input 元素提供 name 属性的原因相同，即在事件处理程序中使用它来确定存储输入数据和验证错误信息的位置。
- value：父表单可以使用它来初始化 Field 组件，或者可以使用它的新值来更新 Field 组件。这类似于在 input 元素上使用的 value 属性。

- `validate`：在运行时返回验证错误（如果有的话）的函数。
- `onChange`：当 Field 组件发生变化时要运行的事件处理程序。此函数会接收一个事件对象作为参数。

然后就可以在新的 Field 组件上设置 propTypes：

forms/src/08-field-component-field.js

```
static propTypes = {
  placeholder: PropTypes.string,
  name: PropTypes.string.isRequired,
  value: PropTypes.string,
  validate: PropTypes.func,
  onChange: PropTypes.func.isRequired
};
```

接下来可以考虑 Field 组件需要跟踪的 state 对象。Field 组件只需要两个数据，即当前 value 和 error 的属性值。在前面的几节中，表单组件的 render()方法需要这些数据，因此 Field 组件也一样。state 的初始设置如下所示：

forms/src/08-field-component-field.js

```
state = {
  value: this.props.value,
  error: false
};
```

一个主要的区别是 Field 组件有一个父级，而这个父级有时会更新 Field 组件的 value 属性。为此，需要创建一个新的生命周期方法（getDerivedStateFromProps()）来接收新值并更新状态，如下所示：

forms/src/08-field-component-field.js

```
getDerivedStateFromProps(nextProps) {
  return {value: nextProps.value}
}
```

Field 组件的 render()方法应该要非常简单。它只包括一个 input 元素和相应的 span 来保存错误消息：

forms/src/08-field-component-field.js

```
render() {
  return (
    <div>
      <input
        placeholder={this.props.placeholder}
        value={this.state.value}
        onChange={this.onChange}
      />
      <span style={{color: 'red'}}>{this.state.error}</span>
    </div>
  );
}
```

对于 input 元素, placeholder 属性的值将从父级传递进来且可以从 this.props.placeholder 获得。如上所述, input 元素的值和 span 中的错误消息都将存储在 state 中。它的值来自于 this.state.value, 错误消息则来自于 this.state.error。

最后设置一个 onChange 事件处理程序, 它负责接收用户输入、验证、更新状态, **以及调用父级的事件处理程序**。这个方法就是 this.onChange:

```
onChange (evt) {
  const name = this.props.name;
  const value = evt.target.value;
  const error = this.props.validate ? this.props.validate(value) : false;

  this.setState({value, error});

  this.props.onChange({name, value, error});
}
```

this.onChange 是一个非常有效的函数。它在几行代码中处理了四种不同的职责。与前几节一样, event 对象通过它的 target.value 属性为我们提供了 input 元素的当前文本内容。一旦有了这些, 就可以知道它是否通过了验证。

如果已为 Field 组件的 validate 属性提供了验证函数, 我们就会在此处使用它。如果没有提供, 我们就不需要验证输入并将 error 设置为 false。一旦有了 value 和 error, 就可以更新 state, 从而使它们都出现在 render()方法中。然而, 使用这些信息不仅仅只是更新 Field 组件。

当父组件使用 Field 组件时, 它会将自己的事件处理程序作为 onChange 属性传入。我们调用这个函数, 以便将信息传递给父组件。在 this.onChange()中, 此函数是 this.props.onChange(), 我们调用它使用了三种信息: Field 组件中的 name、value 和 error 属性。

可以认为 onChange 属性在事件处理程序链中负责携带信息。表单包含了 Field 组件, 而 Field 组件又包含了一个 input 元素。事件在 input 元素上发生, 信息首先会传递到 Field 组件, 最后会传递到表单。

此时, Field 组件已准备就绪, 并可用于替代应用程序中的 input 和 error 消息组合。

6.2.9 使用新的 Field 组件

现在我们已准备好去使用全新的 Field 组件, 因此需要对应用程序进行一些修改。最明显的变化是 Field 组件将取代 render()方法中的 input 元素和 error 消息的 span 元素。这很好, 因为 Field 组件可以处理字段级别的验证。但在表单级别的验证呢?

如果你还有印象的话, 其实我们可以使用两种不同级别的验证: 一种是字段级别的验证, 另一种是表单级别的验证。新的 Field 组件将允许我们实时验证每个字段的格式。但是, 它们不会去验证整个表单以确保需要的所有数据都存在。为此, 还需要表单级别的验证。

这里要添加另一个好用的功能, 即在表单验证通过 (或失败) 时实时启用 (或禁用) 表单的提交按钮。这是一个很好的反馈, 可以改进表单的用户体验, 让它感觉更灵敏。

下面是更新后的 render() 方法：

forms/src/08-field-component-form.js

```
render() {
  return (
    <div>
      <h1>Sign Up Sheet</h1>

      <form onSubmit={this.onFormSubmit}>
        <Field
          placeholder="Name"
          name="name"
          value={this.state.fields.name}
          onChange={this.onInputChange}
          validate={val => (val ? false : 'Name Required')}
        />

        <br />

        <Field
          placeholder="Email"
          name="email"
          value={this.state.fields.email}
          onChange={this.onInputChange}
          validate={val => (isEmail(val) ? false : 'Invalid Email')}
        />

        <br />

        <input type="submit" disabled={this.validate()} />
      </form>

      <div>
        <h3>People</h3>
        <ul>
          {this.state.people.map(({name, email}, i) => (
            <li key={i}>
              {name} ({email})
            </li>
          ))}
        </ul>
      </div>
    </div>
  );
}
```

可以看到 Field 组件替代了 input 元素。所有 props 都与 input 元素上的相同，只是这次有了一个额外的属性：validate。

在上面 Field 组件的 onChange() 方法中，我们调用了 this.props.validate() 函数。该函数就是我们提供给 Field 组件的 validate 属性。它的目的是将用户提供的输入作为参数，并给出一个与该输入的有效性相对应的返回值。如果输入无效，validate 将返回一个错误消息。否则，它返回 false。

对于 name 字段，validate 属性只是检查一个真值。只要框中有字符，验证就会通过，否则将返回 "Name Required" 错误消息。

对于 email 字段，我们将使用从 validator 模块导入的 isEmail() 函数。该函数如果返回 true，我们就知道这是一个有效的电子邮件，那么验证会通过；如果返回 false，则会返回 "Invalid Email" 消息。

注意，我们只留了它们的 onChange 属性，它仍然被设置为 this.onInputChange 函数。但是，因为 Field 组件使用的函数与 input 元素不同，所以我们必须更新 onInputChange() 函数。

在继续之前，请注意对 render() 方法所做的最后一个更改：我们根据条件来禁用提交按钮。为此，我们将 disabled 属性的值设置为 this.validate() 的返回值。这是因为如果验证错误，则 this.validate() 会返回一个真值，如果表单无效，则按钮会被禁用（见图 6-8）。稍后会展示 this.validate() 函数。

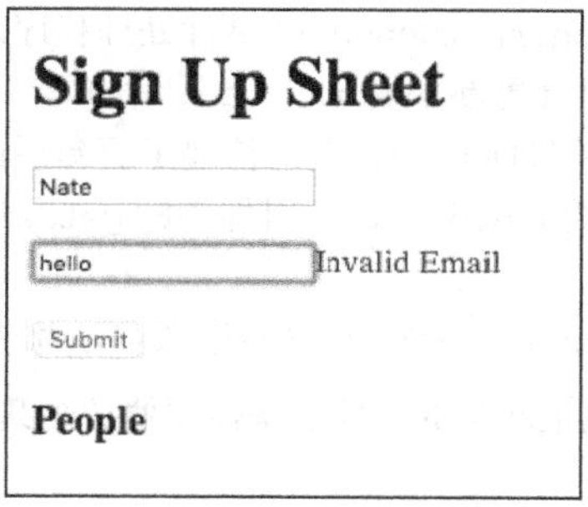

图 6-8　被禁用的提交按钮

如前所述，两个 Field 组件都把它们的 onChange 属性设置为 this.onInputChange。我们必须做一些修改来匹配 input 元素和 Field 组件之间的差异。下面是更新后的版本：

forms/src/08-field-component-form.js

```
onInputChange = ({name, value, error}) => {
  const fields = Object.assign({}, this.state.fields);
  const fieldErrors = Object.assign({}, this.state.fieldErrors);

  fields[name] = value;
  fieldErrors[name] = error;

  this.setState({fields, fieldErrors});
};
```

以前 onInputChange() 函数的工作是使用当前用户输入的值来更新 this.state.fields。换句话说，当文本字段被编辑时，我们就会使用事件对象调用 onInputChange() 函数。该事件对象有一个引用 input 元素的 target 属性。我们可以使用该引用获得 input 元素的 name 属性和 value 属性的值，并使用它们更新 state.fields。

现在的 onInputChange() 函数也具有相同的职责，只是调用这个函数的是 Field 组件，而不是

input 元素。前一节展示了 Field 组件的 onChange( )方法，它就是调用 this.props.onChange( )的地方。当 this.props.onChange( )被调用时，就像这样：this.props. onChange({name, value, error})。

这意味着我们不再像以前那样使用 evt.target.name 或 evt.target.value，而是直接从参数对象中获取 name 和 value 属性的值。此外，我们还获取到了每个字段的验证错误。这是必要的，因为为了防止表单组件提交，它需要知道字段级别的验证错误。

一旦有了 name、value 和 error 属性的值，我们就可以更新 state 中的两个对象，即之前使用的 state.fields 对象，以及一个新的 state.fieldErrors 对象。很快我们将展示如何使用 state.fieldErrors 来防止或允许表单提交，具体取决于字段级别的验证错误是否存在。

随着 render( )和 onInputChange( )函数的更新，我们再次为 Field 组件设置了一个很好的反馈循环。

- 首先，用户会在 Field 组件上输入。
- 然后，调用 Field 组件的 onInputChange( )事件处理程序。
- 接下来，onInputChange( )会更新 state。
- 之后，表单再次被渲染，并且向 Field 组件传递了更新后的 value 属性的值。
- 接着使用新的 value 属性的值调用 Field 组件中的 getDerivedStateFromProps( )方法，并返回新状态。
- 最后，再次调用 Field.render( )方法，且文本字段显示相应的输入和验证错误（如果有的话）。

此时，表单中的 state 和外观是同步的，接下来需要修改处理提交事件的方式。这是更新后的表单事件处理程序 onFormSubmit( )：

forms/src/08-field-component-form.js

```
onFormSubmit = evt => {
  const people = this.state.people;
  const person = this.state.fields;

  evt.preventDefault();

  if (this.validate()) return;

  this.setState({
    people: people.concat(person),
    fields: {
      name: '',
      email: ''
    }
  });
};
```

onFormSubmit( )函数的目的没有变化。它仍然负责将人员添加到列表中，或者当存在验证错误时则阻止该行为发生。为了检查验证错误，我们调用 this.validate( )函数，如果有错误，则该函数会在新人员添加到列表之前返回。

下面是 validate( )函数的最新版本：

```
validate () {
  const person = this.state.fields;
  const fieldErrors = this.state.fieldErrors;
  const errMessages = Object.keys(fieldErrors).filter((k) => fieldErrors[k])

  if (!person.name) return true;
  if (!person.email) return true;
  if (errMessages.length) return true;

  return false
},
```

简单地说，validate()的检查是为了确保数据在表单级别上是有效的。表单要在这个级别通过验证，必须满足两个要求：两个字段都不为空；不能有任何字段级别的验证错误。

为了满足第一个要求，我们需要访问 this.state.fields 并确保 state.fields.name 和 state.fields.email 的值都为真。它们会由 onInputChange()函数来保持数据更新，因此它将始终匹配文本字段中的内容。如果缺少 name 或 email 属性的值，则会返回 true，表示存在验证错误。

对于第二个要求，我们来看 this.state.fieldErrors。onInputChange()函数会在此对象上设置字段级别的验证错误消息。我们使用 Object.keys 和 Array.filter 来获取所有存在的错误消息的数组。如果存在任何字段级别的验证问题，那么数组中会有相应的错误消息，因此它的长度不为零且为真值。如果是这种情况，我们也返回 true 表示存在验证错误。

validate()是一个简单的方法，可以在任何时候调用它来检查数据在表单级别是否有效。我们在 onFormSubmit()函数中使用它来防止向列表添加无效数据，并在 render()函数中使用它来禁用提交按钮，从而为 UI 提供了良好的反馈。

就是这样。下面使用自定义的 Field 组件来动态执行字段级别的验证，并使用表单级别的验证来实时切换提交按钮。

6.3 远程数据

我们的表单应用程序即将发布。用户可以使用他们的名字和电子邮件进行注册，并在接收输入之前验证这些信息。但现在要把它提升一个档次。我们将探讨如何允许用户从分层次的异步选项中进行选择。

最常见的例子是允许用户按年份、制造商和型号选择汽车。用户首先选择年份，然后是制造商，最后是型号。在一次选择中选好一个选项后，下一个选项就可用了。构建这样的组件有两方面很有趣。

首先，并非所有组合都有意义。就像你没有理由允许用户可以选择 1965 年的 Tesla Model T（特斯拉 T 型车）。每个选项列表（除了第一个选项之外）都依赖于先前选择的值。

其次，我们不希望将数据库中所有可选择的数据都发送到浏览器。相反，浏览器只知道最高级别的选项（例如特定范围内的年份）。当用户进行选择时，我们将所选的值提供给服务器并获取下一级（例如，通过年份的获取可用制造商）。因为下一级选项来自服务器，所以这是一个异步活动。

应用程序不会对用户的汽车感兴趣，但我们会想知道他们在注册什么。这个应用程序的目的是让用户通过选择要参加 NodeSchool 的课程来了解更多的 JavaScript。

NodeSchool 的课程分为核心基础课程和选修课程。可以将这些视为 NodeSchool 的系。因此，根据用户感兴趣的系，我们可以允许他们选择相应的课程。这类似于上面的例子，用户需要先选择年份再选择汽车制造商。

如果用户选择核心的系，我们将允许他们从核心基础课程列表中进行选择，例如 learnyounode 和 stream-adventure。或者，如果他们选择选修的系，我们将允许他们选择像 Functional JavaScript 或者 Shader School 这样的课程。与汽车的例子类似，课程列表也是异步提供的，并取决于用户选择的系。

实现这一目标的最简单方法是使用两个 select 元素，一个用于选择系，另一个用于选择课程。但我们会先隐藏第二个选项，直到满足下面的条件：用户选择了一个系；我们从服务器接收到了相应的课程列表。

我们将创建一个自定义组件来处理这些字段的层次性和异步性，而不是直接在表单中构建此功能。通过使用自定义组件，表单几乎可以不用改变。任何特定于"讲习班"选择的逻辑都将隐藏在组件中。

6.3.1　构建自定义组件

该组件的目的是允许用户选择 NodeSchool 课程。下面将称它为 CourseSelect 组件。

但是，在开始开发新的 CourseSelect 组件之前，我们应该考虑它应如何与父表单进行通信。这将决定组件的 props。

最明显的就是 onChange() 属性。此组件的目的是帮助用户选择系和课程，并使该数据可用于表单中。此外，我们希望确保调用 onChange() 的参数与其他字段组件得到的参数相同。这样就不必为该组件创建任何的特殊处理。

如果需要，我们还希望表单能够设置此组件的状态。当想要在用户提交信息后清空选择时，这尤其有用。为此，我们需要接收两个属性：department 和 course。

所有这些就是我们所需要的。这个组件将接收三个 props。以下是它们在新的 CourseSelect 组件中的呈现：

forms/src/09-course-select.js

```
static propTypes = {
  department: PropTypes.string,
  course: PropTypes.string,
  onChange: PropTypes.func.isRequired
};
```

接下来可以考虑 CourseSelect 组件需要跟踪的 state 对象。两个最明显的状态是 department 和 course。当用户进行选择以及父表单在提交后清空这些选项时，它们就会发生变化。

CourseSelect 组件还需要跟踪特定系的可用课程。当用户选择一个系时，我们将异步获取相应的课程列表。一旦有了这个列表，我们就会把它存储在 state 的 courses 中。

最后，在应用程序处理异步数据获取时，最好通知用户它正在后台加载数据。我们还会跟踪数据是否正在"加载"的状态，它保存在 state 的 _loading 中。

 _loading 的下划线前缀只是一种惯例，用来强调它纯粹是用于表示的。表示的状态仅用于 UI 效果。在本例中，它将用于隐藏或显示加载指示器图像。

下面是初始 state 的定义：

forms/src/09-course-select.js

```
state = {
  department: null,
  course: null,
  courses: [],
  _loading: false
};
```

如上所述，此组件的父表单会更新 department 属性和 course 属性。getDerivedState-FromProps()方法会使用更新的值来相应地修改 state：

forms/src/09-course-select.js

```
getDerivedStateFromProps(update) {
  return {
    department: update.department,
    course: update.course
  };
}
```

现在，我们已对数据有了很好的理解，接下来就可以去了解该组件是如何渲染的。这个组件比之前的例子稍微复杂一点，因此我们会利用组合来保持代码整洁。你会注意到 render()方法主要由两个函数组成，分别是 renderDepartmentSelect()和 renderCourseSelect()。

forms/src/09-course-select.js

```
render() {
  return (
    <div>
      {this.renderDepartmentSelect()}
      <br />
      {this.renderCourseSelect()}
    </div>
  );
}
```

除了这两个函数之外，render()方法就没有什么其他的代码了，但这很好地说明了组件的两个"一半"的功能：一半"系"以及一半"课程"的功能。下面先来看"系"的那一半功能，从 renderDepartmentSelect()函数开始：

forms/src/09-course-select.js

```
{this.renderDepartmentSelect()}
```

此方法返回一个 select 元素，该元素会显示以下三个选项之一。当前显示的选项取决于 select 属性的值。值与 select 元素匹配的选项会被显示。

- "Which department？"（值：**空字符串**）
- "NodeSchool: Core"（值："core"）
- "NodeSchool: Electives"（值："electives"）

select 元素的值是 this.state.department || ''。换句话说，如果 this.state.department 的值为假（默认情况下是这样），那么该值将是一个**空字符串**并将匹配"Which department？"。否则，如果 this.state.department 的值是"core"或"electives"，那么它将显示其他两个选项之一。

因为 this.onSelectDepartment 函数被设置为 select 元素的 onChange 属性，当用户修改该选项时，change 事件会调用 onSelectDepartment()函数，如下所示：

forms/src/09-course-select.js

```
onSelectDepartment = evt => {
  const department = evt.target.value;
  const course = null;
  this.setState({department, course});
  this.props.onChange({name: 'department', value: department});
  this.props.onChange({name: 'course', value: course});

  if (department) this.fetch(department);
};
```

当选择的系改变时，我们希望能发生三件事：第一，更新 state 以匹配所选的系选项；第二，通过 CourseSelect 组件的属性提供的 onChange 处理程序传播变化；第三，为系获取可用的课程。

在更新 state 时，我们会将其更新为事件的 target 属性（即 select 元素）的值。select 元素的值是所选的选项的值，即：''、"core"或"electives"。在使用新值设置好 state 之后，render() 和 renderDepartmentSelect()方法会运行，并会显示一个新选项。

请注意，我们还重置了课程。因为每门课程只适用于它所对应的系。如果系发生变化，它将不再是一个有效的选项。因此，我们将其设置回初始值 null。

更新完 state 之后，需要将变化传递到组件的 this.props.onChange 处理程序。因为我们会像以前一样使用参数，所以这个组件可以像 Field 组件一样使用，且可以为其提供相同的处理函数。唯一的技巧是需要调用两次，对每个输入都调用一次。

最后，如果选择了一个系，则需要为它获取课程列表。下面是它调用的 fetch()方法：

forms/src/09-course-select.js

```
fetch = department => {
  this.setState({_loading: true, courses: []});
  apiClient(department).then(courses => {
    this.setState({_loading: false, courses: courses});
  });
};
```

此方法的职责是获取一个 department 字符串，并用它来异步获取相应的课程列表（courses），然后使用它来更新 state。然而，为了更好的用户体验，还需要确保 state 已被修改。

我们通过在 apiClient 调用之前更新 state 来完成此操作。我们需要等待新的课程列表的响应，在此期间，应该向用户显示一个加载指示器。要做到这一点，我们需要使用 state 来反映获取数据的状态。因此在 apiClient 调用之前，我们将 _loading 状态设置为 true。一旦操作完成，_loading 就设置回 false 并更新课程列表。

前面提到过这个组件有两个"一半"，并已在 render()方法中说明：

forms/src/09-course-select.js

```
render() {
  return (
    <div>
      {this.renderDepartmentSelect()}
      <br />
      {this.renderCourseSelect()}
    </div>
  );
}
```

我们已介绍了"系"的这一半。下面来看"课程"的这一半功能，先从 renderCourseSelect() 方法开始：

forms/src/09-course-select.js

```
{this.renderCourseSelect()}
```

首先你会注意到 renderCourseSelect()函数会根据特定的条件返回不同的根元素。

如果 state._loading 的值为 true，renderCourseSelect()函数只会返回一个 img 元素：一个加载指示器。或者，如果我们没有在加载，且还没有选择系（因此 state.department 的值为假），那么它会返回一个空的 span 元素，这样做有效地隐藏了组件的这一半。

但是，如果我们没有在加载，并且用户选择了一个系，则 renderCourseSelect()函数会返回一个类似于 renderDepartmentSelect()函数的 select 元素。

renderCourseSelect()函数和 renderDepartmentSelect()函数之间最大的区别在于 renderCourseSelect()函数需要动态填充 select 元素的子选项。

此 select 元素的第一个选项是"Which course?"，它的值是一个空字符串。如果用户还没有选择课程，那么这是他们应该看到的（就像在另一个 select 元素中"Which department?"）。第一个选项后面的选项则来自 state.courses 中存储的课程列表。

为了一次性向 select 元素提供所有子选项元素，select 元素会指定一个数组作为它的子项。数组中的第一项是"Which course?"选项。然后将扩展运算符和 map()方法一起使用，这样从第二个子项开始，数组就包含了来自 state 的课程选项。

数组中的每个子项都是一个 option 元素。像以前一样，每个元素都有它显示的文本（比如"Which

course?")以及一个 value 属性。如果 select 元素的值与 option 元素的值匹配,那么会显示该 option 元素。默认情况下,select 元素的值是一个空字符串,因此它会匹配"Which course?"选项。一旦用户选择了课程,我们就可以更新 state.course,相应的课程则会显示出来。

 这是一个动态集合,我们还必须为每个 option 元素提供 key 属性,以避免出现来自 React 的警告。

最后需要为 select 元素的 onChange 属性提供一个更改处理函数 onSelectCourse()。当用户选择课程时,相关的事件对象将调用该函数。然后,我们将使用该事件的信息来更新状态并通知父级。

onSelectCourse()函数如下所示:

forms/src/09-course-select.js

```
onSelectCourse = evt => {
  const course = evt.target.value;
  this.setState({course});
  this.props.onChange({name: 'course', value: course});
};
```

像之前一样,我们从事件中获取了 target 元素的值。该值是用户在课程的 select 元素中选择的 option 元素的值。一旦我们使用此值更新了 state.course,select 元素就会显示相应的 option 元素。

更新完 state 之后,我们调用组件的父级提供的更改处理程序。和系的选择一样,我们为 this.props.onChange()函数提供了一个对象参数,该参数具有处理程序期望的 name/value 结构。

这就是 CourseSelect 组件!下一节将介绍它与表单的集成,但只需非常小的改动。

6.3.2 添加 CourseSelect 组件

现在新的 CourseSelect 组件已准备就绪,我们可以将它添加到表单中,只需做三个小改动。

(1) 将 CourseSelect 组件添加到 render()方法中。

(2) 在 render()方法中更新"人员"列表用来显示新字段(系和课程)。

(3) 因为系和课程是必填字段,所以我们需要修改 validate()方法以确保它们是存在的。

因为我们非常小心地以 onInputChange()函数所期望的方式在 CourseSelect 组件(this.props.onChange)中使用了{name, value}对象来调用更改处理程序,所以该处理程序能够被重用。当 CourseSelect 组件调用 onInputChange()函数时,它可以使用新的系和课程信息去相应地更新 state,就像对来自 Field 组件的调用所做的那样。

下面是更新后的 render()方法:

forms/src/09-async-fetch.js

```
render() {
  return (
    <div>
      <h1>Sign Up Sheet</h1>
```

```jsx
<form onSubmit={this.onFormSubmit}>
  <Field
    placeholder="Name"
    name="name"
    value={this.state.fields.name}
    onChange={this.onInputChange}
    validate={val => (val ? false : 'Name Required')}
  />

  <br />

  <Field
    placeholder="Email"
    name="email"
    value={this.state.fields.email}
    onChange={this.onInputChange}
    validate={val => (isEmail(val) ? false : 'Invalid Email')}
  />

  <br />

  <CourseSelect
    department={this.state.fields.department}
    course={this.state.fields.course}
    onChange={this.onInputChange}
  />

  <br />

  <input type="submit" disabled={this.validate()} />
</form>

<div>
  <h3>People</h3>
  <ul>
    {this.state.people.map(({name, email, department, course}, i) => (
      <li key={i}>{[name, email, department, course].join(' - ')}</li>
    ))}
  </ul>
</div>
</div>
    );
  }
}
```

在添加 CourseSelect 组件时，我们提供了三个属性：

(1) 当前在 state 中保存的系（如果存在的话）；

(2) 当前在 state 中保存的课程（如果存在的话）；

(3) onInputChange() 处理程序（与 Field 组件使用的函数相同）。

如下所示：

```
<CourseSelect
  department={this.state.fields.department}
  course={this.state.fields.course}
  onChange={this.onInputChange} />
```

我们在 render()方法中做的另一个更改是将新的系和课程字段添加到"人员"列表中。一旦用户提交注册信息，它们就会出现在这个列表中。为了显示系和课程信息，我们需要从 state 获取数据并显示：

```
<h3>People</h3>
<ul>
  { this.state.people.map( ({name, email, department, course}, i) =>
    <li key={i}>{[name, email, department, course].join(' - ')}</li>
  ) }
</ul>
```

这就像从 state.people 数组的每个子项中提取属性一样简单。

剩下唯一要做的就是将这些字段添加到表单级别的验证中。CourseSelect 组件可以控制 UI 以确保我们不会得到无效的数据，因此无须担心字段级别的错误。然而系和课程是必填字段，在允许用户提交之前，我们应该确保它们是存在的。我们通过更新 validate()方法来包含这些验证：

forms/src/09-async-fetch.js

```
validate = () => {
  const person = this.state.fields;
  const fieldErrors = this.state.fieldErrors;
  const errMessages = Object.keys(fieldErrors).filter(k => fieldErrors[k]);

  if (!person.name) return true;
  if (!person.email) return true;
  if (!person.course) return true;
  if (!person.department) return true;
  if (errMessages.length) return true;

  return false;
};
```

一旦 validate()方法更新了以后，应用程序就会一直禁用提交按钮直到我们选择了系和课程（除了其他验证要求之外）。

由于 React 和组合的强大功能，使得表单在能够承担复杂功能的同时，也能保持高可维护性。

6.3.3 分离视图和状态

我们一旦从用户那里接收到信息并确定它是有效的，接着就需要将信息转换为 JavaScript 对象。根据表单的不同，这可能会涉及将输入值从字符串转换为数字、日期或布尔值。如果需要通过将值转换为数组或嵌套对象来强加一个层次结构，则可能会涉及更多内容。

在将信息作为 JavaScript 对象之后，我们必须决定如何使用它们。这些对象可以作为 JSON 发送到服务器并存储在数据库中，也可以编码在 url 中作为搜索查询条件来使用，或者可以只用作配置 UI

的外观。

这些对象中的信息几乎总是会影响 UI，在很多情况下还会影响应用程序的行为。而如何在应用程序中存储这些信息则由我们来决定。

6.4 异步持久性

此时，我们的应用程序已经非常有用了。可以想象这个应用程序在自助服务终端上打开，且人们可以到这里进行注册。然而，这里还有一个很大的缺陷：如果浏览器关闭或重新加载，那么所有的数据都会丢失。

在大多数 Web 应用程序中，当用户输入数据时，数据会被发送到服务器以便能安全保存在数据库中。然后当用户返回到应用程序时，数据可以从服务器中获取，因此应用程序可以从用户中断的地方重新开始。

在本例中，我们将讨论持久性的三个方面：保存、加载和错误处理。我们虽然不会将数据发送到远程服务器或将其存储在数据库中（相反，我们会使用 localStorage），但会将其作为异步操作来说明大部分持久性策略可以被使用。

为了持久化注册列表（state.people），只需对父表单组件做一些修改即可。概括来说，这些变化如下所示。

(1) 修改 state 来跟踪持久性状态。基本上我们只想知道应用程序是否正在加载、是否正在保存，或者是否在这两个操作中遇到错误。

(2) 使用 API 客户端去发请求来获取以前保存的数据并将其加载到 state 中。

(3) 更新 onFormSubmit() 事件处理程序以触发保存事件。

(4) 更改 render() 方法，使得 "Submit" 按钮既能反映当前的保存状态，又可以防止用户执行不必要的操作（比如重复保存）。

首先要修改 state 来跟踪 "加载" 状态和 "保存" 状态。这对于准确地传递持久性的状态和防止不必要的用户操作都很有用。例如，如果我们知道应用程序正在 "保存" 中，则可以禁用提交按钮。下面是更新后的 state() 方法，它带有两个新属性：

forms/src/10-remote-persist.js

```
state = {
  fields: {
    name: '',
    email: '',
    course: null,
    department: null
  },
  fieldErrors: {},
  people: [],
  _loading: false,
  _saveStatus: 'READY'
};
```

这两个新属性是_loading 和_saveStatus。和以前一样，我们约定使用下划线前缀来表示它们对于该组件是私有的。这是因为父组件或子组件无须知道它们的值。

_saveStatus 属性的初始值为"READY"，但它会有四个可能的值："READY""SAVING""SUCCESS"和"ERROR"。如果_saveStatus 属性的值是"SAVING"或者"SUCCESS"，那么我们会阻止用户进行额外的保存。

接下来，当组件已成功加载并即将添加到 DOM 时，我们需要请求之前保存的数据。为此，我们会添加 componentDidMount() 生命周期方法，React 会在适当的时候自动调用它，如下所示：

forms/src/10-remote-persist.js

```
componentDidMount() {
  this.setState({_loading: true});
  apiClient.loadPeople().then(people => {
    this.setState({_loading: false, people: people});
  });
}
```

在开始使用 apiClient 获取数据之前，我们将 state._loading 设置为 true。这是因为我们将在render()方法中使用它来显示加载指示器。一旦数据获取好，我们就可以使用之前持久化的列表来更新 state.people 并将_loading 设置为 false。

 apiClient 是我们创建的一个简单对象，用于模拟数据异步加载和保存。如果你查看本章的代码，就会看到"保存"和"加载"方法是使用了异步操作简单包装了localStorage。在你自己的应用程序中，可以使用类似的方法创建 apiClient 以执行网络请求。

不幸的是，目前应用程序还没有办法持久化数据。因此，此时它不会加载任何数据。不过，可以通过更新 onFormSubmit() 函数来解决这个问题。

和前面几节一样，我们希望用户能够填写每个字段并点击"Submit"按钮将人员添加到列表中。当他们这样做时，onFormSubmit()函数会被调用。我们会做一个修改，它不仅可以执行前面的行为（验证和更新 state.people），还可以使用 apiClient.savePeople()持久化该列表：

forms/src/10-remote-persist.js

```
onFormSubmit = evt => {
  const person = this.state.fields;

  evt.preventDefault();

  if (this.validate()) return;

  const people = [...this.state.people, person];

  this.setState({_saveStatus: 'SAVING'});
  apiClient
    .savePeople(people)
    .then(() => {
```

```
      this.setState({
        people: people,
        fields: {
          name: '',
          email: '',
          course: null,
          department: null
        },
        _saveStatus: 'SUCCESS'
      });
    })
    .catch(err => {
      console.error(err);
      this.setState({_saveStatus: 'ERROR'});
    });
};
```

在前面的部分中，如果数据通过验证，我们只会更新 state.people 列表来包含它。这次我们还会把 person 添加到 people 列表中，但只希望在 apiClient 能够成功持久化数据时才更新 state。操作顺序如下所示。

(1) 创建一个新数组 people，它包含 state.people 列表和新的 person 对象。

(2) 将 state._saveStatus 更新为"SAVING"。

(3) 开始使用 apiClient 持久化新的 people 数组（来自第一步）。

(4) 如果 apiClient 返回成功，则使用新的 people 数组、空 fields 对象和_saveStatus: "SUCCESS" 来更新 state。如果 apiClient 返回失败，则保持原样，但需要把 state._saveStatus 设置置为"ERROR"。

简而言之，当 apiClient 正在请求中时，我们需要将_saveStatus 设置为"SAVING"。如果请求成功，则需要将_saveStatus 设置为"SUCCESS"，并执行和之前相同的操作。如果请求失败，则唯一需要更新的是将_saveStatus 设置为"ERROR"。这样本地状态就不会与持久化的副本不同步。此外，因为我们没有清空字段，所以给了用户再次尝试的机会，并且不需要重新输入他们的信息。

这个例子中，我们在 UI 更新方面比较保守。只有当 apiClient 返回成功时，我们才会将新成员添加到列表中。这与乐观更新形成了鲜明的对比，在乐观更新中，我们首先会将 person 添加到本地列表中，然后在出现故障时再进行调整。为了进行乐观更新，可以跟踪在 apiClient 调用之前添加的那些 person 对象。然后，如果 apiClient 调用失败，则可以选择性地删除与该调用关联的特定 person 对象。还需要向用户显示一条解释该问题的消息。

最后一个变化是修改 render()方法，以便 UI 能准确地反映关于加载和保存的状态。如前所述，需要让用户知道应用程序是在加载中还是保存中，或者在保存过程中是否存在问题。还可以控制 UI 以防止它们执行不必要的操作，比如重复保存。

下面是更新后的 render()方法：

forms/src/10-remote-persist.js

```
render() {
  if (this.state._loading) {
    return <img alt="loading" src="/img/loading.gif" />;
  }

  return (
    <div>
      <h1>Sign Up Sheet</h1>

      <form onSubmit={this.onFormSubmit}>
        <Field
          placeholder="Name"
          name="name"
          value={this.state.fields.name}
          onChange={this.onInputChange}
          validate={val => (val ? false : 'Name Required')}
        />

        <br />

        <Field
          placeholder="Email"
          name="email"
          value={this.state.fields.email}
          onChange={this.onInputChange}
          validate={val => (isEmail(val) ? false : 'Invalid Email')}
        />

        <br />

        <CourseSelect
          department={this.state.fields.department}
          course={this.state.fields.course}
          onChange={this.onInputChange}
        />

        <br />

        {
          {
            SAVING: <input value="Saving..." type="submit" disabled />,
            SUCCESS: <input value="Saved!" type="submit" disabled />,
            ERROR: (
              <input
                value="Save Failed - Retry?"
                type="submit"
                disabled={this.validate()}
              />
            ),
            READY: (
              <input
                value="Submit"
```

```
              type="submit"
              disabled={this.validate()}
          />
        )
      }[this.state._saveStatus]
    }
  </form>

  <div>
    <h3>People</h3>
    <ul>
      {this.state.people.map(({name, email, department, course}, i) => (
        <li key={i}>{[name, email, department, course].join(' - ')}</li>
      ))}
    </ul>
  </div>
  </div>
  );
}
```

首先，我们会在加载以前保存的数据时向用户显示一个加载指示器。和前一节一样，这是在 render() 方法的第一行完成的，它会根据条件判断并会提早返回。当应用程序正在加载时（state._loading 的值为真），我们不会渲染表单，只渲染加载指示器：

```
if (this.state._loading) return <img src='/img/loading.gif' />
```

接下来，我们希望提交按钮能够传达当前的保存状态。如果没有保存请求正在进行中，那么我们希望在字段数据有效的情况下启用该按钮。如果正在保存，那么我们希望按钮显示为"Saving..."且被禁用。用户会知道应用程序正忙，且因为按钮被禁用，所以他们无法提交重复的保存请求。如果保存请求导致错误，我们会使用按钮文本进行传达，并指示用户可以重试。如果输入数据仍有效，那么该按钮会被启用。最后，如果保存请求成功完成，我们会使用按钮文本进行传达。下面是渲染按钮的方式：

```
{{
  SAVING: <input value='Saving...' type='submit' disabled />,
  SUCCESS: <input value='Saved!' type='submit' disabled/>,
  ERROR: <input value='Save Failed - Retry?' type='submit' disabled={this.validate()\
}/>,
  READY: <input value='Submit' type='submit' disabled={this.validate()}/>
}[this.state._saveStatus]}
```

这里有四个不同的按钮，对应于每个可能存在的 state._saveStatus。每个按钮都是一个对象的值，该对象以其对应的状态为键。通过访问当前保存状态的键，该表达式会计算并得到对应的按钮。

我们还要做最后一件事，它与"SUCCESS"案例有关。我们希望向用户显示已添加成功，为此修改了按钮的文本，但"Saved!"并不能很好地表达用户的操作行为。如果用户输入了另一个人的信息并想将其添加到列表中，按钮仍会显示"Saved!"。它应该是"Submit"才能更准确地反映操作的目的。

修复这个问题很简单，即一旦用户再次开始输入信息就将 state._saveStatus 更改回"READY"。为此，我们更新 onInputChange() 处理程序：

forms/src/10-remote-persist.js

```
onInputChange = ({name, value, error}) => {
  const fields = this.state.fields;
  const fieldErrors = this.state.fieldErrors;

  fields[name] = value;
  fieldErrors[name] = error;

  this.setState({fields, fieldErrors, _saveStatus: 'READY'});
};
```

现在 onInputChange() 函数不只是更新 state.fields 和 state.fieldErrors，它还将 state._saveStatus 设置为'READY'。这样做以后，当用户确认了他们之前的提交成功并再次开始与应用程序交互时，按钮就会恢复到**"就绪"**状态并引导用户再次提交。

此时，注册应用程序已很好地说明了我们在表单中使用 React 所涵盖的特性和问题。

6.5   Redux

本节将展示如何修改之前构建的表单应用程序，以便它可以在使用 Redux 的更大的应用程序中工作。

 按照时间顺序，本书还没有讨论过 Redux。接下来的两章都是关于 Redux 的深入介绍。如果你不熟悉 Redux，先跳过现在这些章节去看一下，当你需要处理 Redux 中的表单时再回到这里。

整个应用程序曾是一个表单，但现在会变成一个组件。此外，我们将对其进行调整以适合 Redux 范式。概括来说，这涉及将状态和功能从表单组件到 Redux 的 reducer 和 action 的迁移。例如，我们将不再从表单组件中调用 API 函数，而是使用 Redux 进行异步操作。类似地，过去在表单中使用 state 保存的数据将成为只读的 props，并且它现在将保存在 Redux store 中。

当使用 Redux 构建时，首先考虑状态会采用的"形状"是非常有用的。就我们的例子来说，我们其实已有了一个很好的主意，因为功能已构建好了。当使用 Redux 时，我们会希望尽可能地集中状态（它就是 store），且应用程序中的所有组件都可以访问。下面是 initialState（初始状态）：

forms/src/11-redux-reducer.js

```
const initialState = {
  people: [],
  isLoading: false,
  saveStatus: 'READY',
  person: {
    name: '',
    email: '',
    course: null,
    department: null
  },
};
```

这里没有什么特别的地方。应用程序关心的是注册用户的列表、当前在表单中输入的用户、程序是否正在加载以及保存我们尝试的状态。

既然我们已知道了 state 的模型，就可以想出改变它的不同动作。例如，因为我们一直在跟踪人员列表数据，所以可以抽象出一个在应用程序启动时从服务器检索列表的动作。该动作会影响状态的多个属性。当服务器返回请求的列表时，我们会用它来更新状态，也会更新 isLoading。实际上当请求**开始**时，我们会将 isLoading 设置为 true；当请求结束时，则将它设置为 false。使用 Redux 重要的是要认识到经常可以将一个目标行为分解为多个动作。

对于 Redux 应用程序，它将有五种动作类型。前两个与刚提到的目标行为有关，它们是 FETCH_PEOPLE_REQUEST 和 FETCH_PEOPLE_SUCCESS。以下是这些动作类型及其相应的动作创建器：

forms/src/11-redux-actions.js

```
/* eslint-disable no-use-before-define */
export const FETCH_PEOPLE_REQUEST = 'FETCH_PEOPLE_REQUEST';
function fetchPeopleRequest () {
  return {type: FETCH_PEOPLE_REQUEST};
}

export const FETCH_PEOPLE_SUCCESS = 'FETCH_PEOPLE_SUCCESS';
function fetchPeopleSuccess (people) {
  return {type: FETCH_PEOPLE_SUCCESS, people};
}
```

当请求开始时，除了 reducer 对应的动作类型，无须提供其他任何信息。reducer 会知道请求仅从类型开始，并可以把 isLoading 更新为 true。当请求成功后，reducer 会将其设置为 false，但我们要提供该更新所需的人员列表。这就是第二个 FETCH_PEOPLE_SUCCESS 动作需要 people 参数的原因。

 为了方便起见，我们跳过了 FETCH_PEOPLE_FAILURE 动作，但你需要在自己的应用程序中处理获取失败的场景。有关如何保存列表的信息，请参见下文。

现在可以分派这些动作并适当地更新状态。要从服务器获取人员列表，我们需要分派 FETCH_PEOPLE_REQUEST 动作，然后使用 API 客户端获取列表，最后分派 FETCH_PEOPLE_SUCCESS 动作（其中包含人员列表）。借助 Redux，我们可以使用异步动作创建器 fetchPeople() 来执行以下动作：

forms/src/11-redux-actions.js

```
export function fetchPeople () {
  return function (dispatch) {
    dispatch(fetchPeopleRequest())
    apiClient.loadPeople().then((people) => {
      dispatch(fetchPeopleSuccess(people))
    })
  }
}
```

异步动作创建器返回的是分派动作的函数，而不是返回一个动作对象。

默认情况下，Redux 不支持创建异步动作。为了能够分派函数而不是动作对象，需要在创建 store 时使用 redux-thunk 中间件。

还需要创建把列表保存到服务器的动作，如下所示：

forms/src/11-redux-actions.js

```
export const SAVE_PEOPLE_REQUEST = 'SAVE_PEOPLE_REQUEST';
function savePeopleRequest () {
  return {type: SAVE_PEOPLE_REQUEST};
}

export const SAVE_PEOPLE_FAILURE = 'SAVE_PEOPLE_FAILURE';
function savePeopleFailure (error) {
  return {type: SAVE_PEOPLE_FAILURE, error};
}

export const SAVE_PEOPLE_SUCCESS = 'SAVE_PEOPLE_SUCCESS';
function savePeopleSuccess (people) {
  return {type: SAVE_PEOPLE_SUCCESS, people};
}
```

就像获取数据时那样，我们有 SAVE_PEOPLE_REQUEST 和 SAVE_PEOPLE_SUCCESS 动作，但也增加了 SAVE_PEOPLE_FAILURE 动作。SAVE_PEOPLE_REQUEST 动作在请求开始时发生，与之前一样，无须提供除动作类型之外的其他任何数据。reducer 会看到这个类型，并知道把 saveStatus 更新成 'SAVING'。请求完成后，我们可以根据结果触发 SAVE_PEOPLE_SUCCESS 或 SAVE_PEOPLE_FAILURE 动作。我们希望通过它们传递一些额外的数据，即成功保存时的 people 和失败时的 error。

下面在异步动作创建器 savePeople() 中一起使用它们：

forms/src/11-redux-actions.js

```
export function savePeople (people) {
  return function (dispatch) {
    dispatch(savePeopleRequest())
    apiClient.savePeople(people)
      .then((resp) => { dispatch(savePeopleSuccess(people)) })
      .catch((err) => { dispatch(savePeopleFailure(err)) })
  }
}
```

请注意，该动作创建器把发出 API 请求的"工作"委托给了 API 客户端。因此可以这样定义 API 客户端：

forms/src/11-redux-actions.js

```
const apiClient = {
  loadPeople: function () {
    return {
      then: function (cb) {
        setTimeout( () => {
          cb(JSON.parse(localStorage.people || '[]'))
        }, 1000);
      }
```

```
    }
  },

  savePeople: function (people) {
    const success = !!(this.count++ % 2);

    return new Promise(function (resolve, reject) {
      setTimeout( () => {
        if (!success) return reject({success});

        localStorage.people = JSON.stringify(people);
        resolve({success});
      }, 1000);
    })
  },

  count: 1
}
```

现在已定义了所有的动作创建器，并已拥有了 reducer 所需的所有东西。通过使用上面的两个异步动作创建器，reducer 可以对应用程序需要的状态进行所有的更新操作。reducer 如下所示：

forms/src/11-redux-reducer.js

```
const initialState = {
  people: [],
  isLoading: false,
  saveStatus: 'READY',
  person: {
    name: '',
    email: '',
    course: null,
    department: null
  },
};

export function reducer (state = initialState, action) {
  switch (action.type) {
    case FETCH_PEOPLE_REQUEST:
      return Object.assign({}, state, {
        isLoading: true
      });
    case FETCH_PEOPLE_SUCCESS:
      return Object.assign({}, state, {
        people: action.people,
        isLoading: false
      });
    case SAVE_PEOPLE_REQUEST:
      return Object.assign({}, state, {
        saveStatus: 'SAVING'
      });
    case SAVE_PEOPLE_FAILURE:
      return Object.assign({}, state, {
        saveStatus: 'ERROR'
```

```
      });
    case SAVE_PEOPLE_SUCCESS:
      return Object.assign({}, state, {
        people: action.people,
        person: {
          name: '',
          email: '',
          course: null,
          department: null
        },
        saveStatus: 'SUCCESS'
      });
    default:
      return state;
  }
}
```

仅通过查看这些 action 和 reducer，我们就能看到可以更新状态的所有方法。这是 Redux 的一大优点。因为每件事都是如此明确，所以状态变得非常容易推断和测试。

现在已确定了状态的形状以及如何去更改它，接着我们将创建一个 store，然后需要进行一些修改，以便表单可以正确地跟它连接。

6.5.1　Form 组件

现在已用 Redux 创建了应用程序数据架构的基础，下面可以调整表单组件来适配它。大体上来说，我们需要删除与 API 客户端的所有交互（现在它由异步动作创建器处理），并将依赖关系从组件级别的 state 转移到 props（Redux 状态将作为 props 传递）。

需要做的第一件事是设置 propTypes，使其与我们期望从 Redux 获得的数据保持一致：

forms/src/11-redux-form.js

```
static propTypes = {
  people: PropTypes.array.isRequired,
  isLoading: PropTypes.bool.isRequired,
  saveStatus: PropTypes.string.isRequired,
  fields: PropTypes.object,
  onSubmit: PropTypes.func.isRequired
};
```

我们将需要一个与 Redux store 中的数据无关的附加属性 onSubmit()。当用户提交一个新人员时，表单组件会调用这个函数，而不是使用 API 客户端。稍后将展示如何将其连接到异步动作创建器 savePeople()中。

接下来要限制保存在 state 中的数据量。我们保留了 fields 和 fieldErrors 属性，但删除了 people、_loading 和_saveStatus 属性，因为这些可以从 props 中获得。下面是更新后的 state：

forms/src/11-redux-form.js

```
state = {
  fields: this.props.fields || {
```

```
      name: '',
      email: '',
      course: null,
      department: null
    },
    fieldErrors: {}
};
```

state.fields 将被初始化为 props.fields（如果该值未提供，则是默认字段）。此外，如果从 props 中获得了新的 fields 对象，那么我们会更新 state：

forms/src/11-redux-form.js

```
getDerivedStateFromProps(update) {
  console.log('this.props.fields', this.props.fields, update);

  return {fields: update.fields};
}
```

现在 props 和 state 已就绪，我们可以删除对 apiClient 的任何使用，因为 apiClient 将由异步动作创建器来处理。使用 API 客户端的两个地方是 componentDidMount() 和 onFormSubmit() 函数。

因为 componentDidMount() 函数的唯一目的就是使用 API 客户端，所以我们需要将其完全删除。在 onFormSubmit() 函数中，我们需要删除与 API 相关的代码块，并调用 props.onSubmit() 函数来替换它：

forms/src/11-redux-form.js

```
onFormSubmit = evt => {
  const person = this.state.fields;

  evt.preventDefault();

  if (this.validate()) return;

  this.props.onSubmit([...this.props.people, person]);
};
```

解决了所有的这些问题后，就可以对 render() 方法进行一些小更新。实际上，对 render() 方法唯一的修改是用 props 中相对应的属性替换对 state._loading、state._saveStatus 和 state.people 的引用。

forms/src/11-redux-form.js

```
render() {
  if (this.props.isLoading) {
    return <img alt="loading" src="/img/loading.gif" />;
  }

  const dirty = Object.keys(this.state.fields).length;
  let status = this.props.saveStatus;
  if (status === 'SUCCESS' && dirty) status = 'READY';
```

```
    return (
      <div>
        <h1>Sign Up Sheet</h1>

        <form onSubmit={this.onFormSubmit}>
          <Field
            placeholder="Name"
            name="name"
            value={this.state.fields.name}
            onChange={this.onInputChange}
            validate={val => (val ? false : 'Name Required')}
          />

          <br />

          <Field
            placeholder="Email"
            name="email"
            value={this.state.fields.email}
            onChange={this.onInputChange}
            validate={val => (isEmail(val) ? false : 'Invalid Email')}
          />

          <br />

          <CourseSelect
            department={this.state.fields.department}
            course={this.state.fields.course}
            onChange={this.onInputChange}
          />

          <br />

          {
            {
              SAVING: <input value="Saving..." type="submit" disabled />,
              SUCCESS: <input value="Saved!" type="submit" disabled />,
              ERROR: (
                <input
                  value="Save Failed - Retry?"
                  type="submit"
                  disabled={this.validate()}
                />
              ),
              READY: (
                <input
                  value="Submit"
                  type="submit"
                  disabled={this.validate()}
                />
              )
            }[status]
          }
        </form>
```

```
    <div>
      <h3>People</h3>
      <ul>
        {this.props.people.map(({name, email, department, course}, i) => (
          <li key={i}>{[name, email, department, course].join(' - ')}</li>
        ))}
      </ul>
    </div>
  </div>
);
}
```

 你可能注意到了我们对 saveStatus 的处理有些不同。在上一次迭代中，表单组件
能够控制 state._saveStatus 并可以在字段更改时将其设置为'READY'。而在此版
本中，我们是从 props.saveStatus 中获取该信息，且它是只读的。此问题的解决
办法是检查 state.fields 是否存在键。如果存在，我们就可以知道用户已输入了
数据，并可以将按钮设置回"就绪"状态。

6.5.2 连接 store

此时有了 action、reducer 和改进版的表单组件，剩下的工作就是将它们连接起来。

首先，需要使用 Redux 的 createStore()方法从 reducer 中创建一个 store。因为我们希望能够分
派异步动作，所以还需要使用来自 redux-thunk 模块的 thunkMiddleware。要在 store 中使用中间件，
我们需要使用 Redux 的 applyMiddleware()方法，像下面这样：

forms/src/11-redux-app.js

```
const store = createStore(reducer, applyMiddleware(thunkMiddleware));
```

接下来将使用 react-redux 中的 connect()方法来优化表单组件以便与 Redux 一起使用。为此，
我们提供了两个方法：mapStateToProps 和 mapDispatchToProps。

使用 Redux 时，我们需要组件去订阅 store，但 react-redux 可以为我们做到这一点。我们需要
做的就是提供一个 mapStateToProps 函数，该函数定义了 store 中的数据与组件的 props 之间的映射。
在应用程序中，它们排列得非常整齐，如下所示：

forms/src/11-redux-app.js

```
function mapStateToProps(state) {
  return {
    isLoading: state.isLoading,
    fields: state.person,
    people: state.people,
    saveStatus: state.saveStatus
  };
}
```

在表单组件中，当用户提交并验证通过时，我们会调用 props.onSubmit()函数。我们希望此行

为能分派 savePeople()异步动作创建器。为此，我们提供了 mapDispatchToProps()函数来定义
props.onSubmit()函数和分派动作创建器之间的连接：

forms/src/11-redux-app.js

```
function mapDispatchToProps(dispatch) {
  return {
    onSubmit: people => {
      dispatch(savePeople(people));
    }
  };
}
```

创建了这两个函数后，我们使用 react-redux 中的 connect()方法来提供一个优化后的
ReduxForm 组件：

forms/src/11-redux-app.js

```
const ReduxForm = connect(mapStateToProps, mapDispatchToProps)(Form);
```

最后一步是将 store 和 ReduxForm 组件整合到应用程序中。此时应用程序是一个非常简单的组件，
它只有两个方法：componentDidMount()和 render()。

在 componentDidMount()方法中，我们分派了 fetchPeople()异步动作以从服务器中加载人员
列表：

forms/src/11-redux-app.js

```
componentDidMount() {
  store.dispatch(fetchPeople());
}
```

在 render()方法中，我们使用了一个非常有用的 Provider 组件，它是从 react-redux 中获取的。
Provider 组件使得 store 对其所有子组件可用。只需将 ReduxForm 组件作为 Provider 组件的子元素
放置，应用程序就可以运行了：

forms/src/11-redux-app.js

```
render() {
  return (
    <Provider store={store}>
      <ReduxForm />
    </Provider>
  );
}
```

就是这样。现在表单完全适配基于 Redux 的数据架构。

阅读完本章后，你应该已很好地掌握了 React 的表单基础。也就是说，如果你想将表单处理的某
些部分外包给外部模块，那么这里有多种选择。继续阅读可以获取一些更流行的选择列表。

6.6　表单模块

6.6.1　`formsy-react`

`formy-react` 试图平衡灵活性和可重用性。这是一个值得实现的目标，因为该模块的作者承认表单、输入和验证在项目之间的处理方式大不相同。

通常使用的模式是将 Formsy.Form 组件用作表单元素，并提供你自己的输入组件作为子组件（使用 Formsy.Mixin）。Formsy.Form 组件具有诸如 onValidSubmit() 和 onInvalid() 之类的处理程序，你可以使用它们来修改表单父级的状态，且 mixin 提供了一些验证和其他的通用帮助程序。

6.6.2　`react-input-enhancements`

`react-input-enhancements` 是五个丰富组件的集合，你可以使用它们来增强表单。这个模块有一个很好的示例，展示了使用 Autosize、Autocomplete、Dropdown、Mask 和 DatePicker 组件的方法。作者明确指出它们还没有准备好用于生产环境，而是更具概念性。也就是说，如果你正在找一个日期选择器或自动补全元素，那么它们可能很有用。

6.6.3　`tcomb-form`

`tcomb-form` 使用的是 tcomb 模型，它以领域驱动设计为中心。其思想是一旦创建了模型，就可以自动生成相应的表单。从理论上讲，这样做的好处是无须编写太多的标记代码就可以免费获得表单的可用性和可访问性（例如自动标签和内联验证），且表单将自动与模型的变化保持同步。如果 tcomb 模型比较适合你的应用程序，那么 tcomb-form 值得考虑。

6.6.4　`winterfell`

如果你的应用程序完全使用 JSON 定义表单和字段，那么 winterfell 可能适合你。使用 winterfell，你可以用 JSON 模式绘制整个表单。该模式是一个大对象，你可以在其中定义 CSS 类名、节标头、标签、验证需求、字段类型和条件分支等。

winterfell 分为"表单面板""问题面板"和"问题集"三个部分。每个面板都有一个 ID，该 ID 用于分配集合。这种方法的一个好处是如果你创建或修改了很多表单，就可以创建一个 UI 来创建或修改这些模式对象，并将它们保存到数据库中。

6.6.5　`react-redux-form`

如果 Redux 更符合你的风格，那么 react-redux-form 更适合你，它是"动作创建器和 reducer 创建器的集合"，用于简化"使用 React 和 Redux 构建复杂的自定义表单"的过程。在实践中，这个模块提供了 modelReducer 和 formReducer 助手，可以在创建 Redux store 时使用。然后，可以在表单中使用它提供的 Form、Field 和 Error 组件来帮助将 label 和 input 元素连接到对应的 reducer、设置验证要求和显示对应的错误。简而言之，这是一个很好的简单包装器，可以帮助你使用 Redux 构建表单。

## 第 7 章

Webpack 与 Create React App 结合使用

在之前的大多数项目中，我们在应用程序的 index.html 文件中使用 script 标签加载了 React：

```
<script src='vendor/react.js'></script>
<script src='vendor/react-dom.js'></script>
```

因为我们一直在使用 ES6，所以也一直在使用 script 标签加载 Babel 库：

```
<script src='vendor/babel-standalone.js'></script>
```

通过此设置，我们已能够在 index.html 中加载所需的任何 ES6 JavaScript 文件，并指定其类型为 text/babel：

```
<script type='text/babel' src='./client.js'></script>
```

Babel 会处理文件的加载，并将 ES6 JavaScript 转换为可用于浏览器的 ES5 JavaScript。

 如果你需要复习一下设置策略，请查看第 1 章，其中进行了详细的介绍。

我们从这个设置策略开始，因为它是最简单的。只需要很少的设置即可开始在 ES6 中编写 React 组件。

但这种方法有局限性。就我们的目的而言，最要紧的限制是缺乏对 **JavaScript 模块**的支持。

7.1 JavaScript 模块

我们在之前的应用程序中看到过模块。例如时间跟踪应用程序具有 Client 模块。该模块的文件定义了一些函数，例如 getTimers()。然后把 window.client 设置成一个对象，它将每个函数作为属性"公开"出来。该对象如下所示：

```
// window.client 被设置成这个对象
// 每个属性都是一个函数
{
  getTimers,
  createTimer,
  updateTimer,
```

```
    startTimer,
    stopTimer,
    deleteTimer,
};
```

此 Client 模块仅公开了这些函数。这些是 Client 模块的**公共方法**。public/js/client.js 文件还包含其他函数定义，比如 checkStatus()，它用来验证服务器是否返回了 2xx 响应代码。因为每个公共方法在内部都使用 checkStatus() 函数，所以 checkStatus() 函数保持*私有*，它只能从模块内部访问。

这就是软件模块背后的思想。比如你有一个独立的软件系统组件，它负责一些独立的功能。模块向系统的其余部分公开一个有限的接口，理想情况下是系统其余部分有效使用该模块所需的最小可行接口。

在 React 中，**可以将每个单独的组件看作它们自己的模块**。每个组件负责接口的一些独立部分。React 组件可能包含自己的状态或执行复杂的操作，但它们的接口都是相同的：接收输入（props）并输出 DOM 表示（render）。React 组件的用户不需要知道任何的内部细节。

为了使 React 组件真正模块化，理想情况下应该让它们位于自己的文件中。在该文件的最大作用域中，组件可能会定义仅组件能够使用的样式对象或辅助函数。但是我们希望组件模块只公开其组件本身。

在 ES6 之前，JavaScript 原生并不支持模块。开发人员会使用各种不同的技术来开发模块化的 JavaScript。有些解决方案只在浏览器中有效，它们依赖于浏览器环境（比如 window 是否存在），其他的只能在 Node.js 中正常工作。

浏览器还不支持 ES6 模块，但 ES6 模块是未来的发展方向。它的语法是直观的，避免了在 ES5 中使用奇怪的策略，且它在浏览器内部和外部都可以正常工作。因此，React 社区迅速采用了 ES6 模块。

 如果你看过 time_tracking_app/public/js/client.js，就会发现创建 ES5 JavaScript 模块的技术有多么奇怪。

然而，由于模块系统的复杂性，我们不能简单地使用 ES6 的 import/export 语法并期望它在浏览器中能"正常工作"，即使使用了 Babel 也不行。它需要使用更多的工具。

出于这个及其他原因，JavaScript 社区广泛采用了 JavaScript 捆绑器。我们将看到，JavaScript 捆绑器允许我们编写模块化的 ES6 JavaScript，它能在浏览器中无缝运行，但这不是全部，捆绑器还有很多优点。它提供了用于组织和分发 Web 应用程序的策略；拥有强大的工具链，可用于迭代开发和生成生产优化的构建。

JavaScript 捆绑器可以有多种选择，但 React 社区最喜欢的是 Webpack。

然而 Webpack 这样的捆绑器也有一个重要的权衡：它们增加了 Web 应用程序设置的复杂性。初始配置可能会很困难，但最终你会得到一个拥有更多动态部件的应用程序。

为了应对设置和配置问题，社区创建了大量的样板和库，开发人员可以使用它们来启动更高级的 React 应用程序。但是 React 核心团队认识到，只要没有他们认可的解决方案，社区就很可能会继续保持分裂。不管对于新手或有经验的开发人员来说，使用捆绑器驱动 React 设置的第一步可能会让他们感到困惑。

React 核心团队通过创建 Create React App 项目来对这个问题做出回应。

7.2　Create React App

create-react-app 库提供了一个命令，可用于启动一个新的由 Webpack 驱动的 React 应用程序：

```
$ create-react-app my-app-name
```

该库会为你配置一个 "黑盒" 的 Webpack 设置。它提供了 Webpack 设置的好处，同时抽象了配置细节。

Create React App 使用了标准的约定，它是开始使用 Webpack-React 应用程序的好方法。因此，我们将在所有即将推出的 Webpack-React 应用程序中使用它。

本章将

- 查看以 ES6 模块表示的 React 组件的效果；
- 检查由 Create React App 管理的应用程序的设置；
- 仔细研究 Webpack 的工作原理；
- 探索 Webpack 为开发和生产使用提供的众多优势；
- 了解 Create React App 的内部原理；
- 弄清楚如何让 Webpack-React 应用程序与 API 一起工作。

 使用 "黑盒" 控制应用程序内部工作的想法可能令人恐惧。这是一个合理的担忧。在本章后面，我们将探索 Create React App 的一个特性 eject，希望它能缓解这种恐惧。

7.3　探索 Create React App

让我们开始安装 Create React App，然后使用它来启动一个 Webpack-React 应用程序。可以使用-g 标志从命令行来全局安装它，这样就可以在系统上的任何位置运行此命令：

```
$ npm i -g create-react-app@1.4.1
```

 上面的@1.4.1 用于指定版本号。我们建议使用这个版本，因为它与本书中测试代码的版本相同。

现在在系统的任何地方，你都可以运行 create-react-app 命令来启动一个新的基于 Webpack 驱动的 React 应用程序的设置。

下面创建一个新的应用程序。我们将在本书代码中来完成此操作。从代码文件夹的根目录切换到本章的目录：

```
$ cd webpack
```

该目录已有三个文件夹：

```
$ ls
es6-modules/
food-lookup/
heart-webpack-complete/
```

下一部分代码的完整版本可在 heart-webpack-complete 中找到。

运行以下命令，并在名为 heart-webpack 的文件夹中启动一个新的 React 应用程序：

```
$ create-react-app heart-webpack --scripts-version=1.0.14
```

这将为新应用程序创建样板文件并安装依赖项，可能需要一段时间。

上面的--scripts-version 标志很重要。我们要确保你的 react-scripts 版本与本书中使用的版本相同。稍后我们将看到 react-scripts 包究竟是什么。

在完成 Create React App 后，输入 cd 命令进入新目录：

```
$ cd heart-webpack

$ ls
README.md
node_modules/
package.json
public/
src/
```

在 src/目录中是一个 Create React App 提供的 React 示例应用程序，它的目的是用于演示。在 public/目录内部是 index.html，我们首先看一下它。

7.3.1　public/index.html

在文本编辑器中打开 public/index.html：

```html
<!doctype html>
<html lang="en">
<head>
    <meta charset="utf-8" >
    <meta name="viewport" content="width=device-width, initial-scale=1" >
    <link rel="shortcut icon" href="%PUBLIC_URL%/favicon.ico" >
    <!--
    ……注释省略……
    -->
    <title>React App</title>
</head>
    <body>
      <div id="root"></div>
      <!--
      ……注释省略……
      -->
    </body>
</html>
```

与我们以前的应用程序中使用的 index.html 截然不同的是它没有 script 标签。这意味着该文件并没有加载任何外部的 JavaScript 文件。我们很快就会知道原因。

7.3.2　package.json

在项目中的 package.json 文件内部，可以看到一些依赖关系和脚本定义：

webpack/heart-webpack-complete/package.json

```
{
  "name": "heart-webpack",
  "version": "0.1.0",
  "private": true,
  "devDependencies": {
    "react-scripts": "1.1.1",
    "concurrently": "3.4.0"
  },
  "dependencies": {
    "react": "16.7.0",
    "react-dom": "16.7.0"
  },
  "scripts": {
    "start": "react-scripts start",
    "build": "react-scripts build",
    "test": "react-scripts test --env=jsdom",
    "eject": "react-scripts eject"
  }
}
```

让我们分解一下。

1. react-scripts

package.json 指定了一个单独的开发依赖项 react-scripts：

webpack/heart-webpack-complete/package.json

```
"devDependencies": {
  "react-scripts": "1.1.1",
  "concurrently": "3.4.0"
}
```

Create React App 只是一个样板生成器。该命令生成了新的 React 应用程序的文件结构，插入了一个示例应用程序，并指定了 package.json。实际上应该说是因为有 react-scripts 包才使得一切能正常工作。

response-scripts 指定了应用程序的所有开发依赖项，比如 Webpack 和 Babel。此外，它还包含了以传统方式将所有这些依赖项 "黏合" 在一起的脚本。

 Create React App 只是一个样板生成器。在 package.json 中指定的 react-scripts 包是使一切正常工作的引擎。

虽然 react-scripts 是引擎，但本章会继续把整个项目称为 Create React App。

2. react 和 react-dom

在依赖项中，我们看到其中列出了 react 和 react-dom：

webpack/heart-webpack-complete/package.json

```
},
"dependencies": {
  "react": "16.7.0",
  "react-dom": "16.7.0"
```

在前两个项目中，我们使用 index.html 中的 script 标签加载了 react 和 react-dom。如我们所见，这些库并没有在这个项目的 index.html 中指定。

Webpack 使我们能够在浏览器中使用 npm 包。可以在 package.json 中指定需要使用的外部库。这非常有用。现在不仅可以方便地访问大量依赖包的库，而且可以使用 npm 管理应用程序使用的**所有库**。稍后将介绍这一切是如何运作的。

3. scripts

package.json 在 scripts 中指定了四个命令。每个都使用 react-scripts 执行一个命令。本章和下一章将深入介绍每一个命令，但概括来说，如下所示。

- start：启动 Webpack 的 HTTP 开发服务器。该服务器将处理来自 Web 浏览器的请求。
- build：提供给生产中使用，该命令为所有资源创建一个优化的静态包。
- test：执行应用程序的测试集（如果存在的话）。
- eject：将 react-scripts 的内部结构迁移到你的项目目录中。这使你可以放弃 react-scripts 提供的配置，并根据自己的喜好进行调整。

对于那些厌倦了 react-scripts 提供的黑盒的人，最后一条命令是令人欣慰的。如果你的项目"超出"了 react-scripts 的能力，或者你需要一些特殊的配置，那么就需要有这么一个"逃生舱口"。

 在 package.json 中，你可以指定在哪个环境中需要哪些包。请注意，react-scripts 是在 devDependencies 中指定的。

运行 npm i 时，npm 会检查 NODE_ENV 环境变量以查看它是否正在生产环境中安装包。在生产环境中，npm 只安装 dependencies 中列出的包（在我们的例子中是 react 和 react-dom）。在开发环境中，npm 安装所有包。这加快了生产环境构建的过程，省去了安装不必要的包，如代码检查或测试的库。

鉴于此，你可能想知道：为什么将 react-scripts 列为开发依赖项？没有它，应用程序如何在生产环境中运行？在了解了 Webpack 会如何准备生产环境的构建之后，我们会明白为什么这样。

7.3.3 `src/`

在 src/内部，我们看到了一些 JavaScript 文件：

```
$ ls src
App.css
App.js
App.test.js
index.css
index.js
logo.svg
```

Create React App 创建了一个 React 的样板应用程序，用于演示如何组织文件。该应用程序只有一个 App 组件，它位于 App.js 中。

1. `App.js`

看一下 src/App.js 内部：

webpack/heart-webpack-complete/src/App.js

```
import React, { Component } from 'react';
import logo from './logo.svg';
import './App.css';

class App extends Component {
  render() {
    return (
      <div className="App">
        <div className="App-header">
          <img src={logo} className="App-logo" alt="logo" />
          <h2>Welcome to React</h2>
        </div>
        <p className="App-intro">
          To get started, edit <code>src/App.js</code> and save to reload.
        </p>
      </div>
    );
  }
}

export default App;
```

这里有一些值得注意的特性。

2. `import` 语句

在文件的顶部导入 React 和 Component：

webpack/heart-webpack-complete/src/App.js

```
import React, { Component } from 'react';
```

这是 ES6 模块的导入语法。Webpack 将通过'react'来推断出我们引用的是 package.json 中指定的 npm 包。

如果不熟悉 ES6 模块，请查看附录 B 中的条目。

你可能会对接下来的两项引用感到惊讶：

webpack/heart-webpack-complete/src/App.js

```
import logo from './logo.svg';
import './App.css';
```

我们对非 JavaScript 文件使用了 import！Webpack 可以让你使用此语法指定**所有的**依赖项。稍后我们将了解它是如何发挥作用的。因为这些路径是相对的（路径前面有 ./），所以 Webpack 知道我们引用的是本地文件，而不是 npm 包。

3. App 组件是一个 ES6 模块

App 组件本身很简单，它不使用 state 或 props。它的返回方法只是标记代码，稍后我们会看到它的渲染。

App 组件的特别之处在于它是一个 ES6 模块。它位于自己专用的 App.js 中。在这个文件的顶部，它指定了自己的依赖关系，且在底部指定了它的导出：

webpack/heart-webpack-complete/src/App.js

```
export default App;
```

React 组件在这个模块中完全独立。任何其他的库、样式和图像都可以在顶部指定。任何开发人员打开这个文件都可以快速推断出这个组件有哪些依赖关系。我们可以定义组件私有且外部无法访问的辅助函数。

此外，回想一下除了 App.css 外，src/ 目录中还有一个与 App 组件相关的文件：App.test.js。因此有三个与组件相对应的文件：组件本身（一个 ES6 模块）、一个专用的样式表和一个专用的测试文件。

Create React App 已为 React 应用程序提供了强大的组织范式。虽然这在单组件应用程序中可能并不明显，但可以想象，随着组件数量增加到成百上千，该模块化组件模型将能很好地扩展。

我们知道了模块组件是在哪里定义的，但遗漏了一个关键的部分：组件在哪里写入 DOM？

答案就在 src/index.js 中。

7.3.4 index.js

打开 src/index.js：

webpack/heart-webpack-complete/src/index.js

```
import React from 'react';
import ReactDOM from 'react-dom';
import App from './App';
import './index.css';
```

```
ReactDOM.render(
  <App />,
  document.getElementById('root')
);
```

逐步浏览此文件，我们首先导入了 react 和 react-dom。因为我们将 App 组件指定为 App.js 的默认导出，所以可以在此处将其导入。再次提醒一下，相对路径（./App）会向 Webpack 发出信号表示我们引用的是本地文件，而不是 npm 包。

此时，可以像过去一样使用 App 组件。我们调用 ReactDOM.render()方法，并将组件渲染到根 div 上的 DOM。此 div 标签是 index.html 中存在的唯一 div。

这种布局肯定比我们在前几个项目中使用的更为复杂。我们不是在定义 App 组件的地方渲染它，而是在另一个文件中导入 App 并在 ReactDOM.render()方法中调用。同样，这个设置是为了保持代码模块化。App.js 仅限于定义一个 React 组件。它不承担渲染该组件的其他额外的责任。按照这种模式，可以轻松地在应用程序中的任何位置导入并渲染此组件。

现在我们知道了 ReactDOM.render()方法调用的位置，但是这种新设置的工作方式仍不明确。index.html 似乎并未在任何 JavaScript 中加载，但 JavaScript 模块是如何将其添加到浏览器的？

下面启动这个应用程序，然后探索如何将所有东西组合在一起。

 为什么在文件顶部导入 React？显然它没有在任何地方被引用。

实际上 React 在文件的后面被引用了，因为有一个中间层，所以我们看不到它。我们使用了 JSX 来引用 App 组件，即 JSX 中的这一行：

```
<App />
```

实际上下面这一行才是该 JSX 的抽象：

```
React.createElement(App, null);
```

7.3.5　启动应用程序

在 heart-webpack 的根目录运行启动命令：

```
$ npm start
```

这启动了 **Webpack 开发服务器**。我们马上深入研究这个服务器的细节。

访问 http://localhost:3000/，可以看到 Create React app 提供的示例应用程序的界面，见图 7-1。

图 7-1　示例应用程序

页面上清楚地显示了 App 组件。可以看到组件指定的 logo 和文本。它是怎么到达浏览器页面的？

下面来看这个页面的源代码。在 Chrome 和 Firefox 中，你可以在地址栏中输入 view-source: http://localhost:3000/来打开源代码：

```
<!doctype html>
<html lang="en">
  <head>
    <meta charset="utf-8">
    <meta name="viewport" content="width=device-width, initial-scale=1">
    <link rel="shortcut icon" href="/favicon.ico">
    <!--
      ……注释省略……
    -->
    <title>React App</title>
  </head>
  <body>
    <div id="root"></div>
    <!--
      ……注释省略……
    -->
```

```
<script type="text/javascript" src="/static/js/bundle.js"></script></body>
</html>
```

这个 index.html 看起来和我们之前看到的一样，但是有一个关键的区别：**它在 body 的底部附加了一个 script 标签**。该 script 标签引用了一个 bundle.js。如我们所见，App.js 中的 App 组件和 index.js 中的 ReactDOM.render()方法调用都位于该文件中。

Webpack 开发服务器把这一行插入 index.html 中。要理解 bundle.js 是什么，需要深入研究 Webpack 是如何工作的。

 此脚本默认将服务器的端口设置为 3000。但是，它如果检测到 3000 端口被占用，就会选择其他的端口。该脚本将告诉你服务器在哪个端口运行，因此请检查控制台，看它是否在 http://localhost:3000/页面上。

 如果你使用的是 OS X，此脚本会自动打开一个指向 http://localhost:3000/ 的浏览器窗口。

7.4　Webpack 基础

第一个应用程序（投票应用程序）中使用了 http-server 库来为静态资源提供服务，比如 index.html、JavaScript 文件以及图像。

第二个应用程序（计时器应用程序）中使用了一个小型 Node 服务器来为静态资源提供服务。我们在 server.js 中定义了一个服务器，它既提供一组 API 端点，又为 public/目录下的所有资源提供服务。所以 API 服务器和静态资源服务器是同一个。

使用了 Create React App 后，静态资源就由 **Webpack 开发服务器**提供服务，它在运行 npm start 时启动。目前还没有使用 API。

如我们所见，原始的 index.html 不包含对 React 应用程序的任何引用。Webpack 在向浏览器提供服务之前，会在 index.html 中插入对 bundle.js 的引用。如果你在磁盘上查找，就会发现 bundle.js 是不存在的。**Webpack 开发服务器会实时生成此文件并将其保存在内存中**。当浏览器向 localhost:3000/ 发出请求时，Webpack 会把内存中已修改后的 index.html 和 bundle.js 的版本提供出来作为服务。

切换到页面 view-source:http://localhost:3000/，你可以在浏览器中点击/static/js/bundle.js 并打开该文件。可能需要几秒钟才能打开，因为这是一个巨大的文件。

bundle.js 包含了应用程序运行所需的**所有** JavaScript 代码。它不仅包含了 App.js 的整个源代码，而且还包含了 React 库的整个源代码！

你可以在这个文件中搜索字符串./src/App.js。Webpack 用一个特殊的注释来划分它包含的每个单独的文件。你会发现非常混乱，见图 7-2。

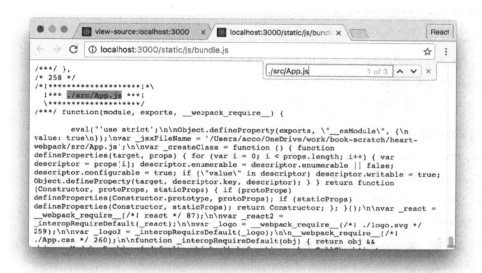

图 7-2　在 bundle.js 中搜索字符串 ./src/App.js

如果你稍微搜索一下，就可以在混乱中看到一些可识别的 App.js 片段。这确实是我们的组件，虽然看起来一点也不像。

Webpack 已对所有包含的 JavaScript 执行了一些转换。值得注意的是，它使用 Babel 将 ES6 代码转换为与 ES5 兼容的格式。

如果你查看 App.js 的注释头部，就会看到一个数字。在图 7-2 中，这个数字是 258：

```
/* 258 */
/*!*********************!*\
  !*** ./src/App.js ***!
  \*********************/
```

 你的模块 ID 可能与上面文本中的不同。

模块本身封装在一个如下的函数中：

```
function(module, exports, __webpack_require__) {
  // 这里是混乱的 App.js 代码
}
```

Web 应用程序的每个模块都封装在具有此签名的函数中。Webpack 已为应用程序的每个模块提供了此函数容器以及一个模块 ID（对于 App.js 来说是 258）。

但这里的“模块”并不限于 JavaScript 模块。

还记得我们是如何在 App.js 中导入 logo 的吗？如下所示：

webpack/heart-webpack-complete/src/App.js

```
import logo from './logo.svg';
```

然后在组件的标记代码中，它被用于在 img 标签上设置 src：

webpack/heart-webpack-complete/src/App.js

```
<img src={logo} className="App-logo" alt="logo" />
```

下面是在混乱的 App.js 的 Webpack 模块中 logo 的变量声明：

```
var _logo = __webpack_require__(/*! ./logo.svg */ 259);
```

这看起来很奇怪，主要是由于 Webpack 为调试目的提供的内联注释。删除该注释：

```
var _logo = __webpack_require__(259);
```

我们没有使用 import 语句，而是使用了普通的旧 ES5 代码。不过它是在做什么呢？

想找到答案，需要在此文件中搜索 ./src/logo.svg（它应该会直接出现在 App.js 下面）。可见 SVG 也在 bundle.js 中表示（见图 7-3）!

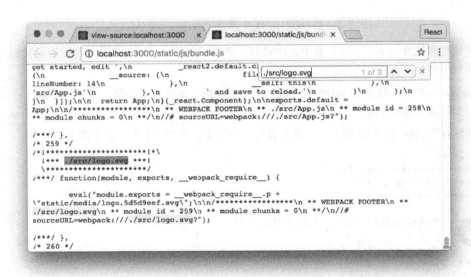

图 7-3　SVG 在 bundle.js 中的表示

查看这个模块的头部：

```
/* 259 */
/*!*********************!*\
  !*** ./src/logo.svg ***!
  \*********************/
```

注意它的模块 ID 也是 259，与上面传递给__webpack_require__()的数字相同。

　　Webpack 将所有东西都视为一个模块，包括 `logo.svg` 这样的图像资源。可以通过在混乱的
`logo.svg` 模块中挑选出一个路径来了解发生了什么。路径可能有所不同，但是看起来会像这样：

```
static/media/logo.5d5d9eef.svg
```

如果你打开一个新的浏览器标签页并输入地址：

```
http://localhost:3000/static/media/logo.5d5d9eef.svg
```

应该会看到 React 的 logo，见图 7-4。

图 7-4　React 的 logo

　　因此可以知道 Webpack 是通过定义一个函数来为 `logo.svg` 创建了一个 Webpack 模块。虽然这个
函数的实现细节是不透明的，但我们知道它指向 Webpack 开发服务器上 SVG 的路径。因为这种模块
化的范式，所以它能够智能地将语句：

```
import logo from './logo.svg';
```

编译成 ES5 语句：

```
var _logo = __webpack_require__(259);
```

　　`__webpack_require__()` 是 Webpack 的特殊模块加载器。该调用引用的是与 `logo.svg`（编号 259）
相对应的 Webpack 模块。该模块返回一个字符串路径，它表示 logo 在 Webpack 开发服务器上的位置，
即 static/media/logo.5d5d9eef.svg：

```
var _logo = __webpack_require__(259);
console.log(_logo);
// -> "static/media/logo.5d5d9eef.svg"
```

我们的 CSS 资源呢？是的，**所有东西都是** Webpack 中的一个模块，CSS 也不例外。搜索字符串`./src/App.css`，见图 7-5。

图 7-5   搜索字符串`./src/App.css`的结果

Webpack 的`index.html`中没有包含对 CSS 的任何引用。这是因为 Webpack 通过`bundle.js`包含了 CSS。当应用程序加载时，这个神秘的 Webpack 模块函数会将`App.css`的内容转储到页面上的`style`标签中。

因此现在我们知道发生了**什么**：Webpack 将应用程序中所有可以想到的"模块"都打包到了`bundle.js`中。你可能会问："为什么呢？"

第一个动机是 JavaScript 捆绑器是通用的。Webpack 已将所有的 ES6 模块转换成它自己定制的与 ES5 兼容的模块语法。

此外，与其他捆绑器一样，Webpack 会将所有 JavaScript 模块合并到一个文件中。虽然**可以将** JavaScript 模块分别保存在单独的文件中，但是只有一个文件可以最大化性能。通过 HTTP 来传输每个文件，在传输开始和结束时都会增加开销。而将成百上千个较小的文件打包成一个较大的文件可以显著提高速度。

然而，与其他打包程序相比，Webpack 将这个模块范式做得更好。如我们所见，它对图像资源、CSS 和 npm 包（如 React 和 ReactDOM）应用了相同的模块化处理方案。这种模块化范式释放了大量的能力。在本章的其余部分，我们将讨论这种能力的各个方面。

初步理解了 Webpack 工作原理后，让我们将注意力转回到示例应用程序上。我们将进行一些修改，并能直接看到 Webpack 的开发过程是如何工作的。

7.5 对示例应用程序进行修改

我们已在浏览器中查看了 Webpack 开发服务器生成的 bundle.js。回想一下，要启动这个服务器，需要运行以下命令：

```
$ npm start
```

如我们所见，这个命令是在 package.json 中定义的：

```
"start": "react-scripts start",
```

这其中到底发生了什么呢？

react-scripts 包定义了一个启动脚本。可以将此启动脚本视为 Webpack 的特殊接口，它包含了 Create React App 提供的一些特性和约定。概括来说，该启动脚本可以：

- 设置 Webpack 的配置；
- 为 Webpack 的控制台输出提供一些良好的格式化和着色；
- 如果你使用的是 OS X，它会启动一个 Web 浏览器。

下面来看基于 Webpack 的 React 应用程序的开发周期是什么样的。

7.5.1 热重载

如果服务器尚未运行，那么运行启动命令来启动它：

```
$ npm start
```

同样，应用程序仍在 http://localhost:3000/ 启动。Webpack 开发服务器会监听这个端口，当服务器发出请求时，它将为开发包提供服务。

Webpack 为我们提供了一项引人注目的开发特性——**热重载**。热重载允许 Web 应用程序中的某些文件在检测到变化时能实时进行热交换，无须重新加载整个页面。

目前，Create React App 只会为 CSS 设置热重载。这是因为 React 特定的热重载器的默认设置不够稳定。

CSS 的热重载是非常棒的。在浏览器窗口打开的情况下对 App.css 进行编辑，可以看到应用程序会自动更新，无须刷新整个页面。

例如，可以更改 logo 旋转的速度。下面将其从 20s 改为 1s：

```
.App-logo {
  animation: App-logo-spin infinite 1s linear;
  height: 80 px;
}
```

或者可以改变标题文本的颜色。下面把它从 white（白色）改为 purple（紫色）：

```
.App-header {
  background-color: #222;
  height: 150px;
  padding: 20px;
```

```
    color: purple;
}
```

> **热重载的工作原理**
>
> 　　Webpack 在 bundle.js 中包含了客户端代码以执行热重载。Webpack 客户端在服务器上维护了一个开放的套接字。每当修改 bundle 文件时，都会通过此 websocket 通知客户端。然后，客户端会向服务器发出请求以获取 bundle 文件的补丁。服务器不会去获取整个 bundle 文件，而只是向客户端发送它需要执行的用于"热交换"资源的代码。
>
> 　　Webpack 的模块化范式使资源的热重载成为可能。回想一下，Webpack 会将 CSS 插入 style 标签内的 DOM 中。为了交换修改后的 CSS 资源，客户端会删除之前的 style 标签并插入一个新的。浏览器会为用户渲染修改后的内容，而所有这些都无须重新加载页面。

7.5.2　自动重载

虽然热重载不支持 JavaScript 文件，但 Webpack 在检测到变化时仍会自动重载页面。

在浏览器窗口仍打开的情况下，让我们对 src/App.js 进行一个较小的编辑。我们将更改 p 标签中的文本：

```
<p className="App-intro">
  I just made a change to <code>src/App.js</code>!
</p>
```

然后保存文件。你会注意到保存后不久页面就会刷新，且你所做的更改也会得到反映。

因为 Webpack 本质上是一个 JavaScript 开发和部署的平台，所以它有一个正在不断发展的生态系统，针对 Webpack 驱动的应用程序的插件和工具。

对于开发而言，热重载和自动重载是 Create React App 配置的两个最引人注目的插件。稍后关于 eject（"弹出"）的部分中，我们将指向 Create React App 的配置文件（Webpack 开发配置），以便你可以看到其余内容。

为了进行部署，Create React App 已为 Webpack 配置了各种插件，这些插件可以生成生产级别的优化构建。接下来看生产构建过程。

7.6　创建生产构建

到目前为止，我们一直在使用 Webpack 开发服务器。在之前的研究中，可以看到该服务器生成了一个修改后的 index.html，其中加载了 bundle.js。Webpack 从内存中生成并提供了此文件，并没有向磁盘写入任何内容。

在生产环境中，我们希望 Webpack 将 bundle 文件写入磁盘。我们最终将得到一个生产优化的 HTML、CSS 和 JavaScript 的构建。然后可以使用自己喜欢的 HTTP 服务器来提供这些资源。如果要和世界分享我们的应用程序，只需将这个构建上传到一个资源主机上即可，比如 Amazon 的 S3。

下面来看生产构建是什么样子的。

如果服务器正在运行，请使用 Ctrl+C 退出服务器。然后在命令行中运行之前我们在 package.json 中看到的 build 命令：

```
$ npm run build
```

完成此操作后，你会注意到在项目的根目录中创建了一个新的文件夹：build。运行 cd 命令进入该目录并查看里面的内容：

```
$ cd build
$ ls
favicon.ico
index.html
static/
```

如果你查看了这个 index.html，就会注意到 Webpack 执行了一些在开发环境中没有做的附加处理。最值得注意的是代码没有换行，整个文件的代码都在一行上。HTML 中不需要换行符，它们只是多余的字节，生产中不需要它们。

以下是该文件以人类可读格式显示的样子：

```
<!DOCTYPE html>
<html lang="en">
  <head>
    <meta charset="utf-8">
    <meta content="width=device-width,initial-scale=1" name="viewport">
    <link href="/favicon.ico?fd73a6eb" rel="shortcut icon">
    <title>React App</title>
    <link href="/static/css/main.9a0fe4f1.css" rel="stylesheet">
  </head>
  <body>
    <div id="root"></div>
    <script src="/static/js/main.590bf8bb.js" type="text/javascript">
    </script>
  </body>
</html>
```

此 index.html 没有引用 bundle.js，而是引用了 static/ 目录中的文件，稍后会介绍。更重要的是，生产环境的 index.html 现在有一个指向 CSS bundle 文件的 link 标签。如我们所见，在开发环境中，Webpack 是通过 bundle.js 来插入 CSS。此特性是为了支持热重载。在生产环境中，热重载能力则无关紧要。因此，Webpack 选择正常部署 CSS。

 Webpack 资源的版本控制。可以看到上面的 JavaScript bundle 文件具有不同的名称，且是经过版本控制的（如 main.<version>.js）。

资源的版本控制在处理生产环境中的浏览器缓存时非常有用。如果文件被修改，它的版本也会跟着被修改。客户端浏览器将被迫去获取最新的版本。

请注意，你的文件版本（或摘要）可能会与上述的不同。

static 文件夹的组织结构：

```
$ ls static
css/
js/
media/
```

单独查看其中的文件夹：

```
$ ls static/css
main.9a0fe4f1.css
main.9a0fe4f1.css.map

$ ls static/js
main.f7b2704e.js
main.f7b2704e.js.map

$ ls static/media
logo.5d5d9eef.svg
```

可以在文本编辑器中随意打开 .css 文件和 .js 文件。由于它们太大，因此本书不会展示。

 打开这些文件时需要小心，因为它们的大小可能会导致编辑器崩溃！

如果你打开 CSS 文件，就会看到里面只有两行：第一行是应用程序中**所有的** CSS，并去掉了所有多余的空格。应用程序中可能有数百个不同的 CSS 文件，但它们会在这一行结束。第二行是一个特殊的注释，声明了映射文件的位置。

JavaScript 文件甚至更紧凑。在开发环境中，bundle.js 有一定的结构。可以挑选出各个模块所在的位置，而生产版本没有这种结构。更重要的是，代码已被压缩和丑化。如果你不熟悉压缩或丑化，请看下面的附加栏"压缩、丑化和源映射"。

最后，media 文件夹将包含应用程序的所有其他静态文件，如图像和视频。这个应用程序只有一个图像，即 React logo SVG 文件。

同样，这个捆绑包是完全独立的，可以使用。如果我们愿意，可以安装一个和第一个应用程序相同的 http-server 包，并使用它来为这个文件夹提供服务，如下所示：

```
http-server ./build -p 3000
```

如果没有 Webpack 开发服务器，可以想象开发周期会有点痛苦：

(1) 修改应用程序；

(2) 运行 npm run build 来生成 Webpack 捆绑包；

(3) 启动或重启 HTTP 服务器。

这就是为什么除了用于生产的捆绑包之外，没有其他办法可以"构建"一些其他东西。Webpack 服务器只服务于开发需求。

> ### 压缩、丑化和源映射
>
> 对于生产环境，可以通过将 JavaScript 文件从人类可读的格式转换为行为完全相同的更紧凑的格式来显著减小 JavaScript 文件的大小。基本的策略是去掉所有多余的字符，比如空格。这个过程称为压缩。
>
> 丑化（或混淆）是指故意修改 JavaScript 文件，使其更难被人阅读的过程。同样，应用程序的实际行为并没有改变。理想情况下，这个处理会降低外部开发人员理解代码的能力。
>
> .css 和 .js 文件都附带一个以 .map 结尾的文件。.map 文件是一个源映射，它为生产构建提供调试帮助。因为它们被压缩和丑化了，所以生产应用程序中的 CSS 和 JavaScript 很难调试。举个例子，如果你在生产环境中遇到 JavaScript 的 bug，浏览器就会将你引向这段神秘的混淆代码行。
>
> 通过源映射，可以将这个代码库的令人困惑的区域映射回其原始的、未构建的形式。有关源映射及如何使用它们的更多信息，请参考 Ryan Seddon 的博文 "Introduction to JavaScript Source Maps"。

7.7 弹出

在本章开头第一次引入 Create React App 时，我们注意到该项目提供了一个"弹出"应用程序的机制。

这是令人欣慰的。你可能会发现自己在未来的某个位置会想要进一步控制 React-Webpack 的设置。弹出程序会复制在项目目录中 react-scripts 封装的所有脚本和配置。它打开了"黑盒"，把应用程序控制权完全交还给你。

执行弹出程序也是一个很好的方法，可以从 Create React App 中剥去一些"魔法"。我们将在这一节执行一个弹出程序，下面来快速看一下。

 弹出程序一旦执行是不能回退的，因此使用此命令时需要小心。如果你决定要在将来执行弹出程序，请确保应用程序已检入源代码管理中。

如果你正在将应用程序添加到 heart-webpack 中，可以考虑在进行之前复制该目录。例如，你可以这样做：

```
cp -r heart-webpack heart-webpack-ejected
```

像这样批量移动 node_modules 文件夹时，它的表现不是很好，因此你需要删除 node_modules 并重新安装：

```
cd heart-webpack-ejected
rm -rf node_modules
npm i
```

然后，你可以在 heart-webpack-ejected 中执行本节中的步骤并将 heart-webpack 保护起来。

开始行动

在 heart-webpack 的根目录运行弹出命令：

```
$ npm run eject
```

确认你想要弹出，输入 y，然后按回车键。

等所有的文件从 react-scripts 复制到目录后，npm install 将运行。我们将看到这是因为所有的 react-scripts 依赖项都被转储到 package.json 中。

当 npm install 完成后，我们来看项目目录：

```
$ ls
README.md
build/
config/
node_modules/
package.json
public/
scripts/
src/
```

我们有了两个新文件夹：config 和 scripts。如果查看 src/内部，你就会注意到它正如预期的那样并没有改变。

看 package.json，其中有**大量**的依赖项。有些依赖项是必要的，比如 Babel 和 React；其他的依赖项，比如 eslint 和 whatwg-fetch，则是"可有可无的"（有更好）的。这反映了 Create React App 项目的精神：一个为 React 开发人员准备的入门套件。

下一步查看 script/目录：

```
$ ls scripts
build.js
start.js
test.js
```

之前，当我们运行 npm start 和 npm run build 时，其实是分别在执行 start.js 和 build.js。本书没有这些文件，但可以去其他地方阅读它们。虽然这些文件很复杂，但有良好的注释。通过简单地阅读注释就可以很好地了解每个脚本的功能（以及它们"免费"提供了什么）。

最后，查看 config/目录：

```
$ ls config
env.js
jest/
paths.js
polyfills.js
webpack.config.dev.js
webpack.config.prod.js
```

react-scripts 为它提供的工具提供了合理的默认设置。在 package.json 中，它指定了 Babel 的配置。这里，它指定了 Webpack 和 Jest（下一章中使用的测试库）的配置。

特别值得注意的是 Webpack 的配置文件。这里就不深入讨论了，但是这些文件都有良好的注释。通过阅读这些注释，你可以很好地了解 Webpack 开发和生产管道的情况，以及使用了哪些插件。如果将来你对 react-scripts 在开发或生产中如何配置 Webpack 感到好奇，可以参考这些文件中的注释。

希望看到 react-scripts 的"内在"能减少一点它的神秘感。正如我们在这里所做的，测试 eject 可以让你了解到，在将来需要时放弃 react-scripts 的过程是什么样的。

到目前为止，本章已介绍了 Webpack 的基础知识，并创建了 Create React App 的界面。具体如下所示：

- Create React App 的界面是如何工作的；
- 基于 Webpack 的 React 应用程序的总体布局；
- Webpack 是如何工作的（以及它提供的一些能力）；
- Create React App 和 Webpack 如何帮助我们生成生产优化的构建；
- 弹出的 Create React App 项目是什么样子的。

但是，Webpack-React 演示应用程序缺少了一个基本元素。

第二个项目（计时器应用程序）中有一个与 API 交互的 React 应用程序。Node 服务器提供了静态资源（HTML/CSS/JS）以及一组 API 端点，我们可以使用它们来持久化关于运行中的计时器数据。

如本章所述，当通过 Create React App 使用 Webpack 时，我们会启动一个 Webpack 开发服务器。该服务器负责为静态资源提供服务。

如果想让 React 应用程序与 API 交互该怎么办？我们仍希望 Webpack 开发服务器为静态资源提供服务。因此，可以假定需要分别启动 API 服务器和 Webpack 服务器，而我们面临的挑战是让这两者合作。

7.8　Create React App 和 API 服务器一起使用

本节将研究一种与 API 服务器一起运行 Webpack 开发服务器的策略。在深入研究这个策略之前，下面先来看即将要使用的应用程序。

7.8.1　完整的应用程序

food-lookup-complete 位于本书代码的根目录。可以从 heart-webpack 到达该目录：

```
$ cd ../..
$ cd food-lookup-complete
```

看该文件夹的结构：

```
$ ls
README.md
client/
db/
node_modules/
package.json
```

```
server.js
start-client.js
start-server.js
```

服务器所在的位置是在该项目的根目录中。这里有一个 package.json 和一个 server.js 文件。
React 应用程序所在的位置在 client 文件夹中，而 client 文件夹是用 Create React App 生成的。

下面看一下 client 文件夹内部。

如果你使用的是 macOS 或 Linux 系统，则运行：

```
$ ls -a client
```

Windows 用户可以运行：

```
$ ls client
```

你会看到如下结构：

```
.babelrc
.gitignore
node_modules/
package.json
public/
src/
tests/
```

　在 OS X 和 UNIX 系统中，ls 命令的-a 标志表示显示**所有**文件，包括前面有一个"."
的"隐藏"文件（比如.babelrc）。Windows 会默认显示隐藏文件。

因此我们有**两个** package.json 文件。一个位于根目录中，用于指定服务器所需要的包；另一个
位于 client/目录中，用于指定 React 应用程序所需要的包。我们有两个完全独立的应用程序，虽然
它们并存于这个文件夹中。

.babelrc

.babelrc 是 cilent/目录中的一个值得注意的文件。该文件内容如下所示：

```
// client/.babelrc
{
  "plugins": ["transform-class-properties"]
}
```

你可能还记得，这个插件为我们提供了属性初始化语法，且第一章末尾使用了它。在那个项目中，
我们通过在 app.js 的 script 标签上设置 data-plugins 属性来指定想要使用的这个插件，如下所示：

```
<script
  type="text/babel"
  data-plugins="transform-class-properties"
  src="./js/app.js"
></script>
```

而在现在这个项目中，Babel 已被包含进来并由 react-scripts 管理。为了指定我们希望 Babel
用于 Create React App 项目的插件，首先必须在 package.json 中包含这些插件。package.json 中已

包含了如下脚本：

food-lookup-complete/client/package.json

```
"dependencies": {
```

接下来只需在 .babelrc 中指定我们希望 Babel 使用的这个插件即可。

1. 运行应用程序

为了启动应用程序，需要同时为服务器和客户端安装包。我们会分别在两个目录中运行 npm i 命令：

```
$ npm i
$ cd client
$ npm i
$ cd ..
```

安装了服务器和客户端的包后，就可以运行应用程序了。确保从项目的顶级目录（服务器所在的目录）执行此操作：

```
$ npm start
```

在启动过程中，我们会看到来自服务器和客户端的一些控制台输出。一旦应用程序启动后，我们就可以访问 localhost:3000 来查看（见图 7-6）。

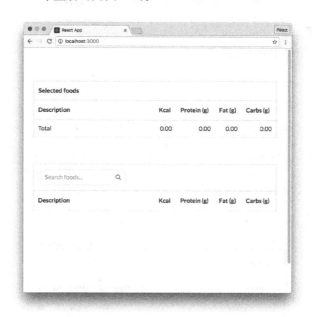

图 7-6 来自服务器和客户端的控制台输出

该应用程序提供了一个在食品数据库中查找营养信息的搜索字段。在搜索字段中输入一个值就可以执行实时搜索。可以点击食物项，并将它们添加到总计表的顶部（见图 7-7）。

React App
localhost:3000
React
Selected foods
Description
Kcal
Protein (g)
Fat (g)
Carbs (g)
Pork, cured, bacon, unprep
417
12.62
37.19
1.28
Lettuce, grn leaf, raw
15
1.36
0.11
2.87
Tomatoes, red, ripe, ckd
18
0.95
0.07
4.01
Total
450.00
13.00
37.00
7.00
Search foods...
Description
Kcal
Protein (g)
Fat (g)
Carbs (g)

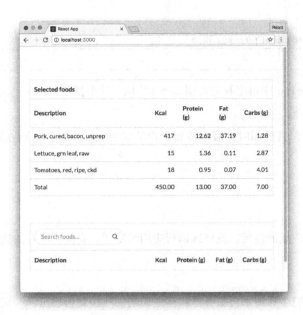

图 7-7　食物项被添加到了总计表的顶部

2. 应用程序的组件

此应用程序由三个组件组成（见图 7-8）。

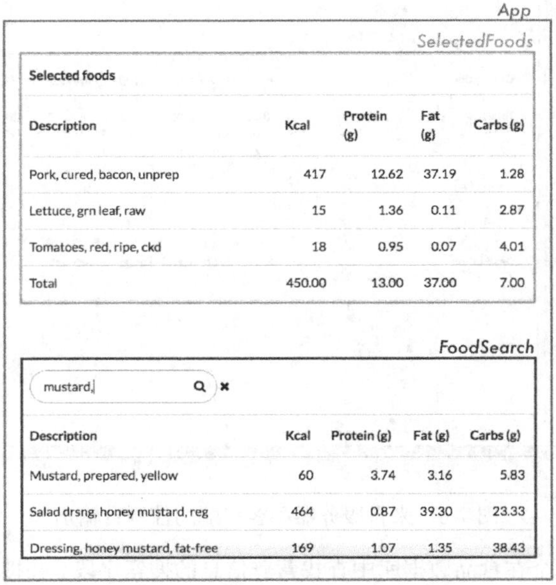

App
SelectedFoods
Selected foods
Description
Kcal
Protein (g)
Fat (g)
Carbs (g)
Pork, cured, bacon, unprep
417
12.62
37.19
1.28
Lettuce, grn leaf, raw
15
1.36
0.11
2.87
Tomatoes, red, ripe, ckd
18
0.95
0.07
4.01
Total
450.00
13.00
37.00
7.00
FoodSearch
mustard
Description
Kcal
Protein (g)
Fat (g)
Carbs (g)
Mustard, prepared, yellow
60
3.74
3.16
5.83
Salad drsng, honey mustard, reg
464
0.87
39.30
23.33
Dressing, honey mustard, fat-free
169
1.07
1.35
38.43

图 7-8　应用程序的三个组件

- App 组件：应用程序的父容器。
- SelectedFoods 组件：列出所选食物的表格。点击其中一个食物项即可将其从表格中移除。
- FoodSearch 组件：提供实时搜索字段的表格。点击表格中的食物项会将其添加到总计表中（SelectedFoods 组件）。

本章不会深入讨论这些组件的细节，相反，只关注如何让这个现有的 Webpack-React 应用程序与 Node 服务器一起协作。

7.8.2 应用程序的组织方式

现在我们已了解了完整的应用程序，下面来看要如何让它工作。

如果应用程序正在运行，则关闭它，然后切换到 webpack 中的 food-lookup 目录（未完成版本）。从 food-lookup-complete 到达该目录：

```
cd webpack/food-lookup
```

同样，必须为服务器和客户端安装 npm 包：

```
$ npm i
$ cd client
$ npm i
$ cd ..
```

7.8.3 服务器

下面先启动服务器，并研究它是如何工作的。在完整的应用程序版本中，我们使用 npm start 启动了服务器和客户端。如果检查当前这个目录中的 package.json，我们就会看到这个命令尚未被定义。我们只能这样启动服务器：

```
$ npm run server
```

此服务器提供了一个 API 端点，即/api/food。它接收一个参数 q，即我们正在搜索的食物。

你可以自己试一试，使用浏览器执行搜索或者使用 curl：

```
$ curl localhost:3001/api/food?q=hash+browns

[
  {
    "description": "Fast foods, potatoes, hash browns, rnd pieces or patty",
    "kcal": 272,
    "protein_g": 2.58,
    "carbohydrate_g": 28.88,
    "sugar_g": 0.56
  },
  {
    "description": "Chick-fil-a, hash browns",
    "kcal": 301,
    "protein_g": 3,
    "carbohydrate_g": 30.51,
    "sugar_g": 0.54
  },
```

```
{
    "description": "Denny's, hash browns",
    "kcal": 197,
    "protein_g": 2.49,
    "carbohydrate_g": 26.59,
    "sugar_g": 1.38
},
{
    "description": "Restaurant, family style, hash browns",
    "kcal": 197,
    "protein_g": 2.49,
    "carbohydrate_g": 26.59,
    "sugar_g": 1.38
}
]
```

现在我们已了解了这个端点是如何工作的，下面来看它在客户端中被调用的一个区域。用 Ctrl+C 关闭服务器进程。

7.8.4　Client

FoodSearch 组件调用了/api/foods 端点。每当用户更改搜索字段时，它都会执行一个请求，并使用了 Client 库来发出请求。

Client 模块在 client/src/Client.js 中定义。它使用 search()方法导出一个对象。下面来看 search()函数：

webpack/food-lookup/client/src/Client.js

```
function search(query, cb) {
  return fetch(`http://localhost:3001/api/food?q=${query}`, {
    accept: 'application/json',
  }).then(checkStatus)
    .then(parseJSON)
    .then(cb);
}
```

search()函数是客户端和服务器之间的一个接触点。search()函数调用了 localhost:3001，这是服务器的默认位置。

因此需要两个不同的服务器来运行此应用程序。我们需要运行 API 服务器（位置在 localhost:3001）以及运行 Webpack 开发服务器（位置在 localhost:3000）。如果两台服务器都在运行，那么它们应该就可以通信了。

可以使用两个终端窗口，但这里有更好的解决方案。

 如果需要回顾一下 Fetch API，可以参考第 3 章。

7.8.5　concurrently

concurrently 是一个用于运行多个进程的实用程序。下面通过实现它来看它是如何工作的。

concurrently 已包含在服务器的 package.json 中:

webpack/food-lookup/package.json

```
},
"devDependencies": {
  "concurrently": "3.1.0"
```

我们希望 concurrently 执行两个命令,一个用于启动 API 服务器,另一个用于启动 Webpack 开发服务器。可以通过将多个命令放在引号中传递给 concurrently 来启动它们,如下所示:

```
# 使用 concurrently 的例子
$ concurrently "command1" "command2"
```

如果编写的应用程序只在 Mac 或 UNIX 机器上工作,则我们可以这样做:

```
$ concurrently "npm run server" "cd client && npm start"
```

注意,第二个命令用于引导客户端将目录更改到 client 中,然后运行 npm start。

然而,&& 操作符不是跨平台的,不能在 Windows 上工作。因此,我们在项目中包含了一个 start-client.js 脚本。此脚本将从顶级目录启动客户端。

有了这个启动脚本,就可以像下面这样从顶级目录启动客户端应用程序:

```
$ babel-node start-client.js
```

下面在 package.json 中添加一个 client 命令。这样,启动服务器和客户端的方法看起来会相同:

```
# 启动服务器
$ npm run server
# 启动客户端
$ npm run client
```

因此,使用 concurrently 将如下所示:

```
$ concurrently "npm run server" "npm run client"
```

下面将 start 和 client 命令添加到 package.json 中:

food-lookup-complete/package.json

```
"scripts": {
  "start": "concurrently \"npm run server\" \"npm run client\"",
  "server": "babel-node start-server.js",
  "client": "babel-node start-client.js"
},
```

对于 start 脚本,我们执行了两个命令,因为是在一个 JSON 文件中,所以需要对引号进行转义。

保存并关闭 package.json。下面就可以通过运行 npm start 来启动这两个服务器了:

```
$ npm start
```

我们将看到记录到控制台的服务器和客户端的输出,因为 concurrently 同时执行了两个运行命令。

当一切都启动后,就可以访问 localhost:3000 了。接着可以开始输入一些东西,但奇怪的是,似乎什么事也没有发生(见图 7-9)。

图 7-9　输入"chicken"但似乎什么事也没有发生

打开开发者控制台，可以看到到处都是错误（见图 7-10）。

图 7-10　开发者控制台中的错误

从错误中挑选出其一：

```
Fetch API cannot load http://localhost:3001/api/food?q=c. No 'Access-Control-Allow-O\
rigin' header is present on the requested resource. Origin 'http://localhost:3000' i\
s therefore not allowed access. If an opaque response serves your needs, set the req\
uest's mode to 'no-cors' to fetch the resource with CORS disabled.
```

浏览器阻止了 React 应用程序（托管在 localhost:3000）从不同的来源（localhost:3001）去加载资源。我们尝试执行**跨域资源共享**（Cross-Origin Resource Sharing，CORS）。但出于安全考虑，浏览器会阻止来自脚本的此类请求。

 注意：如果你没有遇到此问题，可能需要验证一下你的浏览器安全设置是否健全。不限制 CORS 会使你面临重大的安全风险。

这是双服务器解决方案的主要难点。但双服务器设置在开发中很常见，因此 Create React App 提供了一个现成的通用解决方案供我们使用。

7.8.6　使用 Webpack 开发代理

Create React App 允许设置 Webpack 开发服务器**来代理 API 请求**。React 应用程序可以向 localhost:3000 发出请求，而不需要向 localhost:3001 的 API 服务器发出请求。然后，可以让 Webpack 将这些请求代理到 API 服务器。

我们最初的方法是让用户的浏览器直接与两个服务器交互，见图 7-11。

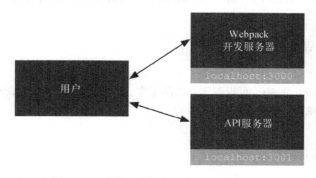

图 7-11　浏览器直接与两个服务器交互

然而，我们现在希望浏览器只与 localhost:3000 上的 Webpack 开发服务器进行交互。Webpack 会转发 API 的请求，见图 7-12。

图 7-12　Webpack 转发 API 的请求

这个代理特性允许 React 应用程序与 Webpack 开发服务器进行单独的交互，并消除了与 CORS 相关的问题。

为此，首先需要修改 client/src/Client.js，然后删除基础 URL（localhost:3001）：

food-lookup-complete/client/src/Client.js

```
function search(query, cb) {
  return fetch(`/api/food?q=${query}`, {
    accept: 'application/json',
  }).then(checkStatus)
```

现在 search() 函数就会调用 localhost:3000 了。

接下来，在客户端的 package.json 中可以设置一个特殊的 proxy 属性。下面就将此属性添加到 client/package.json 中：

```
// 在 client/package.json 中
"proxy": "http://localhost:3001/",
```

 确保将这一行添加到**客户端**的 package.json 中，而不是服务器的 package.json 中。

此属性是 Create React App 特有的，并能指示 Create React App 设置 Webpack 开发服务器将 API 请求代理到 localhost:3001。Webpack 开发服务器会推断代理的流量。如果 URL 无法识别，或者请求没有加载静态资源（如 HTML、CSS 或 JavaScript），那么它会将请求代理到 API 服务器。

试试看

使用 concurrently 启动两个进程：

```
$ npm start
```

接着访问 localhost:3000，可以看到一切都正常。因为浏览器是通过 localhost:3000 与 API 相连接，所以没有 CORS 的问题。

7.9　Webpack 总结

作为 JavaScript 应用程序的平台，Webpack 包含许多特性，本章介绍了其中的一些特性。Webpack 的能力大致可以分为两类。

优化

用于生产环境的 Webpack 优化工具集非常庞大。

Webpack 提供的一个即时优化是减少客户端浏览器必须获取的文件数量。对于由许多不同文件组成的大型 JavaScript 应用程序，提供少量 bundle 文件（如 bundle.js）比提供大量小文件快得多。

代码分割是另一个基于 bundle 概念的优化。可以配置 Webpack，使其只提供与用户正在查看的页面相关的 JavaScript 和 CSS 资源。虽然多页面应用程序可能有成百上千个 React 组件，但我们可以让

Webpack 只提供必要的组件和 CSS，以便客户端来渲染它们所在的任何页面。

工具

与优化一样，围绕 Webpack 工具的生态系统非常庞大。

对于开发环境，我们看到了 Webpack 实用的热重载和自动重载特性。此外，Create React App 还配置了开发流程中的其他细节，比如自动分析 JavaScript 代码。

对于生产环境，我们了解了如何配置 Webpack 来执行优化生产构建的插件。

何时使用 Webpack 和 Create React App

鉴于 Webpack 的强大功能，你可能会问："是否应该将 Webpack 和 Create React App 用于未来所有的 React 项目中？"

答案是视情况而定。

像我们在前两章中所做的那样，在 script 标签中加载 React 和 Babel 仍是一种完全合理的方法。对于某些项目，简单的设置可能更好。另外，可以从简单的开始，然后在将来把项目迁移到更复杂的 Webpack 设置中。

此外，如果你希望在现有的应用程序中使用 React，这种简单的方法是最佳选择。不必为应用程序采用全新的构建或部署流程。相反，可以逐个推出 React 组件，只需确保 React 库包含在应用程序中即可。

但是，对于许多开发人员和许多类型的项目来说，Webpack 是一个非常有吸引力的选择，它的特性非常好，不容错过。如果你打算编写一个包含许多不同组件的大型 React 应用程序，Webpack 对 ES6 模块的支持将有助于保持代码库的合理性，且它也非常支持 npm 包。多亏了 Create React App，你还可以免费获得大量的开发和生产工具。

另外还有一个有利于 Webpack 的因素：测试。下一章将介绍如何为 React 应用程序编写测试。我们将看到，Webpack 提供了一个平台，可以在浏览器之外的控制台中轻松执行测试套件。

第 8 章	单元测试

稳健的测试套件是高质量软件的重要组成部分。拥有一套良好的测试套件，开发人员可以更加自信地重构或添加功能到应用程序中。测试套件是一项前期投资，它在系统的整个生命周期中都会带来收益。

众所周知，测试 UI 非常难。幸运的是，测试 React 组件并不难。只要使用正确的工具和方法，Web 应用程序的界面可以像系统中的其他部分一样通过测试得到强化。

我们将在不使用任何测试库的情况下编写一个小型测试套件。在了解了测试套件的本质后，我们将引入 Jest 测试框架来减少大量的样板文件，并能很容易地让测试变得更具有表现力。

在使用 Jest 时，我们将看到如何以行为驱动的方式组织测试套件。一旦熟悉了这些基础知识，我们将学习如何测试 React 组件。我们将引入 Enzyme，它是一个用于在测试环境中使用 React 组件的库。

最后，本章的最后一节将使用更复杂的 React 组件，它位于更大的应用程序中。我们使用模拟的概念来隔离正在测试的 API 驱动的组件。

8.1 不使用框架编写测试

 如果你已熟悉 JavaScript 测试，可以跳到下一节。

但你可能仍会发现这一节对理解测试框架在幕后做的工作很有帮助。

本章的项目位于本书代码的 testing 文件夹中。

我们将从 basics 文件夹开始：

```
$ cd testing/basics
```

项目结构如下：

```
$ ls
Modash.js
Modash.test.js
complete/
package.json
```

 在 complete 文件夹中你可以找到对应于 Modash.test.js 的每一次迭代的文件版本以及 Modash.js 的完整版本。

我们将使用 baber-node 从命令行中运行测试套件。babel-node 已包含在这个文件夹的 package.json 中。现在继续并安装 package.json 中的包：

```
$ npm install
```

为了编写测试，需要一个库来测试。让我们编写一个可测试的实用程序库。

8.1.1 准备 Modash

我们将在 Modash.js 中编写一个小型库。在使用 JavaScript 字符串时，Modash 将提供一些可能有用的方法。我们将编写以下三种方法，每种都会返回一个字符串。

truncate(string, length)

如果 string 的长度超过所提供的 length，则将其截断。如果该字符串被截断，那么它将以...结尾。

```
const s = 'All code and no tests makes Jack a precarious boy.';
Modash.truncate(s, 21);
  // => 'All code and no tests...'
Modash.truncate(s, 100);
  // => 'All code and no tests makes Jack a precarious boy.'
```

capitalize(string)

将 string 的首字母大写，其余小写：

```
const s = 'stability was practically ASSURED.';
Modash.capitalize(s);
  // => 'Stability was practically assured.'
```

camelCase(string)

接收一个由空格、破折号或下划线分隔的字符串，并返回其驼峰式大小写表示：

```
let s = 'started at';
Modash.camelCase(s);
  // => 'startedAt'
s = 'started_at';
Modash.camelCase(s);
  // => 'startedAt'
```

 "Modash" 是对流行的 JavaScript 工具库 Lodash 的戏称。

我们会将 Modash 写成一个 ES6 模块。有关如何使用 Babel 的更多细节，请参见下面的 "ES6：使用 Babel 进行导入和导出"。如果需要复习一下 ES6 模块的知识，请参考第 7 章。

现在打开 Modash.js。我们将编写该库的三个函数，然后在这个文件的底部导出接口。

首先为 truncate() 编写函数。有很多方法可以做到这一点，以下是其中之一：

testing/basics/complete/Modash.js

```
function truncate(string, length) {
  if (string.length > length) {
    return string.slice(0, length) + '...';
  } else {
    return string;
  }
}
```

接下来实现 capitalize() 函数：

testing/basics/complete/Modash.js

```
function capitalize(string) {
  return (
    string.charAt(0).toUpperCase() + string.slice(1).toLowerCase()
  );
}
```

最后编写 camelCase() 函数，这个会稍微复杂一点。同样，有多种方法可以实现它，但这里的策略如下所示。

(1) 使用 split() 方法获得字符串中的单词数组。空格、破折号和下划线会被视为分隔符。

(2) 创建一个新数组。该数组的第一个条目是第一个单词的小写版本。其余的条目是后续每个单词的大写版本。

(3) 使用 join() 方法连接该数组。

如下所示：

testing/basics/complete/Modash.js

```
function camelCase(string) {
  const words = string.split(/[\s|\-|_]+/);
  return [
    words[0].toLowerCase(),
    ...words.slice(1).map((w) => capitalize(w)),
  ].join('');
}
```

> 字符串的 split() 方法可以将一个字符串分割成一个字符串数组，它接收一个需要分割的字符作为参数。参数可以是字符串，也可以是正则表达式。想阅读更多关于 split() 的内容，可以参考 MDN 文档 "String.prototype.split()"。
>
> 数组的 join() 方法可以将数组的所有成员组合成一个字符串。想阅读更多关于 join() 的内容，可以参考 MDN 文档 "Array.prototype.join()"。

在 Modash.js 中定义了这三个函数后，我们准备导出模块。

在 Modash.js 的底部，首先创建一个封装方法的对象：

testing/basics/complete/Modash.js

```
const Modash = {
  truncate,
  capitalize,
  camelCase,
};
```

然后将其导出：

testing/basics/complete/Modash.js

```
export default Modash;
```

本节将在 Modash.test.js 文件中编写测试代码。现在在文本编辑器中打开该文件。

ES6：使用 Babel 进行导入和导出

package.json 已包含了 Babel。此外，我们还包含了一个 Babel 插件：babel-plugin-transform-es2015-modules-commonjs。

这个包将允许我们使用 ES6 的导入/导出语法。重要的是，我们在项目的 .babelrc 文件中将它指定为一个 Babel 插件：

```
// basics/.babelrc
{
  "plugins": ["transform-es2015-modules-commonjs"]
}
```

有了这个插件，现在可以从一个文件中导出模块并将其导入另一个文件中。

但是，请注意这个解决方案**在浏览器中无法工作**。它可以在本地的 Node 运行时环境工作，这对于为 Modash 库编写测试来说是很好的。但要在浏览器中支持它，还需要额外的工具。如上一章所述，浏览器对 ES6 模块的支持是我们使用 Webpack 的一个主要动机。

8.1.2　编写第一个用例

测试套件会导入正在为其编写测试的 Modash 库。我们将调用该库中的方法，并对方法的行为进行断言。

在 Modash.test.js 的顶部，让我们先导入库：

testing/basics/complete/Modash.test-1.js

```
import Modash from './Modash';
```

第一个断言是针对 truncate()方法。我们将**断言**，当给定的字符串超过所提供的长度时，truncate()方法将返回一个截断的字符串。

首先设置测试：

testing/basics/complete/Modash.test-1.js

```
const string = 'there was one catch, and that was CATCH-22';
const actual = Modash.truncate(string, 19);
const expected = 'there was one catch...';
```

我们声明了测试字符串样本 string，然后设置了两个变量：actual 和 expected。在测试套件中，actual 是我们观察的调用行为。在本例中，它就是 Modash.truncate() 方法实际返回的内容。expected 是我们所期望的值。

接下来进行测试断言。我们将打印一条消息，表明 truncate() 方法是通过还是失败：

testing/basics/complete/Modash.test-1.js

```
if (actual !== expected) {
  console.log(
    `[FAIL] Expected \`truncate()\` to return '${expected}', got '${actual}'`
  );
} else {
  console.log('[PASS] `truncate()`.');
}
```

试试看

在这个阶段，可以在命令行中运行测试套件。保存 Modash.test.js 文件并从 testing/basics 文件夹运行以下命令：

```
./node_modules/.bin/babel-node Modash.test.js
```

执行此操作时，可以看到打印到控制台的[PASS]消息（见图 8-1）。如果你愿意，可以修改 Modash.js 中的 truncate 函数来观察这个测试失败的结果（见图 8-2）。

图 8-1   测试通过

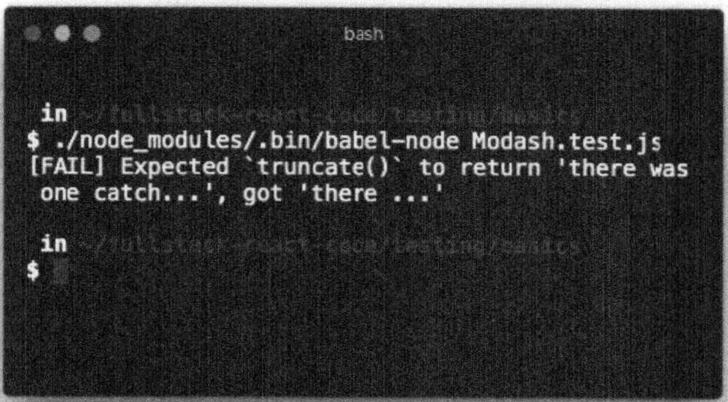

图 8-2 测试失败的例子

8.1.3 assertEqual()函数

下面为 Modash 中的其他两个方法编写一些测试。

所有的测试都将遵循类似的模式。我们将使用一些断言来检查 actual 是否等于 expected，并向控制台打印一条消息，用于表明被测试的函数是通过还是失败。

为了避免代码重复，我们将编写一个 assertEqual() 辅助函数。该函数会检查它的两个参数是否相等；然后会编写一条控制台消息，用于表明该用例是通过还是失败。

在 Modash.test.js 的顶部和 Modash 导入语句下方声明 assertEqual 函数：

testing/basics/complete/Modash.test-2.js

```
import Modash from './Modash';

function assertEqual(description, actual, expected) {
  if (actual === expected) {
    console.log(`[PASS] ${description}`);
  } else {
    console.log(`[FAIL] ${description}`);
    console.log(`\tactual: '${actual}'`);
    console.log(`\texpected: '${expected}'`);
  }
}
```

> ℹ️ 制表符在 JavaScript 中表示为\t 字符。

定义了 assertEqual 函数之后，让我们重新编写第一个测试用例。我们将在整个测试套件中重用变量 actual、expected 和 string，因此我们将使用 let 声明以便可以重新定义它们：

testing/basics/complete/Modash.test-2.js

```
let actual;
let expected;
let string;

string = 'there was one catch, and that was CATCH-22';
actual = Modash.truncate(string, 19);
expected = 'there was one catch...';

assertEqual('`truncate()`: truncates a string', actual, expected);
```

如果现在运行 Modash.test.js，我们会注意到一切都和原先一样，只是控制台输出略有不同（见图 8-3）。

图 8-3   测试通过

在编写了 assert 函数后，我们再编写一些测试。

下面为 truncate()方法再编写一个断言。如果字符串小于提供的长度，则该函数应按原样返回一个字符串。我们将使用相同的 string 变量，并把这个断言写在当前断言的下面：

testing/basics/complete/Modash.test-2.js

```
actual = Modash.truncate(string, string.length);
expected = string;

assertEqual('`truncate()`: no-ops if <= length', actual, expected);
```

接下来为 capitalize()方法编写断言。可以继续使用相同的 string 变量：

testing/basics/complete/Modash.test-2.js

```
actual = Modash.capitalize(string);
expected = 'There was one catch, and that was catch-22';

assertEqual('`capitalize()`: capitalizes the string', actual, expected);
```

对于我们使用的示例字符串，这个断言测试了 capitalize()方法的两个方面：它将字符串中的第一个字母变成大写，并将其余的字母转换为小写。

最后为 camelCase 函数编写断言。我们将使用两个不同的字符串来测试这个函数。一个由空格分隔，而另一个由下划线分隔。

对空格分隔的字符串进行断言：

testing/basics/complete/Modash.test-2.js

```
string = 'customer responded at';
actual = Modash.camelCase(string);
expected = 'customerRespondedAt';

assertEqual('`camelCase()`: string with spaces', actual, expected);
```

对下划线分隔的字符串进行断言：

testing/basics/complete/Modash.test-2.js

```
string = 'customer_responded_at';
actual = Modash.camelCase(string);
expected = 'customerRespondedAt';

assertEqual('`camelCase()`: string with underscores', actual, expected);
```

试试看

保存 Modash.test.js。从控制台运行测试套件（见图 8-4）：

```
./node_modules/.bin/babel-node Modash.test.js
```

图 8-4　测试通过

可以随意调整每个断言的 expected 的值或者修改库，然后观察测试失败的情况。

我们的微型断言框架很清晰，但有局限性。对于更复杂的应用程序或模块，很难想象它可以做到既可维护又可扩展。虽然 assertEqual() 函数可以很好地检查字符串是否相等，但在处理对象或数组时，我们需要使用更复杂的断言。例如，我们可能希望检查对象是否包含特定的属性或者数组是否包含特定的元素。

8.2 Jest 是什么

JavaScript 有各种各样的测试库，它们包含了许多很棒的特性。这些库帮助我们以稳健且可维护的方式来组织测试套件。其中许多库完成了相同领域的任务，但使用的方法不同。

 你可能听说过或使用过的测试库示例包括 Mocha、Jasmine、QUnit、Chai 和 Tape。

我们认为测试库具有以下三个主要组成部分。

- 测试运行程序。这就是你在命令行中执行的操作。测试运行程序负责查找测试并运行，然后在控制台中将结果报告给你。
- 用于组织测试的领域特定语言。正如我们将看到的，这些函数会帮助我们在运行测试之前和之后执行一些常见的任务，比如编排设置和拆卸。
- 一个断言库。这些库提供的 assert 函数可帮助我们轻松地进行复杂的断言，比如检查 JavaScript 对象之间是否相等或数组中某些元素是否存在。

React 开发人员可以选择使用他们喜欢的任何 JavaScript 测试框架进行测试。本书将重点介绍一个：Jest。

Facebook 创造了 Jest，并负责维护。如果你使用过其他 JavaScript 测试框架，甚至是其他编程语言的测试框架，就会发现 Jest 看上去非常熟悉。

对于断言，Jest 使用了 **Jasmine 的断言库**。你如果以前使用过 Jasmine，那么会很高兴知道它们语法是完全相同的。

 本章稍后将探讨 Jest 与其他 JavaScript 测试框架的最大区别：模拟。

8.3 使用 Jest

你会注意到 Jest 已包含在 testing/basics/package.json 中。

从 Jest 15 开始，Jest 会把任何以 *.test.js 或 *.spec.js 结尾的文件视为测试。因为文件名为 Modash.test.js，所以无须做任何特殊操作来告知 Jest 这是一个测试文件。

我们将使用 Jest 重写 Modash 的用例。

Jest 15

如果以前使用过 Jest 的旧版本，你可能会感到惊讶，因为现在测试不必位于一个 __tests__ 文件夹中。此外，在本章的后面，你会注意到 Jest 的自动模拟似乎已被关闭。

Jest 15 为 Jest 提供了新的默认设置。这些更改的动机是让新的开发者开始使用 Jest 时更容易，同时又能维护 Jest 的理念，即"需要的配置越少越好"。

你可以在 Jest 网站 Christoph Nakazawa 的博文 "Jest 15.0—New Defaults for Jest" 中了解到所有的变化。与本章相关的内容如下：

- 除了在__tests__文件夹下查找测试文件外，Jest 还查找匹配*.test.js 或*.spec.js 的文件；
- 自动模拟在默认情况下是禁用的。

8.3.1 expect()

在 Jest 中，我们使用 expect()语句来进行断言。我们将看到，它的语法与之前编写的 assert 函数不同。

 因为 Jest 使用了 Jasmine 断言库，所以从技术上讲，这些匹配器是 Jasmine 的特性而不是 Jest 的特性。但是为了避免混淆，本章将 Jest 附带的所有东西（包括 Jasmine 断言库）都称为 Jest。

下面是一个使用 expect 语法来断言 true 为 true 的例子：

```
expect(true).toBe(true)
```

toBe 是一个**匹配器**。Jest 附带了几个不同的匹配器。在底层，toBe 匹配器使用了===操作符来检查相等性。因此下面这些结果都符合预期：

```
expect(1).toBe(1); // 通过
const a = 5;
expect(a).toBe(5); // 通过
```

因为 toBe 只使用了===操作符，所以它具有局限性。例如，虽然可以使用 toBe 来检查对象是否**完全相同**：

```
const a = { espresso: '60ml' };
const b = a;
expect(a).toBe(b); // 通过
```

但是如果想检查两个**不同的**对象是否相等该怎么办？

```
const a = { espresso: '60ml' };
expect(a).toBe({ espresso: '60ml' }) // 失败
```

Jest 还有另一个匹配器：toEqual。toEqual 比 toBe 更复杂，就我们的目的而言，它可以断言两个对象是相等的，即使它们不是完全相同的对象：

```
const a = { espresso: '60ml' };
expect(a).toEqual({ espresso: '60ml' }) // 成功
```

本章会同时使用 toBe 和 toEqual。我们倾向于将 toBe 用于布尔值和数字的断言，而将 toEqual 用于其他类型的断言。可以将 toEqual 用于所有类型，但在某些情况下，我们使用 toBe，因为喜欢它的英文读法。这只是个人喜好的问题，重要的是你要理解两者之间的区别。

与其他许多测试框架一样，在使用 Jest 时，我们会将代码组织成 describe 块和 it 块。为了了解这个组织方式，下面编写第一个 Jasmine 测试，将 `Modash.test.js` 的内容替换为以下内容：

testing/basics/complete/Modash.test-3.js

```javascript
describe('My test suite', () => {
  it('`true` should be `true`', () => {
    expect(true).toBe(true);
  });

  it('`false` should be `false`', () => {
    expect(false).toBe(false);
  });
});
```

`describe` 块和 `it` 块都包含一个字符串和一个函数。字符串只是一个人性化的描述，稍后我们将看到它被打印到控制台中。

我们将在本章中看到，`describe` 块是用于组织属于相同功能或上下文的断言；`it` 块则是独立的断言或用例。

Jest 要求我们始终要有一个封装所有代码的顶级 `describe` 块。在这里，顶级 `describe` 块被命名为 `'My test suite'`。嵌套在这个 `describe` 块中的两个 `it` 块是我们的用例。这是标准的组织方式：`describe` 块不包含断言，而 `it` 块会包含。

 在本章的其余部分，"断言"指的是对 `expect()` 函数的调用，"用例"指的是一个 `it` 块。

试试看

在 `package.json` 中，我们已定义了一个 `test` 脚本。因此，可以执行以下命令来运行测试套件（见图 8-5）：

```
$ npm test
```

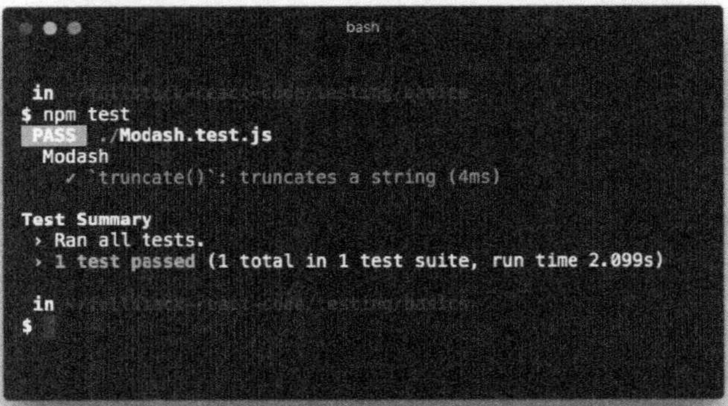

图 8-5　两个测试都通过

8.3.2 Modash 的第一个 Jest 测试

下面用一些有用的测试 Modash 的工具来替换此测试套件。

再次打开 Modash.test.js 并清空它的内容。在顶部导入库：

testing/basics/complete/Modash.test-4.js

```
import Modash from './Modash';
```

将 describe 块命名为'Modash'：

```
describe('Modash', () => {
  // 在此处断言
});
```

通常，顶级 describe 会被命名为当前正在测试的模块名。

下面做第一个断言，即断言 truncate()函数是有效的：

testing/basics/complete/Modash.test-4.js

```
describe('Modash', () => {
  it('`truncate()`: truncates a string', () => {
    const string = 'there was one catch, and that was CATCH-22';
    expect(
      Modash.truncate(string, 19)
    ).toEqual('there was one catch...');
  });
});
```

我们对断言的组织方式有所不同，但是逻辑和最终结果都和以前相同。要注意 expect 和 toEqual 函数是如何提供一种人类可读的格式来表达正在测试的内容以及我们期望的表现。

试试看

保存 Modash.test.js。运行该单个用例的测试套件（见图 8-6）：

```
$ npm test
```

图 8-6　测试通过

8.3.3 另一个 `truncate()`用例

truncate()函数有第二个断言。我们断言传入 truncate()函数中的字符串如果小于指定的长度，则返回相同的字符串。

因为这两个断言都对应于 Modash 模块中的相同方法，所以将它们封装在自己的 describe 块中是合理的。让我们添加下一个用例，并将它包装在新的 describe 块中：

testing/basics/complete/Modash.test-5.js

```
describe('Modash', () => {
  describe('`truncate()`', () => {
    const string = 'there was one catch, and that was CATCH-22';

    it('truncates a string', () => {
      expect(
        Modash.truncate(string, 19)
      ).toEqual('there was one catch...');
    });

    it('no-ops if <= length', () => {
      expect(
        Modash.truncate(string, string.length)
      ).toEqual(string);
    });
  });
});
```

通常会使用 describe 块对测试进行分组。

注意，我们在 truncate()顶部的 describe 块中声明了要测试的 string：

testing/basics/complete/Modash.test-5.js

```
describe('Modash', () => {
  describe('`truncate()`', () => {
    const string = 'there was one catch, and that was CATCH-22';
```

当变量以这种方式在 describe 块内部声明时，它们是在每个 it 块的作用域内。

此外，我们略微修改了每个用例的标题。可以删除开头的 truncate():，因为这些用例都在标题为'truncate()'的 describe 块下。如果其中一个用例失败了，那么 Jest 会这样显示：

```
- Modash > `truncate()` > no-ops if less than length
```

这就为我们提供了所需的所有上下文。

8.3.4 其余的用例

我们将把其他两个方法的用例封装在它们各自的 describe 块中，如下所示：

```
describe('Modash', () => {
  describe('`truncate()`', () => {
    // ...... `truncate()` 用例
```

```
  });
  describe('`capitalize()`', () => {
    // …… `capitalize()` 用例
  });
  describe('`camelCase()`', () => {
    // …… `camelCase()` 用例
  });
});
```

首先是 capitalize() 函数的用例：

testing/basics/complete/Modash.test-6.js

```
describe('capitalize()', () => {
  it('capitalizes first letter, lowercases rest', () => {
    const string = 'there was one catch, and that was CATCH-22';
    expect(
      Modash.capitalize(string)
    ).toEqual(
      'There was one catch, and that was catch-22'
    );
  });
});
```

注意，truncate() 函数的 describe 块中的 string 不在此处的作用域内，因此我们需要在这个用例的顶部声明一个 string 变量。

最后编写一套 camelCase() 的用例：

testing/basics/complete/Modash.test-6.js

```
describe('camelCase()', () => {
  it('camelizes string with spaces', () => {
    const string = 'customer responded at';
    expect(
      Modash.camelCase(string)
    ).toEqual('customerRespondedAt');
  });

  it('camelizes string with underscores', () => {
    const string = 'customer_responded_at';
    expect(
      Modash.camelCase(string)
    ).toEqual('customerRespondedAt');
  });
});
```

试试看

保存 Modash.test.js。从命令行启动 Jest：

```
$ npm test
```

我们会看到所有的测试都将通过（见图 8-7）。

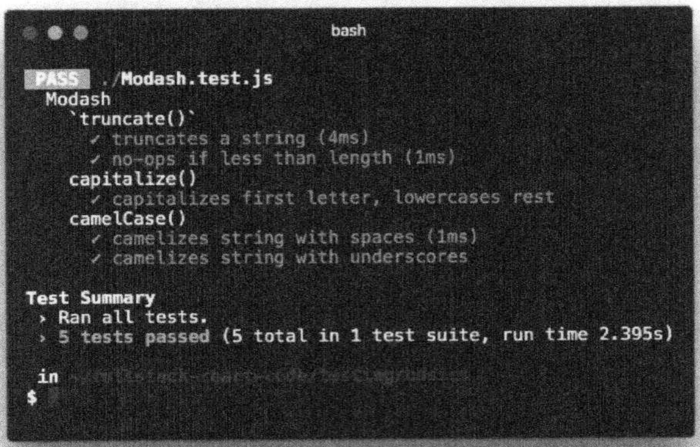

图 8-7   所有测试都通过

我们已介绍了断言的基础知识，并将代码组织到 describe 块和 it 块中，且还使用了 Jest 测试运行程序。下面来看如何将这些片段组合在一起来测试 React 应用程序。在此过程中，我们将更深入地研究 Jest 的断言库，并组织行为驱动的测试套件的最佳实践。

8.4   React 应用程序的测试策略

在软件测试中，测试分为两大类：**集成测试**和**单元测试**。

8.4.1   集成测试与单元测试

集成测试是将多个模块或软件系统的各个部分一起进行测试的测试。对于 React 应用程序，可以将每个组件视为单独的模块。因此，集成测试会涉及对应用程序进行整体测试。

集成测试可能会更进一步。如果 React 应用程序正在与 API 服务器进行通信，那么集成测试也可能涉及与该服务器的通信。开发人员通常喜欢将这些类型的集成测试称为**端到端**测试。

有几种方法可以驱动端到端测试。一种流行的方法是使用像 Selenium 这样的驱动程序在浏览器中以编程的方式加载应用程序，并自动导航应用程序的界面。你可能会让程序点击按钮或填写表单，在这些交互完成之后断言页面的外观。或者你可以对服务器上的数据存储的结果状态进行断言。

集成测试是大型软件系统的综合测试套件中的重要组成部分。然而在本书中，我们将只专注于 React 应用程序的**单元测试**。

在单元测试中，软件系统的模块是**隔离**测试的。

对于 React 组件，我们将使用两种断言。

(1) 给定一组输入（state 和 props），断言组件应该输出什么（渲染）。

(2) 给定一个用户操作，断言组件的行为。组件可能进行状态更新或调用父组件传递给它的属性函数。

8.4.2 浅渲染

当 React 组件在浏览器中渲染时，它会被写入 DOM 中。虽然我们通常会在浏览器中直观地看到一个 DOM，但可以将一个"无头"的 DOM 加载到测试套件中。可以使用 DOM 的 API 来编写和读取 React 组件，就像直接使用浏览器一样，但还有另一种选择：**浅渲染**。

通常，当一个 React 组件渲染时，它会首先生成其虚拟 DOM 表示；然后使用这个虚拟 DOM 表示对真实 DOM 进行更新。

当一个组件被浅渲染时，它不会被写入 DOM 中，而是维护其虚拟 DOM 表示。然后你可以像对真实 DOM 一样对这个虚拟 DOM 进行断言。

此外，你的组件只会渲染一层深度（因此称为"浅"渲染）。因此，如果组件的 render() 函数包含子组件，那么这些子组件实际上不会被渲染。相反，虚拟 DOM 表示将只包含对未渲染的子组件的引用。

React 提供了一个库来浅渲染 React 组件，即 react-test-renderer 库。这个库很有用，但有点低级，且可能会很冗长。

Enzyme 是一个封装了 react-test-renderer 的库，提供了许多实用的功能，且有助于编写 React 组件测试。

8.4.3 Enzyme

Enzyme 最初是由 Airbnb 公司开发的，并在 React 开源社区中被广泛采用。事实上，Facebook 在其 react-test-renderer 的文档中推荐了这个实用程序。按照这种趋势，本章将使用 Enzyme 而不是 react-test-renderer。

通过 react-test-renderer，Enzyme 将允许我们浅渲染组件。我们不使用 ReactDOM.render() 将组件渲染到真实的 DOM 中，而是使用 Enzyme 的 shallow() 方法来对它进行浅渲染：

```
const wrapper = Enzyme.shallow(
  <App />
);
```

我们很快就会看到，shallow() 函数返回一个 EnzymeWrapper 对象。这个对象内部嵌套的是在虚拟 DOM 表示中的浅渲染组件。EnzymeWrapper 为我们提供了一系列有用的方法来遍历和编写针对该组件的虚拟 DOM 的断言。

 如果将来你想要直接使用 react-test-renderer，就会发现了解 Enzyme 很有帮助。因为 Enzyme 是在 react-test-renderer 上的轻量级包装，所以它们的 API 有很多共同之处。

浅渲染有两个主要优势。

对组件进行单独测试

这对于单元测试是更可取的。当我们为父组件编写测试时，不必担心对子组件的依赖。修改子组件可能会破坏子组件的单元测试，但不会破坏任何父组件的单元测试。

更快

另一个好处是测试速度会更快。对真实 DOM 进行渲染、操作和读取都会增加开销。使用浅渲染，就可以完全避免使用 DOM。

我们将看到，Enzyme 有一个 API 来模拟浅渲染组件的 DOM 事件。例如，即使 DOM 不存在的情况下，它也允许我们"点击"组件。

8.5　使用 Enzyme 测试基本的 React 组件

我们将通过给基本的 React 组件编写测试来熟悉 Enzyme。

8.5.1　设置

在 testing/react-basics 文件夹中是一个使用 create-react-app 创建的应用程序。从 testing/basics 文件夹使用 cd 命令进入该目录：

```
$ cd ../react-basics
```

安装软件包：

```
$ npm i
```

 第 7 章详细介绍了 create-react-app。

看目录：

```
$ ls
public
node_modules/
package.json
src/
```

然后是 src/目录：

```
$ ls src/
App.css
App.js
App.test.js
complete
index.css
index.js
semantic-ui
setupTests.js
tempPolyfills.js
```

这个 create-react-app 应用程序的基本组织结构与上一章中的相同：App.js 定义了一个 App 组件；index.js 调用了 ReactDOM.render()函数；它还包含了 Semantic UI 用于样式设置。

 稍后会讨论 setupTests.js 和 tempPolyfills.js。

8.5.2 App 组件

在查看 App 组件之前，我们先在浏览器中看一下它。启动应用程序：

```
$ npm start
```

这个应用程序很简单。它有一个字段和一个向列表添加子项的按钮，且无法删除列表中的子项（见图 8-8）。

图 8-8 完整的列表应用程序

打开 App.js，正如我们在 state 的初始化中所看到的，App 组件具有两个状态属性：

testing/react-basics/src/App.js

```
class App extends React.Component {
  state = {
    items: [],
    item: '',
  };
```

items 是子项的列表。item 是与受控输入相关联的状态属性，我们稍后就会看到。

在 render()函数内部，App 组件遍历 this.state.items，以在一个表中渲染所有的子项：

testing/react-basics/src/App.js

```
<tbody>
  {
    this.state.items.map((item, idx) => (
      <tr
        key={idx}
      >
        <td>{item}</td>
      </tr>
    ))
  }
</tbody>
```

受控输入是标准输入，它位于表单内部：

testing/react-basics/src/App.js

```
<form
  className='ui form'
  onSubmit={this.addItem}
>
<div className='field'>
  <input
    className='prompt'
    type='text'
    placeholder='Add item...'
    value={this.state.item}
    onChange={this.onItemChange}
  />
```

 有关受控输入的更多信息，参见 6.2.3 节。

对于 input 元素，onItemChange() 函数按预期将 item 设置到状态中：

testing/react-basics/src/App.js

```
onItemChange = (e) => {
  this.setState({
    item: e.target.value,
  });
};
```

对于 form 元素，onSubmit 调用 addItem() 函数。此函数将新项添加到状态并清空 item 属性：

testing/react-basics/src/App.js

```
addItem = (e) => {
  e.preventDefault();

  this.setState({
    items: this.state.items.concat(
      this.state.item
```

```
  ),
    item: '',
  });
};
```

最后看按钮：

testing/react-basics/src/App.js

```
<button
  className='ui button'
  type='submit'
  disabled={submitDisabled}
>
  Add item
</button>
```

我们在按钮上设置了 disabled 属性。submitDisabled 变量在 render()函数的顶部定义，它的值取决于输入字段是否被填充：

testing/react-basics/src/App.js

```
render() {
  const submitDisabled = !this.state.item;
  return(
```

8.5.3　App 组件的第一个用例

为了编写第一个用例，需要有两个库：Jest 和 Enzyme。

在上一章中，我们注意到 create-react-app 在 package.json 中设置了一些命令，其中一个就是 test。

react-scripts 已将 Jest 指定为依赖项。要启动 Jest，只需运行 npm test 命令。与 create-react-app 创建的其他命令一样，test 在 react-scripts 中运行了一个脚本。该脚本配置并执行 Jest。

 若要查看 react-scripts 包含的所有的包，请看 ./node_modules/react-scripts/package.json 文件。

create-react-app 在 App.test.js 中为我们设置了一个虚拟测试。下面从 testing/react-basics 文件夹内部执行 Jest，并看看会发生什么。

```
$ npm test
```

Jest 运行，生成了一个格式良好的测试套件的结果报告（见图 8-9）。

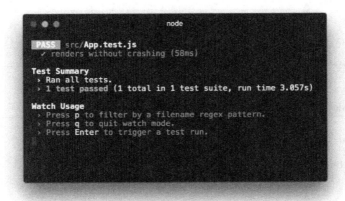

图 8-9   运行测试样例

react-scripts 为 Jest 提供了一些额外的配置。一种配置是**在监视模式下启动 Jest**。在这种模式下，测试套件执行完成后 Jest 不会退出，而是会监视整个项目中的变化。当检测到变化时，它会重新运行测试套件。

 本章将继续指导你使用 npm test 命令执行测试套件。但是，如果你愿意，也可以在监视模式下来运行 Jest，不过要保持控制台窗口打开。

1. 设置 Enzyme

为了使用 Enzyme，我们需要以下准备：

(1) 确保安装了所有需要的软件包；

(2) 包含指示 Enzyme 使用哪一种 React 适配器的指令；

(3) 包含 React 16 的补丁。

我们将依次深入研究这些内容。

确保安装了所有需要的软件包

react-scripts 没有包含 enzyme，因此我们需要将它包含在 package.json 中。

enzyme 包装了 react-test-renderer，因此，它也依赖于这个安装包。你也会在 package.json 中看到这个依赖项。

此外，需要包含 Enzyme 使用的**适配器**。Enzyme 为 React 的每个版本提供了适配器。因为我们使用的是 React 16，所以需要在 package.json 中包含 React 16 的适配器，即 enzyme-adapter-react-16。

 将来，如果你想将所有这些依赖添加到项目中，只需运行：

```
npm i --save-dev enzyme react-test-renderer enzyme-adapter-react-16
```

包含指示 Enzyme 使用哪一种 React 适配器的指令

在运行测试套件之前，需要指示 Enzyme 使用 React 16 适配器。该指令如下所示：

```
import Enzyme from 'enzyme';
import Adapter from 'enzyme-adapter-react-16';

Enzyme.configure({ adapter: new Adapter() });
```

可以在每个用例文件的顶部包含这段代码，但如果要为更多组件添加更多用例文件，那么这将很快会变得多余。

相反，可以在 src/ 目录中创建一个名为 setupTests.js 的文件。Create React App 配置 Jest，以便在运行每个测试套件之前自动加载此文件。

在 src/ 内部，可以看到此文件已存在：

testing/react-basics/src/setupTests.js

```
import raf from './tempPolyfills'

import Enzyme from 'enzyme';
import Adapter from 'enzyme-adapter-react-16';

Enzyme.configure({ adapter: new Adapter() });
```

该文件包含指示 Enzyme 使用 React 16 适配器的代码段，但导入 tempPolyfills.js 的这一行到底是什么意思呢？

包含 React 16 的补丁

React 16 的底层架构依赖于一个名为 requestAnimationFrame 的浏览器 API。它包含在现代浏览器的 JavaScript 环境中。

当在测试环境中运行 React 时，此浏览器 API 将不存在。因此，React 会抛出错误。

在撰写本书时，React 16 才刚刚发布。关于如何在测试环境中处理此缺失 API，GitHub 网站 facebook/create-react-app 页面有一个讨论，可能新版 Create React App 会自动处理这种情况。

与此同时，我们也提供了一个变通方案。在 tempPolyfills.js 中，可以看到我们定义了一个虚拟的 requestAnimationFrame API：

testing/react-basics/src/tempPolyfills.js

```
const raf = global.requestAnimationFrame = (cb) => {
  setTimeout(cb, 0);
};

export default raf;
```

requestAnimationFrame 的回退或 polyfill 足以使 React 在测试环境中按预期运作。

 同样，在撰写本书时 React 16 仍然非常新。希望在即将发布的版本中，Enzyme 的设置和 React 测试的一些仪式会减少。如果你愿意，可以参考 GitHub 网站 facebook/create-react-app 页面，以了解对于新项目来说是否仍需要使用 polyfill。

2. 编写用例

设置好 Enzyme 之后，我们就可以使用更有用的东西来替换 App.test.js 中的用例了。

打开 App.test.js 并清空文件。在该文件的顶部，首先导入要测试的 React 组件：

testing/react-basics/src/complete/App.test.complete-1.js

```
import App from './App';
```

接下来从 react 库中导入 React，并从 enzyme 库中导入 shallow()：

testing/react-basics/src/complete/App.test.complete-1.js

```
import React from 'react';
import { shallow } from 'enzyme';
```

在 Enzyme 中，shallow()是我们唯一要使用的函数，因此我们在导入中明确指定了它。可能你已猜到，我们将使用 shallow()函数来浅渲染组件。

 如果需要复习一下 ES6 导入语法，参见第 7 章。

我们将在被测模块准备就绪后为 describe 块添加标题：

```
describe('App', () => {
  // 我们在此处断言
});
```

下面编写第一个用例。我们将断言该表应该使用"Items"表头进行渲染：

```
describe('App', () => {
  it('should have the `th` "Items"', () => {
    // 我们在此处断言
  });

  // 在此处编写剩余的断言
});
```

为了编写这个断言，我们需要进行以下操作：

- 浅渲染该组件；
- 遍历虚拟 DOM，找出第一个 th 元素；
- 断言该元素包含一个"Items"的文本值。

首先浅渲染组件：

testing/react-basics/src/complete/App.test.complete-1.js

```
it('should have the `th` "Items"', () => {
  const wrapper = shallow(
    <App />
  );
```

如前所述，shallow()函数返回一个 Enzyme 称之为"包装器"的对象，即 ShallowWrapper。这个包装器包含浅渲染的组件。记住，这里没有实际的 DOM，而是将该组件的虚拟 DOM 表示保存在包装器中。

　　Enzyme 提供包装器对象有很多有用的方法，我们可以用它们来编写断言。通常这些辅助方法可以**帮助我们遍历和选择虚拟 DOM 上的元素**。

　　下面来看这些实际是如何工作的。其中有一个辅助方法是 contains()，我们将使用它来断言表头是存在的：

testing/react-basics/src/complete/App.test.complete-1.js

```
it('should have the `th` "Items"', () => {
  const wrapper = shallow(
    <App />
  );
  expect(
    wrapper.contains(<th>Items</th>)
  ).toBe(true);
});
```

　　contains() 函数接收一个 ReactElement 作为参数，在本例中，JSX 表示一个 HTML 元素。它返回一个布尔值，表示渲染的组件是否包含该 HTML。

3. 试试看

　　编写好第一个 Enzyme 用例后，我们验证一下它能否正常工作。保存 App.test.js，从控制台中运行测试命令（见图 8-10）：

```
$ npm test
```

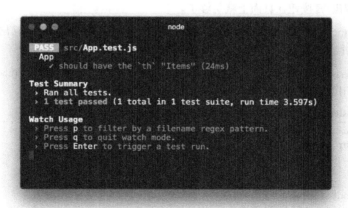

图 8-10　Enzyme 用例测试通过

让我们编写更多的断言，并在此过程中探索 Enzyme 的 API。

我们在测试文件的顶部导入了 React，但没有在文件中的任何地方引用 React，那为什么还需要它？

可以尝试删除这个 import 语句，然后看看会发生什么。我们会得到以下错误：

ReferenceError: React is not defined

我们无法轻易看到对 React 的引用，但它是存在的。我们在测试套件中使用了 JSX。

当我们用<th>Items</th>指定一个 th 组件时，它会编译成以下内容：

React.createElement('th', null, 'Items');

8.5.4   App 组件的更多断言

接下来，我们断言该组件包含一个 button 元素，且该按钮会显示"Add item"文本。可以这样做：

wrapper.contains(<button>Add Item</button>)

但是，contains()函数会匹配元素上的**所有属性**。render()函数里面的 button 元素如下所示：

testing/react-basics/src/App.js

```
<button
  className='ui button'
  type='submit'
  disabled={submitDisabled}
>
  Add item
</button>
```

需要给 contains()函数传递一个具有完全相同的属性集的 ReactElement，但通常这是多余的。对于这个用例，只需断言按钮在页面上就足够了。

可以使用 Enzyme 的 containsMatchingElement()方法。它会检查组件的输出中是否有与预期元素类似的内容。因此我们不必逐一匹配属性。

下面使用 containsMatchingElement()方法断言渲染的组件也包含一个 button 元素，并把这个用例写在最后一个用例下方：

testing/react-basics/src/complete/App.test.complete-2.js

```
it('should have a `button` element', () => {
  const wrapper = shallow(
    <App />
  );
  expect(
    wrapper.containsMatchingElement(
      <button>Add item</button>
    )
  ).toBe(true);
});
```

containsMatchingElement()函数允许我们编写一个"更宽松"的用例，这也更接近于我们想要的断言：页面上有一个按钮。它不会将规格与 className 之类的样式属性绑定在一起。因为 onClick

和 disabled 属性也很重要，所以稍后将编写用例来介绍这些。

下面用 containsMatchingElement() 函数编写另一个断言，即断言 input 字段也存在。

testing/react-basics/src/complete/App.test.complete-2.js

```
it('should have an `input` element', () => {
  const wrapper = shallow(
    <App />
  );
  expect(
    wrapper.containsMatchingElement(
      <input />
    )
  ).toBe(true);
});
```

此时，用例断言在初始渲染后组件的输出中存在某些关键元素。你很快就会明白，我们正在为剩下的用例奠定基础。后续的用例将断言我们修改组件后发生的事情，比如填充输入或点击按钮。这些基本用例用于断言我们将与之交互的元素一开始就出现在页面上。

在这个初始状态中，我们应该做一个更重要的断言：页面上的按钮是禁用的状态。只有在输入字段中有文本时才应该启用按钮。

实际上可以修改之前的用例来包含这个特殊的属性，就像这样：

```
expect(
  wrapper.containsMatchingElement(
    <button disabled={true}>
      Add item
    </button>
  )
).toBe(true);
```

然后，该用例将做出两个断言：button 元素是存在的；按钮是禁用的。

这是一个非常有效的方法。然而，我们希望将这两个断言拆分为两个不同的用例。当我们在给定的用例中限制断言的范围时，测试失败则会更有表现力。如果这个双重断言用例失败了，原因就会不明显，是按钮丢失了还是按钮没有被禁用？

 关于如何限制每个用例的断言的讨论涉及单元测试的艺术。编写单元测试的策略和风格有很多，这很大程度上取决于你使用的代码库。通常构建一个测试套件的"正确方法"不止一种。

这一章将展示特定的风格。但当你熟悉了单元测试后，随时可以尝试寻找最适合你或者你的代码库的风格，只要确保你的风格是一致的即可。

到目前为止，我们的三个用例都已断言组件的输出中存在元素。这个用例是不同的，我们会首先"查找"组件，然后对其 disabled 属性进行断言。我们先看一下它，然后再进行分解：

testing/react-basics/src/complete/App.test.complete-2.js

```
it('`button` should be disabled', () => {
  const wrapper = shallow(
```

```
    <App />
  );
  const button = wrapper.find('button').first();
  expect(
    button.props().disabled
  ).toBe(true);
});
```

find()是另一个 EnzymeWrapper 方法。它需要一个 **Enzyme 选择器**作为参数。本例中的选择器是一个 CSS 选择器，即'button'。CSS 选择器只是 Enzyme 选择器支持的一种类型。本章只使用 CSS 选择器，但要知道 Enzyme 选择器也可以直接引用 React 组件。关于 Enzyme 选择器的更多信息，请参考 Enzyme 文档"Enzyme Selectors"。

find()方法返回了另一个 Enzyme 的 ShallowWrapper 对象。该对象包含所有匹配的元素列表。它的行为有点像一个数组，拥有类似 length 的方法。该对象有一个 first()方法，这里我们使用它来返回第一个匹配的元素。first()方法还会返回另一个引用 button 元素的 ShallowWrapper 对象。

当你在一个浅渲染组件中查找并选择各种元素时，所有的这些元素都是 Enzyme 的 ShallowWrapper 对象。这意味着无论你使用的是浅渲染的 React 组件还是 div 标签，都可以使用相同方法的 API。

为了读取按钮上的 disabled 属性，我们使用了 props()方法。props()方法返回一个对象，该对象指定了 HTML 元素上的属性或 React 组件上的属性集。

CSS 选择器

CSS 文件使用选择器来指定引用了一组样式的 HTML 元素。JavaScript 应用程序同样也使用这种语法来选择页面上的 HTML 元素。请查看 MDN 文档"CSS Selectors"以了解更多有关 CSS 选择器的信息。

8.5.5　使用 beforeEach

此时，测试套件具有一些重复的代码。我们会在每个断言之前浅渲染组件，这意味着重构的时机已成熟了。

可以只在 describe 块的顶部浅渲染组件。

```
describe('the "App" component', () => {
  const wrapper = shallow(
    <App />
  );
  // 此处是用例……
})
```

由于 JavaScript 的作用域规则，wrapper 在每个 it 块中都是可用的。

但这种方法也会产生一些问题。如果某个用例修改了组件该怎么办？可以修改组件的状态或模拟事件，这将导致**用例之间的状态泄漏**。在下一个用例开始时，组件的状态是不可预测的。

相反，最好在每个用例之间重新渲染组件，以确保每个用例都在可预测的新状态下与组件一起工作。

在所有流行的 JavaScript 测试框架中，都有一个用于帮助进行测试设置的函数：`beforeEach`。`beforeEach` 是**在每个 `it` 块之前**运行的代码块。可以使用这个函数在每个用例之前渲染组件。

在编写测试时，经常需要执行一些设置来获取环境，以便将其放入适当的上下文中进行断言。除了像上面那样浅渲染组件外，我们很快还会编写需要更丰富的上下文的测试。通过在 `beforeEach` 中设置上下文，可以保证每个用例都会收到一组新的上下文。

　在每个用例之前设置新的上下文有助于防止测试之间的状态泄漏。

在编写测试时，我们努力使每个独立的用例（`it` 块）尽可能简洁。我们将依赖于 `beforeEach` 来建立上下文，比如组件的 `state` 或 `props`，甚至是类似元素被点击的事件。因此，`it` 块几乎总是只包含断言。

使用 `beforeEach` 块来渲染组件，然后就可以从每个断言中删除渲染代码：

testing/react-basics/src/complete/App.test.complete-3.js

```
describe('App', () => {
  let wrapper;

  beforeEach(() => {
    wrapper = shallow(
      <App />
    );
  });
```

首先必须在 `describe` 块的顶部使用 `let` 来声明 `wrapper` 变量。这是因为如果我们在 `beforeEach` 块中声明 `wrapper` 变量，如下所示：

```
// ...
beforeEach(() => {
  const wrapper = shallow(
    <App />
  );
})
// ...
```

`wrapper` 将不在所有用例的作用域内。通过在 `describe` 块的顶部声明 `wrapper`，可以确保它在所有断言的作用域内。

现在可以安全地从每个断言中删除 `wrapper` 的声明：

testing/react-basics/src/complete/App.test.complete-3.js

```
it('should have the `th` "Items"', () => {
  expect(
    wrapper.contains(<th>Items</th>)
  ).toBe(true);
});

it('should have a `button` element', () => {
  expect(
```

```
    wrapper.containsMatchingElement(
      <button>Add item</button>
    )
  ).toBe(true);
});

it('should have an `input` element', () => {
  expect(
    wrapper.containsMatchingElement(
      <input />
    )
  ).toBe(true);
});

it('`button` should be disabled', () => {
  const button = wrapper.find('button').first();
  expect(
    button.props().disabled
  ).toBe(true);
});
```

这样好多了。我们的 it 块不再设置上下文，且冗余代码已被删除。

试试看

保存 App.test.js，并运行测试套件：

```
$ npm test
```

四个测试全部通过，见图 8-11。

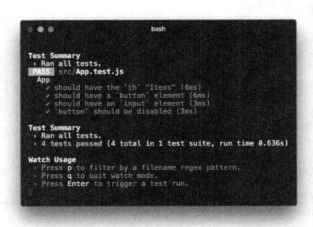

图 8-11　四个测试全部通过

虽然有一定的局限性，但这些用例为下一套用例奠定了基础。到目前为止，我们通过断言初始渲染中某些元素的存在，来断言在应用程序加载时用户将在页面上看到的内容。我们断言页面上会有一个表头、一个输入字段和一个按钮；按钮应该是禁用的。

在本章的其余部分，我们将使用**行为驱动**的风格来驱动测试套件的开发。通过这种风格，我们将使用 beforeEach 设置一些上下文；模拟与组件的交互，就像用户在界面上导航一样；然后编写关于组件应该如何表现的断言。

加载应用程序后，假定用户要做的第一件事是填写输入字段。填写完后，他们会点击"Add item"按钮。然后，我们期望新项会保存到状态中并在页面上显示。

我们将逐步介绍这些行为，并在每次用户交互之后编写关于组件的断言。

8.5.6 模拟变化

用户可以与应用程序进行的第一次交互是填写用于添加新项的输入字段。除了浅渲染组件外，我们希望在下一组用例之前模拟这种行为。

虽然可以在 it 块内部执行这个设置，但如前所述，最好在 beforeEach 块内部执行尽可能多的设置。这不仅有助于组织代码，而且可以轻松地让多个用例依赖于相同的设置。

但是，无须为其他四个现有的用例进行这种特殊设置。我们应该做的是在当前的 describe 块中声明另一个 describe 块。describe 块是我们对所有需要相同上下文的用例进行"分组"的手段：

```
describe('App', () => {
  // ……到目前为止编写的断言

  describe('the user populates the input', () => {
    beforeEach(() => {
      // ……设置上下文
    })

    // ……断言
  });
});
```

我们为内部 describe 编写的 beforeEach 会在外部上下文中声明的 beforeEach 之后运行。因此，在 beforeEach 运行之前，wrapper 已被浅渲染了。正如预期，此 beforeEach 将只对内部 describe 块中的 it 块运行。

下面是为下一组用例编写的内部 describe 块和 beforeEach 设置：

testing/react-basics/src/complete/App.test.complete-4.js

```
describe('the user populates the input', () => {
  const item = 'Vancouver';

  beforeEach(() => {
    const input = wrapper.find('input').first();
    input.simulate('change', {
      target: { value: item }
    })
  });
```

首先在 describe 块的顶部声明 item 变量。我们很快就会看到，这将使我们能够在用例中引用该变量。

beforeEach 首先在 EnzymeWrapper 对象上使用 find()方法来获取输入。回想一下，find()方法会返回另一个 EnzymeWrapper 对象，在本例中是一个带有单个子项的列表，即我们的输入。我们调用 first()方法来获得与输入元素对应的 EnzymeWrapper 对象。

接着对该输入使用 simulate()方法。simulate()方法是我们在组件上模拟用户交互的方式。该方法接收两个参数。

(1) 要模拟的事件（如'change'或'click'）。这将决定要使用哪个事件处理程序（如 onChange 或 onClick）。

(2) 事件对象（可选）。

这里为输入指定了一个'change'事件，然后传入所需的事件对象。请注意，此事件对象看起来与 React 传递 onChange 处理程序的事件对象完全相同。下面是 App 组件上的 onItemChange 方法，它期望接收一个如下类型的对象：

testing/react-basics/src/App.js

```
onItemChange = (e) => {
  this.setState({
    item: e.target.value,
  });
};
```

编写好这个设置后，下面可以编写与用户刚刚填充的输入字段的上下文相关的用例。我们将编写两个用例：

(1) 更新后的 item 状态属性能匹配输入字段；

(2) 按钮不再被禁用。

完整的 describe 块如下所示：

testing/react-basics/src/complete/App.test.complete-4.js

```
describe('the user populates the input', () => {
  const item = 'Vancouver';

  beforeEach(() => {
    const input = wrapper.find('input').first();
    input.simulate('change', {
      target: { value: item }
    })
  });

  it('should update the state property `item`', () => {
    expect(
      wrapper.state().item
    ).toEqual(item);
  });
```

```
it('should enable `button`', () => {
  const button = wrapper.find('button').first();
  expect(
    button.props().disabled
  ).toBe(false);
});
});
```

在第一个用例中，使用 wrapper.state() 方法来获取 state 对象。注意，它是一个函数，而不是属性。记住，wrapper 是一个 EnzymeWrapper 对象，因此我们不会直接与组件交互。我们使用 state() 方法从组件中检索 state 属性。

在第二个用例中，再次使用 props() 方法来读取按钮上的 disabled 属性。

接着继续行为驱动方法，下面假定组件为图 8-12 所示的状态。

图 8-12　假定的组件状态

用户已填写了输入字段，并可以从此处执行以下两项操作，因此我们可以为其编写用例。

(1) 用户清空输入字段。

(2) 用户点击"Add item"按钮。

8.5.7　清空输入字段

当用户清空输入字段时，我们希望该按钮再次被禁用。可以基于现有的 describe 块（'the user populates the input'）中的上下文构建，并在其中嵌套新的 describe 块：

```
describe('App', () => {
  // ……初始状态的断言
```

```
describe('the user populates the input', () => {
  // ……填充字段的断言

  describe('and then clears the input', () => {
    // ……断言按钮再次被禁用
  });
});
});
```

我们将使用 beforeEach 方法来再次模拟 change 事件，这次会将 value 设置为空字符串。我们将编写一个断言：按钮会再次被禁用。

请记住要在'the user populates the input'下面编写 describe 块。完整的'user clears the input' describe 块如下所示：

testing/react-basics/src/complete/App.test.complete-5.js

```
it('should enable `button`', () => {
  const button = wrapper.find('button').first();
  expect(
    button.props().disabled
  ).toBe(false);
});

describe('and then clears the input', () => {
  beforeEach(() => {
    const input = wrapper.find('input').first();
    input.simulate('change', {
      target: { value: '' }
    })
  });

  it('should disable `button`', () => {
    const button = wrapper.find('button').first();
    expect(
      button.props().disabled
    ).toBe(true);
  });
});
});
});
```

注意我们是如何基于现有的上下文构建的，然后通过应用程序更深入地了解工作流程。我们将深入了解三层：应用程序渲染完成，接着用户填写输入字段，然后用户清空输入字段。

下面可以验证所有测试通过。

试试看

保存 App.test.js 并运行该测试套件：

```
$ npm test
```

可以看到所有的测试都通过了，见图 8-13。

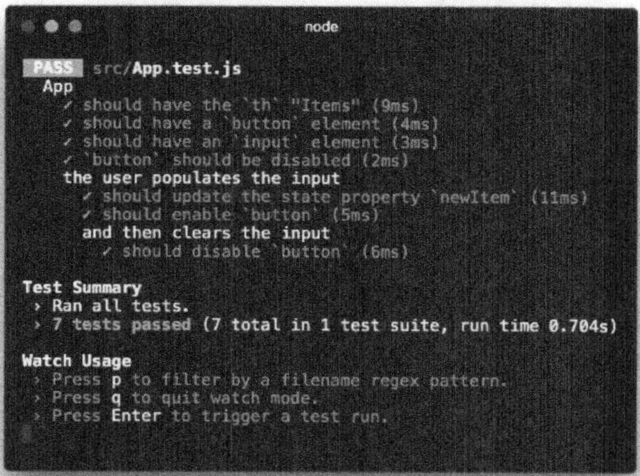

图 8-13　所有的测试都通过了

接下来，我们将模拟用户提交表单。这应该会对应用程序进行一些更改，我们将为其编写断言。

8.5.8　模拟表单提交

在用户提交表单后，我们希望应用程序的状态见图 8-14。

图 8-14　我们希望的应用程序状态

我们将断言：

(1) 新项处于状态中（items）；

(2) 新项在渲染后的表中；

(3) 输入字段为空；

(4) "Add item" 按钮是禁用的。

为了获得这个上下文，我们将基于之前用户填充输入的上下文进行构建。因此我们将在'the user populates the input'中编写一个 describe 块作为'and then clears the input'的同级：

```
describe('App', () => {
  // ……初始状态的断言

  describe('the user populates the input', () => {
    // ……填充字段的断言

    describe('and then clears the input', () => {
      // ……再次断言按钮是 disabled

    });

    describe('and then submits the form', () => {
      // ……即将到来的断言
    });
  });
});
```

beforeEach 会模拟表单提交。回想一下，addItem 方法需要一个具有 preventDefault()方法的对象：

testing/react-basics/src/App.js

```
addItem = (e) => {
  e.preventDefault();

  this.setState({
    items: this.state.items.concat(
      this.state.item
    ),
    item: '',
  });
};
```

我们将模拟 submit 的事件类型，并传入一个具有 addItem 方法所期望的类型的对象。可以将 preventDefault 设置为空函数。

testing/react-basics/src/complete/App.test.complete-6.js

```
describe('and then submits the form', () => {
  beforeEach(() => {
    const form = wrapper.find('form').first();
    form.simulate('submit', {
      preventDefault: () => {},
```

```
  });
});
```

设置好之后，首先断言新项处于状态中：

testing/react-basics/src/complete/App.test.complete-6.js

```
it('should add the item to state', () => {
  expect(
    wrapper.state().items
  ).toContain(item);
});
```

Jest 附带了一些用于处理数组的特殊匹配器。我们使用 tocontains()匹配器来断言 items 数组包含 item。

 记住,wrapper 是一个内部带有React组件的EnzymeWrapper 对象。我们使用state() （它是方法，不是属性）来检索状态。

然后断言 item 存在于表中。有几种方法可以做到这一点，其中之一如下所示：

testing/react-basics/src/complete/App.test.complete-6.js

```
it('should render the item in the table', () => {
  expect(
    wrapper.containsMatchingElement(
      <td>{item}</td>
    )
  ).toBe(true);
});
```

 contains()方法也适用于这个用例，但我们更倾向于使用 containsMatching-Element()方法以防止测试过于脆弱。举个例子，如果我们为每个 td 元素添加一个 class，那么使用 containsMatchingElement()方法的用例就不会出问题。

接下来断言输入字段已被清空。可以选择检查 item 状态属性或虚拟 DOM 中的实际输入字段。我们将选择后者，因为它更加全面：

testing/react-basics/src/complete/App.test.complete-6.js

```
it('should clear the input field', () => {
  const input = wrapper.find('input').first();
  expect(
    input.props().value
  ).toEqual('');
});
```

最后断言按钮再次被禁用：

testing/react-basics/src/complete/App.test.complete-6.js

```
it('should disable `button`', () => {
  const button = wrapper.find('button').first();
  expect(
```

```
    button.props().disabled
  ).toBe(true);
});
```

完整的'and then submits the form' describe 块如下所示：

testing/react-basics/src/complete/App.test.complete-6.js

```
    it('should disable `button`', () => {
      const button = wrapper.find('button').first();
      expect(
        button.props().disabled
      ).toBe(true);
    });
  });

  describe('and then submits the form', () => {
    beforeEach(() => {
      const form = wrapper.find('form').first();
      form.simulate('submit', {
        preventDefault: () => {},
      });
    });

    it('should add the item to state', () => {
      expect(
        wrapper.state().items
      ).toContain(item);
    });

    it('should render the item in the table', () => {
      expect(
        wrapper.containsMatchingElement(
          <td>{item}</td>
        )
      ).toBe(true);
    });

    it('should clear the input field', () => {
      const input = wrapper.find('input').first();
      expect(
        input.props().value
      ).toEqual('');
    });

    it('should disable `button`', () => {
      const button = wrapper.find('button').first();
      expect(
        button.props().disabled
      ).toBe(true);
    });
  });
});
```

看来还需要另一个重构。测试套件中有很多这样的声明：

```
const input = wrapper.find('input').first();
const button = wrapper.find('button').first();
```

你可能想知道是否可以在测试套件作用域的顶部连同 wrapper 一起声明这些变量。可以将它们设置在最顶层的 beforeEach 块中，如下所示：

```
// 这样重构有效吗
describe('App', () => {
  let wrapper;
  let input;
  let button;

  beforeEach(() => {
    wrapper = shallow(
      <App />
    );
    const input = wrapper.find('input').first();
    const button = wrapper.find('button').first();
  });
  // ...
});
```

然后，可以在整个测试套件中引用 input 和 button，而不必重新声明它们。

然而，如果我们尝试这样做，就会注意到有一些测试失败。这是因为在整个测试套件中，input 和 button 引用的是**初始渲染时**的 HTML 元素。当我们调用一个 simulate() 事件时，如下所示：

```
input.simulate('change', {
  target: { value: item }
});
```

React 组件在底层重新渲染，这是我们所期望的。因此，一个全新的虚拟 DOM 对象会被创建，其中包含新的 input 和 button 元素。需要执行 find() 方法来挑选新的虚拟 DOM 对象中的那些元素，就像上面所做的。

试试看

保存 App.test.js 并运行测试套件：

```
$ npm test
```

所有测试都通过了，见图 8-15。

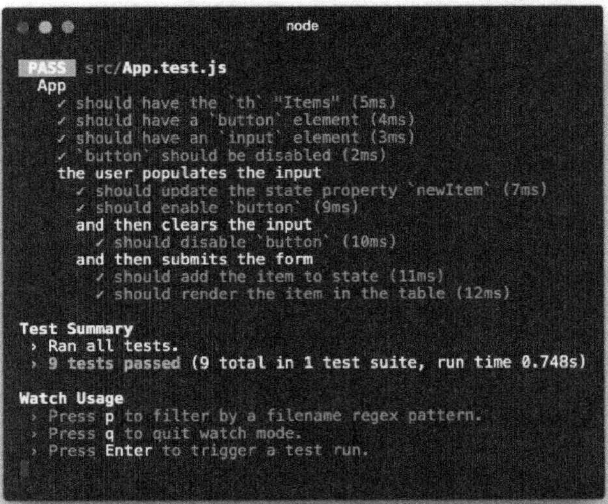

图 8-15　所有的测试都通过了

可以尝试修改 App 的各个部分来看测试套件捕捉这些失败。

App 组件的测试套件非常全面。我们了解了如何使用行为驱动的方法来驱动组成一个测试套件。这种风格鼓励完整性。我们基于现实的工作流建立上下文层次。建立好上下文后，就能容易地断言组件的期望行为。

总的来说，至此已涵盖了如下内容：

- 断言的基础；
- Jest 测试库（附带 Jasmine 断言）；
- 以行为驱动的方式组织测试代码；
- 使用 Enzyme 进行浅渲染；
- 使用 ShallowWrapper 对象的方法遍历虚拟 DOM；
- Jest/Jasmine 匹配器用于编写不同类型的断言（比如数组的 toContain()方法）。

下一节将进一步介绍如何编写带有 Jest 和 Enzyme 的 React 单元测试。我们将为大型 React 应用程序中的组件编写用例。具体来说，我们将介绍以下内容：

- 当应用程序有多个组件时会发生什么；
- 当应用程序依赖于对 API 的 Web 请求时会发生什么；
- Jest 和 Enzyme 的一些附加方法。

8.6　为食物查找应用程序编写测试

上一章设置了一个由 Webpack 提供支持的食物查找应用程序（见图 8-16）。

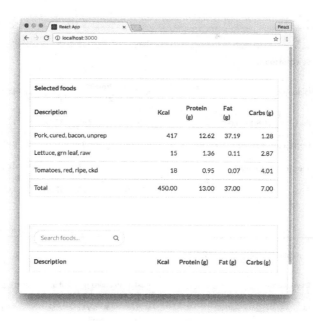

图 8-16　食物查找应用程序

我们将在这个应用程序的完整版本中工作。它位于顶级文件夹 food-lookup-complete 中。要从 testing/react-basics 目录到达该文件夹，请运行以下命令：

```
$ cd ../../food-lookup-complete
```

 不必完成关于 Webpack 的那一章就可以继续本章了。在编写用例之前，我们会描述这个应用程序的布局和 FoodSearch 组件。

如果服务器和客户端尚未安装 npm 包，请同时为它们安装，运行命令如下：

```
$ npm i
$ cd client
$ npm i
$ cd ..
```

如果你愿意，可以启动该应用程序：

```
$ npm start
```

本章将只针对 FoodSearch 组件编写测试，而不会深入研究应用程序中的其他组件的代码。只需要大体理解应用程序是如何分解为组件的就足够了（见图 8-17）。

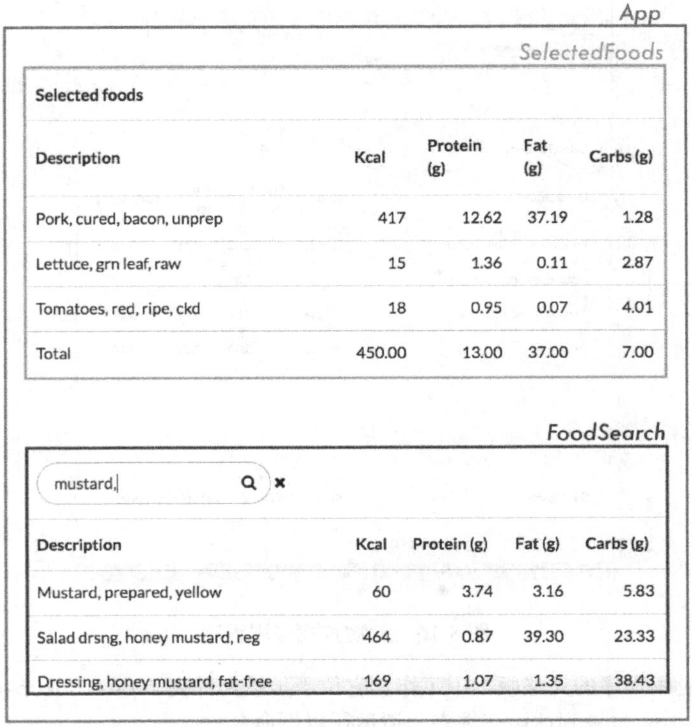

App

SelectedFoods

Selected foods				
Description	Kcal	Protein (g)	Fat (g)	Carbs (g)
Pork, cured, bacon, unprep	417	12.62	37.19	1.28
Lettuce, grn leaf, raw	15	1.36	0.11	2.87
Tomatoes, red, ripe, ckd	18	0.95	0.07	4.01
Total	450.00	13.00	37.00	7.00

FoodSearch

mustard. Q ✕				
Description	Kcal	Protein (g)	Fat (g)	Carbs (g)
Mustard, prepared, yellow	60	3.74	3.16	5.83
Salad drsng, honey mustard, reg	464	0.87	39.30	23.33
Dressing, honey mustard, fat-free	169	1.07	1.35	38.43

图 8-17   应用程序如何分解为组件

- **App** 组件：应用程序的父容器。
- **SelectedFoods** 组件：列出所选食物的表格。点击一个食物项就会将它移除。
- **FoodSearch** 组件：提供实时搜索字段的表格。点击表格中的食物项会将其添加到总计表中（SelectedFoods 组件）。

如果你已启动了应用程序，则需要将其关闭，然后切换到 client/ 目录。本章我们只会在该目录下工作：

```
$ cd client
```

对于这个应用程序,我们没有将测试与 src 中的组件放在一起,而是将它们放在一个专门的 tests 文件夹中。在 tests 文件夹中，我们会看到应用程序的其他组件的测试已经存在：

```
$ ls tests/
App.test.js
SelectedFoods.test.js
complete/
```

在完成编写 FoodSearch 组件的测试之后，可以随意阅读其他测试。所有其他的测试都重用了与测试 FoodSearch 组件相同的概念。

在为 FoodSearch 组件编写测试之前，下面先来看它是如何工作的。如果你愿意，可以打开 FoodSearch 组件（src/FoodSearch.js），然后依照代码查看。

 complete 文件夹包含了本节中编写的 FoodSearch.test.js 的每个版本，可供你参考。

8.6.1　FoodSearch 组件

FoodSearch 组件有一个搜索字段。当用户输入时，搜索字段下面会更新一个匹配的食物表（见图 8-18）。

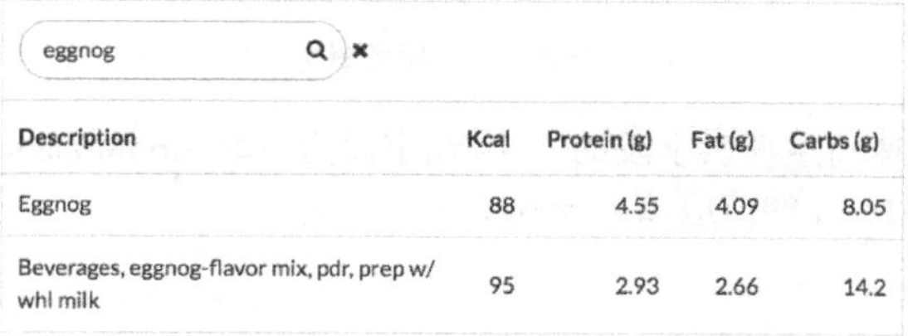

Description	Kcal	Protein (g)	Fat (g)	Carbs (g)
Eggnog	88	4.55	4.09	8.05
Beverages, eggnog-flavor mix, pdr, prep w/ whl milk	95	2.93	2.66	14.2

图 8-18　FoodSearch 组件

当搜索字段改变时，FoodSearch 组件会向应用程序的 API 服务器发出请求。如果用户输入了字符串 truffle，那么向服务器发出的请求如下所示：

```
GET localhost:3001/api/food?q=truffle
```

然后，API 服务器会返回匹配的食物项数组：

```
[
  {
    "description": "Pate truffle flavor",
    "kcal": 327,
    "fat_g": 27.12,
    "protein_g": 11.2,
    "carbohydrate_g": 6.3
  },
  {
    "description": "Candies, truffles, prepared-from-recipe",
    "kcal": 510,
    "fat_g": 32.14,
    "protein_g": 6.21,
    "carbohydrate_g": 44.88
  },
  {
    "description": "Candies, m m mars 3 musketeers truffle crisp",
    "kcal": 538,
    "fat_g": 25.86,
    "protein_g": 6.41,
    "carbohydrate_g": 63.15
  }
]
```

FoodSearch 组件用这些项来填充表格。

FoodSearch 组件有三个状态。

foods

这是服务器返回的所有食物的数组，它默认是一个空数组。

showRemoveIcon

当用户开始输入搜索字段时，字段旁边会出现一个 × （见图 8-19）。

图 8-19　删除图标

这个 × 提供了一个快速清空搜索字段的方式。当字段为空时，showRemoveIcon 的值应该为 false。填充字段后，showRemoveIcon 的值应该为 true。

searchValue

searchValue 是绑定到受控输入（搜索字段）的状态。

8.6.2　探索 FoodSearch 组件

了解了 FoodSearch 组件的行为和它保持的状态之后，我们来探索实际的代码。我们将在此处包含代码段，不过可以随时打开 src/FoodSearch.js 进行查看。

在组件的顶部是导入语句：

food-lookup-complete/client/src/FoodSearch.js

```
import React from 'react';
import Client from './Client';
```

我们还有一个常量，用于定义要在页面上显示的最大搜索结果数。我们会在组件内部使用这个常量：

food-lookup-complete/client/src/FoodSearch.js

```
const MATCHING_ITEM_LIMIT = 25;
```

接着需要定义组件。

下面是三个状态的 state 初始化：

food-lookup-complete/client/src/FoodSearch.js

```
class FoodSearch extends React.Component {
  state = {
    foods: [],
    showRemoveIcon: false,
    searchValue: '',
  };
```

让我们逐步了解组件中render()方法内的交互元素以及每个元素的处理函数。

1. input 搜索字段

FoodSearch 组件顶部的输入字段驱动搜索功能。当用户修改输入字段时,表主体会随着搜索结果更新。

该 input 元素如下所示:

food-lookup-complete/client/src/FoodSearch.js

```
<input
  className='prompt'
  type='text'
  placeholder='Search foods...'
  value={this.state.searchValue}
  onChange={this.onSearchChange}
/>
```

className 的目的是设置 Semantic UI 样式。value 属性将这个受控输入与 this.state.searchValue 值绑定。

onSearchChange()接收一个事件对象。我们逐步查看代码,该函数的前半部分如下所示:

food-lookup-complete/client/src/FoodSearch.js

```
onSearchChange = (e) => {
  const value = e.target.value;

  this.setState({
    searchValue: value,
  });

  if (value === '') {
    this.setState({
      foods: [],
      showRemoveIcon: false,
    });
```

我们获取了事件对象的 value 值。接着按照处理受控输入发生变化的模式,将状态中的 searchValue 属性设置为这个值。

如果 value 为空,则将 foods 设置为一个空数组(清空搜索结果表)并将 showRemoveIcon 设置为 false(隐藏用于清空搜索字段的"×")。

如果 value 不为空,则需要以下操作:

● 确保将 showRemoveIcon 设置为 true;
● 使用最新的搜索值向服务器发出调用以获得匹配的食物列表。

代码如下所示:

food-lookup-complete/client/src/FoodSearch.js

```
  } else {
    this.setState({
      showRemoveIcon: true,
    });

    Client.search(value, (foods) => {
      this.setState({
        foods: foods.slice(0, MATCHING_ITEM_LIMIT),
      });
    });
  }
};
```

Client 底层使用的是 Fetch API，Web 请求接口与第 3 章中使用的相同。Client.search()方法向服务器发出 Web 请求，然后使用匹配的食物数组调用回调函数。

 如果你需要复习一下使用 Fetch 驱动的客户端库，参见第 3 章。

接下来需要将状态中的 foods 设置为返回的食物列表，然后截断此列表，使其在 MATCHING_ITEM_
LIMIT（即 25）的大小范围内。

完整的 onSearchChange()函数如下所示：

food-lookup-complete/client/src/FoodSearch.js

```
onSearchChange = (e) => {
  const value = e.target.value;

  this.setState({
    searchValue: value,
  });

  if (value === '') {
    this.setState({
      foods: [],
      showRemoveIcon: false,
    });
  } else {
    this.setState({
      showRemoveIcon: true,
    });

    Client.search(value, (foods) => {
      this.setState({
        foods: foods.slice(0, MATCHING_ITEM_LIMIT),
      });
    });
  }
};
```

2. 删除图标

如我们所见,删除图标是搜索字段旁边的小×,当字段被填充时它将显示。点击×图标应该清空该搜索字段。

我们执行是否在行内显示删除图标的逻辑。该图标元素有一个 onClick 属性:

food-lookup-complete/client/src/FoodSearch.js

```
this.state.showRemoveIcon ? (
  <i
    className='remove icon'
    onClick={this.onRemoveIconClick}
  />
) : ''
}
```

onRemoveIconClick()函数的代码如下所示:

food-lookup-complete/client/src/FoodSearch.js

```
onRemoveIconClick = () => {
  this.setState({
    foods: [],
    showRemoveIcon: false,
    searchValue: '',
  });
};
```

我们重置了所有状态,包括 foods。

props.onFoodClick

最后一点交互是关于每个食物项。当用户点击食物项时,我们会将其添加到界面上已选择的食物列表中:

food-lookup-complete/client/src/FoodSearch.js

```
<tbody>
{
  this.state.foods.map((food, idx) => (
    <tr
      key={idx}
      onClick={() => this.props.onFoodClick(food)}
    >
      <td>{food.description}</td>
      <td className='right aligned'>
        {food.kcal}
      </td>
      <td className='right aligned'>
        {food.protein_g}
      </td>
      <td className='right aligned'>
        {food.fat_g}
      </td>
```

```
        <td className='right aligned'>
          {food.carbohydrate_g}
        </td>
      </tr>
    ))
  }
  </tbody>
```

当用户点击食物项时，我们在底层调用了 this.props.onFoodClick()。FoodSearch 组件的父类（即 App 组件）指定了这个属性函数，该函数接收一个完整的食物对象作为参数。

我们将看到，为了编写 FoodSearch 组件的单元测试，无须知道 onFoodClick()属性函数实际做了什么，只需关心它想要什么（一个完整的食物对象）。

浅渲染可帮助实现这种理想的隔离。虽然这个应用程序相对较小，但对于拥有较大代码库的大型团队来说，这些隔离优势是巨大的。

8.7　编写 FoodSearch.test.js

我们已准备好为 FoodSearch 组件编写单元测试。

client/src/tests/FoodSearch.test.js 文件包含了测试套件的脚手架。在其顶部是 import 语句：

food-lookup-complete/client/src/tests/FoodSearch.test.js

```
import { shallow } from 'enzyme';
import React from 'react';
import FoodSearch from '../FoodSearch';
```

接下来需要搭建测试套件。别害怕，我们会挨个把每个 describe 块和 beforeEach 块都填好。

food-lookup-complete/client/src/tests/FoodSearch.test.js

```
describe('FoodSearch', () => {
  // ……初始状态的用例

  describe('user populates search field', () => {
    beforeEach(() => {
      // ……模拟用户在 input 中输入"brocc"
    });

    // ……用例

    describe('and API returns results', () => {
      beforeEach(() => {
        // ……模拟 API 返回结果
      });

      // ……用例

      describe('then user clicks food item', () => {
```

```
  beforeEach(() => {
    // ……模拟用户点击食物项
  });

  // ……用例
});

describe('then user types more', () => {
  beforeEach(() => {
    // ……模拟用户输入"x"
  });

  describe('and API returns no results', () => {
    beforeEach(() => {
      // ……模拟 API 不返回结果
    });

    // ……用例
  });
});
        });
      });
    });
  });
```

与前一节一样，我们将通过使用 beforeEach 执行设置来建立不同的上下文。我们的每个上下文都会包含在 describe 块中。

8.7.1　在初始状态中

第一个用例系列会涉及组件的初始状态。beforeEach 将简单地浅渲染组件，然后我们会基于这个初始状态编写断言：

food-lookup-complete/client/src/tests/complete/FoodSearch.test.complete-1.js

```
describe('FoodSearch', () => {
  let wrapper;

  beforeEach(() => {
    wrapper = shallow(
      <FoodSearch />
    );
  });
```

与上一节中的第一轮组件测试一样，我们在上面的作用域中声明了 wrapper。在 before-Each 块中，我们使用了 Enzyme 的 shallow()方法来浅渲染组件。

下面编写两个断言：

(1) 删除图标不在 DOM 中；

(2) 表中没有任何条目。

对于第一个测试，可以使用多种方法编写。下面是其一：

food-lookup-complete/client/src/tests/complete/FoodSearch.test.complete-1.js

```
it('should not display the remove icon', () => {
  expect(
    wrapper.find('.remove.icon').length
  ).toBe(0);
});
```

我们给 wrapper 的 find() 方法传递了一个选择器。如果你还记得，该删除图标有两个 className 属性，如下所示：

food-lookup-complete/client/src/FoodSearch.js

```
<i
  className='remove icon'
  onClick={this.onRemoveIconClick}
/>
```

因此我们是基于它的类来选择的。find() 方法返回一个 ShallowWrapper 对象。此对象类似于数组，包含指定选择器的所有匹配项的列表。就像数组一样，它拥有 length 属性且我们断言此属性值应该为 0。

也可以使用其中一个包含方法，如下所示：

```
it('should not display the remove icon', () => {
  expect(
    wrapper.containsAnyMatchingElements(
      <i className='remove icon' />
    )
  ).toBe(false);
});
```

在本章的其余部分，我们将主要使用 find() 方法来进行测试，因为我们喜欢使用 CSS 选择器语法，但这只是个人喜好的问题。

接下来将断言在这个初始状态下，表格中没有任何条目。

对于这个用例，可以断言这个组件没有在 tbody 内输出任何 tr 元素，如下所示：

food-lookup-complete/client/src/tests/complete/FoodSearch.test.complete-1.js

```
it('should display zero rows', () => {
  expect(
    wrapper.find('tbody tr').length
  ).toEqual(0);
});
```

如果现在运行这个测试套件，那么两个用例都会通过。

然而，这并不能保证用例是正确的。当断言 DOM 中**不存在**某个元素时，我们如果没有正确地选择该元素，就会面临错误。当我们使用完全相同的选择器来断言元素存在时，就会很快解决这个问题。

断言应该有多全面

上一节围绕组件的初始输出中存在关键元素而编写了断言。我们断言输入字段和按钮已存在，为稍后与它们交互奠定了基础。

本节将跳过这类断言。因为它们是重复的，所以此处将其省略。但一般来说，你或你的团队必须决定你们想要的测试套件有多全面。这需要找到一个平衡点，因为测试套件可为你的应用程序开发提供服务。不过也有可能会走极端，那么编写一个测试套件最终会拖慢你的速度。

8.7.2　用户在搜索字段中输入了一个值

在行为驱动方法的指导下，下一步是模拟用户交互，然后根据这个新的上下文编写断言。

在加载完 FoodSearch 组件之后，用户只能与它进行一种交互：在搜索字段中输入一个值。当用户执行此操作时，会有两种可能：

(1) 搜索匹配了数据库中的食物，且 API 返回了这些食物的列表；

(2) 搜索没有匹配到数据库的任何食物，且 API 返回了一个空数组。

这个分支发生在 onSearchChange() 函数的底部，即当我们调用 Client.search() 方法时：

food-lookup-complete/client/src/FoodSearch.js

```
Client.search(value, (foods) => {
  this.setState({
    foods: foods.slice(0, MATCHING_ITEM_LIMIT),
  });
});
```

对于我们的应用程序，用户每次按键时都会查询 API 并显示结果。因此，情形(2)（没有结果）几乎总是在情形(1)之后发生。

下面将设置测试上下文来反映这个状态转换。我们将模拟用户在搜索框中输入 "brocc"，并获得两个结果（两种西兰花），见图 8-20。

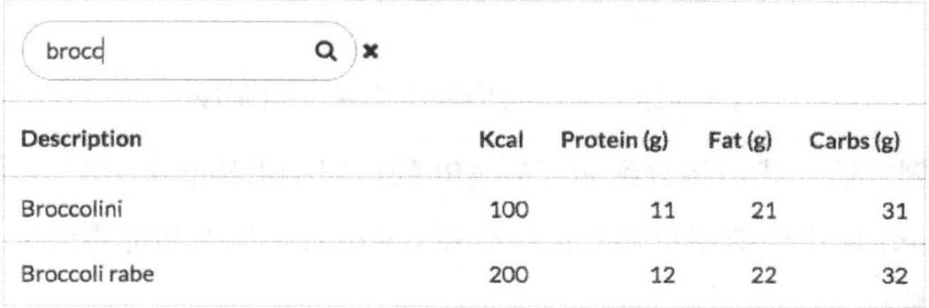

Description	Kcal	Protein (g)	Fat (g)	Carbs (g)
Broccolini	100	11	21	31
Broccoli rabe	200	12	22	32

图 8-20　用户输入 "brocc" 之后，组件可能的样子

我们将根据这个上下文编写断言。

接下来将通过模拟用户输入一个 "x"（"broccx"）来构建这个上下文，这将得不到任何结果，见图 8-21。

图 8-21　用户输入"broccx"之后，组件可能的样子

然后我们将根据这个上下文编写断言。

 不过也有例外情况，情形(2)并不总是在情形(1)之后出现。例如，这个用户高估了应用程序的能力（见图 8-22）。

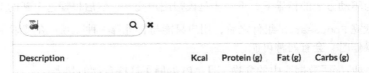

图 8-22　用户高估了应用程序的能力

然而，与 API 返回空结果后验证处于状态中的 foods 仍为空相比，在状态中的食物向空的状态转换则有趣得多。

无论 Client.search() 方法返回了什么，我们都希望组件在状态中更新 searchValue 并显示删除图标。这些用例将存在于顶部的 'user populates search field' 中。我们将从这些开始，只编写搜索字段本身的用例，然后保留根据 API 返回内容的断言供稍后使用（见图 8-23）。

图 8-23　第一组用例集中在搜索字段

在编写完这些用例之后，我们将看到如何为 API 的返回结果建立上下文。

首先在 beforeEach 块中模拟用户交互；然后在 describe 块的顶部声明 value 变量，这样可以在稍后的测试中引用它：

food-lookup-complete/client/src/tests/complete/FoodSearch.test.complete-2.js

```
describe('user populates search field', () => {
  const value = 'brocc';

  beforeEach(() => {
    const input = wrapper.find('input').first();
```

```
  input.simulate('change', {
    target: { value: value },
  });
});
```

接下来断言 searchValue 已在状态中更新以匹配这个新值:

food-lookup-complete/client/src/tests/complete/FoodSearch.test.complete-2.js

```
it('should update state property `searchValue`', () => {
  expect(
    wrapper.state().searchValue
  ).toEqual(value);
});
```

下一步断言删除图标存在于 DOM 中:

food-lookup-complete/client/src/tests/complete/FoodSearch.test.complete-2.js

```
it('should display the remove icon', () => {
  expect(
    wrapper.find('.remove.icon').length
  ).toBe(1);
});
```

我们使用的选择器与前面断言删除图标不在 DOM 上的选择器相同。这一点很重要,因为它可以确保前面的断言是有效的,而不是使用了错误的选择器。

我们对'user populates search field'(用户填充搜索字段)的断言已就绪。在继续之前,先保存并确保测试套件通过。

试试看

保存 FoodSearch.test.js 并在控制台输入以下命令:

```
# 在 client 文件夹中
$ npm test
```

所有测试都应该通过(见图 8-24)。

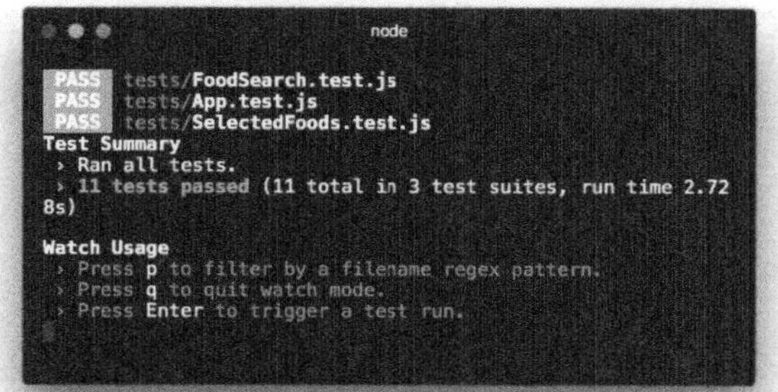

图 8-24 测试通过

从这里开始，下一层上下文将是 API 的返回结果。

如果编写集成测试，一般会采用两种方法。如果想要一个完整的端到端测试，则需要 Client.search()对 API 进行实际调用。否则，可以使用 Node 库来"伪造"HTTP 请求。有很多库可以拦截 JavaScript 发出的 HTTP 请求。可以为这些库提供一个伪造的响应对象来提供给调用者。

然而，在编写单元测试时，我们希望消除对 Client.search()的 API 和实现细节的依赖。我们专注于测试 FoodSearch 组件，它是应用程序中的一个单元。我们只关心 FoodSearch 组件如何使用 Client.search()，而无须关心更深入的内容。

因此，我们希望在表层拦截对 Client.search()的调用，一点也不想让 Client 牵扯进来。相反，我们只希望断言 Client.search()是使用适当的参数（搜索字段的值）调用的，然后使用自己的结果集作为回调函数的参数传递给 Client.search()。

因此要做的就是**模拟 Client 库**。

8.7.3　使用 Jest 模拟

在编写单元测试时，我们经常会发现测试的模块依赖于应用程序中的其他模块。有多种方法可以解决这个问题，但是它们主要围绕**测试替身**（Test double）。测试替身是假设的对象，用来"代替"真实的对象。

例如，可以编写一个伪造 Client 库的版本，以便在测试中使用。最简单的版本如下所示：

```
const Client = {
  search: () => {},
};
```

可以"注入"这个伪造的 Client 版本，而不是使用真正的 Client 库到 FoodSearch 组件中进行测试。FoodSearch 组件可以在任何需要的地方调用 Client.search()方法。它将调用一个空函数，而不会执行一个 HTTP 请求。

可以更进一步，注入一个总是返回特定结果的假 Client。这将被证明是更有用的，因为我们能够基于 Client 的行为断言 FoodSearch 组件状态更新：

```
const Client = {
  search: (_, cb) => {
    const result = [
      {
        description: 'Hummus',
        kcal: '166',
        protein_g: '8',
        fat_g: '10',
        carbohydrate_g: '14',
      },
    ];
    cb(result);
  },
};
```

这个测试替身实现了 search()方法，该方法立即调用作为第二个参数传入的回调函数，并通过只有一个食物对象的硬编码数组来调用该回调函数。

测试替身的实现细节无关紧要。重要的是这个测试替身会模拟 API，每次都返回相同的且只有一个条目的结果集。通过在应用程序中插入这个假客户端，我们可以很容易地写出 FoodSearch 组件处理这种"响应"的断言：即断言现在表中有一个条目，且该条目的描述是"Hummus"等。

> **i** 使用_作为 search()函数的第一个参数表示我们"不关心"这个参数。这纯粹是风格上的选择。

如果测试替身允许我们动态地指定要使用的结果，那就更好了。这样就不需要定义一个完全不同的替身来测试如果 API 不返回任何结果会发生什么。此外，上面的简单测试替身并不关心传递给它的搜索项，但最好确保 FoodSearch 组件会使用适当的值（输入字段的值）调用 Client.search()方法。

Jest 附带了一个生成器，可提供用于测试替身的强大的功能：**模拟**。我们将使用 Jest 的模拟作为测试替身。理解模拟的最好方法是在实战中进行查看。

我们将生成一个 Jest 模拟：

```
const myMockFunction = jest.fn();
```

这个模拟函数可以像其他函数一样调用。默认情况下，它没有返回值：

```
console.log(myMockFunction()); // 未定义
```

当我们调用普通的模拟函数时，似乎什么都不会发生。然而，这个函数的特殊之处在于它会**跟踪调用**。Jest 的模拟函数有一些方法，我们可以使用它们来分析所发生的事情。

例如，可以询问一个模拟函数被调用了多少次：

```
const myMock = jest.fn();
console.log(myMock.mock.calls.length);
// -> 0
myMock('Paris');
console.log(myMock.mock.calls.length);
// -> 1
myMock('Paris', 'Amsterdam');
console.log(myMock.mock.calls.length);
// -> 2
```

模拟的所有内省方法都位于 mock 属性里。通过调用 myMock.mock.calls，我们得到了一个元素为数组的数组。数组中的每个条目对应于每次调用的参数：

```
const myMock = jest.fn();
console.log(myMock.mock.calls);
// -> []
myMock('Paris');
console.log(myMock.mock.calls);
// -> [ [ 'Paris' ] ]
myMock('Paris', 'Amsterdam');
console.log(myMock.mock.calls);
// -> [ [ 'Paris' ], [ 'Paris', 'Amsterdam' ] ]
```

这个简单的特性释放了大量能量,我们很快就会看到。可以使用 Jest 模拟函数来声明自己的 Client 替身:

```
const Client = {
  search: jest.fn(),
};
```

但 Jest 可帮我们解决这个问题,它有一个用于整个模块的模拟生成器,可以通过调用如下方法实现:

```
jest.mock('../src/Client')
```

Jest 会查看 Client 模块,并注意到它导出了一个带有 search()方法的对象;然后创建伪对象(即测试替身),该对象具有一个 search()方法(它是模拟函数);接着确保在应用程序中的任何地方都使用伪 Client,而不会使用真实的 Client。

8.7.4　模拟 Client

我们使用 jest.mock()来模拟 Client。通过使用模拟函数的特殊属性,我们将能够编写一个断言,表明 search()方法是用适当的参数调用的。

在 FoodSearch.test.js 的顶部,导入 FoodSearch 语句的下方导入 Client,稍后会在测试套件中引用它。此外,需要告诉 Jest 要对其进行模拟:

food-lookup-complete/client/src/tests/complete/FoodSearch.test.complete-3.js

```
import FoodSearch from '../FoodSearch';
import Client from '../Client';

jest.mock('../Client');

describe('FoodSearch', () => {
```

下面考虑会发生什么。当我们模拟更改事件时,beforeEach 块如下所示:

food-lookup-complete/client/src/tests/complete/FoodSearch.test.complete-3.js

```
beforeEach(() => {
  const input = wrapper.find('input').first();
  input.simulate('change', {
    target: { value: value },
  });
});
```

在 onSearchChange()方法底部,这将触发对 Client.search()方法的调用:

food-lookup-complete/client/src/FoodSearch.js

```
Client.search(value, (foods) => {
  this.setState({
    foods: foods.slice(0, MATCHING_ITEM_LIMIT),
  });
});
```

只是它调用的不是真实的 Client 上的方法，而是调用了 Jest 注入的模拟方法。Client.search()
是一个模拟函数，它只记录调用的日志。

我们在 'should display the remove icon' 下面声明一个新用例。在编写断言之前，我们先记
录一些内容到控制台，并查看发生了什么：

food-lookup-complete/client/src/tests/complete/FoodSearch.test.complete-3.js

```
it('should display the remove icon', () => {
  expect(
    wrapper.find('.remove.icon').length
  ).toBe(1);
});

it('...todo...', () => {
  const firstInvocation = Client.search.mock.calls[0];
  console.log('First invocation:');
  console.log(firstInvocation);
  console.log('All invocations: ');
  console.log(Client.search.mock.calls);
});

describe('and API returns results', () => {
```

我们读取了模拟函数的 mock.calls 属性。calls 数组中的每个条目都对应于一次 Client.search()
模拟函数的调用。

如果我们保存了 FoodSearch.test.js 并运行测试套件，就可以在控制台中看到图 8-25 中的日志
语句。

图 8-25　测试运行时的日志语句

从日志中挑选出第一个：

```
First invocation:
[ 'brocc', [Function] ]
```

该模拟捕获了在 beforeEach 块中发生的调用。调用的第一个参数是我们所期望的'brocc'。第二个参数是回调函数。重要的是，**回调函数还没有被调用**。不过 search()方法已捕获了该函数，但还未执行任何操作。

如果要使用 console.log()语句来隔离对 Client.search()的调用，如下所示：

```
// "隔离"Client.search()的例子
console.log('Before `search()`');
Client.search(value, (foods) => {
  console.log('Inside the callback');
  this.setState({
    foods: foods.slice(0, MATCHING_ITEM_LIMIT),
  });
});
console.log('After `search()`');
```

当测试套件运行时，我们会在控制台中看到这样的输出：

```
Before `search()`
After `search()`
```

search()模拟函数已被调用，但它所做的只是捕获参数。记录'Inside the callback'的代码行还未被调用。

因此，控制台输出'First invocation'（第一次调用）的日志是有意义的。然而，检查一下控制台输出的'All invocations'（所有的调用）日志：

```
All invocations:
[ [ 'brocc', [Function] ],
  [ 'brocc', [Function] ],
  [ 'brocc', [Function] ] ]
```

重新格式化这个数组：

```
[
  [ 'brocc', [Function] ],
  [ 'brocc', [Function] ],
  [ 'brocc', [Function] ]
]
```

我们总共看到三个调用。这是为什么呢？

我们有三个 it 块，分别对应于每个 beforeEach 块模拟的更改事件。记住，beforeEach 会在每个关联的 it 块运行之前运行一次。因此，**beforeEach** 块模拟的搜索被执行了三次。这意味着 Client.search()模拟函数也会被调用三次。

虽然这有道理，但并不可取，因为这会导致**用例之间状态泄漏**。我们希望每个 it 块都能接收到 Client 模拟的新版本。

为此，Jest 模拟函数提供了一个 mockClear()方法。我们将在每个用例被执行后使用 afterEach（它是 beforeEach 的对映方法）调用此方法。这可以确保在每次运行用例之前模拟都处于原始状态。我们将在顶层的 describe 块中这样做，它位于 beforeEach 块下方，也是我们浅渲染组件的地方。

food-lookup-complete/client/src/tests/complete/FoodSearch.test.complete-4.js

```
describe('FoodSearch', () => {
  let wrapper;

  beforeEach(() => {
    wrapper = shallow(
      <FoodSearch />
    );
  });

  afterEach(() => {
    Client.search.mockClear();
  });

  it('should not display the remove icon', () => {
```

> ℹ️ 也可以在这里使用 beforeEach 块，但是在 afterEach 块中执行一些"整理"工作通常更能讲得通。

现在，如果再次运行测试套件，输出的日志如下所示：

```
First invocation:
[ 'brocc', [Function] ]
All invocations:
[ [ 'brocc', [Function] ] ]
```

我们已成功地在测试运行之间对模拟进行了重置。因此只有一个调用被记录下来，即最后一个 it 块执行之前所发生的调用。

随着模拟能按预期的方式运行，下面将虚拟用例转换为真实的用例。我们将断言传递给 Client.search() 的第一个参数与用户在搜索字段中输入的值相同：

food-lookup-complete/client/src/tests/complete/FoodSearch.test.complete-5.js

```
it('should display the remove icon', () => {
  expect(
    wrapper.find('.remove.icon').length
  ).toBe(1);
});

it('...todo...', () => {
  const firstInvocation = Client.search.mock.calls[0];
  console.log('First invocation:');
  console.log(firstInvocation);
  console.log('All invocations: ');
  console.log(Client.search.mock.calls);
});

it('should call `Client.search() with `value`', () => {
  const invocationArgs = Client.search.mock.calls[0];
  expect(
    invocationArgs[0]
  ).toEqual(value);
```

```
});

describe('and API returns results', () => {
```

我们断言该调用的第 0 个参数的值与 value 匹配，在本例中该值是 brocc。

试试看

通过模拟 Client，我们可以运行测试套件，并能确保 FoodSearch 组件是完全隔离的。保存 FoodSearch.test.js 并从控制台运行测试套件：

```
$ npm test
```

测试结果见图 8-26。

图 8-26　所有用例都通过

我们使用 Jest 模拟函数来捕获和分析 Client.search() 的调用。下面来看如何使用它来建立下一层上下文的行为，即当 API 返回结果时。

8.7.5　API 返回的结果

如我们在现有的测试框架中所见，我们将编写与这个上下文相关的用例，且在他们自己的 describe 块中，如下所示：

```
describe('FoodSearch', () => {
  // ...

  describe('user populates search field', () => {
    // ...

    describe('and API returns results', () => {
      beforeEach(() => {
        // ……模拟 API 返回的结果
      });
```

```
    // ……用例
  });

  describe('then user types more', () => {
    // ...

  });
});
});
```

在这个 describe 块的 beforeEach 中，我们希望模拟 API 返回的结果。可以通过**手动调用**传递给 Client.search() 的**回调函数**来模拟。

假设 Client 会返回两个匹配项，然后可以把在此状态下 FoodSearch 组件描绘出来（见图 8-27）。

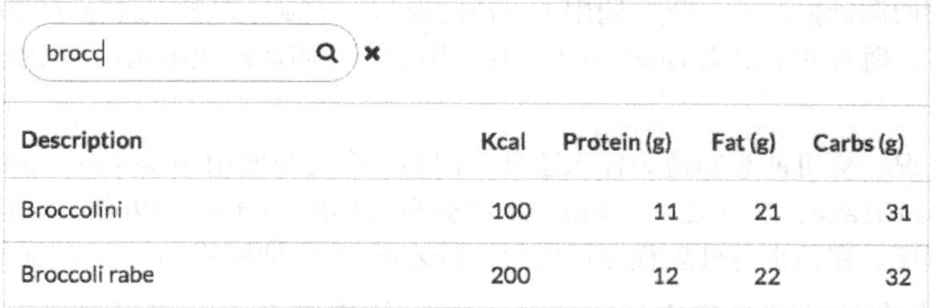

图 8-27　组件所需状态的可视化表示

我们先来看代码，然后再进行拆分：

food-lookup-complete/client/src/tests/complete/FoodSearch.test.complete-6.js

```
it('should call `Client.search() with `value`', () => {
  const invocationArgs = Client.search.mock.calls[0];
  expect(
    invocationArgs[0]
  ).toEqual(value);
});

describe('and API returns results', () => {
  const foods = [
    {
      description: 'Broccolini',
      kcal: '100',
      protein_g: '11',
      fat_g: '21',
      carbohydrate_g: '31',
    },
    {
      description: 'Broccoli rabe',
      kcal: '200',
      protein_g: '12',
      fat_g: '22',
      carbohydrate_g: '32',
    },
```

```
];
beforeEach(() => {
  const invocationArgs = Client.search.mock.calls[0];
  const cb = invocationArgs[1];
  cb(foods);
  wrapper.update();
});
```

首先，我们声明了一个 foods 数组，并使用它作为 Client.search() 返回的伪结果集。

其次，在 beforeEach 中，我们获取了调用 Client.search() 的第二个参数，在本例中是回调函数。然后我们使用食物对象数组来调用它。**通过手动调用传递给模拟函数的回调函数，我们可以模拟所需资源的异步行为。**

最后，在调用回调函数之后，我们调用了 wrapper.update() 方法。这会导致组件的重新渲染。当组件被浅渲染时，通常的重渲染 Hook 将不适用。因此，在回调函数中调用 setState() 时，将不会触发重新渲染。

如果是这种情况，你可能想知道为什么这是我们第一次需要使用 wrapper.update() 方法。实际上，在每次调用 simulate() 方法之后，Enzyme 都会自动调用 update() 方法。simulate() 方法会调用一个事件处理程序。在该事件处理程序返回后，Enzyme 会立即调用 wrapper.update() 方法。

因为我们是在事件处理程序返回**后**的某个时间异步调用了回调函数，所以需要手动调用 wrapper.update() 方法来重新渲染组件。

> 🔑 当组件被浅渲染时，通常的重渲染 Hook 将不适用。如果 simulate() 方法引发的任何状态变化是异步进行的，则必须调用 update() 方法来重新渲染组件。

> ℹ️ 本章专门使用了 Enzyme 的 simulate() 方法来操作一个组件。Enzyme 还有另一个方法 setState()，你可以在 simulate() 调用不可用时使用它。setState() 方法在被调用之后也会自动调用 update() 方法。

> ℹ️ 其实，测试中西兰花的营养信息完全是假的！

在回调函数被调用后，下面编写第一个用例。我们将断言状态中的 foods 属性与 foods 数组匹配：

food-lookup-complete/client/src/tests/complete/FoodSearch.test.complete-6.js

```
it('should set the state property `foods`', () => {
  expect(
    wrapper.state().foods
  ).toEqual(foods);
});
```

同样，当需要从 EnzymeWrapper 对象中读取状态时，我们会使用 state() 方法。

接下来将断言表中有两行内容：

food-lookup-complete/client/src/tests/complete/FoodSearch.test.complete-6.js

```
it('should display two rows', () => {
  expect(
    wrapper.find('tbody tr').length
  ).toEqual(2);
});
```

因为这个用例与之前的`'should display zero rows'`用例使用的选择器相同，所以这就保证了前面的用例使用了正确的选择器。

最后，让我们更进一步，断言这两种食物都打印在实际的表中。有很多方法可以做到这一点。因为每种食物的 description 都是唯一的，所以我们可以在 HTML 输出中搜索每种食物的描述，如下所示：

food-lookup-complete/client/src/tests/complete/FoodSearch.test.complete-6.js

```
it('should render the description of first food', () => {
  expect(
    wrapper.html()
  ).toContain(foods[0].description);
});

it('should render the description of second food', () => {
  expect(
    wrapper.html()
  ).toContain(foods[1].description);
});

describe('then user clicks food item', () => {
```

因为我们是在查找一个唯一的字符串，所以不需要使用 Enzyme 的选择器 API。我们只需要使用 Enzyme 的 html()方法来生成组件的 HTML 输出字符串。然后，我们会使用 Jest 的 tocontains()匹配器，但这次是针对字符串而不是数组。

> ℹ️ html()也是一个调试浅渲染组件的好方法。例如，查看组件的完整 HTML 输出可以帮助确定断言的问题是由于错误的选择器还是错误的组件导致的。

> ℹ️ 对于这组用例，我们处理了从 API 返回的两个食物项（随后会进入状态中）。
> 我们的断言是稳健的，即使只使用了一个项。但是，在编写针对数组的断言时，有些开发人员希望数组中有多个项。这可以帮助我们捕获某些类型的 bug，并断言被测试的变量是正确的数据结构。

试试看

保存 FoodSearch.test.js 并从控制台输入以下命令：

```
$ npm test
```

所有测试都通过，见图 8-28。

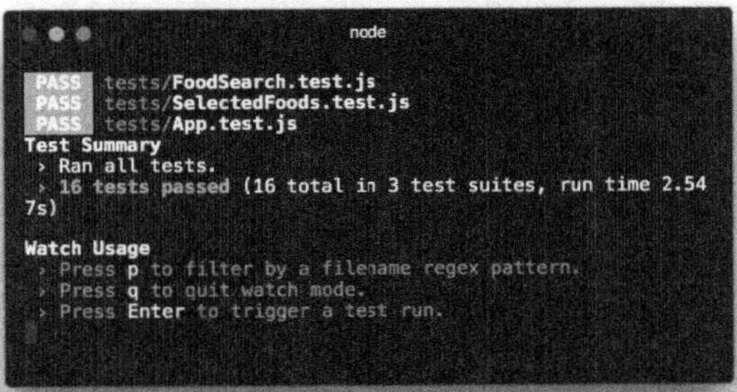

图 8-28　测试通过

从这里开始，用户可以针对 FoodSearch 组件采取一些行为：

- 点击一个食物项并添加到总计表中；
- 输入一个额外的字符并附加到搜索字符串之后；
- 按退格键删除一个字符或整个文本字符串；
- 点击"×"（删除图标）来清空搜索字段。

我们将一起为前两个行为编写用例。在本章的末尾，最后两个行为将留作练习。

接下来将从模拟用户点击食物项开始。

8.7.6　用户点击食物项

当用户点击一个食物项时，该项被添加到总计表中。总计表则由应用程序顶部的 SelectedFoods 组件显示，见图 8-29。

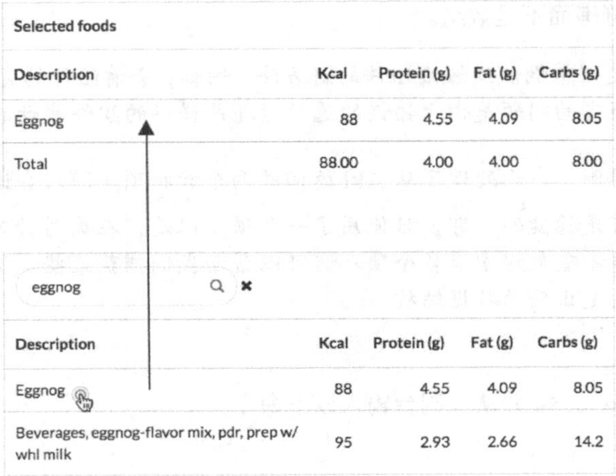

图 8-29　点击食物项

你可能还记得，每个食物项都显示在一个 tr 元素中，该元素有一个 onClick 处理程序。该 onClick 处理程序被设置为一个属性函数，由 App 组件传递给 FoodSearch 组件。

food-lookup-complete/client/src/FoodSearch.js

```
<tbody>
{
  this.state.foods.map((food, idx) => (
    <tr
      key={idx}
      onClick={() => this.props.onFoodClick(food)}
    >
```

我们希望模拟点击，然后断言 FoodSearch 组件调用了这个属性函数。

因为是单元测试，所以我们不想让 App 组件参与进来。因此，可以将 onFoodClick 属性设置成一个模拟函数。

目前在渲染 FoodSearch 组件时并没有设置任何属性：

food-lookup-complete/client/src/tests/complete/FoodSearch.test.complete-6.js

```
beforeEach(() => {
  wrapper = shallow(
    <FoodSearch />
  );
});
```

首先把浅渲染调用的 onFoodClick 属性设置成新的模拟函数：

food-lookup-complete/client/src/tests/complete/FoodSearch.test.complete-7.js

```
describe('FoodSearch', () => {
  let wrapper;
  const onFoodClick = jest.fn();

  beforeEach(() => {
    wrapper = shallow(
      <FoodSearch
        onFoodClick={onFoodClick}
      />
    );
  });
```

我们在测试套件作用域的顶部声明了一个模拟函数 onFoodClick，并将它作为属性传递给 FoodSearch 组件。

在进行此操作时，需要确保在两次用例运行之间清除这个新的模拟，这是一个很好的习惯。

food-lookup-complete/client/src/tests/complete/FoodSearch.test.complete-7.js

```
afterEach(() => {
  Client.search.mockClear();
  onFoodClick.mockClear();
});
```

接下来将设置'then user clicks food item' describe 块，它是'and API returns results'
describe 块的子级。

```
describe('FoodSearch', () => {
  // ...

  describe('user populates search field', () => {
    // ...

    describe('and API returns results', () => {
      // ...

      describe('then user clicks food item', () => {
        beforeEach(() => {
          // ……模拟点击
        });

        // ……用例
      });
    });
  });
});
```

beforeEach 块模拟点击了表格中的第一个食物项：

food-lookup-complete/client/src/tests/complete/FoodSearch.test.complete-7.js

```
describe('then user clicks food item', () => {
  beforeEach(() => {
    const foodRow = wrapper.find('tbody tr').first();
    foodRow.simulate('click');
  });
```

首先使用 find()方法选择与 tbody tr 匹配的第一个元素，然后模拟在该行上的点击。注意，无
须将事件对象传递给 simulate()方法。

通过使用模拟函数作为 onFoodClick 的属性，我们可以使 FoodSearch 组件保持完全隔离。对于
FoodSearch 组件的单元测试，我们不关心 App 组件如何实现 onFoodClick()函数，只关心 FoodSearch
组件是否在正确的时间用正确的参数来调用该函数。

我们的用例将断言 onFoodClick 是通过 foods 数组中的第一个 food 对象调用的：

food-lookup-complete/client/src/tests/complete/FoodSearch.test.complete-7.js

```
it('should call prop `onFoodClick` with `food`', () => {
  const food = foods[0];
  expect(
    onFoodClick.mock.calls[0]
  ).toEqual([ food ]);
});
```

完整的 describe 块如下所示：

food-lookup-complete/client/src/tests/complete/FoodSearch.test.complete-7.js

```
it('should render the description of second food', () => {
  expect(
    wrapper.html()
  ).toContain(foods[1].description);
});

describe('then user clicks food item', () => {
  beforeEach(() => {
    const foodRow = wrapper.find('tbody tr').first();
    foodRow.simulate('click');
  });

  it('should call prop `onFoodClick` with `food`', () => {
    const food = foods[0];
    expect(
      onFoodClick.mock.calls[0]
    ).toEqual([ food ]);
  });
});

describe('then user types more', () => {
```

试试看

保存 FoodSearch.test.js 并运行该套件：

```
$ npm test
```

新用例测试通过了，见图 8-30 所示。

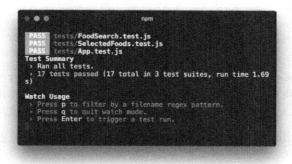

图 8-30　测试通过

完成了用户点击食品项的用例后，我们返回到'and API returns results'的上下文。用户输入"brocc"会看到两个结果。我们要模拟的下一个行为是用户在搜索字段中输入额外的字符，这会导致模拟的 API 返回一个空结果集。

8.7.7　API 返回空结果集

正如你在脚手架上看到的，最后一个 describe 块是'and API returns results'的子级，且是
'then user click food item'的同级：

```
describe('FoodSearch', () => {
  // ...

  describe('user populates search field', () => {
    // ...

    describe('and API returns results', () => {
      // ...

      describe('then user clicks food item', () => {
        // ...
      });

      describe('then user types more', () => {
        beforeEach(() => {
          // ……模拟用户输入"x"
        });

        describe('and API returns no results', () => {
          beforeEach(() => {
            // ……模拟 API 返回空结果集

          });

          // ……用例
        });
      });
    });
  });
});
```

> ℹ 可以将'then user types more'和'and API returns no results'合并到一个
> describe 块中，并使用同一个 beforeEach 块。但我们喜欢以上面这种方式组织上
> 下文设置，这既是为了可读性，也是为了给将来的用例留出空间。

在两个 beforeEach 块中建立了上下文之后，我们将编写一个断言：状态中的 foods 属性现在是
一个空数组。

如果你感觉良好，试着自己组合这些 describe 块，然后回来验证你的解决方案。

第一个 beforeEach 块首先模拟用户输入 "X"，这意味着事件对象现在携带的值是'broccx'：

food-lookup-complete/client/src/tests/complete/FoodSearch.test.complete-8.js

```
describe('then user types more', () => {
  const value = 'broccx';

  beforeEach(() => {
```

```
    const input = wrapper.find('input').first();
    input.simulate('change', {
      target: { value: value },
    });
  });
```

我们不会编写任何特定于此 describe 的用例。下一个 describe 块 'and API returns no results' 将模拟 Client.search() 产生一个空数组：

```
describe('and API returns no results', () => {
  beforeEach(() => {
    // ……模拟搜索返回空结果
  });
});
```

这里有一个棘手的问题：当到达 beforeEach 块时，**我们已模拟了两次用户更改输入**，结果导致 Client.search() 被调用了两次。

另一种查看方式是在此 beforeEach 块中为 Client.search.mock.calls 插入一条日志语句：

```
describe('and API returns no results', () => {
  beforeEach(() => {
    // 如果我们将模拟的 calls 数组记录下来会发生什么呢
    console.log(Client.search.mock.calls);
  });
});
```

我们会在控制台中看到它被调用了两次：

```
[
  [ 'brocc', [Function] ],
  [ 'broccx', [Function] ],
]
```

这是因为 beforeEach 块用于 'user populates search field' 和 'then user types more' 模拟更改输入，这反过来最终调用了 Client.search()。

我们希望调用传递给**第二次**调用的回调函数，这对应于用户最近一次对输入字段所做的更改。因此，我们将获取第二次调用，并使用一个空数组来调用传递给它的回调函数：

food-lookup-complete/client/src/tests/complete/FoodSearch.test.complete-8.js

```
describe('and API returns no results', () => {
  beforeEach(() => {
    const secondInvocationArgs = Client.search.mock.calls[1];
    const cb = secondInvocationArgs[1];
    cb([]);
    wrapper.update();
  });
```

> ℹ️ 我们不需要在 beforeEach 块中调用 wrapper.update()，因为没有对虚拟 DOM 进行任何断言。但是，最好在异步状态更改之后使用 update() 调用。因为如果将来添加了针对 DOM 的断言，这样做可以避免一些可能引起困惑的行为。

最后，用例已准备就绪。我们断言 foods 状态属性现在是一个空数组：

food-lookup-complete/client/src/tests/complete/FoodSearch.test.complete-8.js

```javascript
it('should set the state property `foods`', () => {
  expect(
    wrapper.state().foods
  ).toEqual([]);
});
```

完整的'then user types more'describe 块如下所示：

food-lookup-complete/client/src/tests/complete/FoodSearch.test.complete-8.js

```javascript
          it('should call prop `onFoodClick` with `food`', () => {
            const food = foods[0];
            expect(
              onFoodClick.mock.calls[0]
            ).toEqual([ food ]);
          });
        });

      describe('then user types more', () => {
        const value = 'broccx';

        beforeEach(() => {
          const input = wrapper.find('input').first();
          input.simulate('change', {
            target: { value: value },
          });
        });

        describe('and API returns no results', () => {
          beforeEach(() => {
            const secondInvocationArgs = Client.search.mock.calls[1];
            const cb = secondInvocationArgs[1];
            cb([]);
            wrapper.update();
          });

          it('should set the state property `foods`', () => {
            expect(
              wrapper.state().foods
            ).toEqual([]);
          });
        });
      });
    });
  });
});
```

 组件输出上的断言（比如它不应该包含任何行）在这里并不是严格必需的。我们对初始状态的断言（比如'should display zero rows'）已提供了保证，当状态中的 foods 的值为空时不会渲染任何行。

你应该还记得，两个回调函数如下所示：

```
(foods) => {
  this.setState({
    foods: foods.slice(0, MATCHING_ITEM_LIMIT),
  });
};
```

因为回调函数没有引用 onSearchChange() 函数中的任何变量，所以在技术上我们可以调用任何一个回调函数，且我们刚刚编写的用例会通过。然而，这是不好的做法，因为这样在将来我们可能会陷入令人困惑的 bug 中。

8.8　进一步阅读

对本章的总结如下所示。

(1) 解密 JavaScript 测试框架，并从头开始构建。

(2) 引入 JavaScript 的测试框架：Jest。它给我们提供了一些实用的特性，比如 expect 和 beforeEach。

(3) 学习如何以行为驱动的方式组织代码。

(4) 引入了 Enzyme，它是用于在测试环境中使用 React 组件的库。

(5) 使用了模拟的思想为向 API 请求的 React 组件编写断言。

有了这些知识，我们就可以在各种不同的上下文中隔离 React 组件，并有效地编写单元测试。随着应用程序中组件的数量和复杂性的增加，这些单元测试会使我们更安心。

本章之外的一些资源会大大帮助编写单元测试，具体如下所示。

Jest API 参考

这些文档将帮助我们发现丰富的匹配器，它们既可以节省时间，又可以提高测试套件的表现力。本章使用了一些实用的匹配器，比如 toEqual 和 toContain。更多的例子如下所示：

- 使用 toBeCloseTo() 可以断言一个数字与另一个数字的值接近；
- 使用 toMatch() 可以将字符串与正则表达式比较；
- 使用 setTimeout 或 setInterval 可以控制时间。

create-react-app 会为你配置 Jest。但如果你在 create-react-app 之外使用 Jest，则 Jest 配置参考也非常有用。可以配置一些设置，比如观察测试或告诉 Jest 在哪里可以找到测试文件。

Jasmine 文档

Jest 使用 Jasmine 进行断言，因此 Jasmine 的文档也适用。可以用它作为另一个参考点来理解匹配器。

此外，可以使用一些在 Jest API 参考中没有提到的附加功能。例如：

- 使用 jasmine.arrayContaining() 断言数组包含一个特定的成员子集；
- 使用 jasmine.objectContaining() 断言对象包含一个特定的键/值对子集。

Enzyme 的 `ShallowWrapper` 对象 API 文档

我们已探讨了一些方法用于遍历虚拟 DOM（使用 `find()` 方法）并对虚拟 DOM 的内容进行断言（例如使用 `contains()` 方法）。`ShallowWrapper` 有更多的方法，你可能会发现它们是有用的，例子如下所示。

- 如本章所述，`ShallowWrapper` 类似于数组。调用 `find()` 方法可能会匹配组件输出中的多个元素。可以对映射 Array 方法（如 `map()`）的匹配元素列表执行操作。
- 可以使用 `instance()` 方法获取实际的 React 组件，并可以使用它对组件上的特定方法进行单元测试。
- 可以使用 `setState()` 方法设置底层组件的状态。在可能的情况下，我们喜欢使用 `simulate()` 或直接调用组件的方法来调用状态更改。但当这些不可用时，`setState()` 方法仍有用。

之前，我们看到 `find()` 方法会接收一个 Enzyme 选择器。此文档中有一个参考页面介绍了有效的 Enzyme 选择器的组成，你会发现它很有帮助。

端到端测试

我们在本书的代码中使用了端到端测试，并使用了 Nightwatch.js 工具来驱动。

第9章

路 由

9.1 URL 中有什么

URL 是对 Web 资源的引用。一个典型的 URL 见图 9-1。

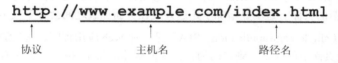

协议　　　　主机名　　　　路径名

图 9-1　一个典型的 URL

协议（protocol）和主机名（hostname）的组合将我们定向到某个网站，**路径名**（pathname）则引用了该站点上的特定资源。另一种考虑方式：路径名引用了应用程序中的特定位置。

例如某个音乐网站的 URL：

https://example.com/artists/87589/albums/1758221

这个位置指的是一个艺术家的特定专辑。URL 包含艺术家和专辑所需的标识符：

example.com/artists/:artistId/albums/:albumId

可以将 URL 看作**状态的外部持有者**，在本例中是用户正在查看的专辑。通过在浏览器的位置级别上存储应用程序的状态片段，可以让用户具有将链接添加到书签、刷新页面以及与他人共享的能力。

在使用了最少 JavaScript 的传统 Web 应用程序中，页面的请求流可能如下所示。

(1) 浏览器向服务器发出此页面的请求。

(2) 服务器使用 URL 中的标识符从数据库中检索关于艺术家和专辑的数据。

(3) 服务器使用此数据来填充模板。

(4) 服务器返回这个填充好的 HTML 文档以及其他资源，如 CSS 和图像。

(5) 浏览器渲染这些资源。

当使用像 React 这样的富 JavaScript 框架时，我们希望 React 来生成页面。因此，使用 React 的请求流的演变过程可能如下所示。

(1) 浏览器向服务器发出此页面的请求。

(2) **服务器不关心路径名**。相反，它只返回一个标准的 index.html，其中包含 React 应用程序和其他静态资源。

(3) 挂载 React 应用程序。

(4) React 应用程序从 URL 中提取标识符，并使用这些标识符进行 API 调用来获取艺术家和专辑的数据。不过它可能会调用相同的服务器。

(5) React 应用程序使用从 API 调用中接收到的数据来渲染页面。

本书中其他地方的项目是第二个请求流的反映。例如第 3 章中的计时器应用程序。server.js 同时为静态资源（React 应用程序）和提供 React 应用程序数据的 API 提供服务。

React 的初始请求流比第一个请求流的效率略低。因为它不仅是从浏览器到服务器的一个请求，而是会有两个或者更多请求：一个来获取 React 应用程序，接着不管 React 应用程序需要进行多少次 API 调用，都必须获取渲染页面所需的所有数据。

然而，只有在初始页面加载之后才能获得收益。计时器应用程序在拥有 React 后的用户体验比没有 React 要好得多。如果没有 JavaScript，每次用户想要停止、启动或编辑计时器时，浏览器都必须从服务器获取一个全新的页面。这明显增加了延迟并且在页面加载之间会有令人不快的“闪烁”。

单页应用程序（single-page application，SPA）是一种 Web 应用程序，它只加载一次，然后会使用 JavaScript 动态更新页面上的元素。到目前为止，我们构建的每个 React 应用程序都是一种 SPA。

因此，我们已了解了如何使用 React 来使得页面上的界面元素具有流动性和动态性，但本书中的其他应用程序只有一个位置。例如，产品投票应用程序只有一个视图：要投票的产品列表。如果我们想添加一个不同的页面，比如在/products/:productId 位置上的产品视图页面，该怎么办？该页面将使用一组完全不同的组件。

回到音乐网站示例，假设用户正在查看基于 React 的专辑视图页面，然后点击右上角的“Account”（账户）按钮以查看他们的账户信息。支持此功能的请求流可能如下所示。

(1) 用户点击“Account”按钮，该按钮将链接到/account。

(2) 浏览器向/account 发出请求。

(3) 同样，服务器不关心路径名，它会返回相同的 index.html，其中包含完整的 React 应用程序和静态资源。

(4) 挂载 React 应用程序。它会检查 URL 并查看用户是否正在查看/accounts 页面。

(5) 顶级的 React 组件（比如 App 组件）可能会有一个开关，并根据 URL 切换到要渲染的组件。之前它渲染 AlbumView 组件，但现在渲染 AccountView 组件。

(6) React 应用程序向服务器发出一个 API 请求（比如/api/account）来渲染并填充页面。

这种方法是有效的，我们可以在网上看到它的例子，但对于许多类型的应用程序来说，有一种更有效的方法。

当用户点击“Account”按钮时，我们可以阻止浏览器从/account 位置获取下一页。相反，可以指示 React 应用程序将 AlbumView 组件切换为 AccountView 组件。总的来说，该流程如下所示。

(1) 用户访问 https://example.com/artists/87589/albums/1758221。

(2) 服务器提供标准的 index.html，其中包括 React 应用程序和资源。

(3) React 应用程序通过对服务器进行 API 调用来挂载和填充自身。

(4) 用户点击 "Account" 按钮。

(5) React 应用程序捕获这个点击事件，接着将 URL 更新到 https://example.com/account 并重新渲染。

(6) 当 React 应用程序重新渲染时，它检查 URL。它看到用户正在查看/account，并在 AccountView 组件中交换。

(7) React 应用程序调用 API 来填充 AccountView 组件。

当用户点击 "Account" 按钮时，浏览器已包含了完整的 React 应用程序。那么就不需要让浏览器重新发请求从服务器获取相同的应用程序并重新挂载。React 应用程序只需更新 URL，然后使用新的组件树（AccountView 组件）重新渲染。

这就是 **JavaScript 路由**的思想。我们将看到，**路由**涉及两个主要功能：修改应用程序的位置（URL）；确定在给定位置渲染哪些 React 组件。

React 有许多路由库，但社区最喜欢的显然是 React Router。React Router 为构建丰富的应用程序（具有跨越许多不同视图和 URL 的成百上千个 React 组件）提供了一个非常好的基础。

React Router 的核心组件

为了**修改**应用程序的位置，可以使用链接和重定向。在 React Router 中，链接和重定向由两个 React 组件（Link 组件和 Redirect 组件）管理。

为了**确定**在给定位置**要渲染什么**，我们还使用了两个 React Router 组件：Route 和 Switch。

为了更好地理解 React Router，我们将从构建一个 React Router 核心组件的基础版本开始。这样就能了解在组件驱动范式中路由是什么样子的。

然后，我们将把组件替换成由 react-router 库提供的组件，并探索这个库中其他更多的组件和特性。

在本章的后半部分，我们将看到 React Router 在一个稍大一点的应用程序中运行。我们构建的应用程序将具有多个带有动态 URL 的页面。该应用程序将与受 API 令牌保护的服务器通信。我们将探讨一个在 React Router 应用程序中登录和注销的策略。

React Router v4

React Router v4 与之前的版本相比有重大变化。React Router 的作者指出，这个版本的库最引人注目的地方在于它 "仅服务于 React"。

我们赞同这个观点。在撰写本文时 v4 才刚刚发布，我们发现它的范式是如此引人注目，以至于我们想要确保在本书中涵盖的是 v4 而不是 v3。我们相信 v4 很快会被社区采用[①]。

因为 v4 太新了，所以在接下来的几个月里它可能会发生一些变化，但 v4 的本质已确定，本章将重点讨论这些核心概念。

---

① 翻译本书时，v4 已被社区采用。——译者注

9.2　构建 react-router 组件

9.2.1　完整的应用程序

本章的所有示例代码 routing 文件夹中。我们将从 basics 应用程序开始:

```
$ cd routing/basics
```

查看该目录,可以看到此应用程序是由 create-react-app 驱动的:

```
$ ls
README.md
nightwatch.json
package.json
public/
src/
tests/
```

 如果你需要复习一下 create-react-app,请参考第 7 章。

React 应用程序位于 src/ 目录:

```
$ ls src
App.css
App.js
SelectableApp.js
complete/
index-complete.js
index.css
index.js
logo.svg
```

complete 文件夹中包含了 App.js 的完整版本。该文件夹还包含本节构建的每个 App.js 的迭代版本。

安装 npm 包:

```
$ npm i
```

此时,index.js 正在加载的是 index-complete.js。index-complete.js 使用了 SelectableApp 组件让我们能够在应用程序的不同迭代版本之间切换。SelectableApp 组件仅用于演示目的。

如果我们启动应用程序,就可以看到完整的版本:

```
$ npm start
```

该应用程序由三个链接组成。点击链接会在应用程序下方显示有关所选水域的简介(见图 9-2)。

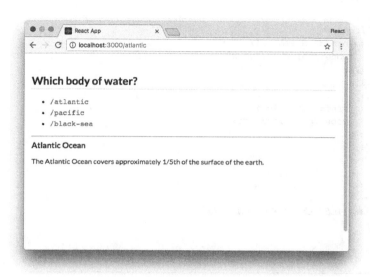

图 9-2　完整的应用程序

　　注意，点击链接会**改变应用程序的位置**。点击/atlantic 链接，URL 会更新到/atlantic。重要的是，当我们点击链接时，浏览器**不会发出请求**，但关于大西洋的简介会出现，且浏览器的地址栏会立即更新到/atlantic。

　　点击/black-sea 链接会显示倒计时。倒计时结束后，应用程序会将浏览器重定向到/。

　　这个应用程序中的路由是由 react-router 库提供支持的。我们将通过构建自己的 React Router 组件来自行构建该应用程序的版本。

　　本节将在 App.js 文件中工作。

9.2.2　构建 Route 组件

　　我们将从构建 React Router 的 Route 组件开始。我们很快就会看到它的作用。

　　让我们打开 src/App.js 文件，它内部是 App 组件的框架版本。在引入 React 的语句下面，我们定义了一个简单的 App 组件，它包含两个<a>标签：

routing/basics/src/App.js

```
class App extends React.Component {
  render() {
    return (
      <div
        className='ui text container'
      >
        <h2 className='ui dividing header'>
          Which body of water?
        </h2>
```

```
      <ul>
        <li>
          <a href='/atlantic'>
            <code>/atlantic</code>
          </a>
        </li>
        <li>
          <a href='/pacific'>
            <code>/pacific</code>
          </a>
        </li>
      </ul>

      <hr />

      {/* 我们将在这里插入 Route 组件 */}
    </div>
  );
  }
}
```

我们有两个常规的 HTML 锚标记，分别指向/atlantic 和/pacific 路径。

在 App 组件下面是两个无状态的函数式组件：

routing/basics/src/App.js

```
const Atlantic = () => (
  <div>
    <h3>Atlantic Ocean</h3>
    <p>
      The Atlantic Ocean covers approximately 1/5th of the
      surface of the earth.
    </p>
  </div>
);

const Pacific = () => (
  <div>
    <h3>Pacific Ocean</h3>
    <p>
      Ferdinand Magellan, a Portuguese explorer, named the ocean
      'mar pacifico' in 1521, which means peaceful sea.
    </p>
  </div>
);
```

这些组件渲染了有关这两个大洋的一些事实。最后，我们希望在 App 组件内部渲染这些组件。当浏览器的位置是/atlantic 时，我们想让 App 组件渲染 Atlantic 组件；当位置是/pacific 时，则渲染 Pacific 组件。

回想一下，index.js 目前是按照 index-complete.js 来加载完整的版本的应用程序到 DOM。在查看这个应用程序之前，我们需要确保 index.js 挂载的是在./App.js 中使用的 App 组件。

打开 index.js。首先，注释掉导入 index-complete 的行：

```
// [步骤1] 注释掉这一行：
// import "./index-complete";
```

与其他 create-react-app 应用程序一样，把 React 应用程序挂载到 DOM 会在 index.js 中进行。下面取消注释挂载 App 组件的行：

```
// [步骤2] 取消注释这一行：
ReactDOM.render(<App />, document.getElementById("root"));
```

可以从项目文件夹的根目录使用 start 命令启动应用程序：

```
$ npm start
```

可以看到页面上渲染了两个链接。点击它们就会注意到浏览器发出了一个页面请求。接着地址栏会被更新，但应用程序中没有发生任何变化（见图 9-3）。

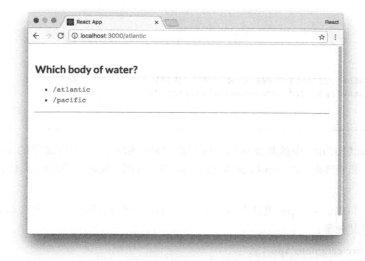

图 9-3 地址栏更新了，但应用程序中没有发生任何变化

可以看到 Atlantic 组件或 Pacific 组件都没有被渲染，这是有道理的，因为我们还没有在 App 组件中包含它们。虽然如此，但有趣的是目前**应用程序并不关心路径名的状态**。无论浏览器向服务器请求什么路径，服务器都将返回相同的 index.html 和相同的 JavaScript 捆绑包。

这是一个理想的基础。我们希望浏览器在每个位置都以相同的方式加载 React，并按照 React 的方式对每个位置进行操作。

下面根据应用程序的位置（/atlantic 或/pacific）来渲染适当的组件（Atlantic 组件或 Pacific 组件）。为了实现这个行为，我们将编写并使用 Route 组件。

在 React Router 中，Route 是一个组件，**可根据应用程序的位置来确定是否渲染指定的组件**。需要为 Route 组件提供两个参数作为 props。

- path：与位置匹配的路径。
- component：当位置匹配路径时需要渲染的组件。

在编写之前，我们来看如何使用这个组件。在 App 组件的 render()函数中，我们使用了 Route 组件，如下所示：

routing/basics/src/complete/App-1.js

```
      <ul>
        <li>
          <a href='/atlantic'>
            <code>/atlantic</code>
          </a>
        </li>
        <li>
          <a href='/pacific'>
            <code>/pacific</code>
          </a>
        </li>
      </ul>

      <hr />

      <Route path='/atlantic' component={Atlantic} />
      <Route path='/pacific' component={Pacific} />
    </div>
  );
```

Route 和 **React Router** 中的其他东西一样都是组件。给 Route 组件提供的 path 属性会与浏览器的位置相比较。如果匹配，Route 将返回对应的组件。否则，Route 将返回 null，且不会渲染任何内容。

在 App.js 文件的顶部，App 组件上方，下面将 Route 组件编写成一个无状态函数。我们先看一下代码，然后再将其分解：

routing/basics/src/complete/App-1.js

```
import React from 'react';

const Route = ({ path, component }) => {
  const pathname = window.location.pathname;
  if (pathname.match(path)) {
    return (
      React.createElement(component)
    );
  } else {
    return null;
  }
};

class App extends React.Component {
```

使用 ES6 的解构语法来从参数中提取两个属性——path 和 component：

routing/basics/src/complete/App-1.js

```
const Route = ({ path, component }) => {
```

接下来对 pathname 变量进行实例化：

routing/basics/src/complete/App-1.js

```
const pathname = window.location.pathname;
```

在浏览器环境中，window.location 是一个特殊的对象，包含浏览器当前位置的属性。我们从这个对象中获取了 pathname 的值，它是该 URL 的路径。

最后，如果提供给 Route 组件的 path 与 pathname 匹配，则返回该组件。否则，返回 null：

routing/basics/src/complete/App-1.js

```
if (pathname.match(path)) {
  return (
    React.createElement(component)
  );
} else {
  return null;
}
```

虽然 React Router 附带的 Route 组件更为复杂，但这就是组件的核心。该组件将 path 与应用程序的位置进行匹配，以确定是否应渲染指定的组件。

下面来看一下该应用程序。

 也可以渲染作为 props 传递的组件，如下所示：

```
const Route = ({ pattern, component: Component }) => {
  const pathname = window.location.pathname;
  if (pathname.match(pattern)) {
    return (
      <Component />
    );
```

当我们执行此操作时，必须将组件名称大写，这就是我们在参数中将组件提取为 Component 的原因。但是，当一个组件类是一个动态变量时（如这里所示），React 开发人员通常更喜欢使用 React.createElement() 方法而不是 JSX。

试试看

保存 App.js。如果 Webpack 开发服务器尚未运行，请确保它运行：

```
$ npm start
```

前往浏览器并访问该应用程序。请注意，我们现在在访问每个位置时都会渲染对应的组件（见图 9-4）。

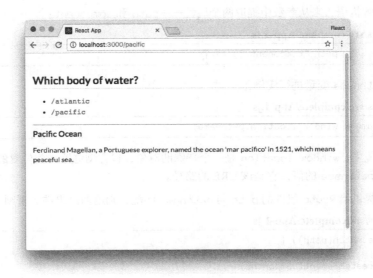

图 9-4　/pacific 现在会渲染 Pacific 组件

　　应用程序会响应一些外部状态，比如浏览器的位置。每个 Route 组件都会根据应用程序的位置决定是否显示其组件。注意，当浏览器访问/时，两个组件都不会匹配，且两个 Route 组件占用的空间都是空的。

　　当点击一个链接时，我们看到浏览器正在做一个完整的页面加载（见图 9-5）。

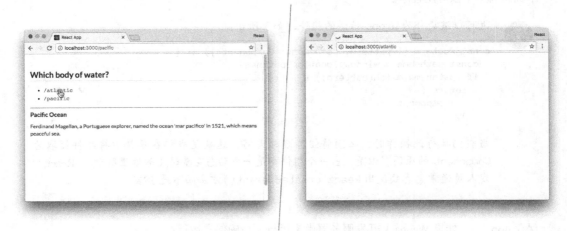

图 9-5　点击/atlantic 触发整个页面加载

　　默认情况下，每次点击链接时，浏览器都会向 Webpack 开发服务器发出一个新请求。服务器会返回 index.html，接着浏览器需要再次执行挂载 React 应用程序的工作。

正如在简介中强调的那样，这个周期是不必要的。在/pacific 和/atlantic 之间切换时，无须涉及服务器。客户端应用程序已加载了所有组件并准备就绪。只需在点击/atlantic 链接时将 Atlantic 组件替换为 Pacific 组件即可。

我们希望通过点击链接来改变浏览器的位置，但不需要发出 Web 请求。随着位置的更新，我们可以重新渲染 React 应用程序，并依赖于 Route 组件来确定渲染哪些组件。

为此，我们将使用 React Router 附带的另一个组件来构建自己的版本。

9.2.3 构建 Link 组件

在 Web 界面中，我们使用 HTML <a>标签来创建链接。这里想要的是一个特殊类型的<a>标签。当用户点击此标签时，我们希望浏览器跳过默认发送 Web 请求来获取下一页的例程。相反，我们只想手动更新浏览器的位置。

大多数浏览器提供了用于管理当前会话的历史纪录的 API（window.history）。我们鼓励你在浏览器内部的 JavaScript 控制台中进行尝试。它具有 history.back()和 history.forward()等方法，允许你浏览历史纪录的栈。目前需要关注的是它有一个 history.pushState()方法，允许你在浏览器中导航到需要的位置。

 有关历史纪录 API 的更多信息，请查看 MDN 文档 "History API"。

历史记录 API 收到了一些 HTML5 的更新。为了最大程度地提高跨浏览器的兼容性，react-router 使用了一个名为 History.js 的库来与该 API 交互。这个 history 包已包含在此项目的 package.json 中：

routing/basics/package.json

```
"history": "4.3.0",
```

让我们更新 App.js 文件，并从 history 库中导入 createBrowserHistory 函数。我们将使用此函数来创建一个名为 history 的对象，并使用它与浏览器的历史记录 API 交互：

routing/basics/src/complete/App-2.js

```
import React from 'react';

import createHistory from 'history/createBrowserHistory';

const history = createHistory();

const Route = ({ path, component }) => {
```

我们编写一个 Link 组件，该组件会生成一个带有特殊 onClick 绑定的<a>标签。当用户点击 Link 组件时，我们将阻止浏览器发出请求。相反，我们会使用历史纪录 API 来更新浏览器的位置。

就像对 Route 组件所做的那样，在实现该组件之前，我们先来看如何使用它。在 App 组件的 render()函数中，让我们使用即将实现的 Link 组件来替换<a>标签。我们将不使用 href 属性，而是使用 to 属性来指定链接的位置：

routing/basics/src/complete/App-2.js

```
<ul>
  <li>
    <Link to='/atlantic'>
      <code>/atlantic</code>
    </Link>
  </li>
  <li>
    <Link to='/pacific'>
      <code>/pacific</code>
    </Link>
  </li>
</ul>
```

Link 组件会是一个无状态函数，它渲染一个带有 onClick 处理程序属性的<a>标签。让我们完整地查看该组件，然后逐步进行分析：

routing/basics/src/complete/App-2.js

```
const Link = ({ to, children }) => (
  <a
    onClick={(e) => {
      e.preventDefault();
      history.push(to);
    }}
    href={to}
  >
    {children}
  </a>
);

class App extends React.Component {
```

下面逐步进行分析。

onClick

<a>标签的 onClick 处理程序首先调用了事件对象上的 preventDefault()方法。回想一下，传递给 onClick 处理程序的第一个参数总是事件对象。调用 preventDefault()方法可以防止浏览器对新位置发出 Web 请求。

我们使用 history.push() API 将新位置"推送"到浏览器的历史纪录栈上。这样做可以更新应用程序的位置，并会反映到地址栏中。

href

我们将<a>标签上的 href 属性设置为 to 属性的值。

当用户点击传统的<a>标签时，浏览器使用 href 来确定下一个要访问的位置。由于我们是在 onClick 处理程序中手动更改位置，因此 href 并不是绝对必需的。但是，无论如何我们都应该设置它。因为它可以使用户能够悬停在我们的链接上，并能查看它们的引导位置或者在新标签中打开链接（见图 9-6）。

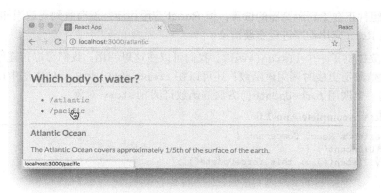

图 9-6　悬停在链接上

children

在\<a\>标签内，我们渲染了 `children` 属性。正如第 5 章所述，`children` 是一个特殊的属性。它是对 Link 组件中包含的所有 React 元素的引用，而此处是我们要转换成链接的文本或 HTML。在本例中，它是\<code\>/atlantic\</code\>或\<code\>/pacific\</code\>。

因为应用程序使用的是 Link 组件而不是普通的\<a\>标签，所以无论用户何时点击链接，我们都会修改浏览器的位置而无须执行 Web 请求。

如果我们现在保存并运行应用程序，那么将看到该功能并不像预期的那样能正常工作。可以点击链接，接着地址栏会更新到新的位置且无须刷新页面，但应用程序不会对更改做出响应（见图 9-7）。

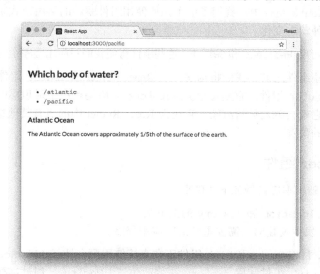

图 9-7　点击/pacific 链接后，地址栏显示了/pacific，但我们在页面上看到的仍是 Atlantic 组件

虽然 Link 组件正在更新浏览器的位置，但 React 应用程序并没有收到更改通知。当位置发生变化时，需要触发 React 应用程序进行重新渲染。

history 对象提供了一个 listen()函数，我们可以在这里使用。我们可以传递给 listen()一个函数，并在每次修改历史栈时调用该函数；还可以在 componentDidMount()方法中设置 listen()处理程序，并使用一个调用 forceUpdate()方法的函数订阅 history 对象：

routing/basics/src/complete/App-2.js

```
class App extends React.Component {
  componentDidMount() {
    history.listen(() => this.forceUpdate());
  }

  render() {
```

当浏览器的位置发生变化时，这个监听函数就会被调用，并会重新渲染 App 组件。然后 Route 组件会重新渲染，以匹配最新的 URL。

试试看

让我们保存更新后的 App.js 并在浏览器中访问该应用程序。请注意，当我们在/pacific 和 /atlantic 两个路由之间导航时，浏览器不会执行整个页面的加载！

即使应用程序很小，我们也可以享受到显著的性能提升。避免整个页面加载可以节省数百毫秒，并能防止应用程序在页面变化期间出现"闪烁"。鉴于这是一种优越的用户体验，随着应用程序的大小和复杂性增加，我们能很容易地想象到这些所带来的好处。

从 Link 组件和 Route 组件中，我们了解了如何使用组件驱动的路由范式来更新浏览器的位置，并让应用程序响应这种状态变化。

还有两个组件要介绍：Redirect 和 Switch。这些组件将使我们对应用程序中的路由拥有更多控制权。

然而，在构建这些组件之前，我们将构建一个 React Router 的 Router 组件的基础版本。react-router 提供了一个 Router 组件，它是每个 react-router 应用程序中最顶层的组件。我们将看到，只要位置发生变化，它就会触发重新渲染。它还为 React Router 中的所有其他组件提供了 API，可用于读取和修改浏览器的位置。

9.2.4　构建 Router 组件

Router 组件的基础版本应该做如下两件事：

(1) 为子组件提供 location 和 history 的上下文；

(2) 每当 history 发生变化时，需要重新渲染应用程序。

关于第一个要求，目前 Route 和 Link 组件正在直接使用两个外部 API。Route 组件使用 window.location 读取位置，Link 组件使用 history 来修改位置。Redirect 组件需要访问相同的 API。由 react-router 提供的 Router 组件可通过上下文使这些 API 用于子组件。这是一种更简洁的模式，意味着你可以轻松地将自己的 location 或 history 对象注入应用程序中进行测试。

如果你需要复习一下上下文，可以阅读第 5 章。

关于第二个需求，现在 App 组件已在 componentDidMount() 函数中订阅了 history。我们将把这个责任转移到 Router 组件，它将是应用程序的最顶层组件。

在构建 Router 组件之前，让我们先在 App 组件内部使用它。因为我们不再需要在 App 组件中使用 componentDidMount() 函数，所以可将它转换成无状态函数。

在 App 组件的顶部，我们将它转换为函数，删除 componentDidMount() 函数并添加<Router>的开始标记：

routing/basics/src/complete/App-3.js

```
const App = () => (
  <Router>
    <div
      className='ui text container'
    >
```

在底部关闭：

routing/basics/src/complete/App-3.js

```
      <Route path='/atlantic' component={Atlantic} />
      <Route path='/pacific' component={Pacific} />
    </div>
  </Router>
);
```

我们会在 App 组件上方声明 Router 组件。在逐步阅读该组件之前，让我们先看看它的全貌：

routing/basics/src/complete/App-3.js

```
class Router extends React.Component {

  static childContextTypes = {
    history: PropTypes.object,
    location: PropTypes.object,
  };

  constructor(props) {
    super(props);

    this.history = createHistory();
    this.history.listen(() => this.forceUpdate());
  }

  getChildContext() {
    return {
      history: this.history,
      location: window.location,
    };
  }
```

```
render() {
    return this.props.children;
  }
}
```

订阅 history

在新的 Router 组件的构造函数中，我们初始化 this.history。然后订阅组件的变化，这与我们在 App 组件中所做的相同：

routing/basics/src/complete/App-3.js

```
constructor(props) {
  super(props);

  this.history = createHistory();
  this.history.listen(() => this.forceUpdate());
}
```

公开上下文

如前所述，我们希望 Router 组件向其子组件公开两个属性。这可以使用 React 组件的上下文特性来实现。让我们将希望向下传递的两个属性（history 和 location）添加到子组件的上下文中。

为了向子组件公开上下文，我们必须指定每个上下文的类型。可以通过定义 childContextTypes 来做到这一点。

首先需要在文件顶部导入 prop-types 包：

routing/basics/src/complete/App-3.js

```
import PropTypes from 'prop-types';
```

然后可以定义 childContextTypes：

routing/basics/src/complete/App-3.js

```
class Router extends React.Component {

  static childContextTypes = {
    history: PropTypes.object,
    location: PropTypes.object,
  };
```

JavaScript 类：static

在上面的类内部定义 childContextTypes 的行与下面类定义执行的操作相同：

```
Router.childContextTypes = {
  history: PropTypes.object,
  location: PropTypes.object,
};
```

此关键字允许我们在 Router 类本身定义属性，而不是 Router 的实例。

然后在 getChildContext()函数中返回该上下文对象：

routing/basics/src/complete/App-3.js

```
getChildContext() {
  return {
    history: this.history,
    location: window.location,
  };
}
```

最后，在 render()函数中渲染由新的 Router 组件包装的子组件：

routing/basics/src/complete/App-3.js

```
render() {
  return this.props.children;
}
```

因为在 Router 组件内部初始化了 history，所以我们可以删除它在文件顶部的声明：

routing/basics/src/complete/App-3.js

```
import React from 'react';

import createHistory from 'history/createBrowserHistory';

const history = createHistory();
```

由于现在有了在上下文中传递 history 和 location 的 Router 组件，因此可以更新 Route 和 Link 组件以使用上下文中的这些变量。

让我们先处理 Route 组件。传递给无状态函数式组件的第二个参数是上下文对象。我们会在组件的参数中从 context 对象中获取 location，而不是使用 window.location 上的位置：

routing/basics/src/complete/App-3.js

```
const Route = ({ path, component }, { location }) => {
  const pathname = location.pathname;
  if (pathname.match(path)) {
    return (
      React.createElement(component)
    );
  } else {
    return null;
  }
};

Route.contextTypes = {
  location: PropTypes.object,
};
```

在 Route 组件下面，我们设置了 contextTypes 属性。请记住，要接收上下文，组件必须将其要接收的上下文部分列入白名单。

让我们也以类似的方式更新 Link 组件。Link 组件可以使用上下文对象中的 history 属性：

routing/basics/src/complete/App-3.js

```
const Link = ({ to, children }, { history }) => (
  <a
    onClick={(e) => {
      e.preventDefault();
      history.push(to);
    }}
    href={to}
  >
    {children}
  </a>
);

Link.contextTypes = {
  history: PropTypes.object,
};
```

应用程序现在封装在一个 Router 组件中。虽然它缺少由 react-router 提供的实际的 Router 的许多特性，但它让我们了解了 Router 组件的工作方式：Router 组件向子组件提供了位置管理 API，并在位置更改时强制应用程序重新渲染。

保存更新后的 App.js 并在浏览器中打开应用程序，可以看到一切都和以前完全一样正常工作。

有了 Router 组件后，我们现在就可以启动自己的 Redirect 组件，该组件会使用上下文中的 history 来操作浏览器的位置。

9.2.5 构建 Redirect 组件

Redirect 是 Link 组件的兄弟组件。Link 组件生成一个链接，用户可以点击它来修改位置，而 Redirect 组件会在渲染时立即修改位置。

像 Link 组件一样，我们希望 Redirect 组件也提供 to 属性，并从上下文中获取 history 对象，然后使用该对象修改浏览器的位置。

然而，我们所做的是不同的。让我们在 Router 组件上方编写 Redirect 组件，并查看其工作原理：

routing/basics/src/complete/App-4.js

```
class Redirect extends React.Component {

  static contextTypes = {
    history: PropTypes.object,
  }

  componentDidMount() {
    const history = this.context.history;
    const to = this.props.to;
    history.push(to);
  }
```

```
    render() {
      return null;
    }
  }

  class Router extends React.Component {
```

我们已在 componentDidMount() 函数**中**放置了 history.push() 方法！在组件安装到页面上后，便会调用 history API 来修改应用程序的位置。

如果你熟悉其他 Web 开发框架的路由范式，那么 Redirect 组件可能会显得特别奇怪。这是因为大多数开发人员已习惯于使用命令式路由表来处理重定向。

相反，react-router 提供了一个由可组合组件组成的**声明式**范式。这里，Redirect 组件仅表示为一个 React 组件。想要重定向吗？只需渲染 Redirect 组件即可。

 因为我们将 Redirect 组件定义为一个 JavaScript 类，所以可以在类声明中使用 static 定义 contextTypes。

在完整版的应用程序中，我们看到了第三个路由：black-sea。当访问此位置时，该应用程序在重定向到/之前会显示一个倒数计时器。下面让我们来构建它。

首先需要为即将定义的 BlackSea 组件添加一个新的 Link 和 Route 组件：

routing/basics/src/complete/App-4.js

```
        <ul>
          <li>
            <Link to='/atlantic'>
              <code>/atlantic</code>
            </Link>
          </li>
          <li>
            <Link to='/pacific'>
              <code>/pacific</code>
            </Link>
          </li>
          <li>
            <Link to='/black-sea'>
              <code>/black-sea</code>
            </Link>
          </li>
        </ul>

        <hr />

        <Route path='/atlantic' component={Atlantic} />
        <Route path='/pacific' component={Pacific} />
        <Route path='/black-sea' component={BlackSea} />
      </div>
    </Router>
```

让我们继续，在 App.js 的底部定义 BlackSea 组件。

首先实现计数逻辑。我们会将 state.counter 初始化为 3。然后，在 componentDidMount() 函数中，我们将使用 JavaScript 的内置 setInterval() 函数执行倒计时功能：

routing/basics/src/complete/App-4.js

```
class BlackSea extends React.Component {
  state = {
    counter: 3,
  };

  componentDidMount() {
    this.interval = setInterval(() => (
      this.setState(prevState => {
        return {
          counter: prevState.counter - 1,
        };
      }
    )), 1000);
  }
```

setInterval() 函数的作用是每秒将 state.counter 的值减 1。

 由于状态更新取决于状态的当前版本，因此我们向 setState() 方法传递了一个函数，而不是对象。第 5 章讨论过此技术。

我们必须记住在组件卸载时清除间隔函数。这与第 2 章的计时器应用程序中使用的策略相同：

routing/basics/src/complete/App-4.js

```
componentWillUnmount() {
  clearInterval(this.interval);
}
```

最后，让我们关注重定向逻辑。我们将在 render() 函数中处理重定向逻辑。当调用 render() 函数时，我们会检查计数器是否小于 1。如果是，则需要执行重定向。我们通过在渲染输出中包含 Redirect 组件来做到这一点：

routing/basics/src/complete/App-4.js

```
render() {
  return (
    <div>
      <h3>Black Sea</h3>
      <p>Nothing to sea [sic] here ...</p>
      <p>Redirecting in {this.state.counter}...</p>
      {
        (this.state.counter < 1) ? (
          <Redirect to='/' />
        ) : null
      }
    </div>
  );
```

```
    }
  }
```

在 BlackSea 组件挂载后 3 秒，interval 函数会将 state.counter 减为 0。setState() 函数的作用是触发 BlackSea 组件的重新渲染，其输出将包括 Redirect 组件。当 Redirect 组件挂载时，它将触发重定向。

> ℹ️ 在 BlackSea 组件中，我们使用三元操作符来控制是否渲染 Redirect 组件。在 React 中，在 JSX 内部使用三元操作符很常见。这是因为我们不能在 JSX 中嵌入多行语句，比如 if/else 子句。

这种触发重定向的机制乍一看可能有些奇怪，但这种范式很强大。通过渲染组件和传递 props，我们可以完全控制路由。重申一下，React Router 团队对库的接口只是 React 这一事实感到自豪。本章的后半部分将进行更多的探索，此属性为我们提供了很多灵活性。

试试看

建立并使用了 Redirect 组件后，让我们尝试一下。保存 App.js 并在浏览器中访问/black-sea，可以看到组件在执行重定向之前会先渲染，如图 9-8 所示。

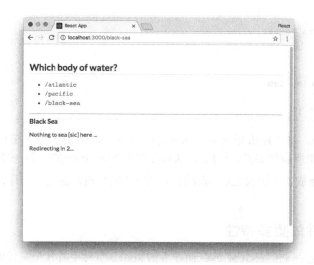

图 9-8　Black Sea 倒计时

至此，我们了解了 React Router 的三个基本组件读取和更新浏览器的位置状态的方式。我们还看到它们如何与最顶层 Router 组件的上下文一起工作。

让我们放弃自己手工编写的 React Router 组件，换成使用库中的路由组件。这样做之后，我们可以探索由 react-router 提供的 Route 组件的更多特性。此外，我们将了解 Switch 组件提供最后一个关键功能的方式。

9.2.6　使用 react-router

我们将从 react-router 包中导入要使用的组件，并删除到目前为止编写的组件。

react-router 库包含一些不同的 npm 包，例如 react-router-dom 和 react-router-native。每个都对应于一个 React 支持的环境。因为我们正在构建一个 Web 应用程序，所以需要使用 react-router-dom 的 npm 包。

react-router-dom 已包含在这个项目的 package.json 中。

在 App.js 文件的顶部，删除 createBrowserHistory 的 import 语句。React Router 将负责历史纪录的管理：

```
import React from 'react';
import createHistory from 'history/createBrowserHistory';
```

我们将添加一个 import 语句，其中包含要使用的每个组件。然后将删除所有自定义的 react-router 组件。其他所有的组件可以保持不变，如 App 组件：

routing/basics/src/complete/App-5.js

```
import React from 'react';

import {
  BrowserRouter as Router,
  Route,
  Link,
  Redirect,
} from 'react-router-dom'

const App = () => (
```

react-router-dom 将其路由导出为 BrowserRouter，以区别于包含在其他环境中的路由，如 NativeRouter。像这里所做的那样，使用 as 关键字来添加 Router 别名是一种常见的做法。

保存 App.js。在完成这个更改之后，我们会看到所有的东西都能正常工作，和切换到 React Router 之前一样。

9.2.7　Route 组件的更多特性

我们现在使用的是 react-router 库，而导入的 Route 组件中有几个额外的特性。

目前已使用 component 属性来指示 Route 组件在 path 与当前位置匹配时要渲染哪个组件。Route 组件也接收一个 render 属性，我们可以使用这个属性来定义一个渲染函数。

要查看这个示例，让我们将另一个 Route 声明添加到 App 组件中。我们会把它插入其他现有的 Route 组件的上方。这一次将使用 render 属性：

routing/basics/src/complete/App-5.js

```
<Route path='/atlantic/ocean' render={() => (
  <div>
```

```
    <h3>Atlantic Ocean — Again!</h3>
    <p>
      Also known as "The Pond."
    </p>
  </div>
)} />
<Route path='/atlantic' component={Atlantic} />
<Route path='/pacific' component={Pacific} />
<Route path='/black-sea' component={BlackSea} />
```

保存 App.js。如果访问应用程序的/atlantic，不出所料，我们看到的只是 Atlantic 组件，如图 9-9 所示。

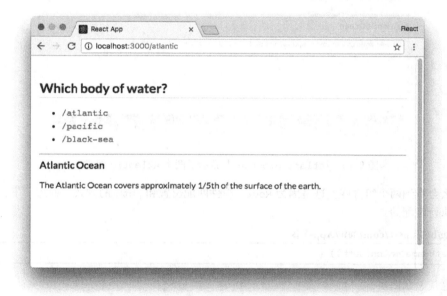

图 9-9　/atlantic 上只显示 Atlantic 组件

如果访问/atlantic/ocean 会发生什么呢？现在没有 Link 组件链接到这个路径，所以我们在地址栏中输入该路径。可以注意到新的匿名 render 函数叠加在另一个 Atlantic 组件之上，见图 9-10。

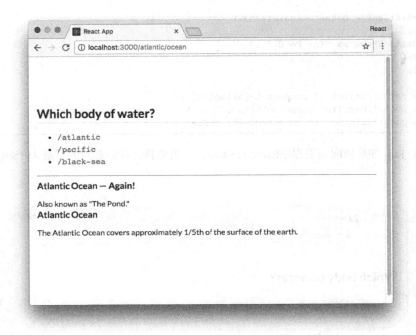

图 9-10   /atlantic/ocean 上显示了两个 Atlantic 组件

为什么会看到两个组件呢？这是因为 Route 组件匹配位置和 path 的方式。回想一下，Route 组件是这样执行匹配的：

routing/basics/src/complete/App-1.js

```
if (pathname.match(path)) {
```

想想这是怎么回事：

```
const routePath = '/atlantic';

let browserPath = '/atl';
browserPath.match(routePath); // -> 不匹配

browserPath = '/atlantic';
browserPath.match(routePath); // -> 匹配

browserPath = '/atlantic/ocean'
browserPath.match(routePath); // -> 匹配
```

两个 Atlantic 组件的 Route 声明都与位置/atlantic/ocean 匹配，所以它们都渲染了。

直到现在，我们才观察到 Route 组件的这种行为。但考虑到 Route 组件的工作原理，这种行为是有意义的。**任何数量的组件都可能匹配给定的位置，且它们都会渲染。**Route 组件不会强加任何类型的排他性。

有时这种行为是不受欢迎的。稍后将介绍一种对此进行管理的策略。

 上面的示例和路径名匹配的实现并不完全准确。如你所料，Route 组件是根据路径名的**开头**进行匹配的。因此，/atlantic/ocean/pacific 与 Pacific 组件不匹配，即使该路径包含/pacific 子字符串。

考虑到这种行为，如果我们想要添加一个在用户访问根路径（/）时渲染的组件，该怎么办？如果有一些文本来引导用户点击其中一个链接就好了。

现在我们知道，下面这个解决方案是有问题的：

routing/basics/src/complete/App-5.js

```
{ /* 这个解决方案是有问题的 */ }
<Route path='/' render={() => (
  <h3>
    Welcome! Select a body of saline water above.
  </h3>
)} />
```

因为/匹配/atlantic 和/pacific 之类的路径，所以该组件会在应用程序的每个页面上渲染（见图 9-11）。

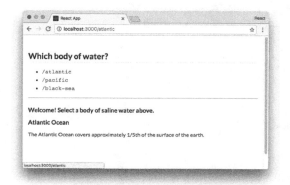 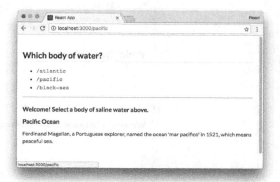

图 9-11　声明/的 Route 组件会匹配每个位置

这种行为不是我们想要的。通过向 Route 组件添加 exact 属性，我们可以指定路径必须与位置**完全匹配**。现在为/添加 Route 组件：

routing/basics/src/complete/App-6.js

```
<Route path='/atlantic/ocean' render={() => (
  <div>
    <h3>Atlantic Ocean — Again!</h3>
    <p>
      Also known as "The Pond."
    </p>
  </div>
)} />
```

```
<Route path='/atlantic' component={Atlantic} />
<Route path='/pacific' component={Pacific} />
<Route path='/black-sea' component={BlackSea} />

<Route exact path='/' render={() => (
  <h3>
    Welcome! Select a body of saline water above.
  </h3>
)} />
```

这里使用了一些 JSX 的语法糖。虽然也可以这样显式设置属性：

```
<Route exact={true} path='/' render={() => (
  // ...
)}
```

在 JSX 中，如果列出的属性没有赋值，则它的默认值为 true。

试试看

保存 App.js。在浏览器中访问路径/，可以看到欢迎组件。重要的是，欢迎组件不会在任何其他路径上出现（见图 9-12）。

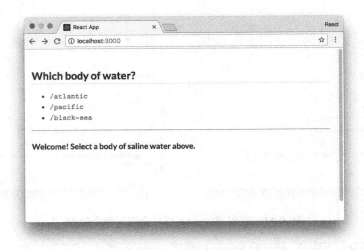

图 9-12　我们在路径/上欢迎用户

现在，当用户访问/时，我们为它提供了一个合适的处理程序。

Route 组件是一种功能强大但简单的方法，可用于声明在哪些路由上显示哪些组件。然而，仅适用 Route 组件会有一些限制。

(1) 正如前面看到的/atlantic/ocean 路由，通常我们只希望有一个 Route 组件来匹配给定的路径。

(2) 此外，当用户访问应用程序中尚未指定相匹配的位置时，我们还没有一个策略来处理这种情况。

为了解决这些问题，可以将 Route 组件封装在 Switch 组件中。

9.2.8　使用 Switch 组件

当 Route 组件封装在 Switch 组件中时，只会展示第一个匹配的 Route 组件。

这意味着可以使用 Switch 组件来解决我们在 Route 组件上看到的两个限制。

(1) 当用户访问/atlantic/ocean 时，会匹配第一个 Route 组件，而随后匹配/atlantic 的 Route 组件将被忽略。

(2) 可以在 Switch 容器的底部包含一个捕获所有异常的 Route 组件。如果其他 Route 组件不匹配，那么此组件就会被渲染。

让我们在实践中看看。

为了使用 Switch 组件，让我们从 react-router 库中导入它：

routing/basics/src/complete/App-7.js

```
import React from 'react';

import {
  BrowserRouter as Router,
  Route,
  Link,
  Redirect,
  Switch,
} from 'react-router-dom'

const App = () => (
```

我们会把所有的 Route 组件封装在一个 Switch 组件中。在第一个 Route 组件的上方添加 Switch 组件的开始标签：

routing/basics/src/complete/App-7.js

```
<hr />
<Switch>
  <Route path='/atlantic/ocean' render={() => (
```

接下来将在现有的 Route 组件下面添加 "捕获全部异常" 的 Route 组件。因为我们没有指定 path 属性，所以这个 Route 组件将匹配所有路径：

routing/basics/src/complete/App-7.js

```
        <Route exact path='/' render={() => (
          <h3>
            Welcome! Select a body of saline water above.
          </h3>
        )} />

        <Route render={({ location }) => (
          <div className='ui inverted red segment'>
            <h3>
              Error! No matches for <code>{location.pathname}</code>
```

```
        </h3>
      </div>
    )} />
  </Switch>
  </div>
</Router>
);
```

Route 组件将 location 属性传递给 render() 函数，它会始终将这个属性传递给它的目标。本章的后半部分将对此进行更多地探讨。

试试看

保存 App.js。访问/atlantic/ocean，注意看与/atlantic 匹配的组件已经消失了。接下来，手动输入一个不存在的应用程序路径，捕获全部异常的 Route 组件将被渲染（见图 9-13）。

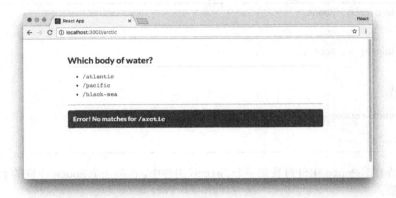

图 9-13　/arctic 没有任何匹配项

至此，我们已熟悉了 React Router 的基础组件。我们将应用程序包装在 Router 中，它会在组件树中为所有 React Router 组件提供位置和历史记录 API，并确保每当位置发生变化时就重新渲染 React 应用程序。Route 和 Switch 组件可帮助我们控制在给定位置渲染哪些 React 组件。Link 和 Redirect 组件使我们能够在不加载整个页面的情况下修改应用程序的位置。

本章的后半部分将把这些基础组件应用到更复杂的应用程序中。

9.3　使用 React Router 的动态路由

本节将在上一节所建立的基础之上构建应用程序。我们将看到 React Router 的基础组件如何在稍微大一点的应用程序中协同工作，并探索其独特的组件驱动路由范式中的几种不同编程策略。

本节中的应用程序拥有多个页面。该应用程序的主页有一个垂直菜单，用户可以在其中选择五个不同的音乐专辑。选中一个专辑会立即在主面板中显示专辑信息。所有的专辑信息均从 Spotify 的 API 中获取。

与 React 应用程序通信的服务器受需要登录的令牌保护。虽然这不是一个真正的认证流程,但该设置将让我们了解如何在需要用户登录的应用程序中使用 React Router。

9.3.1　完整的应用程序

本节的代码在 routing/music 文件夹中。从本书代码文件夹的根目录导航到该目录:

```
$ cd routing/music
```

让我们来看这个项目的结构:

```
$ ls
SpotifyClient.js
client/
nightwatch.json
package.json
server.js
server.test.js
start-client.js
start-server.js
tests/
```

在项目的根目录中有一个 Node API 服务器(server.js)。在 client 文件夹中是一个由 create-react-app 驱动的 React 应用程序:

```
$ ls client
package.json
public/
semantic/
semantic.json
src/
```

该项目的结构与食物查找应用程序相同。在开发时,需要启动两个服务器:server.js 和 Webpack 开发服务器。Webpack 开发服务器将为 React 应用程序提供服务。React 应用程序与 server.js 交互获取给定专辑的数据。server.js 接着与 Spotify API 进行通信来获取专辑数据,流程见图 9-14。

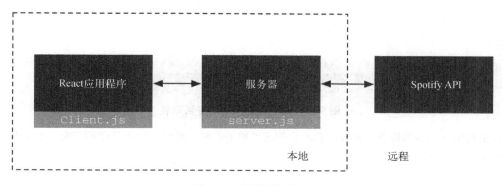

图 9-14　通信流程图

让我们安装依赖项并查看正在运行的应用程序。我们有两个 package.json 文件，一个用于 server.js，另一个用于 React 应用程序。我们将同时为两个文件运行 npm i 命令：

```
$ npm i
$ cd client
$ npm i
$ cd ..
```

可以在顶级目录中使用 npm start 启动应用程序。因为我们使用了 concurrently 来同时启动两个服务器：

```
$ npm start
```

在 http://localhost:3000 找到应用程序。

该应用程序会弹出一个登录按钮的提示，点击按钮即可"登录"，无须输入用户名或密码。

登录后，可以看到一个垂直侧面菜单的专辑列表（见图 9-15）。

图 9-15   垂直侧面菜单的专辑列表

点击其中一个专辑便会将其显示在垂直侧面菜单的右侧。此外，应用程序的 URL 也会更新（见图 9-16）。

图 9-16　点击 Daydream Nation 专辑后的页面

URL 遵循/albums/:albumId 的格式，其中:albumId 是 URL 的**动态部分**。点击右上角的"Logout"（注销）按钮，我们会被重定向到登录页面（在/login 路径下）。如果我们试图通过在地址栏中手动输入/albums 来导航回该地址，那么会被阻止访问该页面。相反，我们会被重定向回/login。

在深入研究 React 应用程序之前，让我们先看看服务器的 API。

9.3.2　服务器 API

1. POST /api/login

服务器提供了一个用于检索 API 令牌的端点，即/api/login。/api/albums 端点需要这个令牌。

与实际的登录端点不同，/api/login 端点不需要用户名或密码。当请求此端点时，server.js 会始终返回一个硬编码的 API 令牌。此令牌是 server.js 中的一个变量：

routing/music/server.js

```
// 服务器验证的是假的 API 令牌
export const API_TOKEN = 'D6W69PRgCoDKgHZGJmRUNA';
```

要测试此端点，可以在服务器运行时使用 curl 对该端点发出 POST 请求：

```
$ curl -X POST http://localhost:3001/api/login
{
  "success": true,
```

```
    "token": "D6W69PRgCoDKgHZGJmRUNA"
}
```

React 应用程序会将这个 API 令牌存储在 localStorage 中，且 React 将在后续所有的 API 请求中包含这个令牌。点击应用程序中的 "Logout" 按钮可以将令牌从 React 和 localStorage 中移除，那么用户必须再次登录才能访问该应用程序。

我们将使用 client/src/Client.js 中声明的 Client 库与 API 和 localStorage 进行交互。稍后会进一步讨论该库。

 localStorage API 允许我们在用户浏览器中读写键值存储。可以使用 setItem() 将项存储到 localStorage 中：

```
localStorage.setItem('gas', 'pop');
```

然后使用 getItem() 进行检索：

```
localStorage.getItem('gas');
// => 'pop'
```

注意，存储在 localStorage 中的项不会过期。

 安全性和客户端 API 令牌

网络安全是一个很大的主题。管理客户端 API 令牌是一项复杂的任务。要构建一个真正安全的 Web 应用程序，理解此主题的复杂性非常重要。不幸的是，大家很容易错过一些微妙的实践，这些实践可能会在你的实现中留下巨大的安全漏洞。

虽然使用 localStorage 来存储客户端 API 令牌对于业余项目来说效果很好，但是存在很大的风险。这是因为用户的 API 令牌会暴露，还会受到跨站点脚本的攻击，且存储在 localStorage 中的令牌对自身的传输安全没有要求。如果你的开发团队中有人不小心插入了通过 http 发出请求的代码，而不是使用 https，那么你的令牌将暴露在传输的线路上。

当用户将敏感数据委托给你时，作为开发人员，你有义务谨慎考虑它的安全性。可以使用一些策略来保护应用程序和用户，比如使用 JSON Web Token（JWT）、cookie，或两者都用。如果你发现自己处于这个幸运的位置，请务必花时间仔细研究并实现你的令牌管理解决方案。

2. GET /api/albums

api/albums 端点返回 Spotify API 为给定的专辑列表所提供的数据。我们为该端点提供了一个查询参数 ids，并将其设置为所需专辑 ID 的列表：

```
/api/albums?ids=<id1>,<id2>
```

注意，这些 ID 是通过逗号分隔的。

此端点还期望将 API 令牌作为查询参数（token）包含在内。包含 id 和 token 的查询参数如下所示：

```
/api/albums?ids=<id1>,<id2>&token=<token>
```

下面是一个用 curl 查询/api/albums 端点的例子：

```
$ curl -X GET \
"http://localhost:3001/api/albums"\
"?ids=1DWWb4Q39mp1T3NgyscowF,2ANVost0y2y52ema1E9xAZ"\
"&token=D6W69PRgCoDKgHZGJmRUNA"
```

 在 bash 中，\字符允许我们将命令分割成多行。也可以通过类似的方式将字符串分成多行：

```
$ echo "part1"\
"part2"
-> part1part2
```

我们这样做是为了可读性。值得注意的是"和\字符之间没有空格，且"part2"前面也没有任何空格。如果这里有空格，那么字符串就不能正确地连接。

如果使用的是 Windows，则只能将此命令写成单行。

每个专辑的信息量都很大，因此我们在这里不会包括响应的示例。

9.3.3 应用程序的起始页

完整的组件以及我们阶段性采取的步骤位于 client/src/components-complete 文件夹下。我们将在 client/src/components 文件夹中编写本章剩余部分的所有代码。

浏览现有的代码，第一站是 index.js，查看其 import 语句：

routing/music/client/src/index.js

```
import React from "react";
import ReactDOM from "react-dom";

import { BrowserRouter as Router } from "react-router-dom";

import App from './components/App';

import "./styles/index.css";
import "./semantic-dist/semantic.css";

// [步骤 1] 注释掉这一行
import './index-complete';
```

注意，这里导入了 Router 组件。

和上一个项目一样，index.js 包含了 index-complete.js，它允许我们在 components/complete 文件夹中遍历 App 组件的每次迭代。让我们把该导入语句注释掉：

```
// [步骤 1] 注释掉这一行
// import './index-complete';
```

接着，在 index.js 的底部取消对调用 ReactDOM.render()方法的注释。注意，我们把<App>包装在<Router>中：

```
// [步骤 2] 将以下行的注释取消
ReactDOM.render(
  <Router>
    <App />
  </Router>,
  document.getElementById("root")
);
```

在 index.js 中使用<Router>包装 App 组件是 React Router 应用程序的常见模式。

保存 index.js。在开发服务器仍在运行的情况下，我们将看到起始页是一个精简的界面，见图 9-17。

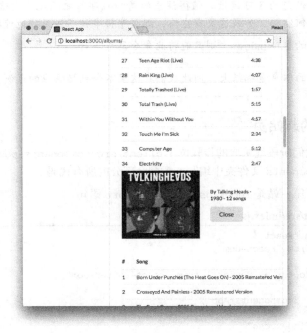

图 9-17　初始的 App 组件

起始页没有使用 React Router。此应用程序在一个页面上列出了所有的专辑，且有一个"Logout"按钮，点击它可以更改 URL，但不会执行任何其他操作。同样"Close"（关闭）按钮也不起作用。

接下来看 App.js：

routing/music/client/src/components/App.js

```
import React from 'react';

import TopBar from './TopBar';
import AlbumsContainer from './AlbumsContainer';
```

```
import '../styles/App.css';

const App = () => (
  <div className='ui grid'>
    <TopBar />
    <div className='spacer row' />
    <div className='row'>
      <AlbumsContainer />
    </div>
  </div>
);

export default App;
```

App 组件对 TopBar 组件和 AlbumsContainer 组件进行了渲染。

 与往常一样，整个应用程序中的 div 和 className 元素仅用于结构和样式。和其他项目一样，该应用程序使用的也是 Semantic UI。

现在先不看 TopBar 组件。

AlbumsContainer 是与 API 交互的组件，用于获取专辑的数据。接着它为每个专辑渲染对应的 Album 组件。

在 AlbumsContainer 组件的顶部，我们定义了导入语句。我们也有一个硬编码的 ALBUM_IDS 列表，AlbumsContainer 组件使用它从 API 获取所需的专辑：

routing/music/client/src/components/AlbumsContainer.js

```
import React, { Component } from 'react';

import Album from './Album';
import { client } from '../Client';

const ALBUM_IDS = [
  '23O4F21GDWiGd33tFN3ZgI',
  '3AQgdwMNCiN7awXch5fAaG',
  '1kmyirVya5fRxdjsPFDM05',
  '6ymZBbRSmzAvoSGmwAFoxm',
  '4Mw9Gcu1LT7JaipXdwrq1Q',
];
```

AlbumsContainer 是一个有状态的组件，具有两个状态属性。

● fetched：表示 AlbumsContainer 组件是否已成功从 API 中获取了专辑数据。
● albums：所有专辑对象的数组。

下面将逐步查看该组件，从它的初始状态开始：

routing/music/client/src/components/AlbumsContainer.js

```
class AlbumsContainer extends Component {
  state = {
```

```
    fetched: false,
    albums: [],
  };
```

我们使用 fetched 的布尔值来跟踪是否已经从服务器检索到专辑。

在 AlbumsContainer 组件挂载好之后，我们会调用 this.getAlbums()函数。这将填充状态中的 albums：

routing/music/client/src/components/AlbumsContainer.js

```
componentDidMount() {
  this.getAlbums();
}
```

在 getAlbums()函数中，我们使用了 Client 库（在 src/Client.js 中）向 API 发出请求，用来获取 ALBUM_IDS 中指定的专辑数据。我们使用了来自库中的 getAlbums()方法，它的参数是专辑 ID 的数组。

当我们获取到数据时更新状态，将 fetched 设置为 true，并将 albums 设置为获取的结果：

routing/music/client/src/components/AlbumsContainer.js

```
getAlbums = () => {
  client.setToken('D6W69PRgCoDKgHZGJmRUNA');
  client.getAlbums(ALBUM_IDS)
  .then((albums) => (
    this.setState({
      fetched: true,
      albums: albums,
    })
  ));
};
```

 第 3 章介绍了 Fetch 和 promise。

注意，在调用 client.getAlbums()之前，我们调用了 client.setToken()。如前所述，API 在 /api/albums 端点的请求中需要一个令牌。因为还没有在应用程序中实现登录和注销功能，所以我们在发出请求之前通过手动设置令牌进行作弊。此令牌与 server.js 期望的令牌相同：

routing/music/server.js

```
export const API_TOKEN = 'D6W69PRgCoDKgHZGJmRUNA';
```

最后，AlbumsContainer 组件的 render()方法会对 this.state.fetched 进行判断。如果还没有获取到数据，我们会渲染加载图标；否则，渲染 this.state.albums 中所有的专辑。

routing/music/client/src/components/AlbumsContainer.js

```
render() {
  if (!this.state.fetched) {
    return (
```

```
        <div className='ui active centered inline loader' />
      );
    } else {
      return (
        <div className='ui two column divided grid'>
          <div
            className='ui six wide column'
            style={{ maxWidth: 250 }}
          >
            {/* VerticalMenu 组件会在这里 */}
          </div>
          <div className='ui ten wide column'>
            {
              this.state.albums.map((a) => (
                <div
                  className='row'
                  key={a.id}
                >
                  <Album album={a} />
                </div>
              ))
            }
          </div>
        </div>
      );
    }
  }
```

第一个更新是添加在完整版应用程序中看到的垂直菜单。这个垂直菜单将允许我们选择想要查看的专辑。当垂直菜单中的专辑被选中时，该专辑应该被显示，且应用程序的位置需要更新到/albums/
:albumId。

9.3.4　使用 URL 参数

此时，App 组件正在渲染 TopBar 和 AlbumsContainer 组件：

routing/music/client/src/components/App.js

```
const App = () => (
  <div className='ui grid'>
    <TopBar />
    <div className='spacer row' />
    <div className='row'>
      <AlbumsContainer />
    </div>
  </div>
);
```

如我们所见，最终会有登录和注销页面。可以将 TopBar 组件保留在 App 组件中，因为我们希望 TopBar 组件出现在每个页面中。因为我们希望专辑列表页面出现在路由中，所以应该将 AlbumsContainer 组件嵌套在一个 Route 组件里。我们只会在/albums 位置上渲染它。这将为即将要添加的/login 和

/logout 做好准备。

首先在 App.js 中导入 Route 组件：

routing/music/client/src/components-complete/App-1.js

```
import React from 'react';

import { Route } from 'react-router-dom';
```

接着在/albums 路径上使用 Route 组件：

routing/music/client/src/components-complete/App-1.js

```
const App = () => (
  <div className='ui grid'>
    <TopBar />
    <div className='spacer row' />
    <div className='row'>
      <Route path='/albums' component={AlbumsContainer} />
    </div>
  </div>
);
```

现在，只有当我们在/albums 路径上访问应用程序时，AlbumsContainer 组件才会渲染。

我们会让 AlbumsContainer 组件渲染一个 VerticalMenu 子组件，并让父组件（AlbumsContainer 组件）将专辑列表传递给子组件（VerticalMenu 组件）。让我们首先编写 VerticalMenu 组件，然后再更新 AlbumsContainer 组件来使用它。

打开 src/components/VerticalMenu.js 文件，当前文件包含 VerticalMenu 组件的脚手架：

routing/music/client/src/components/VerticalMenu.js

```
import React from 'react';

import '../styles/VerticalMenu.css';

const VerticalMenu = ({ albums }) => (
  <div className='ui secondary vertical menu'>
    <div className='header item'>
      Albums
    </div>
    {/* 在这里渲染专辑菜单 */}
  </div>
);

export default VerticalMenu;
```

如我们所见，VerticalMenu 组件期望得到一个 albums 属性。我们会遍历 albums 属性，并为每个专辑渲染一个 Link 组件。首先，我们将从 react-router 库中导入 Link 组件：

routing/music/client/src/components-complete/VerticalMenu-1.js

```
import React from 'react';
```

```
import { Link } from 'react-router-dom';

import '../styles/VerticalMenu.css';
```

我们将使用 map() 方法来编写 Link 组件列表，每个 Link 组件的 to 属性是 /albums/:albumId：

routing/music/client/src/components-complete/VerticalMenu-1.js

```
const VerticalMenu = ({ albums }) => (
  <div className='ui secondary vertical menu'>
    <div className='header item'>
      Albums
    </div>
    {
      albums.map((album) => (
        <Link
          to={`/albums/${album.id}`}
          className='item'
          key={album.id}
        >
          {album.name}
        </Link>
      ))
    }
  </div>
);
```

我们将 className 设置为 item 用于样式显示，并使用 Semantic UI 的垂直菜单。

现在，当用户点击 VerticalMenu 组件的其中一个菜单项时，它会更新应用程序的位置。让我们更新 AlbumsContainer 组件来使用 VerticalMenu 组件，并根据应用程序的位置来渲染一个专辑。

打开 src/components/AlbumsContainer.js 文件，将 VerticalMenu 组件添加到导入列表中：

```
import Album from './Album';
import VerticalMenu from './VerticalMenu';
import { client } from '../Client';
```

然后，在 render() 方法中，我们会添加 VerticalMenu 组件，并将其嵌套在一列中。

routing/music/client/src/components-complete/AlbumsContainer-1.js

```
render() {
  if (!this.state.fetched) {
    return (
      <div className='ui active centered inline loader' />
    );
  } else {
    return (
      <div className='ui two column divided grid'>
        <div
          className='ui six wide column'
          style={{ maxWidth: 250 }}
        >
```

```
      <VerticalMenu
        albums={this.state.albums}
      />
    </div>
    <div className='ui ten wide column'>
```

 因为 VerticalMenu 组件不需要完整的专辑对象，所以像下面这样传递组件子集对象确实会更简洁：

```
[{ name: 'Madonna', id: '1DWWb4Q39mp1T3NgyscowF' }]
```

这也会使得 VerticalMenu 组件更加灵活，因为我们可以对它进行编写，使其成为任何项目列表的侧面菜单。

在 AlbumsContainer 的输出且在 VerticalMenu 组件旁边的列中，我们希望现在渲染单个专辑，而不是所有专辑的列表。我们知道 VerticalMenu 组件将根据/albums/:albumId 格式来修改位置。可以使用一个 Route 组件来匹配这个模式，并从 URL 中提取:albumId 参数。

在 AlbumsContainer.js 中，首先将 Route 组件添加到 AlbumsContainer 组件的导入列表中：

routing/music/client/src/components-complete/AlbumsContainer-1.js

```
import React, { Component } from 'react';

import { Route } from 'react-router-dom';
```

然后，在 VerticalMenu 组件下方的 div 标签内部的 render()函数中，我们将替换渲染所有专辑的 map()方法调用。相反，我们将定义一个带有 render 属性的 Route 组件。我们先来看它的全貌，然后再进行拆分：

routing/music/client/src/components-complete/AlbumsContainer-1.js

```
    <div className='ui ten wide column'>
      <Route
        path='/albums/:albumId'
        render={({ match }) => {
          const album = this.state.albums.find(
            (a) => a.id === match.params.albumId
          );
          return (
            <Album
              album={album}
            />
          );
        }}
      />
    </div>
```

path

我们匹配的字符串是/albums/:albumId。:是向 React Router 说明 URL 的这一部分是**动态参数**。

值得注意的是，**任何值**都会匹配这个动态参数。

render

我们将这个 Route 组件上的 render 属性设置成一个函数。Route 组件会使用一些参数（比如 match）来调用 render() 函数。稍后会进一步探讨 match。这里，我们对 match 的 params 属性更感兴趣。

Route 组件会从 URL 中提取所有动态参数，并将它们传递给 match.params 对象内的目标组件。 在本例中，params 将包含 albumId 属性，它对应于当前 URL（/albums/:albumId）中 ":albumId" 部分的值。

我们使用 find() 方法来获得匹配 params.albumId 的专辑，以渲染单个 Album。

用户现在可以使用 VerticalMenu 组件中的链接来修改应用程序的位置，接着 AlbumsContainer 组件会使用 Route 组件读取位置并提取所需的 albumId，以渲染所需的专辑。

试试看

保存 AlbumsContainer.js。如果应用程序还没有运行，则请确保使用 npm start 命令从顶级目录中启动它：

```
$ npm start
```

目前，当我们在浏览器中访问 http://localhost:3000 时，只有 TopBar 组件是可见的，见图 9-18。

图 9-18　根路径（/）没有任何匹配项

回想一下，在 App 组件中，我们将 AlbumsContainer 组件包装在模式为/albums 的 Route 组件中。因为它和/不匹配，所以 App 组件的主体仍是空的。

通过在浏览器的地址栏中手动输入/albums 路径来访问它，我们将看到 VerticalMenu 组件会渲染（见图 9-19）。

图 9-19 VerticalMenu 组件出现了

在 VerticalMenu 组件旁边的列中并没有渲染任何内容，因为该列正在等待一个匹配 /albums/:albumId 路径的 URL。点击其中一个专辑就会改变应用程序的位置（见图 9-20）。

图 9-20 选中一个专辑

现在总算取得了一些进展！虽然"Close"和"Logout"按钮仍不起作用，但我们可以在专辑之间进行切换，且应用程序在更新位置时不会刷新页面。

接下来让我们连接"Close"按钮。

9.3.5　将路径名作为 props 传递

在 Album.js 中，专辑的头部渲染了一个"Close"按钮：

routing/music/client/src/components-complete/Album-1.js

```
<div className='six wide column'>
  <p>
    {
      `By ${album.artist.name}
      - ${album.year}
      - ${album.tracks.length} songs`
    }
  </p>
  <div
    className='ui left floated large button'
  >
    Close
  </div>
```

要"关闭"专辑，需要将应用程序的位置从/albums/:albumId 更改为/albums。通过我们对路由的了解，在这一点上可以创建一个链接来处理此行为，如下所示：

```
// 有效的"Close"按钮
<Link
  to='/albums'
  className='ui left floated large button'
>
  Close
</Link>
```

这完全有效，但在为应用程序添加路由时我们必须要考虑其灵活性。

举个例子，如果我们想修改应用程序，使得专辑页面位于/位置而不是/albums 上，该怎么办呢？必须改变应用程序中对/albums 的所有引用。

更值得关注的是，如果想在应用程序的不同位置显示一个专辑，该怎么办呢？例如，我们可能在/artists/:artistId 位置添加艺术家页面。然后用户可以深入单个专辑，并打开 URL /artists/:artistId/albums/:albumId。在这种情况下，需要一个"Close"按钮来链接到/artists/:artistId，而不是/albums。

一种简单的保持灵活性的方法是将路径名作为 props 通过应用程序传递。下面来看这是如何运作的。

回想一下，在 App.js 中，我们为 AlbumsContainer 组件指定的路径是/albums：

routing/music/client/src/components-complete/App-1.js

```
<Route path='/albums' component={AlbumsContainer} />
```

我们刚刚看到 Route 组件调用了一个带有 match 参数的函数，且该函数作为 render 属性传递。Route 组件还在通过 component 属性渲染的组件上设置此属性。无论 Route 如何渲染其组件，它始终都会设置三个属性：

- match
- location
- history

根据 React Router 的文档，match 对象包含以下属性。

- params——（object）参数以键/值形式存储，并从路径中解析对应的 URL 动态段来获取。
- isExact——如果 URL 完全匹配，则为 true（不包含结尾字符）。
- path——（string）用于匹配的路径模式，对于构建嵌套的〈Route〉组件非常有用。
- url——（string）匹配部分的 URL，对于构建嵌套的〈Link〉组件非常有用。

我们感兴趣的是 path 属性。在 AlbumsContainer 组件内部，this.props.match.path 将是 /albums。

可以更新 AlbumsContainer 组件内包含 Album 的 Route 组件。之前，path 属性的值是/albums/:albumId。可以用 this.props.match.path 变量替换该路径的根目录（/albums）。

首先声明新变量 matchPath：

routing/music/client/src/components-complete/AlbumsContainer-2.js

```
render() {
  if (!this.state.fetched) {
    return (
      <div className='ui active centered inline loader' />
    );
  } else {
    const matchPath = this.props.match.path;
```

接着可以改变 Route 组件的 path 属性来使用这个变量：

routing/music/client/src/components-complete/AlbumsContainer-2.js

```
<div className='ui ten wide column'>
  <Route
    path={`${matchPath}/:albumId`}
    render={({ match }) => {
      const album = this.state.albums.find(
        (a) => a.id === match.params.albumId
      );
      return (
```

使用这种方法，AlbumsContainer 组件不会对它的位置做任何假设。例如，我们可以更新 App 组件，使 AlbumsContainer 组件在位置/匹配，而不是在/albums 上，且 AlbumsContainer 组件将不需要任何更改。

我们希望 Album 组件中的 "Close" 按钮链接到相同的路径。"关闭" 一个专辑意味着需要将位置更改回/albums。让我们将 matchPath 属性向下传递给 Album 组件：

routing/music/client/src/components-complete/AlbumsContainer-2.js

```
return (
  <Album
    album={album}
    albumsPathname={matchPath}
  />
);
```

接着在 Album.js 中，可以从 props 对象中提取 albumsPathname 属性：

routing/music/client/src/components-complete/Album.js

```
const Album = ({ album, albumsPathname }) => (
```

现在，可以将 div 元素更改为 Link 组件，并将 to 属性设置为 albumsPathname：

routing/music/client/src/components-complete/Album.js

```
<div className='six wide column'>
  <p>
    {
      `By ${album.artist.name}
      - ${album.year}
      - ${album.tracks.length} songs`
    }
  </p>
  <Link
    to={albumsPathname}
    className='ui left floated large button'
  >
    Close
  </Link>
```

让我们对 VerticalMenu 组件采用相同的处理方式。切换回 AlbumsContainer.js，把 albumsPathname 属性传递给 VerticalMenu 组件：

routing/music/client/src/components-complete/AlbumsContainer-2.js

```
<div
  className='ui six wide column'
  style={{ maxWidth: 250 }}
>
  <VerticalMenu
    albums={this.state.albums}
    albumsPathname={matchPath}
  />
</div>
```

下面可以用这个属性来修改 Link 组件的 to 属性：

routing/music/client/src/components-complete/VerticalMenu-2.js

```
const VerticalMenu = ({ albums, albumsPathname }) => (
  <div className='ui secondary vertical menu'>
    <div className='header item'>
      Albums
    </div>
    {
      albums.map((album) => (
        <Link
          to={`${albumsPathname}/${album.id}`}
          className='item'
          key={album.id}
        >
          {album.name}
        </Link>
      ))
    }
  </div>
);
```

通过隔离指定位置的路径名，可以使应用程序在未来的路由更改中变得更加灵活。在这次更新中，我们唯一需要在应用程序中指定/albums 的位置是 App 组件。

试试看

保存 Album.js，并在应用程序运行后访问/albums。点击一个专辑来打开它，接着点击"Close"按钮，它将通过把位置更改回/albums 来进行关闭。

"Close"按钮能正常工作后，在继续实现登录和注销功能之前，我们可以对界面进行改进。

当一个专辑打开时，如果侧边栏能显示哪个专辑是活动的就好了（见图 9-21）。

图 9-21   VerticalMenu 组件使用浅色的高亮来显示哪个专辑处于活动状态

下面来实现这个功能。

9.3.6 使用 NavLink 组件实现动态菜单项

目前，垂直菜单中的所有菜单项都有 item 类。在 Semantic UI 的垂直菜单中，可以将活动项的类设置为 active item 使其高亮显示。

如何知道一张专辑是否为"活动"状态？此状态会在 URL 中维护。如果专辑的 id 与 URL 中的 :albumId 匹配，我们就知道该专辑是活动的。

鉴于此，可以提出以下解决方案：

```
albums.map((album) => {
  const to = `${albumsPathname}/${album.id}`;
  const active = window.location.pathname === to;
  return (<Link
    to={to}
    className={active ? 'active item' : 'item'}
    key={album.id}
  >
    {album.name}
  </Link>
  )
})
```

我们通过浏览器的 window.location API 获取 URL 的路径名。如果浏览器的位置与链接的位置匹配，则将链接的类设置为 active item。

设计活动链接的样式是一个常见的需求。虽然上面的解决方案可以正常工作，但 react-router 提供了一个内置的策略来处理这种情况。

可以使用另一个链接组件——NavLink。NavLink 组件是 Link 组件的一个特殊版本，旨在解决这个问题。当 NavLink 组件的目标位置与当前 URL 匹配时，它会将样式属性添加到被渲染的元素中。

可以这样使用 NavLink 组件：

routing/music/client/src/components-complete/VerticalMenu-3.js

```
<NavLink
  to={`${albumsPathname}/${album.id}`}
  activeClassName='active'
  className='item'
  key={album.id}
>
```

当 NavLink 组件上的 to 属性匹配当前位置时，应用到元素上的类会是 className 和 activeClassName 的组合。在这里它将按需渲染 active item 类。

然而在本例中无须设置 activeClassName 属性。因为 activeClassName 的默认值就是 'active' 字符串，所以我们可以将其忽略。

在文件顶部导入 NavLink 组件：

routing/music/client/src/components-complete/VerticalMenu.js

```
import { NavLink } from 'react-router-dom';
```

然后把 Link 组件换成 NavLink 组件：

routing/music/client/src/components-complete/VerticalMenu.js

```
const VerticalMenu = ({ albums, albumsPathname }) => (
  <div className='ui secondary vertical menu'>
    <div className='header item'>
      Albums
    </div>
    {
      albums.map((album) => (
        <NavLink
          to={`${albumsPathname}/${album.id}`}
          className='item'
          key={album.id}
        >
          {album.name}
        </NavLink>
      ))
    }
  </div>
);
```

NavLink 组件使链接样式化变得简单。当你需要此功能时，请使用 NavLink 组件，但不需要时，请坚持使用 Link 组件。

1. 试试看

保存 VerticalMenu.js。在浏览器中，垂直菜单会以灰色背景来反映活动的专辑，见图 9-22。

图 9-22　菜单中高亮显示的活动专辑

在继续实现登录和注销功能之前，让我们处理最后一件事。AlbumsContainer 组件匹配的位置是 /albums。当用户访问/时，如果他们被重定向到/albums 就好了。下面就把这个功能加上。

2. 为根路径添加重定向

在 App.js 中，首先导入 Redirect 组件：

routing/music/client/src/components-complete/App-3.js

```
import { Route, Redirect } from 'react-router-dom';
```

然后就可以将 Redirect 组件添加到 App 组件的输出中。我们希望 Route 组件**精确地**匹配/路径：

routing/music/client/src/components-complete/App-3.js

```
<div className='row'>
  <Route path='/albums' component={AlbumsContainer} />

  <Route exact path='/' render={() => (
    <Redirect
      to='/albums'
    />
  )} />
</div>
```

回想一下，这里的 exact 属性是必要的。否则，模式/将与每个路由匹配，包括/albums 和/login。

3. 试试看

保存 App.js。在浏览器中访问/路径，位置会重定向到/albums，且专辑列表的垂直菜单会渲染。

我们已看到一些 React Router 的组件在稍微复杂一点的界面中工作：

- 将一个组件与一个动态 URL 进行匹配；
- 使用 match 参数中的一些属性，并设置到 Route 组件的目标组件上；
- 将/albums 路径名从 App 组件向下传递到子组件，这是一个最佳实践；
- 使用 NavLink 组件渲染样式化的链接元素。

让我们更进一步。在下一节，我们将为应用程序实现一个伪身份验证系统；探讨一种策略，在用户没有登录的情况下，它可以很好地防止他们访问某些位置。

9.4　支持身份验证的路由

如之前我们在研究 API 端点/api/albums 时所见，这个端点需要一个令牌才能访问。目前，我们是通过 getAlbums()方法在每个请求发出之前手动设置令牌来作弊的：

routing/music/client/src/components-complete/AlbumsContainer-2.js

```
getAlbums = () => {
  client.setToken('D6W69PRgCoDKgHZGJmRUNA');
  client.getAlbums(ALBUM_IDS)
```

为了模拟更真实的身份验证流程，我们需要从客户端应用程序中删除令牌的字符串文本。我们应该让应用程序向 API 的/api/login 端点发出请求。如我们所见，为了简单起见，API 不需要用户名或密码。但是，为了模拟实际的登录端点，它需要返回一个令牌。我们可以在本地存储该令牌，并在后续请求中使用它。

9.4.1 Client 库

与应用程序一起打包的是一个客户端库，它位于 client/src/Client.js 中。Client 库拥有与服务器 API 交互所需的所有方法。

Client 库有一个 login()方法，它会执行对/api/login 的请求并存储令牌。login()函数会执行该请求，并检查以确保它返回的是预期的 201 状态码，接着解析 json 响应值，然后使用 setToken()函数存储令牌：

routing/music/client/src/Client.js

```
login() {
  return fetch('/api/login', {
    method: 'post',
    headers: {
      accept: 'application/json',
    },
  }).then(this.checkStatus)
    .then(this.parseJson)
    .then((json) => this.setToken(json.token));
}
```

setToken()会将令牌存储在 localStorage 中：

routing/music/client/src/Client.js

```
setToken(token) {
  this.token = token;

  if (this.useLocalStorage) {
    localStorage.setItem(LOCAL_STORAGE_KEY, token);
  }
}
```

当应用程序加载时，Client 首先尝试从 localStorage 加载令牌。令牌会被无限期地保存在 localStorage 中，且不会过期。因此，用户只有在执行注销时才会退出应用程序。

可以使用 Client 库实现的 logout()函数来完成注销：

routing/music/client/src/Client.js

```
logout() {
  this.removeToken();
}
```

removeToken()函数会让令牌无效，并将其从 localStorage 中移除：

routing/music/client/src/Client.js

```
removeToken() {
  this.token = null;

  if (this.useLocalStorage) {
    localStorage.removeItem(LOCAL_STORAGE_KEY);
  }
}
```

了解了我们将要使用的 Client 库的函数之后，让我们首先添加一个新的登录组件。

9.4.2 实现登录功能

正如我们在应用程序的完整版本中看到的那样，Login 组件只显示一个 "Login" 按钮。点击此按钮将触发登录过程。我们希望在登录过程中显示加载指示器（见图 9-23）。

图 9-23 点击 Login 组件的 "Login" 按钮

打开 Login.js，此文件包含登录组件的脚手架。我们将使用状态属性 loginInProgress 来表示登录是否正在进行；使用状态中的另一个属性 shouldRedirect 来表示登录过程是否已完成，以及组件是否应该重定向到/albums。下面我们声明初始状态和 performLogin()函数：

routing/music/client/src/components-complete/Login-1.js

```
class Login extends Component {
  state = {
    loginInProgress: false,
    shouldRedirect: false,
  };

  performLogin = () => {
    this.setState({ loginInProgress: true });
    client.login().then(() => (
      this.setState({ shouldRedirect: true })
    ));
  };
```

我们将 loginInProgress 和 shouldRedirect 状态属性的初始值设置为 false。

在 performLogin() 函数中，我们首先将 loginInProgress 的值转换为 true。当 client.login() 执行完时，我们将 shouldRedirect 状态属性的值转换为 true。无须将 loginInProgress 的值改回 false，因为组件不管怎样都会立即重定向。

在 render() 函数中，我们首先检查组件是否应该重定向。如果需要，则渲染一个 Redirect 组件。否则，可以使用 loginInProgress 来决定是显示“Login”按钮还是显示加载指示器：

routing/music/client/src/components-complete/Login-1.js

```
render() {
  if (this.state.shouldRedirect) {
    return (
      <Redirect to='/albums' />
    );
  } else {
    return (
      <div className='ui one column centered grid'>
        <div className='ten wide column'>
          <div
            className='ui raised very padded text container segment'
            style={{ textAlign: 'center' }}
          >
            <h2 className='ui green header'>
              Fullstack Music
            </h2>
            {
              this.state.loginInProgress ? (
                <div className='ui active centered inline loader' />
              ) : (
                <div
                  className='ui large green submit button'
                  onClick={this.performLogin}
                >
                  Login
                </div>
              )
            }
          </div>
        </div>
      </div>
    );
  }
}
```

保存 Login.js。为了测试 Login 组件，我们需要添加 Logout 组件。

注销不需要 API 请求，只需调用 client.logout() 函数，它会立即删除本地存储的令牌。可以在 constructor() 函数中执行这个调用。接着我们将重定向到登录路径，即 /login。

首先，在 Logout.js 中，从 react-router 库导入 Redirect 组件：

routing/music/client/src/components-complete/Logout.js

```
import React, { Component } from 'react';

import { Redirect } from 'react-router-dom';
```

接着将填写 Logout 组件：

routing/music/client/src/components-complete/Logout.js

```
class Logout extends Component {

  constructor(props) {
    super(props);

    client.logout();
  }

  render() {
    return (
      <Redirect
        to='/login'
      />
    );
  }
}
```

保存 Logout.js。完成 Login 和 Logout 组件后，只需将它们添加到 App 组件中即可。
首先需要导入组件：

```
// `App.js`顶部
import TopBar from './TopBar';
import AlbumsContainer from './AlbumsContainer';
import Login from './Login';
import Logout from './Logout';
```

然后为它们添加 Route 组件：

routing/music/client/src/components-complete/App-4.js

```
<div className='row'>
  <Route path='/albums' component={AlbumsContainer} />

  <Route path='/login' component={Login} />
  <Route path='/logout' component={Logout} />

  <Route exact path='/' render={() => (
    <Redirect
      to='/albums'
    />
  )} />
</div>
```

最后从 AlbumsContainer 组件的 getAlbums() 函数中删除手动对 setToken() 函数的调用：

```
getAlbums() {
  client.setToken('D6W69PRgCoDKgHZGJmRUNA');
  client.getAlbums(ALBUM_IDS)
  // ...
};
```

保存 AlbumsContainer.js。删除 setToken() 后，现在可以测试登录功能是否正常。当我们在/login 位置点击 "Login" 按钮时，它应该会触发对/api/login 的 API 调用并设置响应中返回的令牌。

TopBar 组件负责渲染页面顶部的菜单栏。因为我们一直都是登录着的，所以最右边的按钮会显示 "Logout"。TopBar 组件使用 Client 库中的 isLoggedIn() 函数来检查用户是否已登录。这个函数会检查令牌是否存在，我们将根据这个布尔值来决定是渲染 "Login" 链接还是 "Logout" 链接。

routing/music/client/src/components/TopBar.js

```
<div className='right menu'>
  {
    client.isLoggedIn() ? (
      <Link className='ui item' to='/logout'>
        Logout
      </Link>
    ) : (
      <Link className='ui item' to='/login'>
        Login
      </Link>
    )
  }
</div>
```

考虑到这一点，下面来测试这个应用程序。

试试看

我们将采取一些步骤来确保登录和注销能正常工作。

(1) 在/albums 位置加载页面，可以看到所有的专辑。在页面的右上角，可以看到 "Logout" 按钮。

(2) 点击 "Logout" 按钮，页面应该被重定向到/login。

(3) 不点击 "Login" 按钮，手动输入/albums 路径。

注销后，当我们访问/albums 时，会在页面上看到一个旋转器图标无限期地转圈（见图 9-24）。

图 9-24　页面无限期地挂着

打开控制台，可以看到应用程序正在抱怨它收到了一个从 API 返回的 403 错误（见图 9-25）。

图 9-25　控制台错误

太好了。API 拒绝了我们的请求，因为它没有包含令牌。Logout 组件完成了它的工作并删除了令牌。

现在，我们应该能够登录并再次查看这个页面。

(1) 点击右上角的 "Login" 按钮。

(2) 在/login 页面，点击 "Login" 按钮。

(3) 页面将被重定向到/albums。现在应该可以再次看到专辑了。

应用程序快完成了! 我们正在向一个真实的身份验证流程靠拢,但还需确定一个需要改进的地方。当用户没有登录就访问/albums 时,应用程序会静默失败。相反,我们应该将用户重定向到/login。

如果用户访问另一个页面(比如/albums/1DWWb)会发生什么呢? 在这个实例中,我们也应该将用户重定向到/login。当登录完成时,最好的体验是我们将用户重定向到他们原来的位置(/albums/1DWWb)。

我们将依次讨论这些问题。

9.4.3　PrivateRoute 高阶组件

如果用户访问了/albums 下的一个页面,但没有登录,我们希望将其重定向到登录页面。

可以使用客户端库中的 isLoggedIn() 函数在 AlbumsContainer 组件中实现类似的东西:

```
// 在 AlbumsContainer 组件中
render() {
  // 这样做就可以了
  if (!client.isLoggedIn()) {
    return (
      <Redirect to='/login' />
    );
  }
}
```

这对于现在的目的来说是可行的。但是,随着应用程序的增长,我们可能需要许多页面及其组成组件来包装这个重定向。

这就是 React Router 的**可组合性**派上用场的地方。因为 React Router 中的所有东西都是组件,所以我们可以编写**高阶组件**,将 React Router 的元素封装在自定义的功能中。

高阶组件是包装了另一个组件的 React 组件。这个模式是扩展或更改现有组件功能的一种强大机制。

如我们在编写 Route 组件时所见,它就是高阶组件的一个示例。

在本例中,我们可以编写一个新组件: PrivateRoute。PrivateRoute 组件会像我们自己定制风格的 Route 组件。我们将看到,我们将使用它来扩展和聚焦 Route 组件的功能。在应用程序中任何需要 Route 组件断言用户已登录的地方,都可以使用 PrivateRoute 组件进行替换。在底层,它将同时使用 Route 组件和 Redirect 组件进行操作。

打开 App.js,让我们导入并使用 PrivateRoute 组件以查看其用法,然后构建该组件。

在 App.js 的顶部导入它:

routing/music/client/src/components-complete/App-5.js

```
import TopBar from './TopBar';
import PrivateRoute from './PrivateRoute';
import AlbumsContainer from './AlbumsContainer';
import Login from './Login';
import Logout from './Logout';
```

我们希望 PrivateRoute 组件具有与 Route 组件相同的接口。/albums 是唯一需要用户登录的路由。对于/albums，我们将把 Route 组件换成 PrivateRoute 组件：

routing/music/client/src/components-complete/App-5.js

```
<Switch>
  <PrivateRoute path='/albums' component={AlbumsContainer} />
  <Route path='/login' component={Login} />
  <Route path='/logout' component={Logout} />
```

打开 PrivateRoute.js，该组件的脚手架已存在。

同样，高阶组件是返回包装了新功能的组件的函数。为了理解这一点，让我们考虑一下如果 PrivateRoute 组件所做的只是返回 Route 组件，它会是什么样子。这个实现将与直接使用 Route 组件相同：

routing/music/client/src/components-complete/PrivateRoute-1.js

```
const PrivateRoute = (props) => (
  <Route {...props} />
);
```

在本例中，PrivateRoute 组件返回了一个 Route 组件，并将其所有属性传递给 Route 组件。这个版本的 PrivateRoute 组件不是很有用，却是高阶组件的最简单实现。

因为 PrivateRoute 组件所做的一切只是渲染 Route 组件，如果我们现在保存 PrivateRoute.js 并重新加载应用程序，一切都会像以前一样工作。

我们最终想要做的是让 PrivateRoute 组件渲染提供给它的组件（component 属性），并在用户没有登录时重定向。如下所示：

routing/music/client/src/components-complete/PrivateRoute-2.js

```
const PrivateRoute = (props) => (
  <Route {...props} render={(props) => (
    client.isLoggedIn() ? (
      // 渲染属性组件
      todo
    ) : (
      // 渲染重定向
      todo
    )
  )} />
);
```

我们像以前一样把所有的属性传递给 Route 组件。但这次，我们指定了一个 render() 函数。请记住，可以在 Route 组件上设置 component 属性，也可以传递一个函数给 render 属性。

在这个 render() 函数中，我们将使用 client.isLoggedIn() 函数进行判断。这个布尔值将告诉我们应该渲染传递给 PrivateRoute 的组件还是执行重定向。

这里有一种方法。首先，可以使用解构语法来获取参数：

routing/music/client/src/components-complete/PrivateRoute-3.js

```
const PrivateRoute = ({ component, ...rest }) => (
```

我们获取了 component 属性，然后使用扩展语法获取...rest，它用来设置 PrivateRoute 组件的所有其他的属性。

接下来把所有的属性（rest）传递给 Route 组件：

routing/music/client/src/components-complete/PrivateRoute-3.js

```
const PrivateRoute = ({ component, ...rest }) => (
  <Route {...rest} render={(props) => (
```

如果用户已登录，我们希望渲染该组件：

routing/music/client/src/components-complete/PrivateRoute-3.js

```
  <Route {...rest} render={(props) => (
    client.isLoggedIn() ? (
      React.createElement(component, props)
    ) : (
```

否则要执行重定向：

routing/music/client/src/components-complete/PrivateRoute-3.js

```
    ) : (
      <Redirect to={{
        pathname: '/login',
      }} />
    )
```

完整的 PrivateRoute 组件如下所示：

routing/music/client/src/components-complete/PrivateRoute-3.js

```
const PrivateRoute = ({ component, ...rest }) => (
  <Route {...rest} render={(props) => (
    client.isLoggedIn() ? (
      React.createElement(component, props)
    ) : (
      <Redirect to={{
        pathname: '/login',
      }} />
    )
  )} />
);
```

保存 PrivateRoute.js。因为已在 App 组件中使用 PrivateRoute 组件来匹配/albums 端点，所以我们已准备好在浏览器中进行测试。

 刚开始接触高阶组件会很难理解。如果你在使用 PrivateRoute 组件时遇到困难，我们建议你稍后再返回到此组件并进行尝试。

试试看

在应用程序打开的情况下，执行以下步骤以验证一切是否正常：

(1) 点击右上角的"Logout"按钮；

(2) 页面被重定向到/login；

(3) 现在，当访问/albums 时，应用程序应该会重定向到/login；

(4) 当我们登录时，页面将被重定向到/albums，且这一次它能正常渲染。

我们差不多完成了所有的事情。如果再完成我们提到过的最后一件事情就更好了。

9.4.4　Redirect 组件的状态

如果用户因为没有登录而无法访问站点上的页面，那么我们需要将其重定向到/login。当用户登录后，我们应该把他们重定向回其来源页面。为了做到这一点，Login 组件需要一些方法来知道用户来自哪里。

React Router 的 Redirect 组件允许我们在执行重定向时设置一些状态，该状态将在下一个位置可用。可以让 PrivateRoute 组件中的 Redirect 组件根据用户的位置设置此状态。我们将看到如何让 Login 组件从该状态读取信息，以确定将用户发送到何处。

打开 PrivateRoute.js。在 Redirect 组件中传递此 state，如下所示：

routing/music/client/src/components-complete/PrivateRoute.js

```
<Redirect to={{
  pathname: '/login',
  state: { from: props.location },
}} />
```

可以任意设置这个状态。在重定向之前，我们将 from 属性设置为应用程序的位置。因此，如果用户试图访问/albums/1DWWb4Q39mp1T3NgyscowF，那么 state.from 会被设置为这个值。

下面在 Login.js 中使用这个状态来确定用户登录后的重定向位置。

该 state 将在 Route 组件提供的 location 属性下可用。让我们在 Login 组件上创建一个新的类函数 redirectPath()，并调用它来读取以下状态：

routing/music/client/src/components-complete/Login.js

```
redirectPath = () => {
  const locationState = this.props.location.state;
  const pathname = (
    locationState && locationState.from && locationState.from.pathname
  );
  return pathname || '/albums';
};

render() {
```

这个函数读取位置的 state 变量。如果它看到一个 from 属性，那么它将返回该字符串。否则，它将默认为/albums。

现在可以在 Redirect 组件中使用它：

routing/music/client/src/components-complete/Login.js

```
if (this.state.shouldRedirect) {
  return (
    <Redirect to={this.redirectPath()} />
```

试试看

现在重定向中包含了状态，注销的用户在登录后将被重定向到他们试图访问的页面。

为了测试这一点，我们需要在浏览器中执行以下操作。

(1) 访问其中一个专辑。

(2) 复制完整的 URL（例如 http://localhost:3000/albums/23O4F21GDWiGd33tFN3ZgI ）。

(3) 点击 "Logout" 按钮。

(4) 粘贴完整的 URL 并按回车键（也可以点击后退按钮）。

(5) 浏览器试图访问一个受 PrivateRoute 组件保护的页面，页面会被重定向到/login。

(6) 点击 "Login" 按钮。

(7) 登录完成后，页面会被重定向到我们试图访问的位置，而不是被重定向到/albums。

9.5　回顾一下

在本章中，我们了解了如何使用 React Router 中的组件为 Web 应用程序提供快速、JavaScript 驱动的导航。当用户在浏览网站时，我们可以防止用户的浏览器做完整的页面加载。我们可以构建可共享且对用户友好的 URL，而应用程序所增加的复杂性很小。

React Router 的声明式组件驱动范式在路由领域是独一无二的。虽然这通常意味着我们必须重新思考如何处理路由的解决方案，但好处是我们使用的是熟悉的 React 组件。这限制了 React Router 的 API 数量，并最大程度地减少了 "魔法"。

进一步阅读

React Router 文档[①]包含了有关 React Router 的各种概念的几个重点示例。在撰写本文时，示例包括一些常见的模式，如查询参数和模糊路由匹配。所有这些例子都建立在本章的基础之上。

---

① 参见 REACT TRAINING 网站的 REACT TRAINING/REACT ROUTER 页面。

第二部分

## 第 10 章

Flux 和 Redux 介绍

10.1 Flux 诞生的原因

到目前为止，我们已在项目中管理了 React 组件内部的状态。顶级的 React 组件管理着主状态。在这种类型的数据架构中，数据向下流向子组件。为了改变状态，子组件需要通过调用属性函数将事件向上传递给父组件。任何状态的变化都发生在顶级组件，然后再向下流动。

使用 React 组件管理应用程序状态适用于各种应用程序。然而，随着应用程序的规模和复杂性的增长，在 React 组件内部管理状态（或组件状态范式）会变得很麻烦。

一个常见的痛点是**用户交互和状态更改之间的紧耦合**。对于复杂的 Web 应用程序，通常单个用户交互可以影响状态的许多不同且离散的部分。

例如，考虑一个管理电子邮件的应用程序。点击电子邮件会影响以下几个方面：

(1) 将 "收件箱视图"（电子邮件列表）替换为 "电子邮件视图"（用户点击的电子邮件）；
(2) 将电子邮件标记为本地已读；
(3) 本地减少总未读计数器；
(4) 更改浏览器的 URL；
(5) 发送 Web 请求以将电子邮件在服务器上标记为已读。

顶级组件中处理用户点击电子邮件的函数必须描述发生的所有状态变化，这将使得单个函数负载大量的复杂性和职责。通过所有这些逻辑来管理应用程序状态树的许多不同部分可能会使这些更新变得难以管理且容易出错。

Facebook 在其应用程序中已遇到了这个问题以及其他架构问题。这促使他们发明了 Flux。

10.1.1 Flux 是一种设计模式

Flux 是一种设计模式。在 Facebook，Flux 的前身是另一种设计模式，即模型–视图–控制器（Model-View-Controller，MVC）。MVC 是在桌面和 Web 应用程序中流行的一种设计模式。

在 MVC 中，用户与视图的交互会触发控制器中的逻辑。控制器指示模型如何进行更新。模型更新后，视图将重新渲染。

虽然 React 不像传统的 MVC 实现那样拥有三个独立的 "角色"，但它在用户交互和状态更改之间存在着相同的耦合。

10.1.2　Flux 概述

Flux 设计模式由四个部分组成，构成了单向的数据管道（见图 10-1）。

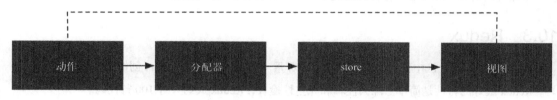

图 10-1　Flux 示意图

视图分派用于描述所发生事件的**动作**。store 接收这些动作并决定应该进行哪些状态更改。在状态更新后，新状态将推送到视图中。

回到电子邮件示例，在 Flux 中不再有一个单独的函数来处理电子邮件的点击事件，用于描述所有状态变化。相反，React 会通知 store（通过一个动作）用户点击了电子邮件。接下来的几章将介绍，我们可以通过组织 store 使得状态的每个独立部分都有自己处理更新的逻辑。

除了解耦交互处理和状态更改之外，Flux 还有以下一些优点。

拆分状态管理逻辑

当状态树的各个部分变得相互依赖时，应用程序中的大多数状态通常会汇总到顶级组件中。Flux 减轻了顶层组件对状态管理的责任，并允许你将状态管理分解为隔离的、较小的且可测试的部分。

React 组件更简单

某些状态由组件管理会更好，比如鼠标悬停时激活某些按钮。但通过外部来管理所有其他状态，可以使 React 组件变成简单的 HTML 渲染函数，这使得它们变得更小、更易于理解且更易于组合。

状态树和 DOM 树之间不匹配

通常，我们希望用不同于显示方式的表示来存储状态。例如，我们可能想让应用程序存储一条消息（createdAt）的时间戳，但在视图中想要显示一种更加人性化的表示形式，比如"23 分钟前"。我们将看到 Flux 使我们能够在向 React 组件提供状态之前执行这些计算，而不是让组件拥有所有用于**派生数据**的计算逻辑。

下一章将深入研究复杂应用程序的设计以体现这些优势。在此之前，我们将在一个基本的应用程序中实现 Flux 设计模式，这样就可以回顾 Flux 的基本原理。

10.2　Flux 实现

Flux 是一个设计模式，而不是一个特定的库或实现。Facebook 已开源了他们使用的库[①]。这个库

---

① 参见 GitHub 网站的 facebook/flux 页面。

提供了一个分配器和一个 store 的接口，我们可以在应用程序中使用。

但 Facebook 的实现并不是唯一的选择。自 Facebook 开始与社区共享 Flux 以来，社区也做出了回应，并编写了大量不同的 Flux 实现[①]。开发人员有许多令人信服的选择。

虽然可用的选项非常多，但社区出现了一个受喜欢的实现：Redux。

10.3　Redux

Redux 在 React 社区中获得了广泛的欢迎和尊重。该库甚至赢得了 Flux 创作者的认可。

Redux 最好的特性是简单。除去注释和完整性检查，Redux 大约只有 100 行代码。

由于其简单性，在本章我们将自己实现 Redux 核心库。我们将使用小型示例应用程序来查看所有内容是如何结合在一起的。

接下来的章节中将在此基础上构建一个功能丰富的消息传递应用程序，该应用程序与 Facebook 类似。我们将看到使用 Redux 作为应用程序的框架是如何让应用程序能够处理不断增加的功能复杂性的。

Redux 的关键思想

在本章中，我们将熟悉 Redux 的每个关键思想，具体如下所示：

- 应用程序的所有数据都在一个名为**状态**的数据结构中，状态保存在 **store** 中；
- 应用程序从 store 中读取**状态**；
- **状态**永远不会在 store 外直接改变；
- 视图会发出描述所发生事件的**动作**；
- 将旧的**状态**和**动作**通过一个函数（reducer）进行组合来创建**新状态**。

目前这些关键思想可能有点晦涩难懂，但你会在本章中逐步理解它们。

 本章的其余部分将涉及 Redux。因为 Redux 是 Flux 的一个实现，所以许多适用于 Redux 的概念同样也适用于 Flux。

虽然 Flux 的创建者认可 Redux，但 Redux 并不是严格的 Flux 实现。可以在 Redux 网站上阅读其中的细微差别。

10.4　构建一个计数器

我们将通过构建一个简单的计数器来探索 Redux 的核心思想。现在，我们只关注 Redux 和状态管理。稍后将介绍 Redux 是如何连接到 React 视图的。

10.4.1　准备

在本书代码中，请导航到 redux/counter 目录：

───────────

① 参见 GitHub 网站的 voronianski/flux-comparison 页面。

```
$ cd redux/counter
```

计数器的所有代码都将放入 app.js 中。

因为一开始关注的是 Redux 和状态管理,所以我们将在终端而不是浏览器中运行代码。

这两个项目的 package.json 都包含 babel-cli 包。如之后的"**试试看**"部分中指出的,我们将使用 babel-cli 附带的 babel-node 命令来运行代码示例:

```
# 使用'babel-node'命令在终端中运行代码的例子
$ ./node_modules/.bin/babel-node app.js
```

下面在 redux/counter 目录中运行 npm install 来安装 babel-cli:

```
$ npm install
```

10.4.2　概述

我们的状态将是一个数字,它从 0 开始,而动作将是**增加**或**减少**该状态。从 Redux 示意图中,可以知道视图层会将这些动作发送到 store(见图 10-2)。

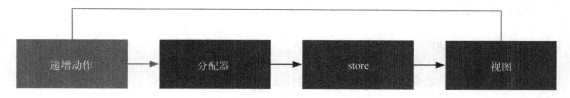

图 10-2　视图发送递增动作

当 store 接收到来自视图的动作时,它会使用一个 reducer 函数来处理动作。store 会为 reducer 函数提供当前的状态和动作。reducer 函数会返回新的状态:

```
// store 会从视图接收动作
state = reducer(state, action);
```

例如,考虑一个当前状态为 5 的 store。它接收一个递增的动作,并使用它的 reducer 推导出下一个状态(见图 10-3)。

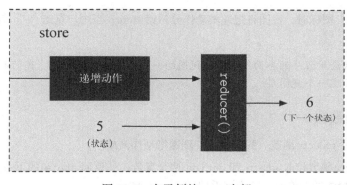

图 10-3　在示例的 store 内部

我们将通过构建 Redux 的 reducer 来开始构建计数器，然后将逐步了解 Redux store。store 是状态的维护者，它接收动作并使用 reducer 来确定状态的下一个版本。

 虽然我们从状态（一个数字）的简单表示开始，但下一章将处理更复杂的状态。

10.4.3　计数器的动作

我们知道计数器的 reducer 函数会接收两个参数——state（状态）和 action（动作），且计数器的状态是一个整数。但动作在 Redux 中如何表示呢？

Redux 中的动作是对象，且始终有一个 type 属性。

递增动作对象如下所示：

```
{
  type: 'INCREMENT',
}
```

递减动作对象如下所示：

```
{
  type: 'DECREMENT',
}
```

可以想象这个计数器应用程序的简单界面是什么样的，见图 10-4。

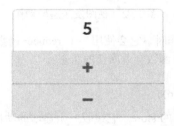

图 10-4　计数器页面的例子

当用户点击 "+" 图标时，视图将把递增动作分派给 store；当用户点击 "−" 图标时，视图将把递减动作分派给 store。

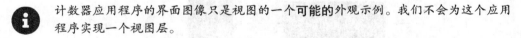 计数器应用程序的界面图像只是视图的一个**可能的**外观示例。我们不会为这个应用程序实现一个视图层。

10.4.4　递增计数器

让我们开始编写 reducer 函数。我们将从处理递增动作开始。

计数器的 reducer 函数接收 state 和 action 两个参数，并返回 state 的下一个版本。当 reducer 接收到一个 INCREMENT 的动作时，它应该返回 state + 1。

在 app.js 中，我们为计数器的 reducer 添加代码：

redux/counter/complete/initial-reducer.js

```
function reducer(state, action) {
  if (action.type === 'INCREMENT') {
    return state + 1;
  } else {
    return state;
  }
}
```

如果 action.type 的值是 INCREMENT，那么我们返回递增后的状态；否则，reducer 返回未修改的状态。

你可能想知道，如果 reducer 接收到无法识别的 action.type，那么引发错误是否是一个更好的想法呢？

下一章将介绍 **reducer 组合**如何将状态管理"分解"为更小且更聚焦的函数。这些更小的 reducer 可能只处理应用程序中的状态和动作的一个子集。因此，如果它们接收到无法识别的动作，应该忽略该动作并返回未修改的状态。

试试看

在 app.js 的底部，让我们添加一些代码来测试 reducer。

我们将调用 reducer，并传入一些整数作为状态，然后查看 reducer 是如何增加数字的。如果我们传入一个未知的动作类型，reducer 则返回未修改的状态：

redux/counter/complete/initial-reducer.js

```
const incrementAction = { type: 'INCREMENT' };

console.log(reducer(0, incrementAction)); // -> 1
console.log(reducer(1, incrementAction)); // -> 2
console.log(reducer(5, incrementAction)); // -> 6

const unknownAction = { type: 'UNKNOWN' };

console.log(reducer(5, unknownAction)); // -> 5
console.log(reducer(8, unknownAction)); // -> 8
```

保存 app.js，并使用 ./node_modules/.bin/babel-node 命令运行该程序：

```
$ ./node_modules/.bin/babel-node app.js
```

输出应该如下所示：

```
1
2
6
5
8
```

10.4.5   递减计数器

同样，递减 action 对象有一个 type 是 DECREMENT：

```
{
  type: 'DECREMENT',
}
```

为了支持递减动作，我们在 reducer 中添加了另一个子句：

redux/counter/complete/initial-reducer-w-dec.js

```
function reducer(state, action) {
  if (action.type === 'INCREMENT') {
    return state + 1;
  } else if (action.type === 'DECREMENT') {
    return state - 1;
  } else {
    return state;
  }
}
```

试试看

在 app.js 的底部，且在我们分派递增动作的代码下面，添加一些代码来分派递减动作：

redux/counter/complete/initial-reducer-w-dec.js

```
const decrementAction = { type: 'DECREMENT' };

console.log(reducer(10, decrementAction)); // -> 9
console.log(reducer(9, decrementAction)); // -> 8
console.log(reducer(5, decrementAction)); // -> 4
```

使用 ./node_modules/.bin/babel-node 命令运行 app.js：

```
$ ./node_modules/.bin/babel-node app.js
```

输出应该如下所示：

```
1
2
6
5
8
9
8
4
```

10.4.6   支持动作的其他参数

在上一个示例中，action 对象只包含一个 type，该 type 告诉 reducer 是递增状态还是递减状态。但应用程序中的行为通常不能用一个单独的值来描述。在这些情况下，需要额外的参数来描述变化。

举个例子，如果希望应用程序允许用户指定一个**数量**来递增或递减（见图 10-5），该怎么办？

图 10-5 带有 amount 字段的示例计数器界面

我们将让 action 对象携带额外的 amount 属性。INCREMENT 类型的 action 对象则如下所示：

```
{
  type: 'INCREMENT',
  amount: 7,
}
```

我们将 reducer 修改为能按 action.amount 属性递增和递减，并期望现在所有 action 对象都带有此属性：

redux/counter/complete/reducer-w-amount.js

```
function reducer(state, action) {
  if (action.type === 'INCREMENT') {
    return state + action.amount;
  } else if (action.type === 'DECREMENT') {
    return state - action.amount;
  } else {
    return state;
  }
}
```

试试看

清除之前在 app.js 中用来测试 reducer() 函数的代码。

这一次，我们将使用修改后的动作来测试 reducer，现在这些动作都带有 amount 属性：

redux/counter/complete/reducer-w-amount.js

```
const incrementAction = {
  type: 'INCREMENT',
  amount: 5,
};

console.log(reducer(0, incrementAction)); // -> 5
console.log(reducer(1, incrementAction)); // -> 6

const decrementAction = {
  type: 'DECREMENT',
```

```
    amount: 11,
};

console.log(reducer(100, decrementAction)); // -> 89
```

使用 ./node_modules/.bin/babel-node 命令运行 app.js：

```
$ ./node_modules/.bin/babel-node app.js
```

注意输出如下所示：

```
5
6
89
```

10.5   构建 store

到目前为止，我们已调用了 reducer 并手动提供了状态的最新版本和一个动作。

在 Redux 中，store 负责维护状态并接收来自视图的动作。只有 store 才可以访问 reducer，见图 10-6。

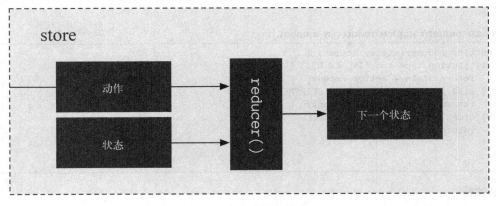

图 10-6   store 内部

redux 库提供了一个用于创建 store 的函数：createStore()。该函数返回一个 store 对象，且该对象持有一个内部变量 state。此外，它还提供了一些与 store 交互的方法。

我们将编写自己的 createStore() 版本，以便能完全理解 Redux store 的工作方式。到本章结束时，createStore() 的代码将与 redux 库提供的代码几乎完全一样。

此时 store 会提供两个方法。

- dispatch()：该方法用于发送动作到 store。
- getState()：该方法用于读取 state 的当前值。

在 app.js 中，清除之前用来测试 reducer() 的代码。在定义 reducer() 函数的下方，让我们定义 createStore() 函数。createStore() 函数将接收一个参数，即 store 所需的 reducer。

让我们来看完整的 createStore() 函数。我们将在代码块下方逐一介绍：

redux/counter/complete/reducer-w-store-v1.js

```
function createStore(reducer) {
  let state = 0;

  const getState = () => (state);

  const dispatch = (action) => {
    state = reducer(state, action);
  };

  return {
    getState,
    dispatch,
  };
}
```

reducer 参数

createStore() 函数只接收一个 reducer 参数。这也是我们指示 store 应使用的 reducer 函数的方式。

state

我们在 createStore() 函数的顶部将 state 初始化为 0。注意，state 变量是封闭的，这使得 state 变为私有，在 createStore() 函数之外无法访问。

 有关闭包的更多信息，请参见下面的"工厂模式"。

getState()

要从 createStore() 函数外部对 state 进行读取访问，我们可以使用 getState() 方法返回 state。

dispatch()

dispatch() 方法是我们向 store 发送动作的方式。可以这样调用：

```
store.dispatch({ type: 'INCREMENT', amount: 7 });
```

dispatch() 函数使用当前的 state 和 action 来调用作为参数传入的 reducer 函数，并将 state 设置为 reducer 的返回值。

请注意，dispatch() 函数**并不返回状态**。Redux 中分派动作是"发了就忘"的。当我们调用 dispatch() 函数时，会向 store 发送一个通知，但不期望知道 store 何时或者如何处理该动作。

向 store 分派动作与读取状态的最新版本的这两个操作是解耦的。在本章末尾，当我们将 store 连接到 React 视图时，就能看到它们在实践中是如何工作的。

返回的对象

在 createStore() 函数的底部，我们返回了一个新对象。这个对象将 getState() 和 dispatch() 作为方法。

> ### 工厂模式
>
> 在上面的 createStore() 函数中，我们使用了一个模式，称为"工厂模式"。这是 JavaScript 中普遍存在的一种模式，用于创建像 store 这样的复杂对象。
>
> 工厂模式为工厂函数中声明的变量提供了一个**闭包**。在 createStore() 函数的**顶部**，我们声明了 state 变量：
>
> ```
> function createStore(reducer) {
>   let state = 0;
>   // ...
> ```
>
> state 是一个**私有变量**，只有在 createStore() 中声明的函数才能访问它。此外，因为 state 位于闭包内部，所以该变量在函数调用期间一直"存在"。
>
> 例如，请考虑以下工厂函数：
>
> ```
> function createAdder() {
>   let value = 0;
>
>   const add = (amount) => (value = value + amount);
>   const getValue = () => (value);
>
>   return {
>     add,
>     getValue,
>   }
> }
> ```
>
> 我们首先调用工厂函数来实例化 adder 对象，且它的私有变量 value 被初始化为 0：
>
> ```
> const adder = createAdder();
> ```
>
> 当 createAdder() 函数返回新对象并退出时，该变量在内存中的值为 0。当调用 add() 方法时，我们修改的是同一个值：
>
> ```
> adder.add(1);
> adder.getValue();
> // => 1
> adder.add(1);
> adder.getValue();
> // => 2
> adder.add(5);
> adder.getValue();
> // => 7
> ```
>
> 重要的是，只有工厂内部的函数才能访问 **value** 变量，这样可以防止意外的读取或写入。
>
> 在 store 中，这可以防止在 dispatch() 函数之外对 state 进行任何的修改。

试试看

在 app.js 中，我们将在 createStore()函数下方编写代码来测试 store。

我们将使用 createStore()函数来创建 store 对象，然后分派一个 action 到 store 中，而不是使用 state 和 action 来调用 reducer()函数。因为 store 保存了一个 state 内部变量，所以 state 在各个分派动作之间一直存在。

可以使用 getState()方法来读取分派动作之间的 state 值：

redux/counter/complete/reducer-w-store-v1.js

```
const store = createStore(reducer);

const incrementAction = {
  type: 'INCREMENT',
  amount: 3,
};

store.dispatch(incrementAction);
console.log(store.getState()); // -> 3
store.dispatch(incrementAction);
console.log(store.getState()); // -> 6

const decrementAction = {
  type: 'DECREMENT',
  amount: 4,
};

store.dispatch(decrementAction);
console.log(store.getState()); // -> 2
```

使用./node_modules/.bin/babel-node 命令运行 app.js：

```
$ ./node_modules/.bin/babel-node app.js
```

注意输出：

```
3
6
2
```

10.6 Redux 的核心

实际上，我们的 createStore()函数非常类似于与 redux 库附带的 createStore()函数。到本章结束时，我们将对 createStore()函数进行一些调整和补充，使其更接近 redux 库。

现在我们已看到了 Redux store 的实践，下面回顾一下 Redux 的主要思想：

应用程序的所有数据都在一个名为状态的数据结构中，且状态保存在 store 中。

可以看到 store 有一个状态的私有变量，即 state。

应用程序从 store 中读取状态。

可以使用 getState() 方法访问 store 的状态。

状态永远不会在 store 外直接改变。

因为 state 是一个私有变量，所以它不能在 store 之外发生变化。

视图会发出描述所发生事件的动作。

可以使用 dispatch() 函数将这些动作发送到 store。

旧的状态和动作通过一个函数（reducer）进行组合来创建新状态。

在 dispatch() 函数内部，store 使用当前的 state 和 action 来调用 reducer() 函数以获取新状态。

还有一个 Redux 的关键思想我们还没有提到：

reducer 函数必须是纯函数。

我们将在下一个应用程序中探讨这个概念。

下一步

在下一个应用程序以及接下来的两章中，我们将使用越来越复杂的例子。我们讨论的所有思想都源自以下核心模式：使用单个 store 控制状态，并用 reducer 对状态进行更新。该 reducer 将接收一个当前状态和一个动作作为参数，并返回一个新状态。

如果理解了上面提出的思想，那么你很可能发明出我们将要讨论的许多模式和库。

要了解 Redux 如何在功能丰富的 Web 应用程序中运行，我们将介绍：

- 如何在状态中小心处理更复杂的数据结构；
- 如何在状态改变时得到通知，而不必使用 getState() 方法轮询 store（使用订阅）；
- 如何将大的 reducer 分解成更易于管理的较小的 reducer（并重新组合）；
- 如何在一个支持 Redux 的应用程序中组织 React 组件。

让我们首先处理状态中更复杂的数据结构。在本章的其余部分，我们将从计数器应用程序切换到早期的聊天应用程序。在接下来的章节中，聊天应用程序的界面将开始复制 Facebook 的丰富性和复杂性。

10.7 早期的聊天应用程序

10.7.1 预览

我们将在 redux/chat_simple 文件夹中构建聊天应用程序。从 redux/counter 目录中，你可以输入命令：

```
$ cd ../chat_simple
```

首先，运行 `npm install` 命令：

```
$ npm install
```

运行 `ls` 来查看该文件夹的内容：

```
$ ls
README.md
nightwatch.json
node_modules
package.json
public
semantic
semantic.json
src
tests
yarn.lock
```

此应用程序的结构是用 create-react-app 生成的。

 有关 create-react-app 的更多信息，请参见第 7 章。

`App.js` 在 `src/` 目录中，这是本章中我们要一起工作的文件：

```
$ ls src/
App.js
complete
index.css
index.js
```

与 create-react-app 生成的应用程序一样，`index.js` 是我们将 `<App />` 挂载到 DOM 的地方。在 `complete/` 目录内部，是本章中逐步构建的 App 组件的迭代版本。

此时，`index.js` 挂载的是 `complete/App-5.js`，这是本章末尾得到的应用程序的完整版本。可以启动应用程序进行查看：

```
$ npm start
```

接着导航到 `localhost:3000`（见图 10-7）。

10

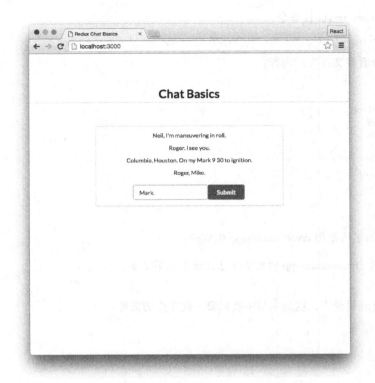

图 10-7 本章中构建的聊天应用程序的迭代版本

在接下来的几章中,我们将增强这个应用程序的功能设置,并会增加其复杂性。现在,可以使用输入框添加消息,并通过点击消息来删除它们。

然而我们应该还记得,还需要修改 index.js,使其包含 ./App 而不是 ./complete/App-5:

```
import React from "react";
import ReactDOM from "react-dom";
import App from "./App";
```

打开 src/App.js,可以看到我们为计数器应用程序构建的 createStore() 函数已存在。

与计数器应用程序一样,我们将首先构建聊天应用程序的 reducer。构建了 reducer 之后,我们会看到如何将 Redux store 连接到 React 视图。

不过,在构建 reducer 之前,应该检查一下聊天应用程序将如何表示其状态和动作。

10.7.2 状态

计数器应用程序中的状态是一个数字。在聊天应用程序中,该状态将是一个对象。

此状态对象只有一个 messages 属性。messages 是一个字符串数组,每个字符串代表应用程序中的一条消息。例如:

```
// 一个状态的示例值
{
  messages: [
    'here is message one',
    'here is message two',
  ],
}
```

10.7.3 动作

我们的应用程序将处理两个动作：ADD_MESSAGE 和 DELETE_MESSAGE。

ADD_MESSAGE 动作对象始终会有一个 message 属性，该属性是即将要添加到状态中的消息。ADD_MESSAGE 动作对象的形状如下所示：

```
{
  type: 'ADD_MESSAGE',
  message: 'Whatever message is being added here',
}
```

DELETE_MESSAGE 动作对象会从状态中删除指定的消息。

如果每条消息都是一个对象，那么我们可以在创建消息时为其分配一个 id 属性。然后 DELETE_MESSAGE 动作可以使用 id 属性删除指定的消息。

但是为了简单起见，目前我们的消息是字符串。要从状态中删除指定的消息，我们可以使用数组中的消息索引。

考虑到这一点，DELETE_MESSAGE 动作对象的形状如下所示：

```
{
  type: 'DELETE_MESSAGE',
  index: 2, // <- 这是要删除的消息的索引
}
```

10.8　构建 reducer()函数

10.8.1　初始化 state

下面在 createStore()函数的顶部将 state 初始化为 0：

```
function createStore(reducer) {
  let state = 0;
  // ...
}
```

虽然这在计数器应用程序中工作得很好，但我们希望消息传递应用程序的初始状态是一个空数组，如下所示：

```
{              // 一个对象
  messages: [],   // 没有消息
}
```

需要修改 createStore() 函数，使其适用于此状态以及其他任何状态的表示。

我们将让 createStore() 函数接收第二个参数 initialState。该函数会将 state 初始化为这个值。

在 App.js 内，现在开始编辑 createStore() 函数：

redux/chat_simple/src/complete/App-1.js

```
function createStore(reducer, initialState) {
  let state = initialState;
  // ...
```

稍后在初始化 store 时，我们将传入 initialState。

10.8.2   处理 ADD_MESSAGE 动作

在 App.js 内，且在 createStore() 函数下方，我们开始编写 reducer() 函数：

redux/chat_simple/src/complete/App-1.js

```
function reducer(state, action) {
  if (action.type === 'ADD_MESSAGE') {
    return {
      messages: state.messages.concat(action.message),
    };
  } else {
    return state;
  }
}
```

当 reducer 接收到 ADD_MESSAGE 动作时，我们希望将新消息附加到状态中的 messages 数组的末尾。否则，返回未修改的状态。

我们可能会尝试使用 Array 对象的 push() 方法将新消息附加到 messages 数组中：

```
// 这样做很吸引人，不过有缺陷
if (action.type === 'ADD_MESSAGE') {
  state.messages.push(action.messages);
  return state;
}
```

这可以产生期望的结果：state.messages 将包含新消息。

然而，这违反了 Redux reducer 的原则，即前面提到的原则列表中关于 Redux 的最后一个关键思想：reducer 必须是纯函数。

纯函数的定义如下所示。

- 对于相同的参数集，将始终返回相同的值。
- 不要以任何方式改变其周围的"世界"，**这包括使函数外部的变量发生变化或者更改数据库中的条目**。

由于 state 是 reducer() 函数外部的变量，且是作为参数传入的，因此 reducer() 函数并不"拥有"该变量。就像上面使用 push 对 state 所做的修改那样，这会导致 reducer() 函数不纯。

在编写 Redux reducer 时，如果需要修改 state，那么 reducer 纯函数将始终返回一个新的数组或对象。这源于前几章中介绍的将组件状态视为不可变的实践。reducer 应该将状态对象视为**不可变**或只读。

 reducer 应该将状态对象视为不可变。

因为我们不想修改 state 参数，所以 ADD_MESSAGE 动作应该改为用一个**新的** messages 数组来创建一个**新的**状态对象，且新数组应该附加了所需的消息。

再看一下我们如何在 ADD_MESSAGE 动作中生成下一个状态：

redux/chat_simple/src/complete/App-1.js

```
return {
  messages: state.messages.concat(action.message),
};
```

至关重要的是，Array 对象的 concat()方法不会修改原始数组。相反，它将创建一个原始数组的新副本，该副本包含附加的 action.message。

 一般来说，编写纯函数有助于减少代码中的意外的或神秘的 bug。下一章将探讨 Redux 坚持 reducer 为纯函数的具体动机以及它带来的好处。

试试看

我们将在 App.js 的底部，且在定义 reducer()函数的下方编写测试代码。

createStore()函数现在接收一个 initialState 作为参数。让我们先定义这个变量：

redux/chat_simple/src/complete/App-1.js

```
const initialState = { messages: [] };
```

接着初始化 store：

redux/chat_simple/src/complete/App-1.js

```
const store = createStore(reducer, initialState);
```

让我们添加代码来分派添加消息的动作到 store 中。这一次，我们会将每个状态的"版本"保存在 stateV1 和 stateV2 两个变量中，并会在最后打印出该状态的两个版本：

redux/chat_simple/src/complete/App-1.js

```
const addMessageAction1 = {
  type: 'ADD_MESSAGE',
  message: 'How does it look, Neil?',
};

store.dispatch(addMessageAction1);
const stateV1 = store.getState();
```

```
const addMessageAction2 = {
  type: 'ADD_MESSAGE',
  message: 'Looking good.',
};

store.dispatch(addMessageAction2);
const stateV2 = store.getState();

console.log('State v1:');
console.log(stateV1);
console.log('State v2:');
console.log(stateV2);
```

虽然我们在一个 create-react-app 的项目中，但还没有任何 React 组件。因此我们只需要用 babel-node 运行 App.js：

> ./node_modules/.bin/babel-node src/App.js

我们将得到以下结果：

```
State v1:
{ messages: [ 'How does it look, Neil?' ] }
State v2:
{ messages: [ 'How does it look, Neil?', 'Looking good.' ] }
```

重要的是，**在分派动作期间 state 对象没有被修改**。我们将该状态的第一个版本保存为变量 stateV1。虽然这个对象被传递给了 reducer() 函数，但 reducer() 函数并没有对其进行修改。相反，它创建了一个新对象，并附加了第二条消息，然后返回这个新对象并将其设置为变量 stateV2。

10.8.3　处理 DELETE_MESSAGE 动作

如上所述，DELETE_MESSAGE 动作对象的形状如下所示：

```
{
  type: 'DELETE_MESSAGE',
  index: 2, // <- 这是要删除的消息索引
}
```

为了支持这个动作，我们需要添加一个新的 else if 语句来处理 'DELETE_MESSAGE' 类型的动作对象。当 reducer 接收到此动作时，它应该返回一个带有 messages 数组的对象，该对象应包含除动作对象的 index 属性指定的消息之外的所有消息。

最简洁的解决方案似乎是使用 Array 的 splice() 方法。splice() 的第一个参数是要删除的元素的起始索引；第二个参数是要删除的元素数量：

```
// 这样做很吸引人，但是有缺陷
case 'DELETE_MESSAGE':
  state.messages.splice(action.index, 1);
  return state;
```

但是，**splice 与 push 一样**，它会修改原始数组，这会使得 reducer() 函数不纯。同样，我们不能修改 state，而是必须将其视为只读。

可以像在 ADD_MESSAGE 中那样创建一个新对象。这个新对象将包含一个新的 messages 数组，除了那个被删除的元素，它应该包含 state.messages 中的所有元素。

要在 JavaScript 中做到这一点，我们可以创建一个新的数组，该数组包含：

- 从 0 到 action.index 的所有元素；
- 从 action.index + 1 到数组末尾的所有元素。

我们将使用 Array 的 slice()方法来获取所需的数组"区块"：

redux/chat_simple/src/complete/App-2.js

```
function reducer(state, action) {
  if (action.type === 'ADD_MESSAGE') {
    return {
      messages: state.messages.concat(action.message),
    };
  } else if (action.type === 'DELETE_MESSAGE') {
    return {
      messages: [
        ...state.messages.slice(0, action.index),
        ...state.messages.slice(
          action.index + 1, state.messages.length
        ),
      ],
    };
  } else {
    return state;
  }
}
```

重要的是，slice 不会修改原始数组。相反，它会返回一个新数组，其中包含我们指定范围的元素。现在我们创建了一个新数组，它组合了两个范围：从 0 到 action.index（但不包含 action.index）以及 action.index 之后的每个元素。

 有关 ES6 扩展运算符（ . . . ）的更多信息，请参阅附录 B。

试试看

在 App.js 的最下面，我们将添加测试 ADD_MESSAGE 动作的代码。在文件中最后一个 console.log()语句下方编写如下代码：

redux/chat_simple/src/complete/App-2.js

```
const deleteMessageAction = {
  type: 'DELETE_MESSAGE',
  index: 0,
};

store.dispatch(deleteMessageAction);
const stateV3 = store.getState();

console.log('State v3:');
console.log(stateV3);
```

在该状态的第二个版本时，我们已往状态中添加了两条消息。然后我们分派了一个 DELETE_MESSAGE 动作，并将消息的索引指定为 0。

接着使用 babel-node 命令运行文件：

./node_modules/.bin/babel-node src/App.js

正如预期，在 state 的第三个版本中，第一条消息已被删除：

```
State v1:
{ messages: [ 'How does it look, Neil?' ] }
State v2:
{ messages: [ 'How does it look, Neil?', 'Looking good.' ] }
State v3:
{ messages: [ 'Looking good.' ] }
```

10.9 订阅 store

到目前为止，我们的 store 为视图提供了分派动作和读取状态的当前版本的方法。

然而，在将 store 连接到 React 之前，还缺少一个重要的功能。虽然视图可以在任何时候使用 getState() 方法读取状态，**但视图还需要知道状态何时发生了变化**。使用 getState() 方法不断轮询 store 是很低效的。

在之前的应用程序中，当我们想要修改状态时，就会调用 setState() 方法。重要的是，setState() 方法会触发对组件的 render() 函数的调用。

现在状态是在 React 外部，且在 store 内部被修改。视图不知道它何时发生变化。如果我们要使视图与 store 中的最新状态保持一致，那么状态无论什么时候发生变化，视图都应该收到通知。

store 会使用**观察者模式**，以允许视图在状态变化时能立即更新。视图将注册一个回调函数，当状态发生变化时，它们会被调用。store 会保存所有这些回调函数的列表。当状态发生变化时，store 会调用每个函数，"通知"监听器所发生的更改。

阐明此模式的最佳方法就是去实现它。

在 createStore() 函数内，我们将实现以下操作：

(1) 定义一个名为 listeners 的数组；
(2) 添加 subscribe() 方法，该方法用于向 listeners 数组添加新的监听器；
(3) 当状态发生变化时调用每个监听器函数。

(1) 定义一个名为 listeners 的数组

我们在 createStore() 函数的顶部声明 listeners 变量：

redux/chat_simple/src/complete/App-3.js

```
function createStore(reducer, initialState) {
  let state = initialState;
  const listeners = [];
  // ...
```

(2) 添加 subscribe()方法，该方法用于向 listeners 数组添加新的监听器

接下来，在声明 listeners 变量的下方，添加 subscribe()函数：

redux/chat_simple/src/complete/App-3.js

```
const subscribe = (listener) => (
  listeners.push(listener)
);
```

subscribe()函数的参数 listener 是一个函数，每当状态发生变化时，视图都会调用该函数。我们需要将这个函数添加到 listeners 数组中。

要使 subscribe()函数能被访问，我们需要对它进行公开。可以通过将它添加到 createStore()函数返回的 store 对象中来实现：

redux/chat_simple/src/complete/App-3.js

```
// ...
return {
  subscribe,
  getState,
  dispatch,
};
```

(3) 当状态发生变化时调用每个监听器函数

任何时候状态发生变化，我们都需要调用 listeners 中保存的所有函数。每当我们分派动作时，状态可能会改变。因此，我们需要将调用逻辑添加到 dispatch()函数中：

redux/chat_simple/src/complete/App-3.js

```
// ...
const dispatch = (action) => {
  state = reducer(state, action);
  listeners.forEach(1 => 1());
};
// ...
```

注意，我们并没有向 listeners 传递参数。此回调仅仅是为了通知状态的变化。

完整的 createStore()函数

完整的 createStore()函数如下所示：

redux/chat_simple/src/complete/App-4.js

```
function createStore(reducer, initialState) {
  let state = initialState;
  const listeners = [];

  const subscribe = (listener) => (
    listeners.push(listener)
  );
```

```
const getState = () => (state);

const dispatch = (action) => {
  state = reducer(state, action);
  listeners.forEach(l => l());
};

return {
  subscribe,
  getState,
  dispatch,
};
}
```

除去注释、警告和完整性检查，redux 库的 createStore() 函数的外观和行为与我们的函数非常相似。

试试看

有了 subscribe() 函数之后，store 就完成了。让我们开始进行测试。

在 App.js 中，清除在初始化 store 下方的所有之前的测试代码：

redux/chat_simple/src/complete/App-4.js

```
const store = createStore(reducer, initialState);
```

我们会像以前一样分派添加和删除消息的动作。但有一个除外，现在会使用 subscribe() 方法来注册一个函数，在每次状态发生变化时该函数将执行 console.log()。

监听器将打印当前状态到控制台，如下所示：

redux/chat_simple/src/complete/App-4.js

```
const listener = () => {
  console.log('Current state: ');
  console.log(store.getState());
};
```

接下来订阅这个监听器：

redux/chat_simple/src/complete/App-4.js

```
store.subscribe(listener);
```

现在可以分派动作了。在每次调用 dispatch() 函数后，我们传递给 subscribe() 方法的监听函数都会被调用，且会把当前状态写入控制台：

redux/chat_simple/src/complete/App-4.js

```
const addMessageAction1 = {
  type: 'ADD_MESSAGE',
  message: 'How do you read?',
};
store.dispatch(addMessageAction1);
```

```
  // -> listener()函数被调用

const addMessageAction2 = {
  type: 'ADD_MESSAGE',
  message: 'I read you loud and clear, Houston.',
};
store.dispatch(addMessageAction2);
    // -> listener()函数被调用

const deleteMessageAction = {
  type: 'DELETE_MESSAGE',
  index: 0,
};
store.dispatch(deleteMessageAction);
    // -> listener()函数被调用
```

保存 App.js，并使用 babel-node 命令运行：

```
$ ./node_modules/.bin/babel-node src/App.js
```

注意查看输出：

```
Current state:
{ messages: [ 'How do you read?' ] }
Current state:
{ messages: [ 'How do you read?', 'I read you loud and clear, Houston.' ] }
Current state:
{ messages: [ 'I read you loud and clear, Houston.' ] }
```

完成了 store 的功能后，我们准备将 Redux store 连接到一些 React 视图中，这样就能看到一个能正常工作的完整 Redux 流程。

10.10 将 Redux 连接到 React

回顾之前的 Flux 示意图，现在我们可以探索 Redux 和 React 如何协同工作以实现这种设计模式的背后细节（见图 10-8）。

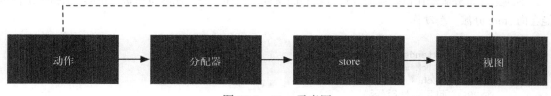

图 10-8 Flux 示意图

10.10.1 使用 store.getState()

React 不再是状态的管理者，状态的管理者现在是 Redux。因此，顶级的 React 组件将使用 store.getState() 方法，而不是 this.state 来驱动它们的 render() 函数。Redux 提供的状态将从顶级组件向下渗透。

如果我们想要渲染状态中的 messages，可以从 Redux store 中获取：

```
// 顶级组件的例子
class App extends React.Component {
  // ...
  render() {
    const messages = store.getState().messages;
    // ...
  }
};
```

10.10.2　使用 store.subscribe()

当 React 管理状态时，我们会调用 setState() 方法来修改 this.state。setState() 方法将在状态修改后触发组件的重新渲染。

当 Redux 管理状态时，我们使用顶级 React 组件中的 subscribe() 方法来设置一个监听函数，用于启动组件的重新渲染。

可以在 componentDidMount 函数中订阅组件。我们传递给 subscribe() 方法的监听函数会调用 this.forceUpdate() 函数，并会触发该组件（this）的重新渲染。

举个例子，订阅一个 React 组件如下所示：

```
// 顶级组件的例子
class App extends React.Component {
  // ...
  componentDidMount() {
    store.subscribe(() => this.forceUpdate());
  }
  // ...
};
```

10.10.3　使用 store.dispatch()

下级组件将分派动作以响应需要修改状态的事件。例如，每当删除按钮被点击时，React 组件可能会向 store 分派一个动作：

```
// 叶子组件的例子
class Message extends React.Component {
  handleDeleteClick = () => {
    store.dispatch({
      type: 'DELETE_MESSAGE',
      index: this.props.index,
    });
  };
  // ...
};
```

这个 dispatch() 方法调用会修改该状态。接着它会调用我们在 subscribe() 方法中注册的监听函数，这就会强制 App 组件重新渲染。当调用 render() 函数时，App 组件会再次使用 getState() 方法从 store 中读取数据。然后，App 组件会将最新版本的状态向下传递给它的子组件。

每次 React 分派一个动作时都会重复这个循环。

10.10.4 聊天应用程序的组件

聊天应用程序拥有三个组件（见图 10-9）。

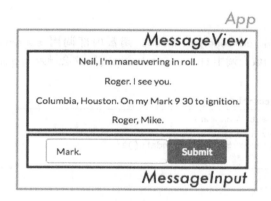

图 10-9　聊天应用程序的三个组件

- App：顶层容器组件。
- MessageView：消息列表组件。
- MessageInput：用于添加新消息的输入组件。

如我们所见，输入框允许添加消息，且点击消息可以将其删除。

MessageView 组件将用于渲染状态的 messages 属性，且还会在用户每次点击一条消息时分派一个 DELETE_MESSAGE 类型的动作。

MessageInput 组件不需要使用状态来渲染。但是，每当用户提交新消息时，它都会分派一个 ADD_MESSAGE 类型的动作。

 我们可以把 MessageView 组件拆分成 MessageList 和 Message 组件，这将遵循之前的应用程序的模式。但目前每条消息都非常简单，因此没必要这样做。

10.10.5 准备 App.js

对于这个项目，store 的逻辑和 React 组件都会在 src/App.js 中。我们将能够在每个组件中对 store 进行直接引用。

不过在更复杂的应用程序中，store 可能位于不同于 React 组件的文件中。下一章将探讨 React 组件与 Redux store 对象通信的其他方式。

清除 src/App.js 末尾的 store 声明下方的所有测试代码：

redux/chat_simple/src/complete/App-4.js

```
const store = createStore(reducer, initialState);
```

10.10.6   App 组件

App 组件是应用程序中顶级的 React 组件，且它将是从 store 中读取状态的组件。我们需要它来订阅 Redux store。

1. 订阅状态变化

如前所述，我们将在 componentDidMount 函数内部调用 subscribe()方法。我们提供给 subscribe()方法的回调函数会调用 this.forceUpdate()，这会导致 App 组件在每次状态发生变化时都会重新渲染：

redux/chat_simple/src/complete/App-5.js

```
class App extends React.Component {
  componentDidMount() {
    store.subscribe(() => this.forceUpdate());
  }
```

2. 渲染视图

在 render()函数中，我们首先会使用 getState()方法从 store 中读取 messages；然后渲染 MessageView 和 MessageInput 两个子组件，但只有 MessageView 组件需要消息列表，如下所示：

redux/chat_simple/src/complete/App-5.js

```
render() {
  const messages = store.getState().messages;

  return (
    <div className='ui segment'>
      <MessageView messages={messages} />
      <MessageInput />
    </div>
  );
}
```

我们拥有向下的数据管道，从 store 到 App 组件再到 MessageView 组件。但反向的呢？我们希望 MessageView 组件能够删除消息，MessageInput 组件能够添加消息。

当 React 管理状态时，我们将函数作为 props 从状态管理组件传递到子组件。这使得子组件可以将事件传递到修改状态的父组件。

现在有了一个可以分派动作的 store 对象。虽然仍可以集中精力在 App 组件中处理所有与 store 的通信，但这不是最好的方案，因此让我们研究一下如何允许子组件直接将动作分派到 store。

    与之前的项目一样，提供的两个 div 标签（及其 className 属性）仅用于样式设置。

完整的 App 组件如下所示：

redux/chat_simple/src/complete/App-5.js

```
class App extends React.Component {
  componentDidMount() {
    store.subscribe(() => this.forceUpdate());
  }

  render() {
    const messages = store.getState().messages;

    return (
      <div className='ui segment'>
        <MessageView messages={messages} />
        <MessageInput />
      </div>
    );
  }
}
```

10.10.7 `MessageInput` 组件

`MessageInput` 组件拥有一个输入字段和一个提交按钮。当用户点击提交按钮时，组件应该要分派一个 ADD_MESSAGE 类型的动作。

作为一个受控组件，我们需要跟踪在状态中的某个位置用于表示该输入的值。可以在 Redux store 中保持此状态，但通常来说，将表单数据保存在表单组件的状态中会更容易一些。

让我们从定义初始状态以及 onChange 处理函数开始：

redux/chat_simple/src/complete/App-5.js

```
class MessageInput extends React.Component {
  state = {
    value: '',
  };

  onChange = (e) => {
    this.setState({
      value: e.target.value,
    })
  };
```

 有关受控组件的更多信息，请参阅第 6 章。

接下来将定义 handleSubmit()函数，该函数会调用 dispatch()方法：

redux/chat_simple/src/complete/App-5.js

```
handleSubmit = () => {
  store.dispatch({
    type: 'ADD_MESSAGE',
```

```
      message: this.state.value,
    });
    this.setState({
      value: '',
    });
  };
```

render() 函数将包含一个 input 元素和一个 button 元素，且它们被包装在一个 div 标签中。button 元素的 onClick 属性将被设置为 this.handleSubmit 函数：

redux/chat_simple/src/complete/App-5.js

```
render() {
  return (
    <div className='ui input'>
      <input
        onChange={this.onChange}
        value={this.state.value}
        type='text'
      />
      <button
        onClick={this.handleSubmit}
        className='ui primary button'
        type='submit'
      >
        Submit
      </button>
    </div>
  );
}
```

> **?** 是否必须在 Redux store 中保存应用程序的**所有状态**？
>
> 之前提到过，可以将输入的值保存在 Redux store 中的 MessageInput 组件内部。这是一种完全有效且通用的方法。
>
> 然而，我们经常会发现在某些区域使用组件状态就可以了。我们喜欢将组件状态用于始终与组件隔离的数据，比如表单输入数据或下拉菜单是否打开的状态。如果我们将来感觉"不对"，可以很容易地将该状态迁移到 Redux 中。

10.10.8　MessageView 组件

MessageView 组件的 messages 属性是一个字符串数组。MessageView 组件会将这些消息渲染为一个列表。此外，每当用户点击消息时，我们希望都分派一个 DELETE_MESSAGE 类型的动作。

首先定义组件及其 handleClick() 函数。handleClick() 将是调用 dispatch() 方法的函数。handleClick() 函数接收一个 index 参数，并在分派的动作对象中使用这个参数：

redux/chat_simple/src/complete/App-5.js

```
class MessageView extends React.Component {
  handleClick = (index) => {
```

```
store.dispatch({
  type: 'DELETE_MESSAGE',
  index: index,
});
};
```

render()函数将使用 map()方法来创建要渲染的消息列表。我们希望每个单独的消息都被包装在一个 div 标签中：

redux/chat_simple/src/complete/App-5.js

```
render() {
  const messages = this.props.messages.map((message, index) => (
    <div
      className='comment'
      key={index}
      onClick={() => this.handleClick(index)}
    >
      {message}
    </div>
  ));
```

在这个 div 标签中，我们设置了 onClick 属性。我们希望它调用一个调用 handleClick()的函数，并传入目标消息的索引作为参数。

返回一个包装在 div 中的 messages 数组：

redux/chat_simple/src/complete/App-5.js

```
return (
  <div className='ui comments'>
    {messages}
  </div>
);
```

最后在文件底部导出 App 组件：

redux/chat_simple/src/complete/App-5.js

```
export default App;
```

我们已在 index.js 中包含了 App 组件，并使用了 ReactDOM.render()函数将它挂载到 DOM 中。因此，我们准备好进行测试了。

试试看

保存 App.js，并在终端中从项目文件夹的根目录启动服务器：

```
$ npm start
```

接着添加一些消息，然后点击它们，可以看到它们会立即消失。

10.11　下一步

　　Redux 是一种强大的方法，用于管理应用程序的状态。通过使用一些简单的思想，我们可以获得一个可理解的数据架构，且该架构可以很好地扩展到大型应用程序中。

　　诚然，在应用程序的当前状态下，很难看到 Redux 相对于在 React 中管理状态的优势。确实如本章介绍中所述，在状态管理中使用 React 对于各种应用程序来说是更好的选择。

　　然而，随着我们不断扩大消息传递应用程序的复杂性，且在应用程序的交互性和状态管理变得越来越复杂的情况下，Redux 将更具优势。这是因为：

　　(1) 所有数据都在一个中央数据结构中；

　　(2) 数据更改也是集中处理的；

　　(3) 视图发出的动作与发生的状态变化是解耦的；

　　(4) 单向数据流使系统中的数据变化的跟踪变得容易。

　　有了 Redux 的核心思想，我们已准备好大幅度增加消息应用程序的功能。在此过程中，我们将探索在现实中会遇到的各种挑战的解决方案。

　　随着消息应用程序的拓展，我们将涵盖以下内容：

- 如何使用 redux 库；
- 如何使用 react-redux 库；
- 如何处理更复杂的状态；
- 如何分解 reducer（并重新组合）；
- 如何重新组织 React 组件。

React 和 Redux 搭配得非常好，我们将直接看到它们是如何适应不断升级的需求的。

## 第 11 章

Redux 中间件

在上一章中，我们学习了一个特定的 Flux 实现——Redux。通过从头开始构建我们自己的 Redux store，并将 store 与 React 组件集成，我们了解了数据是如何通过 Redux 驱动的 React 应用程序流动的。

本章将通过向聊天应用程序添加其他功能来构建这些概念。聊天应用程序开始看起来会像一个真实的消息传递界面。

在此过程中，我们将探讨处理更复杂的状态管理的策略，还会直接使用 redux 库中的几个函数。

11.1　准备

在本书代码中，导航到 redux/chat_intermediate 目录：

```
$ cd redux/chat_intermediate
```

此应用程序的设置与上一章的聊天应用程序相同，都由 create-react-app 提供支持：

```
$ ls
README.md
nightwatch.json
package.json
public
semantic
semantic.json
src
tests
yarn.lock
```

查看 src/ 目录：

```
$ ls src/
App.js
complete
index.css
index.js
```

同样，App.js 是我们将要工作的地方，它包含上一章中留下的应用程序。complete/ 包含 App.js 的每个迭代，我们将在接下来的两章中进行构建。目前 index.js 包含 App.js 的最终版本，并将其挂载到 DOM 中。

像往常一样，运行 npm install 来安装项目的所有依赖项：

```
$ npm install
```

然后执行 npm start 来启动服务器：

```
$ npm start
```

接着通过在浏览器中访问 http://localhost:3000 来查看完整的应用程序。

在聊天应用程序的这个迭代中，它已拥有线程。每条消息都属于拥有该消息的用户的特定线程中。可以使用顶部的选项卡在线程之间切换。

注意，与上一次迭代一样，可以在底部的文本字段中添加消息，也可以通过点击它们来删除消息。

首先在 src/index.js 中换入 App.js：

```
import React from "react";
import ReactDOM from "react-dom";
import App from "./App";
```

11.2　使用 redux 库的 createStore() 函数

在上一章中，我们实现了自己的 createStore()，它在 src/App.js 的顶部，和上一章结束时一样。此函数创建的 store 对象具有三个方法：getState()、dispatch() 和 subscribe()。

如上一章所述，我们的 createStore() 函数与 redux 库提供的函数非常相似。让我们删除自己的实现并使用 redux 中的实现。

在 package.json 中，我们已包含了 redux 库：

```
"redux": "3.6.0",
```

可以从该库中导入 createStore() 函数：

redux/chat_intermediate/src/complete/App-1.js

```
import { createStore } from 'redux';
```

现在我们可以从 App.js 中删除自己定义的 createStore() 函数。

试试看

要验证应用程序能否正常工作，请确保服务器正在运行。如未运行，请执行以下命令：

```
$ npm start
```

然后在 http://localhost:3000 上查看该应用程序。

该应用程序的行为将与其在上一章的行为相同。可以添加新消息并点击它们来删除。

我们的 createStore() 函数与 redux 库附带的 createStore() 函数存在一些细微的行为差异。目前应用程序尚未触及这些。当这些差异出现时，我们会予以解决。

11.3 将消息表示为处于状态中的对象

到目前为止，状态一直很简单。它是一个对象，并带有一个 messages 属性。每条消息都是一个字符串：

```
// 目前状态对象的例子
{
  messages: [
    'Roger. Eagle is undocked',
    'Looking good.',
  ],
}
```

为了使我们的应用程序更接近真实的聊天应用程序，每条消息都需要携带更多的数据。例如，我们可能希望每条消息都指定发送时间或发送者。为了支持这一点，可以使用一个对象来表示每条消息，而不是字符串。

下面将为每条消息添加两个属性：timestamp 和 id。

```
// 新的状态对象的例子
{
  messages: [
    // 一条消息的例子
    // 所有消息现在都是对象
    {
      text: 'Roger. Eagle is undocked',
      timestamp: '1461974250213',
      id: '9da98285-4178',
    },
    // ...
  ]
}
```

> ℹ️ JavaScript 中的 Date.now() 函数返回一个数字，该数字表示自 1970-01-01 00:00 UTC 以来的毫秒数。这称为 "Epoch" 或 "UNIX" 时间。我们对上面的 timestamp 属性使用了这种表示。
>
> 可以使用 Moment.js 之类的 JavaScript 库来呈现更人性化的时间戳。

为了支持对象类型的消息，我们需要调整 reducer 和 React 组件。

11.3.1 修改 ADD_MESSAGE 处理程序

我们在上一章编写的 reducer 函数处理了两个动作，分别是 ADD_MESSAGE 和 DELETE_MESSAGE。让我们从修改 ADD_MESSAGE 动作处理程序开始。

回想一下，当前的 ADD_MESSAGE 动作包含了一个 message 属性：

```
{
  type: 'ADD_MESSAGE',
  message: 'Looking good.',
}
```

reducer()函数接收此 action 对象并返回一个带有 messages 属性的新对象。messages 被设置为包含先前 state.messages 的新数组，并附加了新消息：

redux/chat_intermediate/src/complete/App-1.js

```
function reducer(state, action) {
  if (action.type === 'ADD_MESSAGE') {
    return {
      messages: state.messages.concat(action.message),
    };
```

我们调整 ADD_MESSAGE 动作，使其使用 text 属性名而不是 message：

```
// 新 ADD_MESSAGE 示例
{
  type: 'ADD_MESSAGE',
  text: 'Looking good.',
}
```

text 将匹配我们用于消息对象的属性名。

接下来修改 reducer 的 ADD_MESSAGE 处理程序，使其使用消息对象而不是字符串文本。

下面将为每条消息对象提供一个唯一标识符。我们已在 package.json 中包含了 uuid 库。让我们在 src/App.js 的顶部将其导入：

redux/chat_intermediate/src/complete/App-2.js

```
import uuid from 'uuid';
```

接下来修改 ADD_MESSAGE 处理程序，使其可以创建新对象来表示消息。它将使用 action.text 为 text 属性赋值，然后再生成 timestamp 和 id：

redux/chat_intermediate/src/complete/App-2.js

```
if (action.type === 'ADD_MESSAGE') {
  const newMessage = {
    text: action.text,
    timestamp: Date.now(),
    id: uuid.v4(),
  };
```

> ℹ️ Date.now()是 JavaScript 标准库的一部分。它以毫秒为单位返回 UNIX 时间格式的当前时间。

我们将再次使用 concat()方法，这次返回一个包含 state.messages 和 newMessage 的新数组：

redux/chat_intermediate/src/complete/App-2.js

```
return {
  messages: state.messages.concat(newMessage),
};
```

修改后的完整 ADD_MESSAGE 处理程序如下所示：

redux/chat_intermediate/src/complete/App-2.js

```
if (action.type === 'ADD_MESSAGE') {
  const newMessage = {
    text: action.text,
    timestamp: Date.now(),
    id: uuid.v4(),
  };
  return {
    messages: state.messages.concat(newMessage),
  };
```

11.3.2 修改 DELETE_MESSAGE 处理程序

到目前为止，DELETE_MESSAGE 动作包含一个 index 属性，即要删除的 state.messages 数组中的消息索引：

```
{
  type: 'DELETE_MESSAGE',
  index: 5,
}
```

现在所有的消息都有唯一的 id，我们可以这样使用它：

```
// 新 DELETE_MESSAGE 示例
{
  type: 'DELETE_MESSAGE',
  id: '9da98285-4178',
}
```

要从 state.messages 中删除消息，可以使用 Array 对象的 filter()方法。filter()方法返回一个新数组，包含所有"通过"提供的测试函数的元素：

redux/chat_intermediate/src/complete/App-2.js

```
} else if (action.type === 'DELETE_MESSAGE') {
  return {
    messages: state.messages.filter((m) => (
      m.id !== action.id
    ))
```

这里构建了一个新数组，包含了与 action 的 id 相对应的对象之外的所有对象。

有了这些更改，reducer 就可以处理新的消息对象了。接下来将修改 React 组件。我们需要修改它们发出的动作以及对消息的渲染。

11.3.3 修改 React 组件

MessageInput 组件在用户点击提交按钮时会分派 ADD_MESSAGE 动作。我们需要修改这个组件，使它使用 text 属性名，而不是该 action 对象的 message 属性：

redux/chat_intermediate/src/complete/App-2.js

```
handleSubmit = () => {
  store.dispatch({
    type: 'ADD_MESSAGE',
    text: this.state.value,
  });
  this.setState({
    value: '',
  });
};
```

MessageView 组件在用户点击消息时会分派一个 DELETE_MESSAGE 动作。我们需要调整它分派的 action 对象，使它使用 id 属性，而不是 index：

redux/chat_intermediate/src/complete/App-2.js

```
class MessageView extends React.Component {
  handleClick = (id) => {
    store.dispatch({
      type: 'DELETE_MESSAGE',
      id: id,
    });
  };
```

然后需要修改 MessageView 组件的 render()函数。我们将修改每条消息的 HTML，使其包含 timestamp 属性。要渲染消息的文本，我们需要调用 message.text：

redux/chat_intermediate/src/complete/App-2.js

```
render() {
  const messages = this.props.messages.map((message, index) => (
    <div
      className='comment'
      key={index}
      onClick={() => this.handleClick(message.id)} // Use `id`
    >
      <div className='text'> {/* 将消息数据包装在div标签中 */}
        {message.text}
        <span className='metadata'>@{message.timestamp}</span>
      </div>
    </div>
  ));
```

注意，现在向 this.handleClick()函数传入的是 message.id，而非 index。我们将每条消息的显示逻辑包装在一个类为 text 的 div 标签中。

现在，reducer 和 React 组件位于同一个页面上。我们正在使用状态和动作的新表示形式。

保存 App.js。如果服务器还没有运行，请启动它：

```
$ npm start
```

接着导航到 http://localhost:3000（见图 11-1）。当你添加消息时，每条消息的右侧应该会显示一个时间戳。你也可以像以前一样通过点击它们来删除。

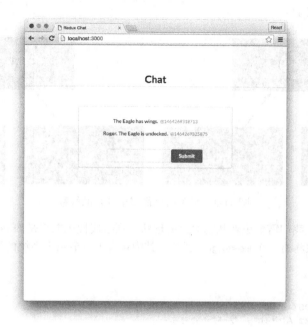

图 11-1 导航到 http://localhost:3000

11.4 引入多线程

状态现在使用的是消息对象，这将允许我们在应用程序中携带关于每条消息的信息（比如 timestamp）。

但为了让我们的应用程序开始反映真实的聊天应用程序，则需要引入另一个概念：**多线程**。

在聊天应用程序中，"线程"是一组不同的消息。一个线程是你和一个或多个用户之间的会话（见图 11-2）。

图 11-2 界面中的两个线程

如该应用程序的完整版本所演示的，我们将使用选项卡让用户能够在线程之间切换。每条消息都隶属于一个线程，见图 11-3。

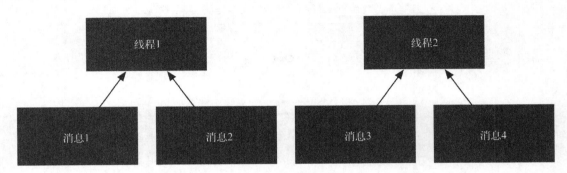

图 11-3   每条消息都属于各自的线程

为了支持多线程，我们需要更新状态对象的形状。顶级属性现在将是 threads，它是一个线程对象数组。每个线程对象将有一个 messages 属性，其中包含上一节引入系统的消息对象：

```
{
  threads: [
    {
      id: 'd7902357-4703', // 线程的 UUID
      title: 'Buzz Aldrin', // 对话的对象
      messages: [
        {
          id: 'e8596e6b-97cc',
          text: 'Twelve minutes to ignition.',
          timestamp: 1462122634882,
        },
        // ……与 Buzz Aldrin 的其他信息
      ]
    },
    // ……其他线程（与其他用户）
  ],
}
```

11.4.1   在 initialState 中支持多线程

为了支持多线程，让我们首先修改初始状态。

目前，我们正在将状态初始化为一个具有 messages 属性的对象：

redux/chat_intermediate/src/complete/App-2.js

```
const initialState = { messages: [] };
```

现在，我们希望顶级属性是 threads，因此状态可以初始化为

```
{ threads: [] }
```

但这很快就会给应用程序增加很多复杂性。我们不仅需要更新 reducer 以支持新的线程驱动的状

态，而且还需要添加一些方法来创建新线程。

为了让我们的应用程序能够模拟现实世界中的聊天应用程序，将来我们需要具备创建新线程的能力。但就目前而言，可以采取较小的步骤，只需使用一组硬编码的线程来初始化状态。

现在开始修改 initialState，并将其初始化为具有 threads 属性的对象。在状态中，我们将有两个线程对象：

redux/chat_intermediate/src/complete/App-3.js

```
const initialState = {
  activeThreadId: '1-fca2', // 新的状态属性
  threads: [ // 状态中的两个线程
    {
      id: '1-fca2', // 硬编码的伪 UUID
      title: 'Buzz Aldrin',
      messages: [
        { // 该线程已经有一条消息
          text: 'Twelve minutes to ignition.',
          timestamp: Date.now(),
          id: uuid.v4(),
        },
      ],
    },
    {
      id: '2-be91',
      title: 'Michael Collins',
      messages: [],
    },
  ],
};
```

> ℹ️ 因为我们现在正在对线程的 id 进行硬编码，所以每个线程都使用了 UUID 的剪辑版本。

请注意，初始状态对象包含了另一个顶级属性：activeThreadId。因为前端一次只显示一个线程，且视图需要知道要显示**哪个**线程，所以除了线程和消息，应用程序还应该具有这个额外的状态。

这里将其初始化为第一个线程，它的 id 是'1-fca2'。

现在有了一个初始状态对象，React 组件可以使用它来渲染应用程序的线程版本。我们将首先修改组件以渲染这个新状态。

不过，应用程序会被锁定在此初始状态，我们将无法添加或删除任何消息，也无法在选项卡之间切换。确认视图看起来不错后，我们将修改动作和 reducer 以支持新的基于线程的聊天应用程序。

> ℹ️ 目前，我们正在使用 messages 数组中已有的一条消息来初始化第一个线程对象。在 reducer 支持更新后的 ADD_MESSAGE 动作之前，这将使我们能够验证 React 组件是否正确地使用了一条消息来渲染线程。

11.4.2   在 React 组件中支持多线程

为了在应用程序的线程之间切换，该界面需要在消息视图的上方设置选项卡。我们需要添加新的 React 组件并修改现有组件来支持此功能。

查看本章的聊天应用程序的完整版本，我们可以识别出以下组件（见图 11-4）。

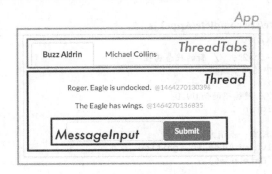

图 11-4   在聊天应用程序的完整版本中可识别出的组件

- App 组件：顶级组件。
- ThreadTabs 组件：用于在线程之间切换的选项卡小部件。
- Thread 组件：显示一个线程中的所有消息。此组件之前的名称是 MessageView，但我们将更新它的名称以反映新的基于线程的状态范式。
  - MessageInput 组件：将新消息添加到**打开线程**的输入组件。可以把它嵌套在 Thread 组件下。

让我们首先修改现有组件以支持基于线程的状态，然后再添加新组件 ThreadTabs。

11.4.3   修改 App 组件

App 组件目前订阅了 store，并使用 getState()方法来读取 messages 属性，然后再渲染它的两个子组件。

我们将让组件使用状态中的 activeThreadId 属性来推断哪个线程处于活动状态。然后，该组件会将活动线程传递给 Thread 组件（以前称为 MessageView）以渲染它的消息。

我们首先从状态中读取 activeThreadId 和 threads，然后使用 Array 的 find()方法来查找具有与 activeThreadId 匹配的 id 的线程对象：

redux/chat_intermediate/src/complete/App-3.js

```
class App extends React.Component {
  componentDidMount() {
    store.subscribe(() => this.forceUpdate());
  }

  render() {
    const state = store.getState();
    const activeThreadId = state.activeThreadId;
```

```
const threads = state.threads;
const activeThread = threads.find((t) => t.id === activeThreadId);
```

我们将 activeThread 传递给 Thread 组件进行渲染，并从 App 组件中删除 MessageInput 组件，因为它现在是 Thread 组件的子组件：

redux/chat_intermediate/src/complete/App-3.js

```
return (
  <div className='ui segment'>
    <Thread thread={activeThread} />
  </div>
);
```

更新后的完整 App 组件如下所示：

redux/chat_intermediate/src/complete/App-3.js

```
class App extends React.Component {
  componentDidMount() {
    store.subscribe(() => this.forceUpdate());
  }

  render() {
    const state = store.getState();
    const activeThreadId = state.activeThreadId;
    const threads = state.threads;
    const activeThread = threads.find((t) => t.id === activeThreadId);

    return (
      <div className='ui segment'>
        <Thread thread={activeThread} />
      </div>
    );
  }
}
```

11.4.4 将 MessageView 组件转换为 Thread 组件

现在，消息是在单个线程下收集的，因此前端在给定的时间内只显示一个线程的消息。我们将 MessageView 重命名为 Thread 来反映这一点。

Thread 组件将渲染与其所渲染的线程相关的消息列表，以及用于向该线程添加新消息的 MessageInput 组件。

首先重命名该组件：

redux/chat_intermediate/src/complete/App-3.js

```
class Thread extends React.Component {
```

现在，要在 render() 函数中创建 messages 数组，我们将使用 this.props.thread.messages，而非 this.props.messages：

redux/chat_intermediate/src/complete/App-3.js

```
render() {
  const messages = this.props.thread.messages.map((message, index) => (
```

最后将 MessageInput 组件添加为 Thread 组件的子组件。虽然我们最终需要更新 MessageInput 组件来正确地使用新的线程状态范式，但现在暂时不进行该更新。

redux/chat_intermediate/src/complete/App-3.js

```
return (
  <div className='ui center aligned basic segment'>
    <div className='ui comments'>
      {messages}
    </div>
    <MessageInput />
  </div>
);
```

11.4.5 试试看

保存 App.js。接着导航到 http://localhost:3000，可以看到应用程序只有一条消息（见图 11-5），即我们在 initialState 中设置的消息。然而，我们不能添加或删除任何消息。

图 11-5　应用程序中只有一条消息

我们的动作和 reducer 还不支持新状态。不过，在更新它们之前，让我们将 ThreadTabs 组件添加到应用程序中。

11.5 添加 ThreadTabs 组件

App 组件将在它的其他子组件之上渲染 ThreadTab 组件。ThreadTabs 组件需要一个线程标题列表来渲染选项卡。当选项卡被点击了，我们最终会让组件分派动作来更新 activeThreadId 状态，但现在只让它渲染线程标题。

11.5.1 修改 App 组件

首先准备一个 tabs 数组。这个数组将包含与 ThreadTabs 组件渲染每个选项卡所需的信息相对应的对象。

ThreadTabs 组件需要两条信息：

- 每个选项卡的 title；
- 选项卡是否为"活动"状态。

指示选项卡是否处于活动状态是出于样式渲染的目的。下面是两个选项卡的示例。在标记代码中，左侧选项卡显示为活动状态，见图 11-6。

图 11-6 两个选项卡，左侧选项卡显示为活动状态

在 App 组件的 render() 函数中，我们会创建一个 tabs 对象数组。每个对象将包含一个 title 和一个 active 属性。active 属性将是一个布尔值：

redux/chat_intermediate/src/complete/App-4.js

```
const tabs = threads.map(t => (
  { // 一个选项卡对象
    title: t.title,
    active: t.id === activeThreadId,
  }
));
```

我们将 ThreadTabs 组件添加到 App 组件的标记代码中，并将 tabs 作为一个属性向下传递：

redux/chat_intermediate/src/complete/App-4.js

```
return (
  <div className='ui segment'>
    <ThreadTabs tabs={tabs} />
    <Thread thread={activeThread} />
  </div>
);
```

11.5.2 创建 ThreadTabs 组件

接下来在 App 组件声明的下方添加 ThreadTabs 组件。在点击某个选项卡时，虽然我们很快就会分派来自 ThreadTabs 组件的动作，但现在它只会为选项卡渲染 HTML。

我们首先对 this.props.tabs 进行映射，并为每个选项卡准备标记代码。在 Semantic UI 中，我们会将每个选项卡表示为一个带有 item 类的 div 标签。活动的选项卡有一个 active item 类。我们会将 index 用于每个选项卡中 React 必需的 key 属性：

redux/chat_intermediate/src/complete/App-4.js

```
class ThreadTabs extends React.Component {
  render() {
    const tabs = this.props.tabs.map((tab, index) => (
      <div
        key={index}
        className={tab.active ? 'active item' : 'item'}
      >
        {tab.title}
      </div>
    ));
    return (
      <div className='ui top attached tabular menu'>
        {tabs}
      </div>
    );
  }
}
```

11.5.3 试试看

保存 App.js。确保服务器仍在运行，接着浏览 http://localhost:3000。一切都和以前一样，我们不能添加或删除消息，但现在界面中新增了选项卡（见图 11-7）。不过我们还不能在两个选项卡之间切换。

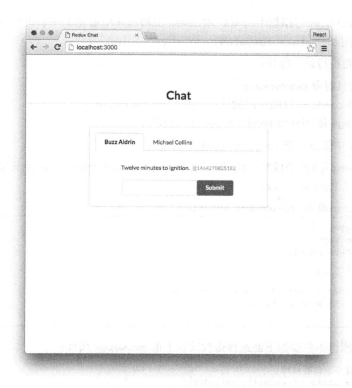

图 11-7　界面中新增了选项卡

第一个线程（`Buzz Aldrin`）是活动线程。与其对应的 `tab` 对象的 `active` 属性将设置为 `true`。该选项卡的类会设置为 `active item`，这使我们可以很直观地看到界面上的活动选项卡。

我们已更新了状态来支持多线程，且 React 组件已能基于此新的表示形式正确地渲染。接下来将通过更新动作和 reducer 来使用这个新的状态模型，以恢复应用程序的交互性。

11.6　在 reducer 中支持多线程

由于此应用程序的状态表示方式已发生变化，因此我们需要更新 reducer 中的动作处理程序。

11.6.1　修改 reducer 中的 `ADD_MESSAGE` 处理程序

因为消息现在属于线程，所以 `ADD_MESSAGE` 动作处理程序将需要向特定的线程添加新消息。我们将向此 action 对象添加一个 `threadId` 属性：

```
{
  type: 'ADD_MESSAGE',
  text: 'Looking good.',
  threadId: '1-fca2', // <- 或任何合适的线程
}
```

之前，我们在 reducer() 函数中的 ADD_MESSAGE 处理程序中创建了一个新的消息对象，然后使用 concat() 方法将其附加到 state.messages。

现在，我们需要执行以下操作：

(1) 创建新的消息对象 newMessage；

(2) 在 state.threads 中找到对应的线程（action.threadId）；

(3) 将 newMessage 附加到 thread.messages 的末尾。

下面在 App.js 中修改一下 reducer() 函数。

我们保留 newMessage 对象的实例化。接下来通过遍历 state.threads 并标识与 action.threadId 相对应的线程来定义 threadIndex：

redux/chat_intermediate/src/complete/App-5.js

```
const newMessage = {
  text: action.text,
  timestamp: Date.now(),
  id: uuid.v4(),
};
const threadIndex = state.threads.findIndex(
  (t) => t.id === action.threadId
);
```

现在，我们可能忍不住要像下面这样修改线程上的 messages 属性：

```
// 这样做很吸引人，但有缺陷
const thread = state.threads[threadIndex];
thread.messages = thread.messages.concat(newMessage);
return state;
```

从技术上讲这是可行的。thread 是对位于 state.threads 中的线程对象的引用。因此，通过将 thread.messages 设置为包含新消息的新数组，我们同时也修改了在 state.threads 中的线程对象。

但这会**改变状态**。如上一章所述，reducer() **必须**是一个纯函数。这意味着需要将状态对象视为只读。

因此不能修改 thread 对象。相反，可以创建一个包含更新后的 thread.messages 属性的**新线程**对象。

因此从之前的经验来看，我们需要添加一些细节到计划中，如下所示：

(1) 创建新的消息对象 newMessage；

(2) 在 state.threads 中找到对应的线程（state.activeThreadId）；

(3) **创建一个新的线程对象，其中包含原始线程对象的所有属性，再加上一个更新后的 messages 属性**；

(4) **返回带有一个 threads 属性的 state，该属性包含了新的线程对象，并代替了原来的对象。**

我们已完成了第一步：定义了 threadIndex。让我们看看如何创建新的线程对象：

redux/chat_intermediate/src/complete/App-5.js

```
const oldThread = state.threads[threadIndex];
const newThread = {
  ...oldThread,
  messages: oldThread.messages.concat(newMessage),
};
```

为了创建 newThread，我们使用了一个实验性的 JavaScript 特性：**对象的扩展语法**。我们在上一章对数组使用了扩展语法，并基于现有数组的区块创建了一个新数组。**数组的扩展语法是在 ES6 中引入的**。这里使用它基于现有对象的属性来创建一个新**对象**。

以下代码会将所有的属性从 oldThread **复制**到 newThread：

redux/chat_intermediate/src/complete/App-5.js

```
...oldThread,
```

然后下面的代码会将 newThread 的 messages 属性设置为包含 newMessage 的新消息数组：

redux/chat_intermediate/src/complete/App-5.js

```
messages: oldThread.messages.concat(newMessage),
```

注意，通过让 messages 属性出现在 oldThread **之后**，实际上"覆盖"了来自 oldThread 的 messages 属性。

也可以使用 Object.assign() 方法来完成相同的操作：

```
Object.assign({}, oldThread, {
  messages: oldThread.messages.concat(newMessage),
});
```

你可能还记得，Object.assign() 方法的第一个参数是目标对象。你可以传入尽可能多的其他参数，它们就是你要从中复制属性的所有对象。

我们因为在 Redux 中使用纯 reducer 函数时执行了大量类似的操作，所以更喜欢简洁的对象扩展操作符语法。

对象的扩展操作符（...）

在 ES6 中为数组引入了扩展运算符。对于对象，扩展操作符仍然是一个"第 3 阶段"的提议。它很可能会被批准并包含在未来的 JavaScript 版本中。

本书对使用实验性的 JavaScript 特性非常谨慎。我们一直在使用属性初始化器，这是书中的另一个实验性特性，因为 React 社区一直在大量使用它们。Redux 社区和对象的扩展操作符也是如此。因此，我们会在这个项目中使用它。

package.json 中包含的 Babel 预设 stage-0 已支持该语法。stage-0 包括所有"第 3 阶段"的 JavaScript 提议。

用法

省略号（ ... ）操作符会将一个对象复制到另一个对象中：

```
const commonDolphin = {
  family: 'Delphinidae',
  genus: 'Delphinus',
};

const longBeakedDolphin = {
  ...commonDolphin,
  species: 'D. capensis',
};
// =>
// {
//   family: 'Delphinidae',
//   genus: 'Delphinus',
//   species: 'D. capensis',
// }

const spottedDolphin = {
  ...commonDolphin,
  genus: 'Stenella',
  species: 'S. attenuata',
};
// =>
// {
//   family: 'Delphinidae',
//   genus: 'Stenella',
//   species: 'S. attenuata',
// }

const atlanticSpottedDolphin = {
  ...spottedDolphin,
  species: 'S. frontalis',
}
// =>
// {
//   family: 'Delphinidae',
//   genus: 'Stenella',
//   species: 'S. frontalis',
// }
```

扩展操作符使我们能够通过复制现有对象的属性来简洁地构造新对象。由于这个特性，我们会经常使用这个操作符来保持 reducer 函数的纯粹性。

现在有了一个 newThread 对象，该对象包含原始线程的所有属性，但更新后的包含要添加的消息的 messages 属性除外。

最后一步是返回更新后的状态。我们要返回一个具有 state.threads 属性的对象，并将其设置为原始线程列表，但不包括已经被新线程对象“替换”的旧线程。

可以重用之前的策略来创建一个包含前一个数组区块的新数组。数组中有需要替换的线程索引

（threadIndex）。让我们创建一个新数组，如下所示：

- 包含 state.threads 中索引在 threadIndex 之前的所有线程，但不包括 threadIndex；
- 包含 newThread；
- 包含 state.threads 中索引在 threadIndex 之后的所有线程。

代码如下所示：

```
// 构建新的线程数组
[
  ...state.threads.slice(0, threadIndex), // 一直到 threadIndex
  newThread,                              // 插入新线程对象
  ...state.threads.slice(
    threadIndex + 1, state.threads.length // threadIndex 之后
  ),
]
```

不能将 state.threads 设置为此新数组，因为这会修改状态。相反，可以创建一个新对象，并再次使用扩展操作符将所有状态属性复制到新对象中。然后，可以用新数组覆盖 threads 属性：

redux/chat_intermediate/src/complete/App-5.js

```
return {
  ...state,
  threads: [
    ...state.threads.slice(0, threadIndex),
    newThread,
    ...state.threads.slice(
      threadIndex + 1, state.threads.length
    ),
  ],
};
```

修改 ADD_MESSAGE 处理程序需要一些新概念，但现在有了一个将来会复用的重要策略：如何更新状态对象，同时避免修改状态。

处理 ADD_MESSAGE 动作的完整新逻辑，如下所示：

redux/chat_intermediate/src/complete/App-5.js

```
if (action.type === 'ADD_MESSAGE') {
  const newMessage = {
    text: action.text,
    timestamp: Date.now(),
    id: uuid.v4(),
  };
  const threadIndex = state.threads.findIndex(
    (t) => t.id === action.threadId
  );
  const oldThread = state.threads[threadIndex];
  const newThread = {
    ...oldThread,
    messages: oldThread.messages.concat(newMessage),
  };
```

```
return {
  ...state,
  threads: [
    ...state.threads.slice(0, threadIndex),
    newThread,
    ...state.threads.slice(
      threadIndex + 1, state.threads.length
    ),
  ],
};
```

将多线程引入状态中极大地增加了这个动作处理程序的复杂性。不过我们将很快去探索如何将这个动作处理程序拆分成更小块的方法。下面修改分派 ADD_MESSAGE 动作的区域。不过只有一个区域需要修改：MessageInput 组件。

11.6.2　修改 MessageInput 组件

ADD_MESSAGE 动作对象现在应包含 threadId 属性。

MessageInput 是分派此动作的唯一组件。该组件应该将 threadId 设置为活动线程的 id。我们将 Thread 组件的活动线程 id 作为属性传递给 MessageInput 组件：

redux/chat_intermediate/src/complete/App-5.js

```
return (
  <div className='ui center aligned basic segment'>
    <div className='ui comments'>
      {messages}
    </div>
    <MessageInput threadId={this.props.thread.id} />
  </div>
);
}
```

然后，可以从 MessageInput 组件的 this.props 中读取数据，以将 threadId 设置到 action 对象上：

redux/chat_intermediate/src/complete/App-5.js

```
handleSubmit = () => {
  store.dispatch({
    type: 'ADD_MESSAGE',
    text: this.state.value,
    threadId: this.props.threadId,
  });
  this.setState({
    value: '',
  });
};
```

　　通过使用 MessageInput 组件分派更新后的 ADD_MESSAGE 动作，让我们来验证添加消息的功能是否已经正常。

11.6.3　试试看

　　保存 App.js，并刷新 http://localhost:3000，我们看到现在可以再次提交消息了（见图 11-8）。

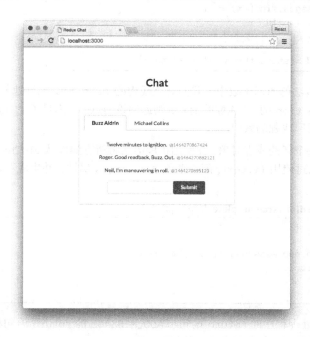

图 11-8　刷新 http:localhost:3000 的页面

　　我们仍不能删除消息或在线程之间切换。不过可以先集中精力修改 DELETE_MESSAGE 动作。

11.6.4　修改 reducer 中的 DELETE_MESSAGE 处理程序

　　DELETE_MESSAGE 动作当前带有属性 id，该 id 用来指示应删除的消息。虽然应用程序目前只允许从活动线程中删除一条消息，但我们将编写一个 reducer，使其能在所有线程中搜索匹配的消息。

　　当我们从状态中删除一条消息时，将面临与 ADD_MESSAGE 处理程序类似的挑战。这是因为消息位于线程的 messages 数组中，但是我们不能修改处于状态中的线程对象。

　　可以使用一个类似的策略：

　　(1) 获取包含要删除的消息的线程；

　　(2) 创建一个新的线程对象，其中包含原始线程对象的所有属性，以及一个更新后的 messages 属性，该属性不包含我们要删除的消息；

　　(3) 返回一个包含 threads 属性的 state，该属性包含**新的线程对象**，用于代替**原始的**线程对象。

下面修改 reducer 的 DELETE_MESSAGE 处理程序。

首先确定包含要删除的消息的线程：

redux/chat_intermediate/src/complete/App-6.js

```
} else if (action.type === 'DELETE_MESSAGE') {
const threadIndex = state.threads.findIndex(
  (t) => t.messages.find((m) => (
    m.id === action.id
  ))
);
const oldThread = state.threads[threadIndex];
```

在 findIndex()方法的回调函数中，我们对该线程的 messages 属性执行了 find()方法。如果 find()方法找到了与 action 的 id 匹配的消息，则返回该消息。这满足了 findIndex()方法的测试函数，意味着该函数将返回线程的索引。

我们接下来创建一个新的线程对象，并使用扩展语法将所有属性从 oldThread 复制到这个新对象中；然后像以前一样通过使用 filter()函数来覆盖 messages 属性，并生成不包含已删除的消息的新数组：

redux/chat_intermediate/src/complete/App-6.js

```
const newThread = {
  ...oldThread,
  messages: oldThread.messages.filter((m) => (
    m.id !== action.id
  )),
};
```

DELETE_MESSAGE 处理程序的 return 语句与 ADD_MESSAGE 的 return 语句相同。我们正在执行相同的操作，即最终希望用新的线程对象来"替换"处于 state.threads 中的原始线程对象。因此我们需要执行以下操作：

(1) 创建一个新对象并复制 state 中的所有属性；

(2) 使用新的线程数组来覆盖 threads 属性，且该数组已使用新的线程对象替换了原始的线程对象。

同样，代码也和 ADD_MESSAGE 处理程序中的相同：

redux/chat_intermediate/src/complete/App-6.js

```
return {
  ...state,
  threads: [
    ...state.threads.slice(0, threadIndex),
    newThread,
    ...state.threads.slice(
      threadIndex + 1, state.threads.length
    ),
  ],
};
```

完整的 DELETE_MESSAGE 动作处理程序如下所示：

redux/chat_intermediate/src/complete/App-6.js

```javascript
} else if (action.type === 'DELETE_MESSAGE') {
  const threadIndex = state.threads.findIndex(
    (t) => t.messages.find((m) => (
      m.id === action.id
    ))
  );
  const oldThread = state.threads[threadIndex];

  const newThread = {
    ...oldThread,
    messages: oldThread.messages.filter((m) => (
      m.id !== action.id
    )),
  };

  return {
    ...state,
    threads: [
      ...state.threads.slice(0, threadIndex),
      newThread,
      ...state.threads.slice(
        threadIndex + 1, state.threads.length
      ),
    ],
  };
```

这个动作处理程序的复杂性与 ADD_MESSAGE 一样，且由于引入了多线程而变得非常复杂。此外，我们已看到两个动作处理程序之间出现了类似的模式：它们都实例化了一个新的线程对象，且该对象是现有线程对象的派生对象；它们都将这个线程对象与处于状态中需要"修改"的线程对象进行替换。

我们很快会探索一种新策略来共享这段代码并拆分这些过程。但现在，让我们再次测试删除消息的功能。

11.6.5　试试看

保存 App.js，并确保你的服务器正在运行，然后导航到 http://localhost:3000。添加和删除消息功能现在都可以正常使用（见图 11-9）。

图 11-9　导航到 `http:localhost:3000`

然而，点击选项卡上的切换线程仍不起作用。我们在初始化状态时将 `activeThreadId` 设置为 `'1-fca2'`，但是在系统中没有任何操作可以修改这部分状态。

11.7　添加 OPEN_THREAD 动作

我们将引入另一个动作：OPEN_THREAD。每当用户点击线程选项卡来打开它时，React 都会分派此动作。此动作最终会修改 state 中的 activeThreadId 属性。

ThreadTabs 组件将负责分派这个动作。

11.7.1　action 对象

action 对象只需要指定用户想要打开的线程的 id：

```
{
  type: 'OPEN_THREAD',
  id: '2-be91', // <- 或任何合适的 id
}
```

11.7.2　修改 reducer

让我们在 reducer 中添加另一个子句来处理这个新动作。我们将在 DELETE_MESSAGE 子句下方，但在最后的 else 语句之前添加这个子句。

我们不能直接修改 state 对象：

```
// 不正确的做法
} else if (action.type === 'OPEN_THREAD') {
```

```
    state.activeThreadId = action.id;
    return state;
}
```

相反，我们将把所有属性从 state 复制到一个新对象中，并覆盖这个新对象的 activeThreadId
属性：

redux/chat_intermediate/src/complete/App-7.js

```
} else if (action.type === 'OPEN_THREAD') {
    return {
        ...state,
        activeThreadId: action.id,
    };
```

使用此策略，我们将不会修改状态。

下面我们只需在点击某个选项卡时，让 ThreadTabs 组件分派这个动作就可以了。

11.7.3　从 ThreadTabs 组件分派动作

为了让 ThreadTabs 分派 OPEN_THREAD 动作，需要给它被点击的线程 id。

现在提供给 ThreadTabs 组件的 tab 对象包含了 title 和 active 属性。需要修改 App 组件中对
tabs 的实例化代码以包含 id 属性。

让我们先做这个。在 App 组件内部，将 id 属性添加到我们创建的 tab 对象中：

redux/chat_intermediate/src/complete/App-7.js

```
const tabs = threads.map(t => (
    {
        title: t.title,
        active: t.id === activeThreadId,
        id: t.id,
    }
));
```

接下来，把 handleClick 组件函数添加到 ThreadTabs 组件中。该函数接收 id：

redux/chat_intermediate/src/complete/App-7.js

```
class ThreadTabs extends React.Component {
    handleClick = (id) => {
        store.dispatch({
            type: 'OPEN_THREAD',
            id: id,
        });
    };
```

最后，为每个选项卡的 div 标签添加一个 onClick 属性。我们将其设置为一个函数，该函数会使
用线程的 id 来调用 handleClick 函数：

redux/chat_intermediate/src/complete/App-7.js

```
const tabs = this.props.tabs.map((tab, index) => (
  <div
    key={index}
    className={tab.active ? 'active item' : 'item'}
    onClick={() => this.handleClick(tab.id)}
  >
```

ThreadTabs 组件现在在发出新动作，让我们测试一下。

11.7.4　试试看

保存 App.js，并在浏览器中打开 http://localhost:3000（见图 11-10）。此时，我们已可以添加和删除消息了，且可以在选项卡之间进行切换。如果我们添加一条消息到一个线程，那么它只会被添加到该线程中。

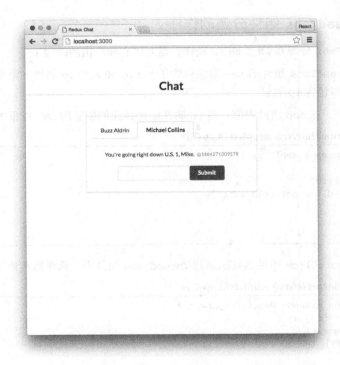

图 11-10　打开 http://localhost:3000 的页面

这看起来开始像一个实际的聊天应用程序了！我们引入了多线程的概念，且现在的界面支持在与多个用户的会话之间进行切换。

然而，在此过程中大大增加了 reducer 函数的复杂性。虽然可以在一个位置管理所有的状态，这样很不错，但每个动作处理程序都包含了很多逻辑。此外，ADD_MESSAGE 和 DELETE_MESSAGE 处理程序重复了很多相同的代码。

同样奇怪的是，两个不同状态的管理（添加/删除消息和线程之间的切换）都在同一位置进行。随着应用程序复杂性的不断增加，使用单一的 reducer 函数来管理整个状态的想法可能会让人感到畏惧，甚至人们会对它的合理性感到怀疑。

实际上，Redux 应用程序有一种拆分状态管理逻辑的策略：reducer 组合。

11.8 拆分 reducer 函数

通过使用 reducer 组合，我们可以将应用程序的状态管理逻辑拆分成更小的函数。我们仍会给 `createStore()`方法传递一个 reducer 函数。但这个顶级函数随后将调用一个或多个其他函数。每个 reducer 函数都将管理状态树的不同部分。

添加和删除消息和在线程之间切换隶属于不同的功能块。我们先把这两个分开。

11.8.1 新的 `reducer()`函数

我们仍会调用顶级 `reducer()`函数。不过现在将有两个其他的 reducer 函数，每个都管理着各自的那部分状态的顶级属性。我们将以它们管理的属性名来命名这些 reducer 子函数，见图 11-11。

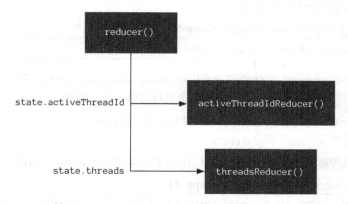

图 11-11 以管理 `reducer()`函数的属性名命名的 reducer 子函数

要实现这一点，让我们首先看看新的顶级 `reducer()`函数应该是什么样的；然后可以创建 reducer 子函数。

为了避免混淆，我们会将当前的 `reducer()`函数重命名为 `threadsReducer()`：

redux/chat_intermediate/src/complete/App-8.js

```
function threadsReducer(state, action) {
```

我们仍需要调整此函数，但会在稍后进行。

下面在 `threadsReducer()`函数上方插入**新的** `reducer()`函数：

redux/chat_intermediate/src/complete/App-8.js

```
function reducer(state, action) {
  return {
    activeThreadId: activeThreadIdReducer(state.activeThreadId, action),
    threads: threadsReducer(state.threads, action),
  };
}
```

这个函数很短，但做了很多事情。

我们会返回一个全新的对象，包含 activeThreadId 和 threads 两个键。重要的是，我们**将更新 activeThreadId 和 threads 的职责委托给了它们各自的 reducer**。

再来看看这一行：

redux/chat_intermediate/src/complete/App-8.js

```
activeThreadId: activeThreadIdReducer(state.activeThreadId, action),
```

对于处于下一个状态的 activeThreadId 属性，我们将职责委托给 activeThreadIdReducer()函数（尚未定义）。注意，第一个参数并不是整个状态，而只是该 reducer 负责的状态的那一部分。我们将 action 作为第二个参数传入。

对 threads 也采用相同的策略：

redux/chat_intermediate/src/complete/App-8.js

```
threads: threadsReducer(state.threads, action),
```

我们将状态的 threads 属性的职责委托给 threadsReducer()函数。我们传递给该 reducer 的状态（第一个参数）是 threadsReducer()函数负责更新的那一部分状态。

这就是子 reducer 与顶级 reducer 协同工作的方式。顶级 reducer 会将状态树拆分成许多部分，并将这些状态块的管理委托给适当的 reducer。

为了更好地理解，让我们在 reducer()函数下方编写 activeThreadIdReducer()函数：

redux/chat_intermediate/src/complete/App-8.js

```
function activeThreadIdReducer(state, action) {
  if (action.type === 'OPEN_THREAD') {
    return action.id;
  } else {
    return state;
  }
}
```

这个 reducer 只处理一种类型的动作，即 OPEN_THREAD。请记住，传递给 reducer 的 state 参数实际上是 state.activeThreadId。这是该 reducer 唯一需要关心的那部分状态。因此，activeThreadIdReducer()函数接收一个字符串作为 state（线程的 id），并将返回一个字符串。

注意看它是如何简化了处理 OPEN_THREAD 的逻辑。之前，逻辑必须考虑整个状态树。因此我们必须创建一个新对象，并复制所有的状态属性，然后再覆盖 activeThreadId 属性。而现在，reducer 只需考虑这一属性即可。

如果动作类型是 OPEN_THREAD，则 activeThreadIdReducer() 函数只返回 action.id，即要打开的线程的 id。否则，它返回传入的 id。

在 reducer() 函数中，activeThreadIdReducer() 函数的返回值将被设置为新状态对象中的 activeThreadId 属性。

接下来修改 threadsReducer() 函数。之前，此函数接收了整个状态对象。而现在它只接收自己的那一部分：state.threads。因此，我们将能够简化一些代码。

11.8.2　修改 threadsReducer() 函数

threadsReducer() 函数现在只接收状态的一部分。它的 state 参数实际上是线程数组。

因此，可以像在 activeThreadIdReducer() 函数中做的那样来简化返回值。我们不再需要创建一个新的状态对象，并复制所有旧的值，然后覆盖 threads 属性。相反，可以只返回更新后的线程数组。

此外，我们将引用 state，而不是在任何地方都引用 state.threads，因为现在 state 就是该线程数组。

让我们先对 ADD_MESSAGE 处理程序进行这些修改。

我们将引用 state 而不是 state.threads：

redux/chat_intermediate/src/complete/App-8.js

```
const threadIndex = state.findIndex(
  (t) => t.id === action.threadId
);
const oldThread = state[threadIndex];
const newThread = {
  ...oldThread,
  messages: oldThread.messages.concat(newMessage),
};
```

对于 return 语句，不再需要返回一个完整的状态对象，而只需要返回线程数组：

redux/chat_intermediate/src/complete/App-8.js

```
return [
  ...state.slice(0, threadIndex),
  newThread,
  ...state.slice(
    threadIndex + 1, state.length
  ),
];
```

DELETE_MESSAGE 处理程序会得到相同的处理。

首先把引用从 state.threads 更改为 state：

redux/chat_intermediate/src/complete/App-8.js

```
} else if (action.type === 'DELETE_MESSAGE') {
  const threadIndex = state.findIndex(
    (t) => t.messages.find((m) => (
      m.id === action.id
    ))
  );
  const oldThread = state[threadIndex];
```

然后只返回数组，而不是整个状态对象：

redux/chat_intermediate/src/complete/App-8.js

```
return [
  ...state.slice(0, threadIndex),
  newThread,
  ...state.slice(
    threadIndex + 1, state.length
  ),
];
```

最后可以从 threadsReducer() 函数中删除 OPEN_THREAD 处理程序。这是因为 reducer 不需要关心 OPEN_THREAD 动作。该动作所属状态树的那一部分，该 reducer 不会使用到。因此，无论何时接收到该动作，该函数都会到达最后一个 else 子句并只返回未修改的状态。

更新后的完整 threadsReducer() 函数如下所示：

redux/chat_intermediate/src/complete/App-8.js

```
function threadsReducer(state, action) {
  if (action.type === 'ADD_MESSAGE') {
    const newMessage = {
      text: action.text,
      timestamp: Date.now(),
      id: uuid.v4(),
    };
    const threadIndex = state.findIndex(
      (t) => t.id === action.threadId
    );
    const oldThread = state[threadIndex];
    const newThread = {
      ...oldThread,
      messages: oldThread.messages.concat(newMessage),
    };

    return [
      ...state.slice(0, threadIndex),
      newThread,
      ...state.slice(
        threadIndex + 1, state.length
      ),
    ];
  } else if (action.type === 'DELETE_MESSAGE') {
```

```
const threadIndex = state.findIndex(
  (t) => t.messages.find((m) => (
    m.id === action.id
  ))
);
const oldThread = state[threadIndex];

const newThread = {
  ...oldThread,
  messages: oldThread.messages.filter((m) => (
    m.id !== action.id
  )),
};

return [
  ...state.slice(0, threadIndex),
  newThread,
  ...state.slice(
    threadIndex + 1, state.length
  ),
];
} else {
return state;
}
}
```

通过集中处理该 reducer 并使其仅处理状态中的 threads 属性，我们可以稍微简化一下代码。返回函数不再需要关心整个状态树，且我们从此函数中删除了一个动作处理程序。

在两个动作处理程序之间仍然有重复逻辑。值得注意的是，它们的返回函数是相同的。

事实上，虽然我们简化了 reducer，让它只和 state.threads 一起使用，但该 reducer 实际上处理了状态树的两个层次：线程和消息。我们可以进一步将 reducer 的逻辑拆分成更小的部分，并通过让 threadsReducer() 函数将职责委托给另一个 reducer（messagesReducer()）来共享代码。

下一节将对此进行探讨。现在，让我们先启动应用程序，并验证到目前为止的解决方案是否可行。

 你可能会问：为什么不将 threadsReducer 函数中的第一个参数重命名为 threads，而是将其命名为 state？

确实，这样做可以提高 reducer 函数的可读性。你不再需要在工作时将 state 实际上是 state.threads 这件事情一直记在脑子里。

但是，将 Redux reducer 的第一个参数始终命名为 state 有助于避免错误。这将清楚地提醒你，该参数是状态树的一部分，应避免意外修改它。

归根结底，这是个人喜好问题。

11.8.3　试试看

保存 App.js。如果服务器未运行，请启动它：

```
$ npm start
```

接着将浏览器指向 `http://localhost:3000`。从表面上看，似乎一切都没有发生改变。添加和删除消息可以正常工作，我们也可以在线程之间切换。

11.9　添加 `messagesReducer()` 函数

我们使用了 reducer 组合的概念来拆分状态管理。顶级 `reducer()` 函数将两个顶级状态属性的管理委托给它们各自的 reducer。

可以进一步使用这个概念。我们已注意到 `threadsReducer()` 函数负责对线程和消息的状态进行管理。更重要的是，我们看到了在两个动作处理程序之间可以共享代码。

可以让 `threadsReducer()` 函数将每个线程的 `messages` 属性的管理委托给另一个 reducer：`messagesReducer()`。完整的 reducer 树见图 11-12。

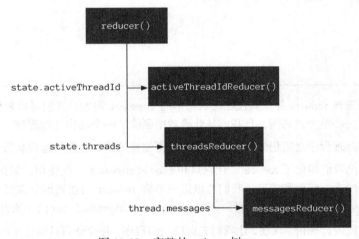

图 11-12　完整的 reducer 树

让我们先修改 `threadsReducer()` 函数，并预测这个新消息 reducer 函数的逻辑。我们希望线程 reducer 函数对消息的了解尽可能少。`threadsReducer()` 函数将依赖 `messagesReducer()` 函数来确定如何根据收到的动作来更新给定线程的消息。

11.9.1　修改 `ADD_MESSAGE` 动作处理程序

让我们来看如果将所有消息处理功能委托给预期的 `messagesReducer()` 函数时会发生什么。

我们将不再声明 `newMessage`，并希望 `messagesReducer()` 函数能够处理这个问题。

然后，当我们在为 `newThread` 指定 `messages` 属性时，会将这个数组的创建工作委托给 `messagesReducer()` 函数：

redux/chat_intermediate/src/complete/App-9.js

```
function threadsReducer(state, action) {
  if (action.type === 'ADD_MESSAGE') {
    const threadIndex = state.findIndex(
      (t) => t.id === action.threadId
    );
    const oldThread = state[threadIndex];
    const newThread = {
      ...oldThread,
      messages: messagesReducer(oldThread.messages, action),
    };
```

我们将 oldThread.messages 数组传递给 messagesReducer()函数作为第一个参数,action 作为第二个参数。这符合我们目前的模式:reducer()函数将 state.threads 传递给 threadsReducer()函数作为第一个参数,而 threadsReducer()函数又将 thread.messages 传递给 messagesReducer()函数作为第一个参数。

现在我们知道,在构建 messagesReducer()函数时,第一个参数(state)将是给定线程的消息数组。

完整的 action 对象会沿着整个链条向下传递。

不需要对返回值做任何修改。

目前,这可能只是一个微不足道的胜利。之前内联调用了 concat()方法来创建一个包含了新消息的新 messages 数组。现在增加了调用另一个函数的复杂性以完成此任务。

我们正在拆分函数的职责,这本身就是一项值得努力的工作。此外,当我们对 DELETE_MESSAGE 处理程序进行相同的处理时,另一个好处将显而易见。

在修改 DELETE_MESSAGE 动作处理程序之前,让我们先从 messagesReducer()函数开始,以了解这些 reducer 是如何协同工作的。

11.9.2 创建 messagesReducer()函数

我们将在 App.js 的 threadsReducer()函数下方编写 messagesReducer()函数。我们将从一个动作处理程序(ADD_MESSAGE)开始。

如上所述,threadsReducer()函数会传递 messagesReducer()函数一个线程的 messages 数组作为第一个参数。这将是 messagesReducer()内部的状态。

messagesReducer()函数需要做以下操作:

(1) 创建新消息;

(2) 返回一个新消息数组,其中包括附加到其末尾的新消息。

我们将使用与之前在 threadsReducer()函数中的相同的逻辑来完成这个任务:

redux/chat_intermediate/src/complete/App-9.js

```
function messagesReducer(state, action) {
```

```
    if (action.type === 'ADD_MESSAGE') {
      const newMessage = {
        text: action.text,
        timestamp: Date.now(),
        id: uuid.v4(),
      };
      return state.concat(newMessage);
    } else {
      return state;
    }
}
```

messagesReducer()函数接收一个消息数组作为它的第一个参数 state。ADD_MESSAGE 处理程序使用 action.text 创建一个新消息。与之前一样，我们使用 concat()方法来返回一个新消息数组，并将新消息附加到该数组中。

现在我们已了解了 threadsReducer()函数如何将 ADD_MESSAGE 处理程序委托给 messagesReducer()函数，下面来看 DELETE_MESSAGE 处理程序是如何完成相同工作的。

11.9.3   修改 DELETE_MESSAGE 动作处理程序

与 ADD_MESSAGE 动作处理程序一样，我们希望 threadsReducer()函数中的 DELETE_MESSAGE 动作处理程序将处理每个线程的 messages 属性的职责委托给 messagesReducer()函数。

与直接调用 filter()函数不同，我们可以在 newThread 声明中调用 messagesReducer()函数，并让它生成 messages 属性，如下所示：

redux/chat_intermediate/src/complete/App-9.js

```
} else if (action.type === 'DELETE_MESSAGE') {
  const threadIndex = state.findIndex(
    (t) => t.messages.find((m) => (
      m.id === action.id
    ))
  );
  const oldThread = state[threadIndex];
  const newThread = {
    ...oldThread,
    messages: messagesReducer(oldThread.messages, action),
  };
```

是不是看起来很熟悉？通过这些修改，线程 reducer 的 DELETE_MESSAGE 处理程序看起来几乎与 ADD_MESSAGE 完全一样。唯一的区别是两个处理程序确定 threadIndex 的方式。

仔细想想，这是有道理的。我们处理的动作是添加和删除消息，这只会影响单个线程上的 messages 属性。因为 messages 属性现在由 messagesReducer()函数管理，所以 ADD_MESSAGE 和 DELETE_MESSAGE 处理程序之间的区别会在该函数中表示。除了确定 threadIndex 之外，其余的过程（创建具有更新后的 messages 属性的新线程对象）是相同的。

可以定义一个新函数 findThreadIndex()，并在其中存储用来确定 threadIndex 的逻辑。然后，可以将两个动作处理程序组合在一起，因为它们的代码相同。

　　首先，我们将在 threadsReducer()函数上方编写 findThreadIndex()函数。此函数会将 threads（或 threadsReducer()函数中的 state）和 action 作为参数。我们把用于查找受影响线程的索引逻辑复制到该函数中：

redux/chat_intermediate/src/complete/App-10.js

```
function findThreadIndex(threads, action) {
  switch (action.type) {
    case 'ADD_MESSAGE': {
      return threads.findIndex(
        (t) => t.id === action.threadId
      );
    }
    case 'DELETE_MESSAGE': {
      return threads.findIndex(
        (t) => t.messages.find((m) => (
          m.id === action.id
        ))
      );
    }
  }
}
```

　　我们决定在这里使用 switch 语句，而不是 if/else 子句。在 reducer 及其辅助函数中使用 switch 语句会更易于阅读和管理。你会在很多 Redux 应用程序中看到它。随着系统中动作的增加，单个 reducer 必须具有多个动作处理程序。switch 就是为这种用例而构建的。

　　在 findThreadIndex()函数中使用 switch 的另一个原因是我们将在重构的 threadsReducer()函数中使用 switch：

redux/chat_intermediate/src/complete/App-10.js

```
function threadsReducer(state, action) {
  switch (action.type) {
    case 'ADD_MESSAGE':
    case 'DELETE_MESSAGE': {
      const threadIndex = findThreadIndex(state, action);

      const oldThread = state[threadIndex];
      const newThread = {
        ...oldThread,
        messages: messagesReducer(oldThread.messages, action),
      };

      return [
        ...state.slice(0, threadIndex),
        newThread,
        ...state.slice(
          threadIndex + 1, state.length
        ),
      ];
```

```
    }
    default: {
      return state;
    }
  }
}
```

在这里使用 switch 很好，原因如下所示：

redux/chat_intermediate/src/complete/App-10.js

```
switch (action.type) {
  case 'ADD_MESSAGE':
  case 'DELETE_MESSAGE': {
```

读起来比 if 语句更清晰：

```
if (action.type === 'ADD_MESSAGE' || action.type === 'DELETE_MESSAGE') {
  // ...
}
```

　　如果我们继续向系统引入更多动作，且它们只会影响给定线程的 messages 属性（比如 UPDATE_MESSAGE），那么这种可读性变差的问题就会加剧。使用 switch 语句，我们可以清晰地指定所有这些动作来共享相同的代码块。

　　除了对 findThreadIndex() 函数的调用之外，组合后的动作处理程序的主体分别与我们上面具有的主体相匹配。

11.9.4　将 DELETE_MESSAGE 动作添加到 messagesReducer() 函数中

　　threadsReducer() 函数现在处理 ADD_MESSAGE 动作和 DELETE_MESSAGE 动作的方式完全相同。当 reducer 接收到 DELETE_MESSAGE 动作时，它将使用消息列表和动作对象来调用 messagesReducer() 函数。消息列表对应于一个线程的 messages 属性；动作对象带有要删除的消息的指令。

　　让我们将 DELETE_MESSAGE 处理程序的逻辑添加到 messagesReducer() 函数中。可以暂时保留 if/else 子句，也可以更改为 switch：

redux/chat_intermediate/src/complete/App-10.js

```
function messagesReducer(state, action) {
  switch (action.type) {
    case 'ADD_MESSAGE': {
      const newMessage = {
        text: action.text,
        timestamp: Date.now(),
        id: uuid.v4(),
      };
      return state.concat(newMessage);
    }
    case 'DELETE_MESSAGE': {
      return state.filter(m => m.id !== action.id);
    }
```

```
    default: {
      return state;
    }
  }
}
```

记住，这里的 state 就是消息数组。"过滤"消息的逻辑与 threadsReducer() 函数中的逻辑相同。

目前已拆分了跨三个 reducer 函数的管理状态逻辑。每个函数将对状态树的不同部分进行管理。reducer 函数树是在 reducer() 处组合起来的，reducer() 是我们传递给 createStore() 的函数。

在本章中，应用程序和状态的复杂性都显著增加。现在我们看到了如何使用 reducer 组合来管理这种复杂性。我们有了一种扩展系统的模式，可以处理更多的操作和状态。

还可以再做一个改进。虽然管理状态更新的逻辑包含在 reducer 中，但应用程序的初始状态是在别的地方（initialState）定义的。让我们把这个初始化的部分放在它们各自的 reducer 中。随着状态树的增长，这样做可以更好地扩展。另外，这也意味着围绕状态树特定部分的**所有**逻辑都会包含在它的 reducer 中。

11.10　在 reducer 中定义初始状态

下面声明 initialState 对象，并将其传递给 createStore() 函数：

```
const store = createStore(reducer, initialState);
```

第二个参数是不必要的。让我们修改这一行，以不再传递 initialState：

```
const store = createStore(reducer);
```

会发生什么呢？

redux 库中的 createStore() 函数与上一章中编写的 createStore() 函数存在一个关键区别。在 store 初始化之后，且在它返回**之前**，createStore() 函数实际上会分派一个初始化动作。该分派的调用如下所示：

```
// ...
// 在 redux 库的 createStore() 函数中
dispatch({ type: '@@redux/INIT' });

return { // 返回 store 对象
  dispatch,
  subscribe,
  getState,
}
```

虽然**初始化动作**具有一个 type，但你永远都不需要使用它。

重要的是，因为没有指定 initialState，所以当 **createStore()函数分派初始化动作时，state 的值将是 undefined**。state 的值是 undefined 的唯一时间是在第一次分派时。

因此，当 state 的值是 undefined 时，我们就可以让 reducer 为它们自己的状态树部分指定初始状态。

11.10.1　reducer()函数的初始状态

当 createStore()函数分派初始化对象时，reducer()函数将收到一个值为 undefined 的 state。

在这种情况下，我们希望将 state 设置为空白对象（{}）。这使得 reducer()函数能够将状态对象中每个属性的初始化委托给它的 reducer。稍后我们将在实践中看到它是怎样工作的。

可以使用 ES6 的默认参数来实现这一点：

redux/chat_intermediate/src/complete/App-11.js

```
function reducer(state = {}, action) {
```

当 reducer()函数接收到的 state 的值是 undefined 时，便将 state 的值设置为{}。

重要的是，当 reducer()调用它的每个子 reducer 时，每个子 reducer 都会收到一个值为 undefined 的 state 参数。

在 Redux 中初始化 reducer 时，state 的值为 undefined 是规范的方法。虽然可以使用这个特殊的初始化 action 对象的类型，但使用 ES6 的默认参数要简单得多，因为它仅依赖于值为 undefined 的状态。

 有关默认参数的更多信息，请参见附录 B。

11.10.2　为 activeThreadIdReducer()函数添加初始状态

可以使用默认参数来初始化 activeThreadIdReducer()函数中的状态。我们希望初始状态是'1-fca2'，这是我们为第一个线程指定的 id：

redux/chat_intermediate/src/complete/App-11.js

```
function activeThreadIdReducer(state = '1-fca2', action) {
```

让我们回顾一下 activeThreadIdReducer()函数的初始化流程。

在 createStore()函数的末尾，且刚好在该函数返回新的 store 对象之前分派了初始化动作，然后将触发以下操作：

(1) 使用值为 undefined 的 state 和初始化动作对象来调用 reducer()函数；

(2) state 默认被设置为{}；

(3) reducer()函数使用值为 undefined 的 state.activeThreadId 来调用 activeThreadIdReducer()函数；

(4) activeThreadIdReducer()函数会使用其默认参数并将 state 设置为'1-fca2'；

(5) activeThreadIdReducer()函数中的 else 子句将返回 state（值为'1-fca2'）。

11.10.3　为 threadsReducer() 函数添加初始状态

我们将对 threadsReducer() 函数使用相同的策略。它的初始状态比较复杂，因此我们会将其分为多行：

redux/chat_intermediate/src/complete/App-11.js

```
function threadsReducer(state = [
  {
    id: '1-fca2',
    title: 'Buzz Aldrin',
    messages: messagesReducer(undefined, {}),
  },
  {
    id: '2-be91',
    title: 'Michael Collins',
    messages: messagesReducer(undefined, {}),
  },
], action) {
```

> ℹ️ 如果没有初始化已处于状态中的两个线程，那么 threadsReducer() 函数的默认参数将是[]：
>
> ```
> function threadsReducer(state = [], action) {
>   // ...
> }
> ```

下面在 messagesReducer() 函数中设置默认参数。我们之前使用了一条消息来初始化其中一个线程，但现在就不再需要了。

redux/chat_intermediate/src/complete/App-11.js

```
function messagesReducer(state = [], action) {
```

我们可以将线程的初始状态中的 messages 属性设置为[]。但通过使用 undefined 调用 messagesReducer() 函数，我们仍是将 messages 属性的初始化职责委托给它。

也可以这样做：

```
// ...
{
  id: '2-be91',
  title: 'Michael Collins',
  messages: messagesReducer(
    undefined, { type: '@@redux/INIT' }
  ),
},
// ...
```

但传递一个空白的 action 对象就足够了，因为永远不需要关闭初始化 action 对象的特殊 type。

最后，从 App.js 中删除 initialState，因为不再需要它了。

让我们测试一下，确保一切正常。

11.10.4　试试看

保存 `App.js`，并确保服务器正在运行，然后在浏览器中加载 `http://localhost:3000`。

正如预期，一切都和以前一样正常工作：可以添加和删除消息，并在选项卡之间切换。唯一的区别是不再使用状态来初始化默认消息。

虽然表面上行为没有发生变化，但我们知道在底层的代码已清晰很多。

11.11　使用 redux 的 combineReducers() 函数

我们实现的通过组合不同的 reducer 来管理状态树的不同部分的模式在 Redux 中是非常常见的。事实上，redux 库包含了一个 combineReducers() 函数，它可以生成一个顶级的 reducer() 函数，就像我们手动编写的那样。

可以向 combineReducers() 函数传递一个对象，该对象将指定状态对象中的每个属性应该委托给哪个函数。要了解其工作原理，下面让我们使用它。

首先，从 redux 库中导入该函数：

redux/chat_intermediate/src/complete/App-12.js

```
import { createStore, combineReducers } from 'redux';
```

接着替换 reducer() 函数的定义：

redux/chat_intermediate/src/complete/App-12.js

```
const reducer = combineReducers({
  activeThreadId: activeThreadIdReducer,
  threads: threadsReducer,
});
```

我们告诉 combineReducers() 函数状态对象具有 activeThreadId 和 threads 两个属性，并将这些属性设置为处理它们的函数。

combineReducers() 函数返回一个 reducer 函数，其行为与我们手动编写的组合 reducer() 函数完全相同。

一种常见的模式是让 reducer 函数的名称与它管理的属性名称相匹配。如果我们将 activeThreadIdReducer() 重命名为 activeThreadId()，并将 threadsReducer() 重命名为 threads()，那么就可以使用 ES6 的简写符号来获得最大的简洁性：

```
const reducer = combineReducers({
  activeThreadId,
  threads,
});
```

由于应用程序完全被包含在一个文件中，因此在此处我们将 Reducer 附加到所有 reducer 函数的名称后面。当 Redux 应用程序达到一定的规模时，通常有必要将 reducer 函数拆分成它们自己的文件，例如 reducers.js。到那时，将 Reducer 附加到每个函数的名称后面就没有必要了，我们可以应用上述的简写方式。

11.12 下一步

在通过引入线程为应用程序及其状态增加了复杂性之后，我们对 reducer 的逻辑进行了一些重要的重构。起初，单个 reducer 函数管理了状态树的许多不同部分，并有重复的逻辑。通过引入 reducer 组合，我们设法将所有的状态管理拆分成更小的部分。

现在的应用程序很好地隔离了职责。这不仅让代码变得更容易阅读，也使我们能够扩展应用程序的规模。

如果想在处理消息的系统中添加一个新动作，则不必担心管理线程的逻辑问题。我们将重用 threadsReducer() 函数中与 ADD_MESSAGE 和 DELETE_MESSAGE 处理程序相同的代码路径，并将所有特定于该动作的逻辑写在 messagesReducer() 函数中。

如果想在系统中添加一个全新的状态（比如通知面板），那么该状态的管理将完全独立于其自身的函数。不必太担心它对现有的代码造成影响。

我们也有机会来重构 React 组件。下一章将重点介绍 React 组件的组织方法。

11

## 第 12 章

表示组件和容器组件与 Redux 一起使用

上一章增加了应用程序的状态和视图层的复杂性。为了支持应用程序中的线程，我们将消息对象嵌套在状态树中的线程对象里。通过使用 reducer 组合，我们能够将更复杂的状态树的管理拆分成更小的部分。

我们添加了一个新的 React 组件（ThreadTabs）来支持线程模型，它允许用户在视图上的线程之间进行切换。我们还增加了现有组件的复杂性。

目前，我们的应用程序中有四个 React 组件。每个 React 组件都直接与 Redux store 交互。App 组件会订阅 store 并使用 getState()方法读取状态，并将此状态作为 props 传递给其子组件。子组件将直接把动作分派到 store。

本章将探索组织 React 组件的新范式。可以将 React 组件分为两类：**表示组件**和**容器组件**。我们将看到它如何将 Redux store 的作用限制在容器组件上，并为我们提供灵活、可重用的表示组件。

12.1　表示组件和容器组件

在 React 中，**表示组件**是只渲染 HTML 的组件。组件的唯一函数是用于表示的标记代码。在 Redux 支持的应用程序中，表示组件不会和 Redux store 交互。

表示组件接收**容器组件**中的 props。容器组件指定表示组件应该渲染的数据，还指定行为。如果表示组件具有交互性（如按钮），那么它将调用容器组件提供给它的属性函数。容器组件是用来将动作分派到 Redux store 的组件，它们之间的关系见图 12-1。

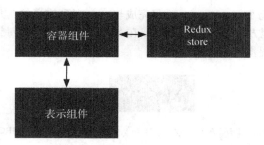

图 12-1   表示组件、容器组件和 Redux store 之间的关系

看一下 ThreadTabs 组件：

redux/chat_intermediate/src/complete/App-12.js

```
class ThreadTabs extends React.Component {
  handleClick = (id) => {
    store.dispatch({
      type: 'OPEN_THREAD',
      id: id,
    });
  };

  render() {
    const tabs = this.props.tabs.map((tab, index) => (
      <div
        key={index}
        className={tab.active ? 'active item' : 'item'}
        onClick={() => this.handleClick(tab.id)}
      >
        {tab.title}
      </div>
    ));
    return (
      <div className='ui top attached tabular menu'>
        {tabs}
      </div>
    );
  }
}
```

此时，ThreadTabs 组件既渲染 HTML（文本字段输入），又与 store 通信。每当点击一个选项卡时，它就会分派一个 OPEN_THREAD 动作。

但如果我们想在应用程序中添加**另一组**选项卡，该怎么办呢？这组选项卡可能必须分派另一种类型的动作。因此我们必须编写一个完全不同的组件，即使它渲染的 HTML 是相同的。

如果我们改用一个通用的制表符组件（比如 Tabs），那么会怎样呢？此表示组件不会指定用户点击选项卡时需要执行的操作。相反，只要我们想在应用程序中使用此特殊标记，便可以将其包装在容器组件中的任何地方。该容器组件可以指定要分派到 store 的动作。

我们把容器组件命名为 ThreadTabs。它将完成与 store 的所有通信，并让 Tabs 组件来处理标记。将来，如果我们想在其他地方使用选项卡（例如，在"联系人"视图中为每组联系人提供一个选项卡），那么可以重用表示组件，见图 12-2。

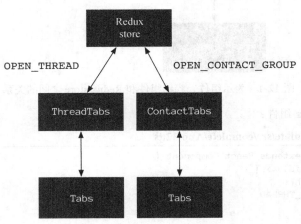

图 12-2　拆分容器组件和表示组件

12.2　拆分 ThreadTabs 组件

首先将通过编写 Tabs 表示组件来拆分 ThreadTabs 组件。这个组件只负责渲染 HTML，即水平的选项卡数组，它还需要一个 onClick 属性。表示组件将允许其容器组件指定在点击选项卡时所需的任何行为。

下面将 Tabs 组件添加到 App.js 中，并把它写在当前 ThreadTab 组件的上方。用于 HTML 标记的 JSX 与之前相同：

redux/chat_intermediate/src/complete/App-13.js

```
const Tabs = (props) => (
  <div className='ui top attached tabular menu'>
    {
    props.tabs.map((tab, index) => (
      <div
        key={index}
        className={tab.active ? 'active item' : 'item'}
        onClick={() => props.onClick(tab.id)}
      >
        {tab.title}
      </div>
    ))
    }
  </div>
);
```

新的表示组件的一个独特之处在于它的声明方式。到目前为止，我们一直使用这样的 ES6 类，如下所示：

```
class App extends React.Component {
  // ...
}
```

以这种方式声明的 React 组件会被封装在 React 的组件 API 中。该声明为组件提供了所有我们一直在使用的 React 特定的功能，例如生命周期 Hook 和状态管理。

然而，如第 5 章所述，React 还允许你声明**无状态的函数式组件**。无状态函数式组件（如 Tabs）只是返回标记的 JavaScript 函数，并不是特殊的 React 对象。

因为 Tabs 组件不需要 React 的任何组件方法，所以它可以是无状态组件。

事实上，我们所有的表示组件都可以是无状态组件。这加强了它们渲染标记的单一职责，且语法更简洁。此外，React 核心团队建议开发人员尽可能去使用无状态组件。由于这些组件没有使用 React 组件对象的任何功能进行"修饰"，因此 React 团队预计在不久的将来会为无状态组件引入许多性能优势。

可以看到，传入无状态组件的第一个参数是 props：

redux/chat_intermediate/src/complete/App-13.js

```
const Tabs = (props) => (
```

因为 Tabs 不是一个 React 组件对象，所以它没有 this.props 这个特殊属性。相反，父组件会将 props 作为参数传递给无状态组件。因此，我们将在所有地方使用 props 而非 this.props 来访问这个组件的所有属性。

 Tabs 组件对 map() 方法的调用是内联的，且嵌套在该函数返回的 div 标签内。

也可以将此逻辑置于函数的 return 语句之上，就像我们在 ThreadTabs 组件的 render() 函数中所做的那样。这只是风格偏好的问题。

表示组件已准备好了，让我们看看使用它的容器组件是什么样子的。修改当前的 ThreadTabs 组件：

redux/chat_intermediate/src/complete/App-13.js

```
class ThreadTabs extends React.Component {
  render() {
    return (
      <Tabs
        tabs={this.props.tabs}
        onClick={(id) => (
          store.dispatch({
            type: 'OPEN_THREAD',
            id: id,
          })
        )}
      />
```

```
    );
  }
}
```

我们虽然没有使用 React 的任何组件方法，但仍使用 ES6 类组件，而不是声明无状态组件。我们马上就会知道为什么。

容器组件指定了表示组件的 props 和行为。我们把 tabs 属性设置为 App 组件指定的 this.props.tabs；接下来把 onClick 属性设置为一个调用 store.dispatch() 的函数。我们希望 Tabs 组件将被点击的选项卡的 id 传递给这个函数。

如果我们现在测试应用程序，那么会很高兴注意到新的容器组件/表示组件组合在正常工作。

然而，ThreadTabs 组件中有一件奇怪的事情：它**直接**用 dispatch() 方法将操作发送到 store，但目前它又通过 props（通过 this.props.tabs）间接地从 store 读取数据。App 组件是唯一从 store 中读取数据的组件，且这些数据会向下流到 ThreadTabs 组件中。但如果 ThreadTabs 组件直接将动作分派到 store，那么间接从 store 中读取数据还有必要吗？

因此，可以让所有的容器组件负责向 store 发送动作和读取数据。

为了让 ThreadTabs 组件实现这一点，我们可以直接在 componentDidMount 函数中订阅 store，就像在 App 组件中那样：

redux/chat_intermediate/src/complete/App-14.js

```
class ThreadTabs extends React.Component {
  componentDidMount() {
    store.subscribe(() => this.forceUpdate());
  }
```

然后在 render() 函数内部，可以使用 getState() 方法直接从 store 中读取 state.threads。我们将在这里使用与 App 组件中相同的逻辑来生成选项卡：

redux/chat_intermediate/src/complete/App-14.js

```
render() {
  const state = store.getState();

  const tabs = state.threads.map(t => (
    {
      title: t.title,
      active: t.id === state.activeThreadId,
      id: t.id,
    }
  ));
```

下面我们不再需要从 this.props 中读取数据，而是将创建好的 tabs 变量传递给 Tabs 组件：

redux/chat_intermediate/src/complete/App-14.js

```
return (
  <Tabs
    tabs={tabs}
```

```
      onClick={(id) => (
        store.dispatch({
          type: 'OPEN_THREAD',
          id: id,
        })
      )}
    />
  );
```

Tabs 组件纯粹用于表示，没有指定自己的行为，可以放在应用程序中的任何位置。

ThreadTabs 组件是一个容器组件，它不渲染任何标记。相反，它负责与 store 交互并指定要渲染的表示组件。该容器组件是 store 到表示组件的连接器。

完整的表示组件和容器组件的组合，如下所示：

redux/chat_intermediate/src/complete/App-14.js

```
const Tabs = (props) => (
  <div className='ui top attached tabular menu'>
    {
      props.tabs.map((tab, index) => (
        <div
          key={index}
          className={tab.active ? 'active item' : 'item'}
          onClick={() => props.onClick(tab.id)}
        >
          {tab.title}
        </div>
      ))
    }
  </div>
);

class ThreadTabs extends React.Component {
  componentDidMount() {
    store.subscribe(() => this.forceUpdate());
  }

  render() {
    const state = store.getState();

    const tabs = state.threads.map(t => (
      {
        title: t.title,
        active: t.id === state.activeThreadId,
        id: t.id,
      }
    ));

    return (
      <Tabs
        tabs={tabs}
        onClick={(id) => (
```

```
        store.dispatch({
          type: 'OPEN_THREAD',
          id: id,
        })
      )}
    />
  );
}
}
```

除了能够在应用程序的其他地方重用表示组件外，这个范式还为我们带来了另一个明显的好处：我们将用于表示的视图代码完全从状态及其动作中解耦出来。我们将看到，这种方法将所有关于 Redux 和 store 的作用范围隔离到应用程序的容器组件中。这可以最小化未来的转换成本。如果想要将应用程序迁移到另一个状态管理范式，则无须触碰应用程序的任何表示组件。

12.3   拆分 Thread 组件

让我们继续使用新的设计模式进行重构。

Thread 组件将线程作为一个属性接收，并包含了用于渲染该线程内部的消息以及 MessageInput 组件的所有标记。如果点击消息，该组件将向 store 发送一个 DELETE_MESSAGE 动作。

渲染线程视图的部分涉及渲染它的消息视图。可以为线程和消息使用单独的容器和表示组件。在此设置中，线程的表示组件将渲染消息的容器组件。

因为我们不期望在线程之外渲染消息列表，所以让线程的容器组件同时管理消息的表示组件是合理的。

可以有一个容器组件：ThreadDisplay。该容器组件将渲染 Thread 表示组件（见图 12-3）。

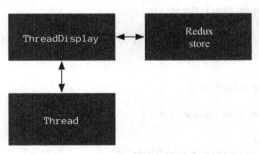

图 12-3　ThreadDisplay 容器组件渲染 Thread 表示组件

对于消息列表，可以让 Thread 组件渲染另一个 MessageList 表示组件。

但 MessageInput 组件要怎么处理呢？与之前版本的 ThreadTabs 组件一样，该组件包含两个职责。该组件渲染标记，即带有提交按钮的单个文本字段。此外，它还指定提交表单时应该发生的行为。

因此，可以有一个通用的表示组件：TextFieldSubmit。该组件只渲染标记，并允许其父级来指定提交文本字段时所发生的情况。ThreadDisplay 组件可以通过 Thead 组件来控制这个文本字段的行为。

通过这种设计，我们将有一个容器组件用于顶部线程。Thread 表示组件将是两个子表示组件 MessageList 和 TextFieldSubmit 的组合（见图 12-4）。

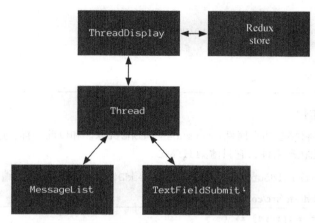

图 12-4　Thread 表示组件是两个子表示组件 MessageList 和 TextFieldSubmit 的组合

为了避免混淆，让我们先把当前的 Thread 组件重命名为 ThreadDisplay：

```
// 重命名 Thread 组件
class ThreadDisplay extends React.Component {
  // ...
};
```

我们将从底部开始，先编写表示组件 TextFieldSubmit 和 MessageList，接着会一直进行到 Thread 组件，然后是 ThreadDisplay 组件。

1. TextFieldSubmit 组件

与 ThreadTabs 组件一样，MessageInput 组件也起着两种不同的作用：该组件既渲染输入字段的 HTML，又指定了提交该输入字段的行为（分派 ADD_MESSAGE 动作）。

如果我们从 MessageInput 组件中删除分派调用，那么它将只剩下一个渲染标记的通用组件：带有相邻提交按钮的文本字段。该表示组件将允许其容器组件在提交输入字段时指定所需的任何行为。

让我们将 MessageInput 组件重命名为 TextFieldSubmit，以使其更加通用。其他唯一需要做的更改是在 handleSubmit() 函数中。我们将让 TextFieldSubmit 组件接收一个 onSubmit 属性，它将调用这个属性函数，而不是直接分派到 store：

redux/chat_intermediate/src/complete/App-14.js

```
class TextFieldSubmit extends React.Component {
  state = {
    value: '',
  };
```

```
onChange = (e) => {
  this.setState({
    value: e.target.value,
  })
};

handleSubmit = () => {
  this.props.onSubmit(this.state.value);
  this.setState({
    value: '',
  });
};
```

2. MessageList 组件

MessageList 组件将接收两个属性：messages 和 onClick。和以前一样，这个表示组件不会指定任何行为。作为一个无状态组件，它只渲染 HTML。

在 App.js 中的 TextFieldSubmit 组件下方和 ThreadDisplay 组件的上方编写 MessageList 组件：

redux/chat_intermediate/src/complete/App-14.js

```
const MessageList = (props) => (
  <div className='ui comments'>
    {
      props.messages.map((m, index) => (
        <div
          className='comment'
          key={index}
          onClick={() => props.onClick(m.id)}
        >
          <div className='text'>
            {m.text}
            <span className='metadata'>@{m.timestamp}</span>
          </div>
        </div>
      ))
    }
  </div>
);
```

在 props.messages 上执行 map() 方法的逻辑与之前在 Thread 组件中的逻辑相同。我们使用内联方式来执行它，并将其嵌套在负责样式的 div 标签内。其中有三个变化，如下所示：

- 我们通过 props.messages 而不是 this.props.threads 来执行映射；
- onClick 属性现在被设置为 props.onClick；
- 为了简洁，我们使用了变量 m 来代替 message。

> ℹ️ 你可以通过添加另一个组件 Message 来进一步拆分这个表示组件。但由于每条消息的标记仍非常简单，因此我们暂时不打算这样做。

3. **Thread** 组件

我们有两个与显示线程相关的表示组件。一个是 MessageList 组件，用于渲染该线程中的所有消息。另一个是 TextFieldSubmit 组件，这是一个通用的文本字段条目，用于向该线程提交新消息。

我们将在另一个表示组件 Thread 下集成这两个表示组件。ThreadDisplay 容器组件将渲染 Thread 组件，而 Thread 组件将依次渲染 MessageList 和 TextFieldSubmit 组件。

我们期望 ThreadDisplay 组件会给 Thread 组件传递三个属性。

- thread：线程本身。
- onMessageClick：点击消息的处理程序。
- onMessageSubmit：提交文本字段的处理程序。

我们将让 Thread 组件传递适当的属性到它的每个子表示组件：

redux/chat_intermediate/src/complete/App-14.js

```
const Thread = (props) => (
  <div className='ui center aligned basic segment'>
    <MessageList
      messages={props.thread.messages}
      onClick={props.onMessageClick}
    />
    <TextFieldSubmit
      onSubmit={props.onMessageSubmit}
    />
  </div>
);
```

4. **ThreadDisplay** 组件

ThreadDisplay 组件（以前叫作 Thread）是容器组件。与之前的两个容器组件一样，它也将订阅 store。它负责从 store 中读取数据并向其分派动作。

首先在 componentDidMount 函数中订阅 store：

redux/chat_intermediate/src/complete/App-14.js

```
class ThreadDisplay extends React.Component {
  componentDidMount() {
    store.subscribe(() => this.forceUpdate());
  }
```

ThreadDisplay 组件将直接从 store 中读取活动线程。然后该容器组件将传入 thread 和 onMessageClick 属性来渲染 Thread 组件。

在 render() 函数内部，我们将使用与 App 组件中的相同的逻辑来获取活动线程：

redux/chat_intermediate/src/complete/App-14.js

```
render() {
  const state = store.getState();
  const activeThreadId = state.activeThreadId;
  const activeThread = state.threads.find(
```

```
  t => t.id === activeThreadId
);
```

我们返回 Thread 组件，并将 thread 属性传递给它，同时指定它的 onMessageClick 和 onMessage-Submit 行为：

redux/chat_intermediate/src/complete/App-14.js

```
return (
  <Thread
    thread={activeThread}
    onMessageClick={(id) => (
      store.dispatch({
        type: 'DELETE_MESSAGE',
        id: id,
      })
    )}
    onMessageSubmit={(text) => (
      store.dispatch({
        type: 'ADD_MESSAGE',
        text: text,
        threadId: activeThreadId,
      })
    )}
  />
);
```

完整的 ThreadDisplay 容器组件如下所示：

redux/chat_intermediate/src/complete/App-14.js

```
class ThreadDisplay extends React.Component {
  componentDidMount() {
    store.subscribe(() => this.forceUpdate());
  }

  render() {
    const state = store.getState();
    const activeThreadId = state.activeThreadId;
    const activeThread = state.threads.find(
      t => t.id === activeThreadId
    );

    return (
      <Thread
        thread={activeThread}
        onMessageClick={(id) => (
          store.dispatch({
            type: 'DELETE_MESSAGE',
            id: id,
          })
        )}
        onMessageSubmit={(text) => (
          store.dispatch({
```

```
            type: 'ADD_MESSAGE',
            text: text,
            threadId: activeThreadId,
          })
        )}
      />
    );
  }
}
```

我们已将所有的视图组件拆分成容器组件和表示组件。两个容器组件直接与 store 通信，并执行读取操作（getState()）和发送操作（dispatch()）。

正因为如此，我们根本不需要让 App 组件和 store 对话。App 组件的 render() 函数现在从 store 读取数据，然后将 props 发送给它的子组件。现在 App 组件的子组件正在和 store 通信，因此它不再需要给子组件提供任何 props。

12.4　从 App 组件中移除 store

因为容器组件现在是自己与 store 交互，所以我们可以从 App 组件中移除它和 store 的所有通信。事实上，可以把 App 变成一个无状态的组件：

redux/chat_intermediate/src/complete/App-15.js

```
const App = () => (
  <div className='ui segment'>
    {/* 下面将 Thread 组件改为 ThreadDisplay 组件 */}
    <ThreadTabs />
    <ThreadDisplay />
  </div>
);
```

这与我们之前的一些应用程序的顶级组件形成了鲜明的对比，不是吗？

因为我们组合了新的容器和表示组件范式以及一个 Redux 状态管理器，所以此应用程序的顶级组件只需要指定在页面上包含哪些容器组件。读写状态的所有职责都被下放到每个容器组件中。

因为没有直接从叶子组件分派动作，所以我们将 Redux store 的所有作用范围隔离到容器组件中。可以在应用程序的其他上下文中自由地重用表示组件。此外，如果想要将状态管理范式从 Redux 切换到其他方案，那么只需修改容器组件即可。

我们的容器组件看起来都非常相似。它们订阅 store，然后将状态和动作映射到表示组件上的 props 中。下一节将探索一种减少编写容器组件模板代码的方法。

但现在，让我们暂停一下，以验证一切是否仍能像以前一样正常工作。

试试看

保存 App.js。虽然我们对 React 组件进行了一些重大的架构更改，但打开 http://localhost:3000 查看应用程序时，一切都和以前一样能正常工作。

12.5 使用 react-redux 库创建容器组件

我们的两个容器组件（ThreadTabs 和 ThreadDisplay）具有相似的行为。

- 它们在 componentDidMount 函数中订阅了 store。
- 它们可能有一些逻辑来将数据从状态转换为适合作为表示组件（如 ThreadTabs 组件中的 tabs）属性的格式。
- 它们将表示组件上的动作（如点击事件）映射为分派到 store 的函数。

因为容器组件依赖于表示组件来渲染标记，所以它们只包含 store 和表示组件之间的"黏合"代码。

在编写使用 Redux store 的 React 应用程序时，react-redux（一个流行的库）为我们提供了许多便利。最主要的便利是它的 connect()函数。

react-redux 库中的 connect()函数用于**生成容器组件**。对于每个表示组件，可以编写函数来指定状态应该如何映射到属性，以及事件应该如何映射到分派操作。

让我们来实践一下。

12.5.1 Provider 组件

在使用 connect()函数生成容器组件之前，我们需要对应用程序进行一些补充。

现在容器直接引用了 store 变量。这之所以有效，是因为我们在与组件相同的文件中声明了此变量。

为了使 connect()函数能够生成容器组件，需要一些规范的容器机制来访问 Redux store。该函数不能依赖于在同一个文件中声明并可用的 store 变量。

为了解决这个问题，react-redux 库提供了一个特殊的 Provider 组件。可以将顶级组件封装在 Provider 组件中。Provider 组件将通过 React 的上下文特性使所有组件都可以访问该 store。

当我们使用 connect()函数来生成容器组件时，这些容器组件会假定 store 可以通过上下文来使用。

上下文是一个 React 特性，我们可以使用它将某些数据提供给所有 React 组件。第 5 章已讨论了上下文。

使用 props 时，数据被显式传递到组件层次结构中。父组件必须指定哪些数据可供其子组件使用。

上下文允许你将数据**隐式**提供给树中的所有组件。任何组件都可以"选择"接收上下文，而该组件的父组件不需要做任何事情。

虽然我们在书中的其他地方讨论了上下文，但在 React 中它是一个很少用到的特性。React 核心团队不鼓励使用它，除非在一些特殊情况下。

12.5.2　将 App 组件包装在 Provider 中

在 package.json 中，我们已包含了 react-redux 库：

`"react-redux": "5.0.4",`

为了使用 Provider 组件，首先需要将其包含在 App.js 的顶部：

redux/chat_intermediate/src/complete/App-15.js

```
import { Provider } from 'react-redux';
```

为了使生成的容器组件可通过上下文访问 store，我们需要将 App 组件包装在 Provider 组件中。

在 App.js 的底部，我们将声明一个新组件：WrappedApp。WrappedApp 组件将返回包装在 Provider 组件中的 App 组件。我们将从该文件中导出 WrappedApp 组件：

redux/chat_intermediate/src/complete/App-15.js

```
const WrappedApp = () => (
  <Provider store={store}>
    <App />
  </Provider>
);

export default WrappedApp;
```

Provider 组件期望接收一个 store 属性。该属性现在在上下文变量（store）下的组件层次结构中的任何地方都可用。

 通常也可以将 Provider 导入 index.js，并在其中包装 App 组件。

12.5.3　使用 connect() 函数生成 ThreadTabs 组件

ThreadTabs 组件将 Tabs 表示组件与 Redux store 连接起来。它是通过以下操作来实现这一点的：

- 在 componentDidMount 函数中订阅 store；
- 根据 store 的 threads 属性创建一个 tabs 变量，并将其用于 Tabs 组件的 tabs 属性；
- 将 Tabs 组件上的 onClick 属性设置为分派 OPEN_THREAD 动作的函数。

可以使用 connect() 函数来生成这个组件。

我们需要给 connect() 函数传递两个参数：第一个是将 state 映射到 Tabs 组件的 props 的函数；第二个是将分派调用映射到该组件的 props 的函数。

我们将通过实现它来了解其的工作原理。

1. 将 state 映射到 props

首先，从 react-redux 库导入 connect() 函数：

redux/chat_intermediate/src/complete/App-16.js

```
import { Provider, connect } from 'react-redux';
```

目前，我们通过创建 tabs 变量在 ThreadTabs 组件的 render() 函数中为 Tabs 组件执行 state 和 props 之间的“映射”。

我们将编写一个函数，connect() 将使用该函数来执行相同的操作，该函数叫作 mapStateToTabsProps()。

每当 state 更改时，都会调用此函数来确定如何将新的 state 映射到 Tabs 组件的 props。

在 App.js 中的 ThreadTabs 组件上方声明该函数。它希望接收一个 state 作为参数：

redux/chat_intermediate/src/complete/App-16.js

```
const mapStateToTabsProps = (state) => {
```

可以根据 state.threads 来复制粘贴 ThreadTabs 组件中的逻辑以生成 tabs 变量：

redux/chat_intermediate/src/complete/App-16.js

```
const tabs = state.threads.map(t => (
  {
    title: t.title,
    active: t.id === state.activeThreadId,
    id: t.id,
  }
));
```

state 转 props 映射函数需要返回一个对象。这个对象上的属性是 Tabs 组件的属性名。因为该属性叫作 tabs，且我们为其设置的变量名也是 tabs，所以可以使用 ES6 对象的简写形式：

redux/chat_intermediate/src/complete/App-16.js

```
  return {
    tabs,
  };
};
```

完整的 mapStateToTabsProps() 函数如下所示：

redux/chat_intermediate/src/complete/App-16.js

```
const mapStateToTabsProps = (state) => {
  const tabs = state.threads.map(t => (
    {
      title: t.title,
      active: t.id === state.activeThreadId,
      id: t.id,
    }
  ));

  return {
    tabs,
```

```
  };
};
```

这个函数封装了以前在 ThreadTabs 组件中的逻辑, 描述了状态如何映射到 Tabs 组件的 tabs 属性。现在, 我们必须对 onClick 属性执行相同的操作, 它将映射到一个分派调用。

2. 将分派操作映射到 props

我们将在 mapStateToTabsProps() 函数下方声明这个函数, 并将其命名为 mapDispatchToTabsProps():

redux/chat_intermediate/src/complete/App-16.js

```
const mapDispatchToTabsProps = (dispatch) => (
```

我们将把这个函数作为第二个参数传递给 connect()。它会在安装时被调用, 并将 dispatch 作为参数传入。

与 mapStateToTabsProps() 函数一样, 我们将返回一个对象, 该对象将把 onClick 属性映射到将要执行分派操作的函数。这个函数与 ThreadTabs 组件之前指定的函数功能相同:

redux/chat_intermediate/src/complete/App-16.js

```
const mapDispatchToTabsProps = (dispatch) => (
  {
    onClick: (id) => (
      dispatch({
        type: 'OPEN_THREAD',
        id: id,
      })
    ),
  }
);
```

现在有了两个函数, 一个将 store 的状态映射到 Tabs 组件上的 tabs 属性, 另一个将 onClick 属性映射到一个分派 OPEN_THREAD 动作的函数。

现在可以使用 connect() 函数来替换 ThreadTabs 组件。删除当前在 App.js 中的整个 ThreadTabs 组件。

connect() 函数的第一个参数是将 state 映射到 props 的函数, 第二个参数是将 props 映射到 dispatch 函数的函数。connect() 返回一个函数, 我们将使用表示组件来立即调用该函数, 并希望用容器组件来 "连接" store:

```
// connect()函数签名
// (注意这只是其中一部分, 稍后我们将看到完整的签名)
connect(
  mapStateToProps(state),
  mapDispatchToProps(dispatch),
)(PresentationalComponent)
```

让我们使用 connect() 函数来创建 ThreadTabs 组件:

12

redux/chat_intermediate/src/complete/App-16.js

```
const ThreadTabs = connect(
  mapStateToTabsProps,
  mapDispatchToTabsProps
)(Tabs);
```

从表面上看，ThreadTabs 可能不太像组件，但它是 React 容器组件，与之前使用的组件并无太大不同。

12.5.4　使用 connect() 函数生成 ThreadDisplay 组件

我们将使用 connect() 函数生成的下一个组件：ThreadDisplay。

该容器组件指定了 Thread 组件的三个属性：

- thread
- onMessageClick
- onMessageSubmit

state 映射到 props

我们将调用这个 mapStateToThreadProps() 映射函数。它映射了一个属性。

- thread：映射到处于状态中的活动线程。

dispatch 映射到 props

我们称这个映射函数为 mapDispatchToThreadProps()。它映射了两个属性。

- onMessageClick：映射到分派 DELETE_MESSAGE 动作的函数。
- onMessageSubmit：映射到分派 ADD_MESSAGE 动作的函数。

1. mapStateToThreadProps() 函数

我们将在 App.js 的 ThreadDisplay 组件上方编写 state 转 props 的黏合函数。

mapStateToThreadProps() 函数接收一个 state 参数。我们让它返回一个对象，该对象将 thread 属性映射到处于状态中的活动线程：

redux/chat_intermediate/src/complete/App-16.js

```
const mapStateToThreadProps = (state) => (
  {
    thread: state.threads.find(
      t => t.id === state.activeThreadId
    ),
  }
);
```

这与 ThreadDisplay 组件中用于设置 Thread 组件的 thread 属性的逻辑相同。

2. mapDispatchToThreadProps() 函数

在 mapStateToThreadProps() 函数下方，我们将编写 dispatch 转 props 的黏合函数。

我们编写的第一个 dispatch 属性是 onMessageClick。该函数接收一个 id 参数并分派一个 DELETE_MESSAGE 动作。同样，这个逻辑与 ThreadDisplay 组件中的逻辑相匹配：

redux/chat_intermediate/src/complete/App-16.js

```
const mapDispatchToThreadProps = (dispatch) => (
  {
    onMessageClick: (id) => (
      dispatch({
        type: 'DELETE_MESSAGE',
        id: id,
      })
    ),
```

接下来需要为 onMessageSubmit 定义 dispatch 函数。

如果你还记得，在 ThreadDisplay 组件内部，这个函数分派了一个 ADD_MESSAGE 动作，如下所示：

```
store.dispatch({
  type: 'ADD_MESSAGE',
  text: text,
  threadId: activeThreadId,
})
```

connect() 函数不会将状态传递给 dispatch 转 props 的函数。那么如何获得活动线程的 id 呢？

我们可能会进行一些下面的尝试：

```
store.dispatch({
  type: 'ADD_MESSAGE',
  text: text,
  // 直接从 store 中读取 "activeThreadId"
  threadId: store.getState().activeThreadId,
})
```

对应用程序来说，这样做能很好地工作。因为 store 是在这个文件中定义的，所以我们可以直接从它那里读取。

但是，传递给 connect() 的映射函数最好**不要直接访问 store**。

为什么呢？

因为我们将使用 connect() 函数生成的容器组件来替换 ThreadDisplay 组件的声明。它强大的地方是，当这样做之后，React 组件对 store 的唯一引用就只会出现在一个地方，如下所示：

```
<Provider store={store}>
  <App />
</Provider>
```

将 store 的引用隔离到一个位置有两个巨大的好处。

第一个好处在前面讨论容器组件时提到过。如果我们想从 Redux 转移到其他状态管理范式，那么必须要存储的引用越少，需要做的工作就越少。我们的映射函数只是 JavaScript 函数，可以方便地为其他类型的 store 执行映射，只要该 store 的 API 与 Redux store 的 API 有点相似即可。

更直接的好处是测试。在为 React 应用程序编写测试时，你可能希望将一个伪 store 注入应用程序中。使用伪 store，可以指定每个用例应返回的内容，或断言该 store 上的某些方法已被调用。

通过将 store 作为一个属性传递给 Provider 组件，而不是在应用程序的其他任何地方直接引用它，我们可以在测试期间轻松地交换模拟 store。

因此，我们需要得到正在显示的线程 id 来分派 ADD_MESSAGE 动作。但我们在 dispatch 转 props 的函数中无法访问到此属性。

connect()函数允许传递**第三个**函数，即 mergeProps。因此，传递给 connect()的三个完整函数如下所示：

```
// 完整的 connect()的函数签名
connect(
  mapStateToProps(state, [ownProps]),
  mapDispatchToProps(dispatch, [ownProps]),
  mergeProps(stateProps, dispatchProps, [ownProps])
)
```

> ℹ️ 在 connect()函数中，ownProps 指的是我们正在生成的容器组件上的属性集。在本例中，它们是 App 组件在容器组件 ThreadTabs 或 ThreadDisplay 上设置的任何属性。
>
> 接收和使用 ownProps 参数是可选的。因为 App 组件没有在容器组件上指定任何属性，所以映射函数都没有使用第二个参数。

调用 mergeProps 函数需要使用两个参数：stateProps 和 dispatchProps。它们只是 mapStateToProps 和 mapDispatchToProps 返回的对象。

因此可以将第三个函数传递给 connect()，即 mergeThreadProps()。该函数将使用以下两个参数进行调用：

- mapStateToThreadProps()函数中返回的对象；
- mapDispatchToThreadProps()函数中返回的对象。

connect()函数将使用 mergeThreadProps()函数返回的对象作为最终对象，以此来确定 Thread 组件的属性。

connect()函数将按顺序执行以下操作：

(1) 使用 state 调用 mapStateToThreadProps()函数；

(2) 使用 dispatch 调用 mapDispatchToThreadProps()函数；

(3) 使用前面两个映射函数（stateProps 和 dispatchProps）的结果调用 mergeThreadProps()函数；

(4) 使用 mergeThreadProps()函数返回的对象在 Thread 组件上设置这些 props。

在 mergeThreadProps()函数内部，需要访问两个条目来创建 ADD_MESSAGE 分派函数：

- 线程的 id；
- dispatch 函数本身。

我们将通过 stateProps 获得该线程的 id，因为该对象在 thread 下具有完整的线程对象。

要访问 dispatch，可以在 mapDispatchToThreadProps() 函数中传递它。

因此，mapDispatchToThreadProps() 函数将定义两个属性：

- onMessageClick；
- dispatch。

完整的 dispatch 转 props 的函数如下所示：

redux/chat_intermediate/src/complete/App-16.js

```
const mapDispatchToThreadProps = (dispatch) => (
  {
    onMessageClick: (id) => (
      dispatch({
        type: 'DELETE_MESSAGE',
        id: id,
      })
    ),
    dispatch: dispatch,
  }
);
```

下面将定义最终的映射函数。同样，state 转 props 映射函数和 dispatch 转 props 映射函数的结果会传递给这个"合并"函数。它返回的是 connect() 函数用来绑定 Thread 的 props 的对象。

我们将在 mapDispatchToThreadProps() 函数下方声明这个函数。该合并函数接收两个参数：

redux/chat_intermediate/src/complete/App-16.js

```
const mergeThreadProps = (stateProps, dispatchProps) => (
```

我们要创建一个包含以下内容的新对象：

- 来自 stateProps 的所有属性；
- 来自 dispatchProps 的所有属性；
- 附加属性 onMessageSubmit。

让我们看看它是什么样的：

redux/chat_intermediate/src/complete/App-16.js

```
const mergeThreadProps = (stateProps, dispatchProps) => (
  {
    ...stateProps,
    ...dispatchProps,
    onMessageSubmit: (text) => (
      dispatchProps.dispatch({
        type: 'ADD_MESSAGE',
```

```
    text: text,
    threadId: stateProps.thread.id,
   })
  ),
 }
);
```

我们使用扩展操作符（...）将 stateProps 和 dispatchProps 复制到新对象中。

onMessageSubmit 分派了与 ThreadDisplay 组件之前分派的相同的 ADD_MESSAGE 动作。注意，我们正在从 dispatchProps 中获取 dispatch 函数：

redux/chat_intermediate/src/complete/App-16.js

```
dispatchProps.dispatch({
```

然后从 stateProps 中获取线程的 id：

redux/chat_intermediate/src/complete/App-16.js

```
threadId: stateProps.thread.id,
```

准备好两个映射函数和一个合并函数后，现在可以使用 connect() 函数来生成 ThreadDisplay 组件了。

我们将在 mergeThreadProps() 函数下方声明 ThreadDisplay 组件：

redux/chat_intermediate/src/complete/App-16.js

```
const ThreadDisplay = connect(
  mapStateToThreadProps,
  mapDispatchToThreadProps,
  mergeThreadProps
)(Thread);
```

请确保从 App.js 中删除 ThreadDisplay 组件的旧声明。

使用 connect() 函数的 mergeProps 参数让人感觉有点像一种变通方法。这是因为使用 connect() 函数的参数时非常严格。不过它是故意这样设计的。由于性能原因并防止一些开发人员可能犯的错误，因此该库强制执行了此用法。

然而，在合并函数中，我们使用 connect() 函数按需生成了 ThreadDisplay 组件。我们删除了容器组件周围的一些样板代码。而且，我们将 Redux 和 React 之间的连接隔离到了一个区域（作为 Provider 组件的一个属性）。

让我们检查一下应用程序能否正常运行。

3. 试试看

请确保服务器正在运行。接着导航到 http://localhost:3000，并观察应用程序的所有功能是否正常。

12.6 动作创建器

现在，在要分派动作的每个实例中，我们都声明一个特定类型的动作对象及其所需的属性。例如 DELETE_MESSAGE 动作：

```
dispatch({
  type: 'DELETE_MESSAGE',
  id: id,
})
```

在应用程序的当前迭代中，我们只从一个位置分派每种类型的动作。随着 Redux 应用程序的增长，通常会从多个位置分派同一动作。

一种流行的模式是使用**动作创建器**来创建动作对象。动作创建器是一个返回动作对象的函数。DELETE_MESSAGE 动作的动作创建器如下所示：

```
// DELETE_MESSAGE 动作的动作创建器示例
function deleteMessage(id) {
  return {
    type: 'DELETE_MESSAGE',
    id: id,
  };
}
```

然后，在应用程序中的任何位置，如果我们想分派 DELETE_MESSAGE 动作，就可以使用该动作创建器：

```
dispatch(deleteMessage(id));
```

这是一个简单的抽象，对 React 组件隐藏了动作的 type 和属性名。更重要的是，使用动作创建器可以启用某些高级模式，比如将 API 请求与动作分派耦合在一起。

让我们用动作创建器替换动作对象。

首先编写动作创建器。让我们在 createStore()初始化 store 的那一行下面进行声明。

我们已看到了 deleteMessage()动作创建器的样子。该动作创建器是一个函数，该函数接收要删除消息的 id，然后返回一个类型为 DELETE_MESSAGE 的对象：

redux/chat_intermediate/src/complete/App-17.js

```
function deleteMessage(id) {
  return {
    type: 'DELETE_MESSAGE',
    id: id,
  };
}
```

addMessage()动作创建器需要一个 text 和 threadId 作为参数：

redux/chat_intermediate/src/complete/App-17.js

```
function addMessage(text, threadId) {
  return {
    type: 'ADD_MESSAGE',
```

```
    text: text,
    threadId: threadId,
  };
}
```

openThread 动作创建器需要打开指定 id 的线程：

redux/chat_intermediate/src/complete/App-17.js

```
function openThread(id) {
  return {
    type: 'OPEN_THREAD',
    id: id,
  };
}
```

下面可以处理 App.js，并用新的动作创建器来替换动作对象。

首先在 mapDispatchToTabsProps() 函数内部：

redux/chat_intermediate/src/complete/App-17.js

```
const mapDispatchToTabsProps = (dispatch) => (
  {
    onClick: (id) => (
      dispatch(openThread(id))
    ),
  }
);
```

接着在 mapDispatchToThreadProps() 函数内部：

redux/chat_intermediate/src/complete/App-17.js

```
const mapDispatchToThreadProps = (dispatch) => (
  {
    onMessageClick: (id) => (
      dispatch(deleteMessage(id))
    ),
    dispatch: dispatch,
  }
);
```

最后在 mergeThreadProps() 函数内部：

redux/chat_intermediate/src/complete/App-17.js

```
const mergeThreadProps = (stateProps, dispatchProps) => (
  {
    ...stateProps,
    ...dispatchProps,
    onMessageSubmit: (text) => (
      dispatchProps.dispatch(
        addMessage(text, stateProps.thread.id)
      )
    ),
```

```
    }
);
```

使用动作创建器的另一个好处是可以在一个地方列出系统中所有可能的动作。我们不再需要通过搜索 reducer 或 React 组件来推断可能采取的动作的形式。随着系统中动作数量的增加，这种情况会更加恶化。

12.7 总结

过去的三章探讨了 Redux 设计模式的基本原理。基于 Redux 的聊天应用程序的架构与使用 React 的组件状态的架构完全不同。

由于我们在容器组件中定义了接近叶子组件的函数，因此不必担心会通过大量的中间组件来传递属性。考虑到我们可能会向每个线程添加更多数据的场景（比如用户的个人资料图片），只需调整容器组件中的 state 转 props 的映射函数，即可将个人资料图片的 URL 提供给表示组件。

此外，我们有了一系列的 reducer 函数来处理它们各自在状态树中的部分状态，而不是使用一个烦琐的顶级组件来执行所有的状态管理。在动作影响了状态树的多个部分的场景下，这个优势就更加突出了。

想象我们在聊天应用程序中引入一个通知计数器。计数器用来表示未读线程的数量。每次用户打开一个线程时，我们都希望使这个计数器递减。

在组件状态范式中，这意味着函数（比如 handleThreadOpen()）不仅会影响状态树的 activeThreadId 部分，而且还将负责修改通知计数器。在此模型中，影响状态树多个部分的单个操作可能会很快变得非常麻烦。

使用 Redux 后，给定的动作对状态树的每个部分的影响会被隔离到每个 reducer 中。在我们的例子中，不必接触 activeThreadIdReducer() 函数来合并一个新的通知计数器。OPEN_THREAD 动作对通知计数器的影响将与该状态块的 reducer 隔离。

异步性和服务器通信

开始使用 Redux 组合实际应用程序时需要考虑的最后一个概念是如何处理服务器通信。

Redux 没有建立内置的机制来处理异步性。不过在 Redux 生态系统中有许多处理异步性的工具和模式。

虽然本书不会讨论 Redux 中的异步性，但你可以将最后几章中介绍 Redux 的基础知识里所包含的模式和库集成到自己的应用程序中。

解决异步性最受欢迎的策略之一是使用 redux-thunk 轻量级中间件。使用 redux-thunk 后，你可以让分派调用执行一个函数，而不是直接将动作分派到 store 中。在这个函数中，你可以发出网络请求，并在请求完成时分派动作。

有关使用 redux-thunk 处理异步的详细示例，请在 Redux 网站上查看教程。

## 第 13 章

使用 GraphQL 13

前几章探讨了如何使用 JSON 和 HTTP API 来构建与服务器交互的 React 应用程序。本章将探讨 GraphQL，它是 Facebook 开发的一种特定的 API 协议，能很自然地适合 React 生态系统。

什么是 GraphQL？从字面上看，它的意思是"图形查询语言"（Graph Query Language）。如果使用过 SQL 等其他查询语言，那么你可能会对它很熟悉。如果服务器支持 GraphQL，那么你可以向它发送一个 GraphQL 查询字符串并期望得到一个 GraphQL 响应。我们将很快深入讨论细节，GraphQL 的特性使它特别适合跨平台应用程序和大型产品团队。

为了找出原因，让我们先做一点示范。

13.1 第一个 GraphQL 查询

典型的 GraphQL 查询是使用 HTTP 请求发送的，类似于我们在前面章节中发送 API 请求的方式，但每个服务器通常只有**一个 URL 端点**来处理所有 GraphQL 请求。

GraphQLHub 是一个 GraphQL 服务，我们将在本章中使用它来学习 GraphQL。它的 GraphQL 端点是 https://www.graphqlhub.com/graphql，我们将使用 HTTP POST 方法来发出 GraphQL 查询。启动终端并发出以下 cURL 命令：

```
$ curl - H 'Content-Type:application/graphql' - XPOST https: //www.graphqlhub.com/graph\
ql?pretty=true-d '{ hn { topStories(limit: 2) { title url } } }'
{
  "data": {
    "hn": {
      "topStories": [
        {
          "title": "Dropbox as a Git Server",
          "url": "http://www.anishathalye.com/2016/04/25/dropbox-as-a-true-git-serve\
r/"
        }
      ]
    }
  }
}
```

返回数据可能需要一点时间，但你应该可以看到一个 JSON 对象，该对象描述了 Hacker News 上的热门文章的标题和地址。恭喜你，你刚刚已成功执行了第一个 GraphQL 查询！

我们来分析一下该 cURL 中发生的事情。首先将 Content-Type 头部设置为 application/graphql，用于向 GraphQLHub 服务器表明我们正在发送 GraphQL 请求，这也是许多 GraphQL 服务器的常见模式（我们将在 14.1 节中看到）。

接下来为/graphql?pretty=true 端点指定了一个 POST 方法。/graphql 部分是路径，而 pretty 查询参数用来指示服务器返回一种友好的缩进格式的数据（而不是以一行文本的形式返回 JSON）。

最后，cURL 命令的-d 参数是我们指定 **POST 请求主体**的方式。对于 GraphQL 请求，主体通常是**一个 GraphQL 查询**。必须在一行中写出 cURL 请求，但当我们正确展开并缩进它的格式时，查询将如下所示：

```
// 一行展示
{ hn { topStories(limit: 2) { title url } } }

// 展开后
{
  hn {
    topStories(limit: 2) {
      title
      url
    }
  }
}
```

这是一个 GraphQL 查询。从表面上看，它可能类似于 JSON，且它们确实有一个共同的树结构和嵌套的括号，但是它们在语法和函数上有重要的区别。

注意，查询的结构与 JSON 响应中返回的结构相同。我们指定了一些名为 hn、topStories、title 和 url 的属性，并且响应对象也具有对应准确的树结构（没有多余或缺失的条目）。这是 GraphQL 的关键特性之一：**你可以从服务器请求所需的特定数据**，而服务器不会隐式返回其他多余数据。

虽然从这个例子中并不能明显地看出来，但是 GraphQL 不仅跟踪了**可用于查询**的属性，还跟踪了每个属性的**类型**（如 number、string、boolean 等）。GraphQL 服务器知道 topStories 是由 title 和 url 条目组成的对象列表，且 title 和 url 是字符串。GraphQL 类型系统远比字符串和对象强大得多，从长远来看，随着产品复杂性的增加，它确实为我们节省了时间。

13.2 GraphQL 的好处

现在我们已看到了一些 GraphQL 的实际应用，你可能会想："为什么有人喜欢 GraphQL 而不是 REST 这样的以 URL 为中心的 API 呢？"乍一看，它似乎比传统协议需要更多的工作和设置——我们在 GraphQL 付出额外的努力中得到了什么呢？

首先，通过**声明我们希望从服务器获得的确切数据**，从而使得 API 调用变得更容易理解。对于刚进入 Web 应用程序代码库的新手来说，通过查看 GraphQL 查询可以立即看出哪些数据来自服务器，哪些数据来自客户端。

GraphQL 还为更好的单元测试和集成测试打开了大门：它能很容易地在客户端上模拟数据，且可以断言服务器的 GraphQL 变化不会破坏客户端代码中的 GraphQL 查询。

GraphQL 的设计还考虑了性能，尤其是在移动客户端方面。仅指定每个查询所需的数据可以防止数据的过度获取（即服务器检索并传输最终被客户端使用的数据）。这样可以减少网络流量，并有助于提高对数据大小敏感的移动环境的速度。

传统 JSON API 的开发经验充其量是可接受的（而且通常更容易让人生气）。大多数 API 缺少文档，或者更糟的是文档与 API 的行为不一致。API 可能会发生变化，但并不能立即明显地显示出应用程序的哪些部分会崩溃（例如，通过编译时检查）。很少有 API 具备发现属性或新端点的能力，且它们通常是在定制的机制中进行的。

GraphQL 极大地改善了开发人员的体验，它的类型系统提供了一种**生动的自文档形式**，还有像 GraphiQL 这样的工具（本章会用到）允许我们对 GraphQL 服务器进行自然探索（见图 13-1）。

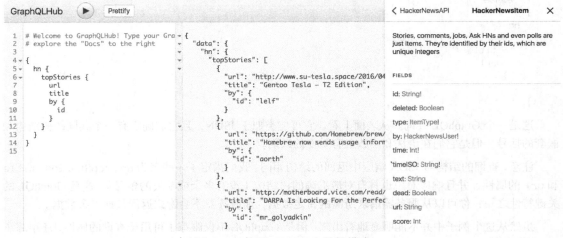

图 13-1   使用 GraphiQL 导航模式

最后，GraphQL 的声明性与 React 的声明性能很好地匹配。包括 Facebook 的 Relay 框架在内的一些项目正在尝试将 React 中的"共置查询"的想法变为现实。想象编写一个 React 组件，该组件能自动从服务器获取所需数据，而不需要为了发出 API 调用或跟踪请求的生命周期而编写黏合代码。

随着你的团队和产品的发展，所有这些好处都在不断叠加，这就是它逐渐成为 Facebook 客户端和服务器之间交换数据的主要方式的原因。

13.3   GraphQL 和 REST

我们稍微提到了一些替代协议，下面专门比较一下 GraphQL 和 REST。

REST 的一个缺点是"端点蠕变"。想象你正在构建一个社交网络应用程序，并从/user/:id/profile 端点开始。最初，这个端点返回的数据对于每个平台和应用程序中的每个部分都是相同的，但你的产品会慢慢发展并积累更多适合"配置文件"的特性。这对于应用程序的新部分来说是有问题的，因为它们只需要其中**一些**配置文件，比如新闻消息上的工具提示。因此，你可能最终会创建类似/user/:id/profile_short 这样的端点，即完整配置文件的受限版本。

当遇到更多需要新端点的情况时（想象 profile_medium！），你会通过调用/profile 和/profile_short 来复制一些数据，但这可能会浪费服务器和网络资源。这也会使得开发过程让人更加难以理解，比如开发人员在哪里可以找到每个变体返回的数据？该文档是最新的吗？

一种替代创建 N 个端点的方法是对查询参数添加一些类似于 GraphQL 的功能，比如/user/:id/profile?include=user.name,user.id。这允许客户端指定它们想要的数据，但是仍缺少 GraphQL 的许多特性，这些特性可以使这类系统长期工作。例如，这类 API 仍没有支持弹性单元测试和长生命周期代码的强类型信息。这对于移动应用程序来说尤其重要，因为移动应用程序中旧的二进制文件可能长期存在。

最后，用于开发和调试 REST API 的工具通常缺乏吸引力，因为流行的 API 之间的共性很少。在最低层次上，你具有一些通用的工具，例如 cURL 和 wget，某些 API 可能支持 Swagger 或其他文档格式；在最高层次上，你可以在某些特定的 API 中找到定制的实用程序，例如 Elasticsearch 或 Facebook 的 Graph API。GraphQL 的类型系统支持内省（换句话说，你可以使用 GraphQL 本身来发现关于 GraphQL 服务器的信息），从而能支持可插拔和可移植的开发工具。

13.4　GraphQL 和 SQL

将 GraphQL 与 SQL 进行比较也是值得的（理论上它们不与特定的数据库或实现绑定）。目前已经有一些将 SQL 和 Facebook 查询语言（FQL）一起使用的 Web 应用程序的先例，那是什么让 GraphQL 成为更好的选择呢？

SQL 对于访问关系数据库非常有帮助，且能够很好地与此类内部结构化的数据库一起工作，但是它不是前端应用程序来消费数据的方式。在浏览器级别处理连接和聚合之类的概念感觉就像一个抽象的漏洞。相反，我们通常希望把信息看作一个图表。我们经常这样想："给我找到这个特定的用户，然后给我找到那个用户的朋友"，而"朋友"可以是任何类型的连接，比如照片或财务数据。

这里还有一个安全问题——我们很容易将 SQL 从 Web 应用程序直接插入底层数据库，这将不可避免地导致安全问题。稍后将介绍，GraphQL 还支持精确的访问控制逻辑，可以控制让用户能够看到哪些类型的数据，且通常比 SQL 更灵活，不像使用原始 SQL 那样不安全。

请记住，使用 GraphQL 并不意味着你必须放弃后端的 SQL 数据库。GraphQL 服务器可以位于任何数据源之上，无论是 SQL、MongoDB、Redis，还是第三方 API。实际上，GraphQL 的优点之一是可以编写一个单独的 GraphQL 服务器，同时作为多个数据存储（或其他 API）的抽象。

13

13.5　Relay 框架和 GraphQL 框架

我们已讨论了很多关于**为什么**应该考虑 GraphQL 的内容，但还没有深入讨论该**如何使用** GraphQL。我们将很快开始揭示更多关于它的信息，但我们应该提一下 Relay。

Relay 是一个 Facebook 的框架，用于将 React 组件连接到 GraphQL 服务器。它允许你编写如下代码，此代码显示了 Item 组件如何自动从 Hacker News GraphQL 服务器中检索数据：

```
class Item extends React.Component {
  render() {
    let item = this.props.item;

    return (
      <div>
        <h1><a href={item.url}>{item.title}</a></h1>
        <h2>{item.score} – {item.by.id}</h2>
        <hr />
      </div>
    );
  }
};

Item = Relay.createContainer(Item, {
  fragments: {
    item: () => Relay.QL `
      fragment on HackerNewsItem {
        id
        title,
        score,
        url
        by {
          id
        }
      }
    `
  },
});
```

Relay 在后台智能地处理了批处理和缓存数据，并提高了性能和用户体验的一致性。稍后将深入研究 Relay，但这个例子应该会让你对 GraphQL 和 React 如何很好地协同工作有所了解。

关于如何集成 GraphQL 和 React 还有其他的新兴方法，例如 Meteor 团队的 Apollo。

在使用 GraphQL 时，你也可以不使用 React。在任何使用传统 API 调用的地方都可以轻松使用 GraphQL，包括与 Angular 或 Backbone 等其他技术一起使用。

13.6　本章预览

使用 GraphQL 有两个方面：作为客户端或前端 Web 应用程序的技术实现，以及作为 GraphQL 服务器的技术实现。本章和下一章中将讨论这两个方面。

作为一个 GraphQL 客户端，使用 GraphQL 就像 HTTP 请求一样简单。我们将介绍 GraphQL 语言的语法和特性，以及将 GraphQL 集成到 JavaScript 应用程序中的设计模式。这就是本章要介绍的内容。

作为 GraphQL 服务器，使用 GraphQL 是一种强大的方式，它可以在基础结构（甚至第三方 API）中的任何数据源上提供查询层。GraphQL 只是查询语言的一个标准，这意味着你可以用任何你喜欢的语言（如 Java、Ruby 或 C）来实现 GraphQL 服务器。不过我们将使用 Node 来实现 GraphQL 服务器。下一章将介绍如何编写该服务器。

13.7 使用 GraphQL

如果你正在使用 GraphQL 从服务器上获取数据——无论是与 React，或者是另一个 JavaScript 库，还是本机 iOS 应用程序一起使用——我们都将其视为 GraphQL 的"客户端"。这意味着你会编写 GraphQL 查询，并将它们发送到服务器。

因为 GraphQL 是它自己的语言，所以本章将帮助你熟悉它并学习如何编写惯用的 GraphQL。本章还将介绍查询 GraphQL 服务器的一些机制（包括各种库），并从浏览器内置的 IDE（GraphiQL）开始。

13.8 探索 GraphiQL

本章的开头使用了带有 cURL 的 GraphQLHub 来执行 GraphQL 查询。这不是 GraphQLHub 提供对其 GraphQL 端点访问的唯一方法：它还托管了一个称为 GraphiQL 的可视化 IDE。GraphiQL 是由 Facebook 开发的，它可以用最少的配置托管在任何 GraphQL 服务器上使用。

你始终可以使用 cURL 之类的工具或任何支持 HTTP 请求的语言来发出 GraphQL 请求，但当你熟悉了特定的 GraphQL 服务器或普通的 GraphQL 时，GraphiQL 将尤其有用。它提供了对错误或建议的预先输入支持、可搜索文档（使用 GraphQL 内省查询动态生成），以及支持代码折叠和语法高亮显示的 JSON 查看器。

可以通过 GraphQLHub 网站来初步了解 GraphiQL（见图 13-2）。

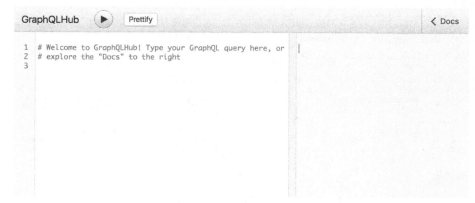

图 13-2　空白的 GraphiQL

目前还没有太多进展，继续输入之前使用了 cURL 的 GraphQL 查询（见图 13-3）。

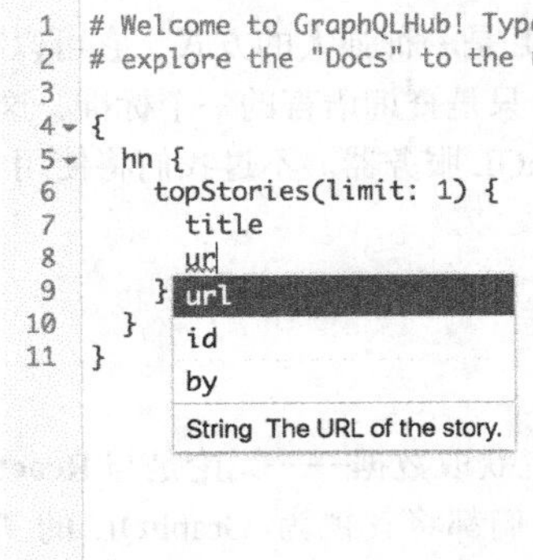

图 13-3　GraphiQL 查询

在键入查询时，你会注意到非常有用的预输入支持。如果你犯了错误，比如输入了一个不存在的字段，GraphiQL 会立即提醒你（见图 13-4）。

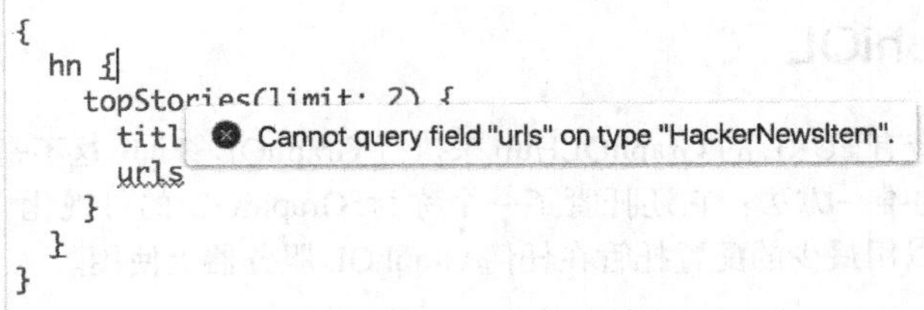

图 13-4　GraphiQL 错误

这是 GraphQL 类型系统在工作中的一个很好的例子。GraphiQL 知道存在哪些字段和类型，而在本例，可以看到 HackerNewsItem 类型上并不存在 urls 字段。稍后将探讨类型将如何获取其字段和名称。

点击顶部导航栏中的"Play"（运行）按钮来执行查询。你会看到新数据会出现在右边的窗格中（见图 13-5）。

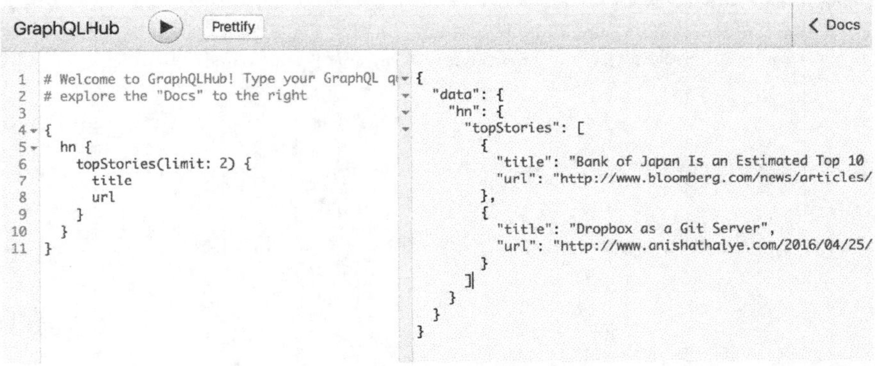

图 13-5　GraphiQL 数据

　　看到 GraphiQL 右上角的"Docs"（文档）按钮了吗？可以点击它来展开完整的文档浏览器（见图 13-6）。

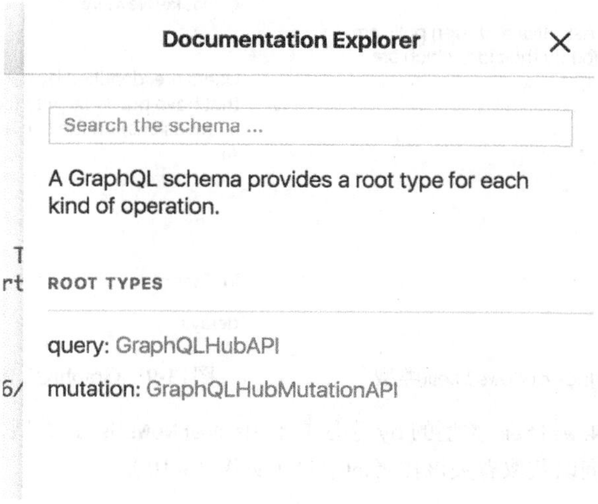

Documentation Explorer　　　　　　✕

Search the schema ...

A GraphQL schema provides a root type for each kind of operation.

ROOT TYPES

query: GraphQLHubAPI

mutation: GraphQLHubMutationAPI

图 13-6　GraphiQL 文档

　　可以随意点击并选择，但最终会返回到图 13-7 中的页面（顶级页面），然后搜索之前让我们陷入麻烦的 HackerNewsItem 类型。

‹ Schema　　　**Search Results**　　　　✕

HackerNewsItem

SEARCH RESULTS

HackerNewsItem

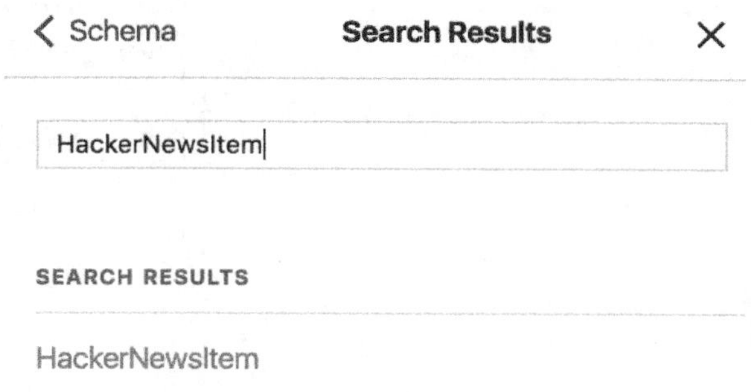

图 13-7　GraphiQL 搜索

　　点击匹配的条目，它将带你进入描述 HackerNewsItem 类型的文档，其中包括一个描述（由人工编写，不是生成的）和类型上所有字段的列表。你可以点击字段和它们的类型来查找更多信息（见图 13-8和图 13-9）。

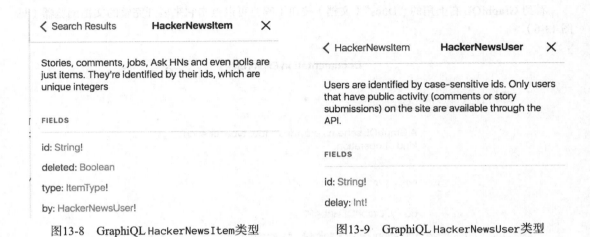

图13-8   GraphiQL `HackerNewsItem`类型   图13-9   GraphiQL `HackerNewsUser`类型

　　如你所见，`HackerNewsItem` 类型的 `by` 字段具有 `HackerNewsUser` 类型，它拥有自己的一组字段和链接。让我们更改查询以获取有关该作者的信息（见图 13-10）。

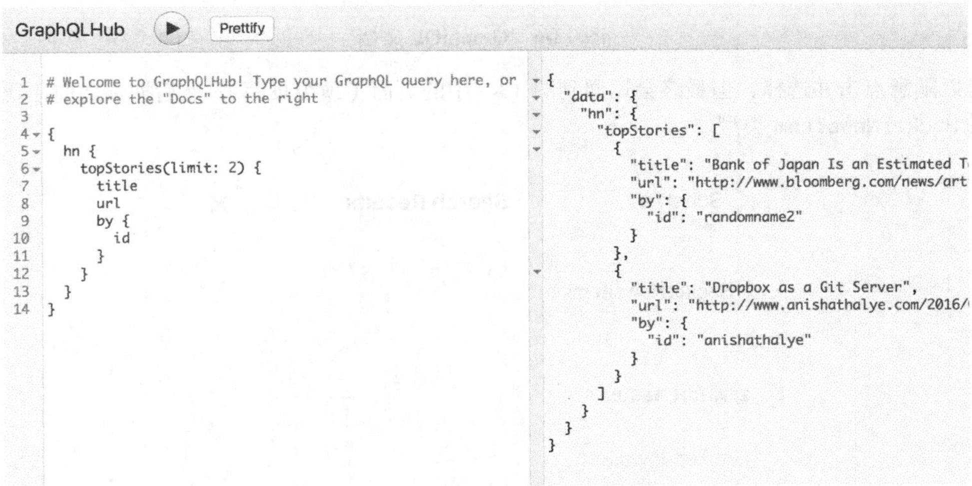

图 13-10   带有 `HackerNewsUser` 类型的 GraphiQL 查询

　　注意，现在 `by` 字段在查询和最终的结果数据中都出现了！

　　在我们开始深入研究 GraphQL 机制时，请保持选项卡中 GraphQLHub 的 GraphiQL 是打开状态。

13.9   GraphQL 语法

　　让我们深入研究一下 GraphQL 的语义。我们已使用了一些术语，如"查询""字段"和"类型"，但尚未对其进行正确定义，在我们深入研究之前还有一些术语需要介绍。为了对这些主题进行完整且正式的检查，你始终可以参考 GraphQL 规范。

发送到 GraphQL 服务器的整个字符串称为**文档**。一个文档可以有一个或多个**操作**。到目前为止，示例文档只有一个**查询操作**，但你也可以发送**变更操作**。

查询操作是只读的，当你发送一个查询时，是在请求服务器给你一些数据。**变更**是指先进行写操作，然后进行获取操作。换句话说就是"先改变一个数据，然后返回一些其他的数据"。稍后将更多地探讨变更，但它和查询都使用了相同的类型系统，且语法与查询相同。

下面是一个只有一个查询操作的文档示例：

```
query getTopTwoStories {
  hn {
    topStories(limit: 2) {
      title
      url
    }
  }
}
```

注意，我们在原来的查询前面加上了 getTopTwoStories 查询，这是在文档中指定操作的完整且正式的方式。首先我们声明操作的类型（query 或 mutation），然后声明操作的名称（getTopTwoStories）。如果 GraphQL 文档只包含一个操作，则可以省略正式的声明，GraphQL 会假定我们的意思是查询：

```
{
  hn {
    topStories(limit: 2) {
      title
      url
    }
  }
}
```

如果文档有多个操作，则我们需要为每个操作指定一个唯一的名称。下面是一个包含多个操作的文档示例：

```
query getTopTwoStories {
  hn {
    topStories(limit: 2) {
      title
      url
    }
  }
}

mutation upvoteStory {
  hn {
    upvoteStory(id: "11565911") {
      id
      score
    }
  }
}
```

通常，我们不会向服务器发送多个操作，因为 GraphQL 规范中规定服务器只能运行每个文档中的一个操作。

 Facebook 的工程师在高级性能优化的问题评论中详细介绍了允许一个文档中进行多个操作。

这就是文档和操作，下面我们深入研究一下典型的查询。操作是由**选择**（selection）组成的，而选择通常是**字段**。GraphQL 中的每个字段表示一条数据，该数据可以是不可约的**标量类型**（在下面定义），也可以是由很多标量和复杂类型组成的更复杂的类型。

在前面的示例中，`title` 和 `url` 是标量字段（因为 `string` 是标量类型），而 `hn` 和 `topStories` 是复杂类型。

GraphQL 的独特之处在于我们**必须**指定选择，直到它完全由标量类型组成。换句话说，下面这个查询是无效的，因为 `hn` 和 `topStories` 是复杂类型，并且查询不以任何标量字段结束：

```
{
  hn {
    topStories(limit: 2) {
    }
  }
}
```

如果在 GraphiQL 中尝试此操作，它会立即告诉我们这是无效的（见图 13-11）。

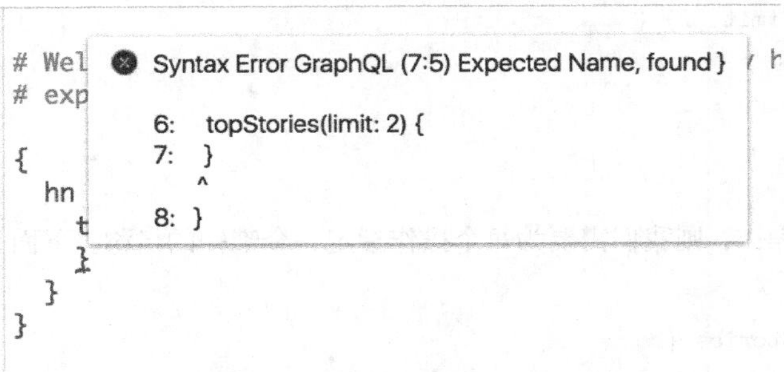

```
# Wel      Syntax Error GraphQL (7:5) Expected Name, found }
# exp
           6:    topStories(limit: 2) {
{          7:    }
  hn               ^
    t      8: }
    }
  }
}
```

图 13-11   没有标量的 GraphiQL 错误

从客观上讲，这意味着 GraphQL 查询必须是明确的，并且它强化了一个概念，即 GraphQL 是一种只获取所需数据的协议。

标量类型包括 `Int`、`Float`、`String`、`Boolean` 和 `ID`（强制为字符串）。GraphQL 提供了使用 `Object`、`Interface`、`Union`、`Enum` 和 `List` 类型将这些标量组合成更复杂类型的方法。稍后会分别讨论这些类型，但你应该能直观地看到，它们允许我们组合不同的标量和复杂类型来创建强大的类型层次结构。

此外，字段可以有**参数**。可以将所有字段都看作函数，这很有用，因为其中有一些字段正好需要接收参数，就像其他编程语言中的函数一样。参数是在字段名后面的括号中声明的，它们是无序的，甚至是可选的。在前面的例子中，`limit` 是 `topStories` 的一个参数：

```
{
  hn {
    topStories(limit: 10) {
      url
    }
  }
}
```

参数的类型也与字段相同。如果我们尝试在 topStories 字段上使用一个字符串参数，那么 GraphiQL 会向我们显示错误（见图 13-12）。

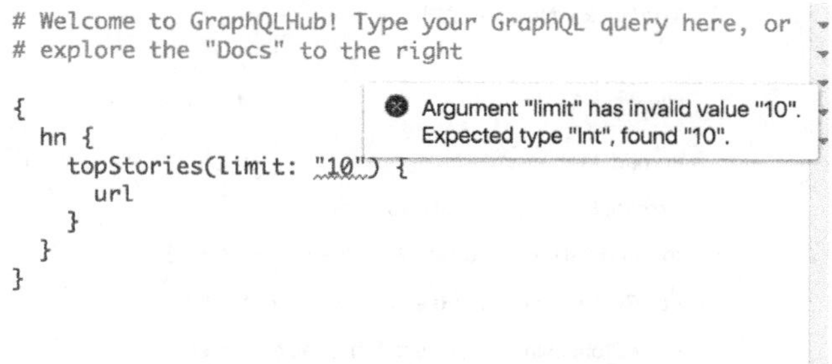

```
# Welcome to GraphQLHub! Type your GraphQL query here, or
# explore the "Docs" to the right

{
  hn {
    topStories(limit: "10") {
      url
    }
  }
}
```

> ⊗ Argument "limit" has invalid value "10".
> Expected type "Int", found "10".

图 13-12　GraphiQL 错误的参数类型

事实证明，limit 实际上是这个 GraphQL 服务器的一个可选参数，且省略它仍是一个完全有效的查询：

```
{
  hn {
    topStories {
      url
    }
  }
}
```

GraphQL 字段的参数也可以是复杂的对象，称为**输入对象**。它们不仅可以是我们已展示过的字符串或数字标量，而且可以是任意深度嵌套的键和值映射。下面是一个例子，其中 storyData 参数接收一个具有 url 属性的输入对象：

```
{
  hn {
    createStory(storyData: { url: "http://fullstackreact.com" }) {
      url
    }
  }
}
```

GraphQL 服务器的字段集合称为它的**模式**（schema）。像 GraphiQL 这样的工具可以下载整个模式（稍后我们将展示如何实现），并将其用于自动补全和其他功能。

13

13.10　复杂类型

我们已讨论了标量，但只涉及复杂类型，虽然我们在示例中使用了它们。hn 字段和 topStories 字段分别是 Object 类型字段和 List 类型字段的示例。在 GraphiQL 中，可以探索它们的确切类型——搜索 HackerNewsAPI 来查看 hn 的详细信息（见图 13-13）。

图 13-13　HackerNewsAPI 类型

13.10.1　联合

如果你的字段实际上应该不止一种类型，那该怎么办？例如，如果你的模式具有某种通用的搜索功能，那么它可能会返回许多不同的类型。

到目前为止，我们只看到了每个字段都是一种类型的例子，要么是标量，要么是复杂对象。如何处理像搜索这样的场景呢？

GraphQL 为这个用例提供了一些机制。首先是**联合**（union），它允许你定义一个新类型，该类型是其他类型列表中的一种。以下是直接来自 GraphQL 规范的联合示例：

```
union SearchResult = Photo | Person

type Person {
  name: String
  age: Int
}

type Photo {
  height: Int
  width: Int
}
```

```
type SearchQuery {
  firstSearchResult: SearchResult
}
```

这种语法看起来应该不怎么熟悉吧？它是 GraphQL 规范使用的一种非正式的伪代码变体，用于描述 GraphQL 模式。我们不会使用这种格式编写任何代码，这纯粹是为了更容易地描述与服务器代码无关的 GraphQL 类型。

在这个例子中，SearchQuery 类型有一个 firstSearchResult 字段，它可以是 Photo 类型，也可以是 Person 类型。联合中的类型不必是对象，它们可以是标量或其他联合，甚至是组合。

13.10.2 片段

如果你仔细观察，就会发现 Person 和 Photo 之间没有共同的字段。如何编写一个 GraphQL 查询来处理这两种情况呢？换句话说，如果搜索返回一个 Photo 类型，我们如何知道要返回 height 字段呢？

这就是**片段**（fragment）发挥作用的地方。片段允许你对独立于类型的字段集进行分组，并可在整个查询过程中进行重用。对于上面的模式，使用片段的查询可能是这样的：

```
{
  firstSearchResult {
    ... on Person {
      name
    }
    ... on Photo {
      height
    }
  }
}
```

... on Person 称为**内联片段**。简单来说，可以这样理解："如果 firstSearchResult 是 Person 类型，那么返回 name；如果是 Photo 类型，则返回 height。"

片段不一定要内联。它们可以命名并在整个文档中重复使用。可以用**已命名的片段**重写上面的例子：

```
{
  firstSearchResult {
    ... searchPerson
    ... searchPhoto
  }
}

fragment searchPerson on Person {
  name
}

fragment searchPhoto on Photo {
  height
}
```

这将允许我们在查询的其他部分中使用 searchPerson，而不必到处重复编写相同的内联片段。

13

13.10.3　接口

除了联合之外，GraphQL 还支持**接口**（interface），你可能在 Java 之类的编程语言中已对此非常熟悉。在 GraphQL 中，如果一个对象类型实现了接口，那么 GraphQL 服务器将强制该类型具有接口所需的所有字段。实现接口的 GraphQL 类型也可以有自己的字段，而这些字段不是由接口指定的，并且一个 GraphQL 类型可以实现多个接口。

继续搜索的例子，可以假设搜索引擎有这样的模式：

```
interface Searchable {
  searchResultPreview: String
}

type Person implements Searchable {
  searchResultPreview: String
  name: String
  age: Int
}

type Photo implements Searchable {
  searchResultPreview: String
  height: Int
  width: Int
}

type SearchQuery {
  firstSearchResult: Searchable
}
```

让我们分解一下。现在，`firstSearchResult` 会保证返回一个实现 Searchable 接口的类型。因为这个未知类型实现了 Searchable 接口。

操作、类型（标量和复杂类型）和字段是 GraphQL 的基本元素，可以使用它们来组合高阶模式。

13.11　探索 Graph

我们已探讨了 GraphQL 的"QL"，但在"Graph"（图）部分上并没有涉及太多。

 我们所说的"图"并不是指条形图或其他数据的可视化，而是指更具数学意义的图。

图是由一组相互链接的对象组成的。每个对象称为一个**节点**，一对对象之间的链接称为**边**。你可能不习惯用这种词汇来思考产品的数据，但令人惊讶的是，它可以表示大多数应用程序。

让我们来看 Facebook 用户的图（见图 13-14）。

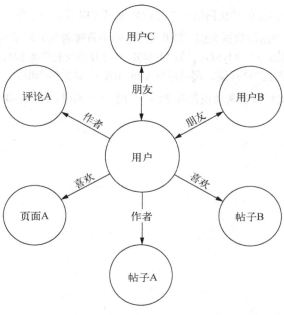

图 13-14   Facebook 用户图

但也要考虑像 Asana 这样的生产力应用程序的图（见图 13-15）。

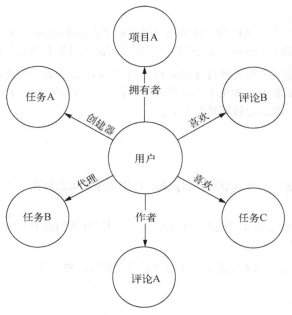

图 13-15   Asana 用户图

即使 Asana 不是一个真正的社交网络，产品的数据仍可以形成一个图。

请注意，这仅仅因为产品的数据类似于图形结构，并不意味着我们需要使用图形数据库：Facebook 和 Asana 的底层数据存储通常是 MySQL，但 MySQL 本身并不支持图形操作。任何数据存储，无论是关系数据库、键值存储还是文档存储，都可以在 GraphQL 中显示为图形。

理想的 GraphQL 模式可以紧密地模拟数学图形的形状和术语。下面是我们将要探索的图形模式类型的预览：

```
{
  viewer {
    id
    name
    likes {
      edges {
        cursor
        node {
          id
          name
        }
      }
    }
  }
  node(id: "123123") {
    id
    name
  }
}
```

当数据来自 REST 之类的 API 时，添加这些额外的字段层（edges、node 等）似乎是过度设计。然而，这些模式是在创建 Facebook 时出现的，它能为产品的发展和新特性的添加提供基础。

接下来的几节中将描述的模式源自 Relay 所需的 GraphQL 模式。即使你不使用 Relay，这种对 GraphQL 模式的思考方式也会让你免于"与框架做斗争"，并且如果未来有 Relay 之外的 GraphQL 前端库继续采用这种方式，那么也就不足为奇了。

13.12   图节点

对图进行查询时，通常需要从节点开始查询。应用程序要么直接在一个节点上获取字段，要么查找它具有的连接。

例如，在 Facebook 中要查询"当前用户的消息"，则需要从当前用户的节点开始，并探索连接到该节点的所有"消息项"的节点。

在惯用的 GraphQL 中，通常会定义一个简单的节点接口，如下所示：

```
interface Node {
  id: ID
}
```

因此任何实现这个接口的对象都应该有一个 id 字段。请记住，在前面 ID 标量类型已被转换为字符串。如果你来自 REST 世界，那么这有点类似于使用 URL（如/$nouns/:id）来查询资源。

惯用的 GraphQL 和其他协议的一个主要区别是，所有节点 ID 都应该是全局唯一的。换句话说，ID 为 "1" 的用户和 ID 为 "1" 的图片将是无效的，因为 ID 会发生冲突。

因此你还应该公开一个顶级字段，让你可以通过 ID 查询任意节点，如下所示：

```
{
  node(id: "the_id") {
    id
  }
}
```

如果 ID 在类型之间发生冲突，就无法确定该字段返回的内容。如果你使用的是关系数据库，这可能会让人感到困惑，因为在默认情况下，主键只能保证每个表是唯一的。一种常见的技术是在数据库 ID 前面加上一个与类型对应的字符串，从而使 ID 再次变成唯一的。伪代码如下所示：

```
const findNode = (id) => {
  const [ prefix, dbId ] = id.split(":");
  if (prefix === 'users') {
    return database.usersTable.find(dbId);
  }
  else if ( ... ) {
  }
};

const getUser = (id) => {
  let user = database.usersTable.find(id);
  user.id = `users:${user.id}`;
  return user;
};
```

每当 GraphQL 服务器（通过 getUser）返回一个用户时，它都会更改数据库 ID 以使其唯一。然后，当（通过 findNode）查找一个节点时，我们将读取 ID 的"作用域"并采取适当的操作。这也突出了 ID 在 GraphQL 中是字符串的一个优点，因为它们允许像这样的可读更改。

为什么希望能够使用 node(id:) 字段来查询任何节点？它使我们更容易"刷新" Web 应用程序中过时的数据，而不必跟踪模式中的数据来自何处。如果我们知道待办事项列表项的状态已更改，那么应用程序应该能够从服务器中查找到最新状态，而无须知道它属于哪个项目或组。

通常，应用程序不会一开始就查询全局节点 ID，那么如何在 GraphQL 中描述"当前用户的节点"呢？**查看器模式**（viewer pattern）正好派上用场。

13.13 `viewer`

除了 node(id:) 字段之外，如果 GraphQL 模式具有一个顶级的 viewer 字段，那么会非常有用。"viewer" 表示当前用户以及与该用户的连接。在模式级别，viewer 的类型应该像其他节点类型一样实现 Node 接口。

如果你来自 REST，这可能是隐式发生的，或者你的所有端点都带有前缀，例如/users/me/$resources。GraphQL 更倾向于使用显式行为，这就是 viewer 字段存在的原因。

假设我们正在用 GraphQL 编写一个 Slack 应用程序。在消息传递应用程序中，一切都是以 viewer 为中心的（比如 **"我有什么消息"**，以及 **"我订阅了哪些频道"** 等），因此查询应如下所示：

```
{
  viewer {
    id
    messages {
      participants {
        id
        name
      }
      unreadCount
    }
    channels {
      name
      unreadCount
    }
  }
}
```

如果我们没有顶级 viewer 字段，则要么必须进行两次服务器调用（"首先获取当前用户的 ID，然后获取该用户的消息"），要么进行隐式返回当前用户数据的顶级 messages 和 channels 字段。

稍后当实现自己的 GraphQL 服务器时，我们会看到使用 viewer 字段也使得实现授权逻辑（即防止一个用户查看另一个用户的消息）变得更加容易。

13.14   图的连接和边

在上面最后一个以 viewer 为中心的查询示例中，我们有两个字段，可以将它们视为到其他节点集合（messages 和 channels）的**连接**。对于简单且小的数据集，可以返回所有这些节点的数组。但是，如果数据集非常大，会发生什么呢？如果我们加载类似 Reddit 的帖子，那么肯定不能将它们放入一个数组中。

通常加载大数据集的方法是**分页**。许多 API 可以允许你传入一些查询参数，比如?page=3 或者?limit=25&offset=50，以便在更大的列表上进行遍历。这对于数据相对稳定的应用程序来说效果很好，但它会意外导致一些近实时数据更新的应用程序的不良体验：Twitter 的消息之类的内容可能会在用户浏览时添加新的推文，这会脱离偏移量计算并导致在加载新页面时数据发生重复。

惯用的 GraphQL 对如何使用**基于游标的分页**来解决这个问题提出了强烈的见解。GraphQL 请求不使用 pages，或者 limit 和 offset，而是通过**游标**（通常是字符串）来指定列表中接下来要加载的位置。

简单来说，一个 GraphQL 请求检索一组初始节点，每个节点返回一个唯一的游标。当应用程序需要加载更多数据时，它会发送一个新的请求，相当于 "在游标 *XYZ* 之后给我 10 个节点"。

让我们尝试使用支持游标的 GraphQL 端点。看一下这个可以发送给 GraphQLHub 的查询：

```
{
  hn2 {
    nodeFromHnId(id:"dhouston", isUserId:true) {
      ... on HackerNewsV2User {
        submitted(first: 2) {
          pageInfo {
            hasNextPage
            hasPreviousPage
            startCursor
            endCursor
          }
          edges {
            cursor
            node {
              id
              ... on HackerNewsV2Comment {
                text
              }
            }
          }
        }
      }
    }
  }
}
```

这是个相当大的查询，让我们对其进行分解。首先使用 nodeFromHnId 获取初始节点（该节点检索了 Drew Houston 的 Hacker News 账户），然后再获取 submitted 连接中的前两个节点。

GraphQL 连接有两个字段，pageInfo 和 edges。pageInfo 是关于特定"页面"的元数据（请记住，这更像是一个移动的"窗口"，而不是页面）。前端代码可以使用此元数据来确定何时以及如何加载更多信息。举个例子，如果 hasNextPage 值为 true，则可以显示相应的按钮来加载更多项。edges 字段是实际节点的列表。edges 中的每个条目都包含该节点的 cursor 以及 node 本身。

请注意，节点 id 和 cursor 是分开的字段。在某些系统中，使用 id 作为游标的一部分可能比较合适（例如，标识符是原子递增的整数），但其他系统可能更喜欢将 cursor 作为时间戳、偏移量或两者兼而有之的函数。通常，游标是不透明的字符串，且在一段时间后可能会失效（如果后端临时缓存搜索结果）。

假设这是该查询返回的数据：

```
{
  "nodeFromHnId": {
    "submitted": {
      "pageInfo": {
        "hasNextPage": true,
        "hasPreviousPage": false,
        "startCursor": "YXJjYXIljb25uZWN0aW9uOjE=",
        "endCursor": "YXJjYXIljb25uZWN0aW9uOjI="
      },
      "edges": [
        {
```

```
        "cursor": "YXJyYX1jb25uZWN0aW9uOjE=",
        "node": {
          "id": "aXR1bTo1MzgxNjk0",
          "text": "it's not going anywhere :)<p>(actually, come work on it: <a hre\
f=\"https://www.dropbox.com/jobs\" rel=\"nofollow\">https://www.dropbox.com/jobs</a>\
  :))"
        }
      },
      {
        "cursor": "YXJyYX1jb25uZWN0aW9uOjI=",
        "node": {
          "id": "aXR1bTo0NjgxMzY2",
          "text": "yes we are :)"
        }
      }
    ]
  }
}
}
```

看一下这些字段是如何匹配的，edges 中的第一个 cursor 匹配 startCursor，endCursor 则匹配最后一个节点的 cursor。我们的前端代码可以使用 endCursor 来构造查询，并使用 after 参数获取下一组数据：

```
{
  hn2 {
    nodeFromHnId(id:"dhouston", isUserId:true) {
      ... on HackerNewsV2User {
        submitted(first: 2, after: "YXJyYX1jb25uZWN0aW9uOjI=") {
          pageInfo {
            hasNextPage
            hasPreviousPage
            startCursor
            endCursor
          }
          edges {
            cursor
            node {
              id
              ... on HackerNewsV2Comment {
                text
              }
            }
          }
        }
      }
    }
  }
}
```

存在于连接上的其他参数是 before 和 after（用于接收游标），以及 first 和 last（用于接收整数）。

如果你习惯了在 REST 中进行分页，那么游标模式可能会显得冗长，但是请花五分钟的时间来研究一下我们演示的 Hacker News 分页 API。游标分页在实时更新的场景下是稳健的，且在加载节点时允许更多可重用的应用程序级别的代码。稍后当我们实现自己的 GraphQL 服务器时，会展示如何实现这种模式，你会看到它并不像最初看起来那样令人生畏。

13.15 变更

当第一次介绍操作时，我们提到了变更操作会伴随着只读查询操作存在。大多数应用程序需要一种将数据写入服务器的方式，这便是变更操作的用途。

对于类似 REST 的协议，POST、PUT 和 DELETE 的 HTTP 请求通常会触发修改。从这个层面上说，GraphQL 和 REST 都试图将只读请求与写请求分开。那么，使用 GraphQL 有什么好处呢？由于 GraphQL 修改利用了 GraphQL 的类型系统，因此你可以声明希望在变更后返回的数据。

例如，可以在 GraphQLHub 上尝试使用此变更来编辑内存中键值存储：

```
mutation {
  keyValue_setValue(input: {
    clientMutationId: "browser", id: "this-is-a-key", value: "this is a value"
  }) {
    item {
      value
      id
    }
  }
}
```

这里的修改字段是 keyValue_setValue，它接收一个 input 参数，该参数提供要设置的键和值的信息。但也可以挑选变更操作返回的字段，即 item 或者我们想要从中得到的任何一组字段。如果运行该请求，则会得到以下这种有效载荷：

```
{
  "data": {
    "keyValue_setValue": {
      "item": {
        "value": "some value",
        "id": "someKey"
      }
    }
  }
}
```

在 REST 的世界里，我们会被请求返回的数据所困扰，随着产品的发展，我们可能不得不对客户端和服务器上的有效载荷进行许多修改。使用 GraphQL 意味着服务器和客户端在将来会更具弹性和灵活性。

变更操作除了要求指定 mutation 操作类型之外，其他的是普通的 GraphQL：它同样具有类型、字段和参数。稍后我们将在实现自己的 GraphQL 模式时看到，在服务器上进行实现也是类似的。

13.16　订阅

我们已讨论了 GraphQL 操作的两种主要类型：query 和 mutation，但还有第三种类型的操作正在开发中，即 subscription。订阅的应用场景是处理 Twitter 和 Facebook 等应用程序中出现的实时更新，在这些应用程序中，用户无须手动刷新就可以更新某项内容的赞或评论数量。

这提供了良好的用户体验，但在技术层面上的实现往往很复杂。GraphQL 主张服务器应该发布可以订阅的事件集（比如一个帖子的新赞），并且客户端可以对其进行选择订阅。查看 Facebook 在其文档中提供的订阅示例，如下所示：

```
input StoryLikeSubscribeInput {
  storyId: string
  clientSubscriptionId: string
}

subscription StoryLikeSubscription($input: StoryLikeSubscribeInput) {
  storyLikeSubscribe(input: $input) {
    story {
      likers { count }
      likeSentence { text }
    }
  }
}
```

使用这个订阅发出一个 GraphQL 请求，实际上是告诉服务器："嘿，这是每次发生 StoryLike-Subscription 事件时我需要的数据，这是我的 clientSubscriptionId，这样你就知道在哪里可以找到我。"注意，使用 clientSubscriptionId 或任何有关订阅操作的细节都不是 GraphQL 所特有的。它仅保留可接受的 subscription 操作类型，并根据每个应用程序处理实时更新。

客户端如何订阅更新的机制不在 GraphQL 的范畴内。Facebook 提到可以将 MQTT 与 client-SubscriptionId 一起使用，但也有其他方案，包括 WebSockets、Server-Sent Events 或其他机制。用伪代码表示其过程如下所示：

```
var clientSubscriptionId = generateSubscriptionId();
// 此"通道"可以是 WebSockets、MQTT 等
connectToRealtimeChannel(clientSubscriptionId, (newData) => {});
// 发送 GraphQL 请求来告知服务器可以开始发送更新
sendGraphQLSubscription(clientSubscriptionId);
```

GraphQL 实现订阅的方式（服务器允许订阅有限的可能事件列表）与其他框架（如 Meteor）不同，后者所有数据都是默认可订阅的。正如 Facebook 的工程师在其文档[1]中所详述的那样，这种类型的系统通常很难设计，尤其是大规模设计。

---

① 参见 GraphQL 网站文章 "Subscriptions in GraphQL and Relay"。

13.17　GraphQL 和 JavaScript 结合使用

到目前为止，我们一直在对所有 GraphQL 查询使用 cURL 和 GraphiQL，但是最终我们将要编写 JavaScript Web 应用程序。如何在浏览器中发送 GraphQL 请求呢？

你可以使用任何你喜欢的 HTTP 库，可以是 jQuery 的 AJAX 方法甚至是使用原生的 XmlHttpRequests，这让你可以在较旧的非 ES2015 的应用程序中使用 GraphQL。但因为我们正在研究现代 JavaScript 应用程序在 React 生态系统中的工作方式，所以将研究 ES2015 的 fetch。

启动 Chrome，打开 GraphQLHub 网站，然后再打开一个 JavaScript 调试器。

 你可以通过点击 Chrome 浏览器的"汉堡包"图标并选择 More Tools > Developer Tools 来打开 Chrome DevTools JavaScript 调试器，或者也可以通过在页面上点击右键，选择 Inspect，然后点击 Console 选项卡来打开。

现代版本的 Chrome 支持开箱即用的 fetch，这使得原型制作非常方便，但你也可以使用任何其他工具来支持 polyfill fetch。尝试一下这段代码：

```
var query = ' { graphQLHub } ';
var options = {
  method: 'POST',
  body: query,
  headers: {
    'content-type': 'application/graphql'
  }
};

fetch('https://graphqlhub.com/graphql', options).then((res) => {
  return res.json();
}).then((data) => {
  console.log(JSON.stringify(data, null, 2));
});
```

这里的配置应该类似于 cURL 的设置。我们使用了 POST 方法，并设置了适当的 content-type 标头，然后使用 GraphQL 查询字符串作为请求体。等待代码执行完毕，我们应该会看到如下输出：

```
{
  "data": {
    "graphQLHub": "Use GraphQLHub to explore popular APIs with GraphQL! Created by C\
lay Allsopp @clayallsopp"
  }
}
```

恭喜，你刚刚用 JavaScript 运行了一个 GraphQL 查询！因为 GraphQL 请求最后只是 HTTP 请求，所以你可以逐步地将 API 调用转移到 GraphQL，而不必一蹴而就。

但是，进行 API 调用通常是一个相当底层的操作，那么该如何将其集成到更大的应用程序中呢？

13

13.18 GraphQL 与 React 结合使用

因为本书全都是关于 React 的，所以是时候将 GraphQL 与 React 集成了。

使用 GraphQL 和 React 最有发展前景的方式是 Relay，我们将用一整章来介绍它。Relay 将 React/GraphQL 应用程序的许多最佳实践自动化，如缓存、缓存清除和批处理。介绍 Relay 如何实现这些功能的机制是一个很艰巨的任务，而且最终使用 Relay 会比自己编写的解决方案更好。

但是在现有的应用程序中采用 Relay 可能会遇到很多问题，因此我们有必要讨论一些将 GraphQL 添加到现有的 React 应用程序中的技术。

如果你正在使用 Redux，那么可以使用前面介绍的 fetch 技术将 REST 或其他 API 调用替换为 GraphQL 调用。虽然你无法获得 Relay 或其他特定于 GraphQL 的库所提供的共置查询 API，但 GraphQL 的优点（比如开发体验和可测试性）仍很突出。

Relay 也有新兴的替代方案：Apollo。它是包括 react-apollo 的项目集合。react-apollo 允许你以类似于 Relay 的方式来放置视图及其 GraphQL 查询，但它使用的是 Redux 在后台存储 GraphQL 缓存和数据。下面是一个简单的 Apollo 组件的例子：

```
class AboutGraphQLHub extends React.Component {
  render() {
    return <div>{ this.props.about.graphQLHub }</div>;
  }
}

const mapQueriesToProps = () => {
  return {
    about: {
      query: '{ graphQLHub }'
    }
  };
};

const ConnectedAboutGraphQLHub = connect({
  mapQueriesToProps
})(AboutGraphQLHub);
```

在 Redux 上进行构建意味着你可以更容易地将 Apollo 集成到现有的 Redux store 中，就像任何其他中间件或 reducer 一样：

```
import ApolloClient from 'apollo-client';
import { createStore, combineReducers, applyMiddleware } from 'redux';


const client = new ApolloClient();

const store = createStore(
  combineReducers({
    apollo: client.reducer(),
    // 其他 reducer
  }),
```

```
    applyMiddleware(client.middleware())
);
```

如果 Apollo 看起来适合你的项目，可以在 Apollo Docs 网站查看它的文档。

13.19　总结

现在你已编写了一些 GraphQL 查询，了解了它的不同特性，甚至编写了一些代码以在浏览器中获取 GraphQL。如果你的产品已有了一个 GraphQL 服务器，那么继续并跳到第 15 章即可，但在大多数情况下，你还是要设计自己的 GraphQL 服务器。精益求精！

## 第 14 章

GraphQL 服务器

14

14.1 编写一个 GraphQL 服务器

为了使用 Relay 或任何其他 GraphQL 库，你需要一个使用 GraphQL 的服务器。在本章中，我们将使用 Node.js 和其他在前几章中使用过的技术来编写一个后端的 GraphQL 服务器。

之所以使用 Node，是因为我们可以利用 React 生态系统中其他地方使用的工具，并且 Facebook 的许多后端库是面向 Node 开发的。然而，每一种流行的编程语言都有 GraphQL 服务器端库，例如 Ruby、Python 和 Scala。如果你现有的后端使用的是 JavaScript 以外的其他语言框架（例如 Rails），那么以当前的语言研究 GraphQL 实现也是有意义的。

本章介绍的内容（例如如何设计模式以及如何使用现有 SQL 数据库）适用于所有 GraphQL 库和语言。无论你使用哪种语言，我们都鼓励你继续阅读本章，并将所学的内容应用于自己的项目中。

让我们开始吧！

14.2 Windows 用户的特殊设置

Windows 用户需要一些额外的设置来安装本章的包。具体来说，就是我们使用的 sqlite3 包很难安装在某些 Windows 版本上。

安装 `windows-build-tools`

windows-build-tools 允许你编译原生的 Node 模块，这是 sqlite3 包所必需的。

安装好 Node 和 npm 后，全局安装 windows-build-tools：

```
npm install --global --production windows-build-tools
```

将 `python` 添加到 PATH 中

安装完 windows-build-tools 之后，你需要确保 python 在你的 PATH 中。这意味着在终端中键入 python 并按回车键会调用 Python。

这里使用 windows-build-tools 安装 Python：

```
C:\<Your User>\.windows-build-tools\python27
```

Python 附带了一个脚本，可以将自己添加到 PATH 中。在 PowerShell 中运行该脚本：

```
> $env:UserProfile\.windows-build-tools\python27\scripts\win_add2path.py
```

 如果遇到找不到此脚本的错误，请在 C:\<Your User>\.windows-build-tools 目录中验证上述 Python 的版本号是否正确。

运行此命令后，**必须重启计算机**，不过有时候重启 PowerShell 就可以了。无论什么时候，你都可以通过在终端中调用 python 命令来验证 Python 是否正确安装。在执行此命令后应该会启动一个 Python 控制台：

```
> python
```

14.2.1　游戏计划

概括来说，我们将要做的是以下几件事情：

- 创建 Express HTTP 服务器；
- 添加接收 GraphQL 请求的端点；
- 构建 GraphQL 模式；
- 编写可解析模式中每个 GraphQL 字段数据的黏合代码；
- 支持 GraphiQL，以便快速调试和迭代。

我们要构建的模式是针对社交网络的，类似于"Facebook 的精简版"，并由 SQLite 数据库支持。这样可以展示通用的 GraphQL 模式和技术，以便有效地设计与现有数据存储交互的 GraphQL 服务器。

14.2.2　Express HTTP 服务器

让我们开始设置 Web 服务器。创建一个新目录，并命名为 graphql-server，然后运行一些初始 npm 命令：

```
$ mkdir graphql-server
$ cd ./graphql-server
$ npm init
# 按下回车键，接受默认设置
$ npm install babel-register@6.3.13 babel-preset-es2015@6.3.13 express@4.13.3 --save\
--save-exact
$ echo '{ "presets": ["es2015"] }' > .babelrc
```

下面来看发生了什么。我们创建了一个名为 graphql-server 的新文件夹，然后进入其中；接着运行 npm init，该命令创建了一个 package.json 文件；之后安装了一些依赖项：Babel 和 Express。在前面的章节中你应该很熟悉 Babel 这个名称，在本例中，我们安装了 babel-register 来编译 Node.js 文件，以及 babel-preset-es2015 来指示 Babel 如何编译这些文件。最后的命令创建了一个名为 .babelrc 的文件，该文件配置了 Babel 来使用 babel-preset-es2015 包。

创建一个新文件，命名为 index.js。然后打开它，并添加以下几行代码：

```
require('babel-register');
```

14

```
require('./server');
```

这里没什么代码，但很重要。通过引入 babel-register，后续每个对 require（当使用 ES2015 时是 import）的调用都将通过 Babel 的转译器。Babel 将根据 .babelrc 中的设置来转译文件，我们将其配置为使用 es2015 设置。

下一个操作是创建一个名为 server.js 的新文件。打开它并快速添加一行代码以调试我们的代码能否正常工作：

```
console.log({ starting: true });
```

如果你运行 node index.js 命令，应该能看到如下输出：

```
$ node index.js
{ starting: true }
```

这是一个美好的开始！下面添加一些 HTTP。

Express 是一个非常强大且可扩展的 HTTP 框架，因此我们不会太深入讨论。如果想了解更多有关 Express 的信息，请到 Express 网站查看其文档。

再次打开 server.js，并添加 Express 的配置代码：

```
console.log({ starting: true });

import express from 'express';

const app = express();

app.use('/graphql', (req, res) => {
  res.send({ data: true });
});

app.listen(3000, () => {
  console.log({ running: true });
});
```

前几行代码很简单——导入 express 包并创建一个新实例（你可以将其视为创建一个新服务器）。在文件的末尾，我们告诉服务器开始监听 3000 端口上的流量，并在这之后显示一些输出。

但是在启动服务器之前，我们需要告诉它如何处理不同类型的请求。我们今天将使用 app.use 来实现这一点。它的第一个参数是要处理的路径，第二个参数是处理函数。req 和 res 分别是 "request" 和 "response" 的缩写。默认情况下，在 app.use 中注册的路径将对所有的 HTTP 方法做出响应，所以现在 GET /graphql 和 POST /graphql 执行的是相同的操作。

让我们尝试一下。再次使用 node index.js 命令来运行服务器，并在一个单独的终端中运行一个 cURL 命令：

```
$ node index.js
{ starting: true }
{ running: true }
```

```
$ curl -XPOST http://localhost:3000/graphql
{"data":true}
$ curl -XGET http://localhost:3000/graphql
{"date":true}
```

我们有一个正常工作的 HTTP 服务器了！现在，是时候"执行一些 GraphQL"了。

 厌倦了每次更改后需要重启服务器吗？你可以设置一个像 Nodemon 这样的工具，它可以在你编辑后自动重启服务器，而且只需要执行 npm install -g nodemon && nodemon index.js 命令就可以了。

14.2.3 添加第一个 GraphQL 类型

我们需要安装一些 GraphQL 库。如果你的服务器正在运行，请停止它，然后运行以下命令：

```
$ npm install graphql@0.6.0 express-graphql@0.5.3 --save --save-exact
```

两者的名称中都有"GraphQL"，因此听起来很有发展前景。这两个库是 Facebook 维护的，同时也可以作为其他语言的 GraphQL 库的参考实现。

graphql 库公开了让我们构造模式的 API，并公开了针对该模式来解析原生 GraphQL 文档字符串的 API。它可用于任何 JavaScript 应用程序，无论是像本例中的 Express Web 服务器，还是像 Koa 这样的其他服务器，甚至是浏览器本身。

相比之下，express-graphql 包只适用于 Express。它可以确保为 GraphQL 正确设置 HTTP 请求和响应的格式（例如处理 content-type 标头），并最终让我们能以很少的额外工作来支持 GraphiQL。

让我们开始吧。打开 server.js，在创建好 app 实例后添加以下代码：

```javascript
const app = express();

import graphqlHTTP from 'express-graphql';
import { GraphQLSchema, GraphQLObjectType, GraphQLString } from 'graphql';

const RootQuery = new GraphQLObjectType({
  name: 'RootQuery',
  description: 'The root query',
  fields: {
    viewer: {
      type: GraphQLString,
      resolve() {
        return 'viewer!';
      }
    }
  }
});

const Schema = new GraphQLSchema({
  query: RootQuery
});

app.use('/graphql', graphqlHTTP({ schema: Schema }));
```

14

注意，我们已将之前的参数更改为 app.use（它将替换之前的 app.use）。

这里有很多有趣的东西，但我们先跳到最重要的部分。启动你的服务器（node index.js）并运行下面这个 cURL 命令：

```
$ curl -XPOST -H 'content-type:application/graphql' http://localhost:3000/graphql -d\
'{ viewer }'
{"data":{"viewer":"viewer!"}}
```

如果看到以上输出，则说明服务器配置正确，并已相应地解析了 GraphQL 请求。下面让我们逐步了解它的实际工作原理。

首先从 GraphQL 库中导入了一些依赖项：

```
import graphqlHTTP from 'express-graphql';
import { GraphQLSchema, GraphQLObjectType, GraphQLString } from 'graphql';
```

graphql 库导出了许多对象，随着我们编写更多的代码，你会慢慢熟悉它们。使用的前两个对象是 GraphQLObjectType 和 GraphQLString：

```
const RootQuery = new GraphQLObjectType({
  name: 'RootQuery',
  description: 'The root query',
  fields: {
    viewer: {
      type: GraphQLString,
      resolve() {
        return 'viewer!';
      }
    }
  }
});
```

创建 GraphQLObjectType 的新实例时，类似于定义一个新类。我们需要给它一个名称，并设置一个 description（可选的，但对文档很有帮助）。

name 字段用于设置 GraphQL 模式中的类型名称。例如，如果想在这个类型上定义一个片段，我们可以在查询中编写 "... on RootQuery"。如果我们将 name 更改为类似 AwesomeRootQuery 之类的名称，那么需要将片段更改为 "... on AwesomeRootQuery"，即使 JavaScript 变量仍是 RootQuery。

定义了类型之后，下面我们需要给它一些字段。fields 对象中的每个键都定义了一个新的对应字段，并且每个字段对象都有一些必需的属性。

我们需要给字段赋予如下属性。

- type：GraphQL 库导出的基本标量类型，例如 GraphQLString。
- resolve：该函数用于返回字段的**值**。目前，我们对返回值进行了硬编码，即'viewer!'。

接下来创建一个 GraphQLSchema 实例：

```
const Schema = new GraphQLSchema({
  query: RootQuery
});
```

希望该命名能够清楚地表明这是顶级的 GraphQL 对象。

你只有在拥有模式实例之后才能解析查询，而不能自行根据对象类型解析查询字符串。

模式有两个属性：query 和 mutation。它们对应于前面讨论的两种类型的操作。这两个都会采用 GraphQL 类型的实例，但现在我们只将 query 设置为 RootQuery 类型。

关于命名（计算机科学的难题之一）的一个简短说明：我们通常将模式的顶层查询称为**根**。你将看到许多具有类似 RootQuery 类型命名的项目。

最后将其全部连接到 Express：

```
app.use('/graphql', graphqlHTTP({ schema: Schema }));
```

graphqlHTTP 函数将使用 schema 生成一个函数，而不是手动编写一个处理函数。在内部，它会从请求中获取 GraphQL 查询，并将其传递给主 GraphQL 库的解析函数。

14.2.4　添加 GraphiQL

之前我们使用了 GraphQLHub 托管的 GraphiQL 实例，即 GraphQL IDE。如果我告诉你，只需一次修改就可以将 GraphiQL 添加到小型 GraphQL 服务器中，你会不会感到惊讶？

尝试将 graphiql: true 选项添加到 graphqlHTTP 中：

```
app.use('/graphql', graphqlHTTP({ schema: Schema, graphiql: true }));
```

重启服务器并切换到 Chrome，然后打开 http://localhost:3000/graphql。你应该会看到图 14-1 中的内容。

图 14-1　空的 GraphiQL

如果你打开"Docs"侧边栏，就可以看到我们输入的关于模式的所有信息——RootQuery 类型、描述和它的 viewer 字段，见图 14-2。

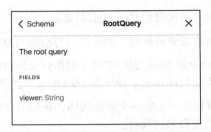

图 14-2 服务器文档

你还可以自动补全字段，见图 14-3。

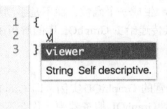

图 14-3 服务器端自动填充功能

我们通过使用 graphql-express 库免费获得了所有这些好处。

 如果你使用的是其他 JavaScript 框架或完全不同的语言，那么也可以设置 GraphQL，
请阅读 GraphiQL 的文档[1]来了解详细信息。

你会注意到，类型输入提示显示了一些有趣的字段，比如 __schema，即使我们没有定义过。这便
是我们在整个章节中都提到过的 GraphQL 的内省功能，见图 14-4。

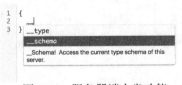

图 14-4 服务器端内省功能

让我们继续深入研究一下。

14.2.5　内省

继续并在服务器的 GraphiQL 实例中运行此 GraphQL 查询：

```
{
  __schema {
    queryType {
```

---

[1] 参见 GitHub 网站的 graphql/graphiql 页面。

```
      name
      fields {
        name
        type {
          name
        }
      }
    }
  }
}
```

　　__schema 是一个"元"字段，自动存在于每个 GraphQL 的根查询操作中。它有一个完整的树形结构的类型及字段，你可以在 GraphQL 的内省规范中阅读这些内容。GraphiQL 的自动补全功能还会为你提供有用的信息，并让你探索__schema 和其他内省字段（如__type）的可能性。

　　运行该查询后，你将获得一些数据，如下所示：

```
{
  "data": {
    "__schema": {
      "queryType": {
        "name": "RootQuery",
        "fields": [
          {
            "name": "viewer",
            "type": {
              "name": "String"
            }
          }
        ]
      }
    }
  }
}
```

　　这本质上是服务器模式的 JSON 描述。这是 GraphiQL 通过在 IDE 启动时发出内省查询来填充其文档并实现自动补全的方式。由于每个 GraphQL 服务器都被要求支持内省，因此工具通常可以跨所有的 GraphQL 服务器进行移植（无论使用哪种语言或库来实现）。

　　在本章中，我们不会对内省做其他任何事情，但最好知道它的存在以及工作方式。

14.2.6　变更

　　目前已设置了模式的根查询，但我们提到过还可以设置根变更。记得之前说过变更是 GraphQL 中发生"写"行为的正确位置——无论何时当你要添加、修改或删除数据，都应该通过变更操作来进行。我们将看到，除了隐式约定（即不应该在查询中进行写操作）之外，变更与查询的差别非常小。

　　为了演示变更操作，我们将创建一个简单的 API 来获取和设置内存中的 node 对象，类似于之前描述的惯用的 Node 模式。现在不会返回实现了 Node 接口的对象，而是返回节点的字符串。

　　首先，从 GraphQL 库中导入一些新的依赖项：

14

```
import { GraphQLSchema, GraphQLObjectType, GraphQLString,
  GraphQLNonNull, GraphQLID } from 'graphql';
```

GraphQLID 是 JavaScript 模拟的 ID 标量类型，而 GraphQLNonNull 尚未介绍。事实证明，GraphQL 的类型系统不仅会跟踪字段的类型和接口，而且还会跟踪它们是否可以为空。这对于字段参数来说尤为方便，稍后会介绍。

接下来需要为变更操作创建一个类型。考虑一下代码应该是什么样子的，因为它应该与 RootQuery 类型非常相似。那么到底需要什么样的调用和属性呢？

在考虑过之后，将它与实际的实现进行比较：

```
let inMemoryStore = {};
const RootMutation = new GraphQLObjectType({
  name: 'RootMutation',
  description: 'The root mutation',
  fields: {
    setNode: {
      type: GraphQLString,
      args: {
        id: {
          type: new GraphQLNonNull(GraphQLID)
        },
        value: {
          type: new GraphQLNonNull(GraphQLString),
        }
      },
      resolve(source, args) {
        inMemoryStore[args.key] = args.value;
        return inMemoryStore[args.key];
      }
    }
  }
});
```

在最顶部，我们为节点初始化了一个"存储"。它只会存在于内存中，因此，每当你重启服务器时，数据都会被清除——但你可以假设这是一个键值服务，就像 Redis 或 Memcached。创建 GraphQL-ObjectType 的实例，设置 name、description 和 fields 看起来应该都很熟悉。

这里的一个新事项是使用 args 属性来处理字段参数。与我们使用 fields 属性设置字段名的方式类似，args 对象的键是字段允许的参数名。

我们指定了每个参数的类型，并将其包装为 GraphQLNonNull 的实例。这意味着查询**必须**为每个参数指定一个非空值。resolve 函数考虑到了这一点，它接收传入的几个参数，其中第二个参数是包含字段参数的对象（稍后会讨论其源代码）。

当我们在 inMemoryStore 中设置了一个值时，这就是变更的"写"操作。我们还在 resolve 函数中返回了一个值，以配合 setNode 字段的类型。在本例中，它刚好是一个 string 类型，但是你可以假设它是一个复杂类型，比如 User 或定制的某个变更操作。

现在有了变更类型，把它添加到模式中：

```
const Schema = new GraphQLSchema({
  query: RootQuery,
  mutation: RootMutation,
});
```

还剩最后一点整理工作,我们将继续添加一个 node 字段到查询中:

```
fields: {
  viewer: {
    type: GraphQLString,
    resolve() {
      return 'viewer!';
    }
  },
  node: {
    type: GraphQLString,
    args: {
      id: {
        type: new GraphQLNonNull(GraphQLID)
      }
    },
    resolve(source, args) {
      return inMemoryStore[args.key];
    }
  }
}
```

重启服务器,并在 GraphiQL 中运行此查询:

```
mutation {
  setNode(id: "id", value: "a value!")
}
```

注意,必须显式声明变更操作类型,否则 GraphQL 会假定它是一个查询操作。运行该变更应返回一个新值:

```
{
  "data": {
    "node": "a value!"
  }
}
```

然后可以通过运行一个新的查询来确认该变更已起作用:

```
query {
  node(id: "id")
}
```

变更在概念上并不复杂,大多数应用程序最终需要它们将数据写回服务器。Relay 有一个稍微严格的模式来定义变更,适当的时候会介绍。

这个变更操作改变了内存中的数据结构,但大多数产品的数据保存在 Postgres 或 MySQL 等数据存储中。现在是时候探索该如何使用这些环境了。

14

14.2.7　丰富的模式和 SQL

如前所述，我们将使用 SQLite 模拟构建一个小型的 Facebook。并将展示如何与数据库通信，如何处理授权和权限，以及一些使其平稳运行的性能技巧。

在深入研究代码之前，先来看看数据库是什么样的。

- 一个具有 id、name 和 about 列的 users 表。
- 一个具有 user_id_a、user_id_b 和 level 列的 users_friends 表。
- 一个具有 body、user_id、level 和 created_at 列的 posts 表。

level 列将用于表示友情链接和帖子的分层 "隐私" 设置。可使用的级别有 top、friend、acquaintance 和 public。如果一个帖子有一个 acquaintance 级别，那么只有拥有相同级别或 "更高" 级别的朋友才能看到它。任何用户都可以看到 public 级别的帖子，即使他不是朋友。

为了在 Node.js 中实现这一点，我们将使用 node-sql 包和 sqlite3 包。在 Node.js 中使用数据库时有许多选择，不过在生产中使用任何关键库之前，我们都应该自行做好研究工作，但这两个包应该足以满足我们的学习。

14.2.8　设置数据库

是时候安装更多库了！运行如下命令来将它们添加到项目中：

```
$ npm install sqlite@0.0.4 sqlite3@3.1.3 --save --save-exact
$ mkdir src
```

最后需要三个文件。在 macOS 或 Linux 上可以运行如下命令：

```
$ touch src/tables.js src/database.js src/seedData.js
```

Windows 用户可以随时创建它们。

下面创建一个数据库。SQLite 数据库存在于文件中，因此无须启动单独的进程或安装更多的依赖项。为了便于阅读，我们将开始把代码分割成多个文件，即用 touch 创建的文件集。

首先定义表，它的语句非常容易理解，你也可以阅读 node-sql 的文档以获得更详细的信息。打开 tables.js 并添加以下定义：

```
import sql from 'sql';

sql.setDialect('sqlite');

export const users = sql.define({
  name: 'users',
  columns: [{
    name: 'id',
    dataType: 'INTEGER',
    primaryKey: true
  }, {
    name: 'name',
    dataType: 'text'
  }, {
```

```
    name: 'about',
    dataType: 'text'
  }]
});

export const usersFriends = sql.define({
  name: 'users_friends',
  columns: [{
    name: 'user_id_a',
    dataType: 'int',
  }, {
    name: 'user_id_b',
    dataType: 'int',
  }, {
    name: 'level',
    dataType: 'text',
  }]
});

export const posts = sql.define({
  name: 'posts',
  columns: [{
    name: 'id',
    dataType: 'INTEGER',
    primaryKey: true
  }, {
    name: 'user_id',
    dataType: 'int'
  }, {
    name: 'body',
    dataType: 'text'
  }, {
    name: 'level',
    dataType: 'text'
  }, {
    name: 'created_at',
    dataType: 'datetime'
  }]
});
```

　　node-sql 允许我们使用 JavaScript 对象来设计和操作 SQL 查询，类似于 GraphQL JavaScript 库使我们能够使用 GraphQL 的方式。在这个特定的文件中还未"发生"任何事情，但我们将很快使用它导出的对象。

　　现在需要创建数据库并向其中加载一些数据。在 graphql-server/src 目录中包含本课程的资料，其中有一个 data.json 文件，继续并将其复制到正在进行的项目的 src 目录中。你也可以使用自己的数据，但是我们讨论的示例将假设你正在使用的是课程包含的数据文件。

　　要将数据从 data.json 复制到数据库中，我们需要编写一些代码。首先打开 src/database.js 并定义一些简单的导出：

```
import sqlite3 from 'sqlite3';

import * as tables from './tables';

export const db = new sqlite3.Database('./db.sqlite');

export const getSql = (query) => {
  return new Promise((resolve, reject) => {
    console.log(query.text);
    console.log(query.values);
    db.all(query.text, query.values, (err, rows) => {
      if (err) {
        reject(err);
      } else {
        resolve(rows);
      }
    });
  });
};
```

首先定义数据库文件并将其导出，以便其他代码可以使用。我们还导出了一个 getSql 函数，它将以异步 promise 的方式运行查询。GraphQL JS 库使用 promise 来处理异步解析，我们很快就会进行利用。

然后打开之前创建的 src/seedData.js 文件，并添加以下这个 createDatabase 函数：

```
import * as data from './data';
import * as tables from './tables';
import * as database from './database';

const sequencePromises = function (promises) {
  return promises.reduce((promise, promiseFunction) => {
    return promise.then(() => {
      return promiseFunction();
    });
  }, Promise.resolve());
};

const createDatabase = () => {
  let promises = [tables.users, tables.usersFriends, tables.posts].map((table) => {
    return () => database.getSql(table.create().toQuery());
  });

  return sequencePromises(promises);
};
```

回想一下，tables.js 的导出是一些由 node-sql 创建的对象。当我们想要使用 node-sql 创建一个数据库查询时，可以使用.toQuery()函数，然后将它作为参数传递到我们刚刚在 database.js 中编写的getSql 函数中。简单来说，新的createDatabase 函数将运行创建每个表的查询。需要对 promise 进行排序，以确保在继续 promise 链中的任何后续步骤之前创建好所有表。

设置好表之后，需要从 data.json 中添加数据。接下来编写这个新的 insertData 函数：

```
const insertData = () => {
  let { users, posts, usersFriends } = data;

  let queries = [
    tables.users.insert(users).toQuery(),
    tables.posts.insert(posts).toQuery(),
    tables.usersFriends.insert(usersFriends).toQuery(),
  ];

  let promises = queries.map((query) => {
    return () => database.getSql(query);
  });
  return sequencePromises(promises);
};
```

与 createDatabase 类似，我们使用 toQuery 创建查询，然后使用 getSql 进行执行。最后，通过调用以下两个函数，将它们都连接在一起：

```
createDatabase().then(() => {
  return insertData();
}).then(() => {
  console.log({ done: true });
});
```

可以调用 shell 命令来运行这段代码：

```
$ node -e 'require("babel-register"); require("./src/seedData");'
{ done: true }
```

现在项目的顶级目录下应该有了一个 db.sqlite 文件！可以使用许多图形工具来探索 SQLite 数据库，如 DBeaver，或者可以通过以下一行命令来验证它是否包含某些数据：

```
$ sqlite3 ./db.sqlite "select count(*) from users"
5
```

现在是时候将 GraphQL 模式连接到新创建的数据库了。

14.2.9　模式设计

在前面的示例中，GraphQL 模式中的 resolve 函数只会返回常量或内存中的值，但是现在它们需要从数据库返回数据。我们还需要为 users 和 posts 表提供相应的 GraphQL 类型，并将相应的字段添加到原始的根查询中。

在深入研究代码之前，应该花一点时间来思考一下最终的 GraphQL 查询是什么样的。通常，从 viewer 开始是一个好习惯，因为大多数数据会流经该字段。

在本例中，viewer 将是当前用户。用户具有 friends 字段，因此我们需要一个好友列表，以及该用户所写帖子的连接。viewer 还有一个 newsfeed 字段，它是到其他用户所写帖子的连接。我们希望所有这些连接都是惯用的 GraphQL，并包括适当的分页等功能，以防止整个新闻消息或好友列表太长而无法计算或者无法在一个响应中完成发送。

基于以上所有这些信息，我们希望 viewer 的查询如下所示：

14

```
{
  viewer {
    friends {
      # 为 Users 连接字段
    }

    posts {
      # 为 Posts 连接字段
    }

    newsfeed {
      # 为 Posts 连接字段
    }
  }
}
```

请记住，根据惯用的 GraphQL，我们希望所有对象也都是图中的节点。最终，考虑到给定帖子的作者和 viewer 之间的友好级别，newsfeed 中返回的所有数据都需要考虑授权。

应该添加对使用顶级 node(id:)字段获取任意节点的查询的支持，如下所示：

```
{
  node(id: "123") {
    ... on User {
      friends {
        # 好友列表
      }
    }

    ... on Post {
      author {
        posts {
          # 连接字段
        }
      }

      body
    }
  }
}
```

如前所述，在不知道节点在层次结构中的位置的情况下，这个字段对于帮助前端代码重新获取节点的当前状态非常有用。

这可能会令人惊讶，但 GraphQL 约定是从同一顶级 node 字段中获取许多不同类型的对象。SQL 数据库通常为每种类型而使用不同的表，REST API 会为每种类型使用不同的端点，但惯用的 GraphQL 会以相同的方式获取所有对象，只要你拥有一个标识符。这也意味着 ID 必须是全局唯一的，否则 GraphQL 服务器无法区分 id: 1 的 User 类型和 id: 1 的 Post 类型。

14.2.10 对象和标量类型

为了使这些查询成为可能，我们将创建一个名为 src/types.js 的新文件来保存这些类型。

需要定义的第一个类型是 Node 接口。回想一下，要使类型成为有效的 Node，它需要具有一个全局唯一的 id 字段。要在 JavaScript 中实现该功能，我们首先需要导入一些 API 并创建一个 GraphQLInterfaceType 实例：

```
import {
  GraphQLInterfaceType,
  GraphQLObjectType,
  GraphQLID,
  GraphQLString,
  GraphQLNonNull,
  GraphQLList,
} from 'graphql';

import * as tables from './tables';

export const NodeInterface = new GraphQLInterfaceType({
  name: 'Node',
  fields: {
    id: {
      type: new GraphQLNonNull(GraphQLID)
    }
```

除了使用一个新类外，我们创建 GraphQLObjectType 实例的方式看起来都很熟悉。注意，id 字段没有 resolve 函数。接口中的字段不会有默认的 resolve 实现，即使我们提供了一个，也将被忽略。相反，实现了 Node 接口的每个对象类型都应该定义自己的 resolve 函数（稍后将讨论）。

除了定义 fields 外，GraphQLInterfaceType 实例还必须定义 resolveType 函数。请记住，顶级 node(id:)字段只保证返回某种类型的 Node，而不保证返回某种特定类型。为了让 GraphQL 做进一步的解析（例如使用部分片段，即... on User），我们需要将特定对象的具体类型告知 GraphQL 引擎。

可以这样实现：

```
export const NodeInterface = new GraphQLInterfaceType({
  name: 'Node',
  fields: {
    id: {
      type: new GraphQLNonNull(GraphQLID)
    }
  },
  resolveType: (source) => {
    if (source.__tableName === tables.users.getName()) {
      return UserType;
    }
    return PostType;
  }
});
```

resolveType 函数将原始数据作为它的第一个参数（在本例中，source 是直接从数据库返回的数据），并期望返回实现该接口的 GraphQLObjectType 实例。我们使用了 source 的__tableName 属性，它不是数据库中的实际的列。稍后我们将看到如何注入它。

14

　　我们返回了两个尚未定义的对象：UserType 和 PostType。在 resolveType 函数下方添加它们的定义：

```
const resolveId = (source) => {
  return tables.dbIdToNodeId(source.id, source.__tableName);
};

export const UserType = new GraphQLObjectType({
  name: 'User',
  interfaces: [ NodeInterface ],
  fields: {
    id: {
      type: new GraphQLNonNull(GraphQLID),
      resolve: resolveId
    },
    name: {
      type: new GraphQLNonNull(GraphQLString)
    },
    about: {
      type: new GraphQLNonNull(GraphQLString)
    }
  }
});

export const PostType = new GraphQLObjectType({
  name: 'Post',
  interfaces: [ NodeInterface ],
  fields: {
    id: {
      type: new GraphQLNonNull(GraphQLID),
      resolve: resolveId
    },
    createdAt: {
      type: new GraphQLNonNull(GraphQLString),
    },
    body: {
      type: new GraphQLNonNull(GraphQLString)
    }
  }
```

　　大部分代码看起来应该与之前使用的代码相似。我们定义了 GraphQLObjectType 的新实例，将 NodeInterface 添加到它们的 interfaces 属性中，并实现了它们的 fields 属性。有些字段被包装在 GraphQLNonNull 中，这将强制它们必须存在。如果不提供字段的 resolve 函数的实现，那么它只会对基础源数据执行简单的属性查找，例如，name 字段将调用 source.name。

　　我们确实在这两种类型上都提供了针对 id 的 resolve 的实现，它们都使用相同的 resolveId 函数。即使 NodeInterface 代码不能提供默认的 resolve 函数，但我们仍可以通过引用相同的变量来共享代码。

　　resolveId 函数的实现使用了 tables.dbIdToNodeId，不过我们在 table.js 中尚未定义它。打开 tables.js，并在底部添加这两个新的导出函数：

```
export const dbIdToNodeId = (dbId, tableName) => {
  return `${tableName}:${dbId}`;
};

export const splitNodeId = (nodeId) => {
  const [tableName, dbId] = nodeId.split(':');
  return { tableName, dbId };
};
```

前面提到，Node ID 必须是全局唯一的，但在 data.json 中，我们会遇到一些行 ID 冲突。这在 Postgres 和 MySQL 等关系数据库中并不少见，因此我们必须编写一些将行整数 ID 强制为唯一字符串的逻辑。在生产应用程序中，你可能希望混淆 ID 以减少泄漏相关的数据库信息，但使用原始表名将使现在的调试变得更加容易。

我们几乎已准备好运行 GraphQL 查询了！转到 server.js，导入一些我们刚刚编写的类型，然后将 RootQuery 更改为仅包含我们想要的新 node 字段：

```
import {
  NodeInterface,
  UserType,
  PostType
} from './src/types';

import * as loaders from './src/loaders';

const RootQuery = new GraphQLObjectType({
  name: 'RootQuery',
  description: 'The root query',
  fields: {
    node: {
      type: NodeInterface,
      args: {
        id: {
          type: new GraphQLNonNull(GraphQLID)
        }
      },
      resolve(source, args) {
        return loaders.getNodeById(args.id);
      }
    }
  }
});
```

我们还导入了一个新文件 src/loaders.js，并需要对其进行编辑。它的目的是公开从数据源中加载数据的 API，因为我们不想把服务器或顶级模式代码与直接访问数据库的代码混杂在一起。

创建 src/loaders.js 文件，并添加这个小函数：

```
import * as database from './database';
import * as tables from './tables';

export const getNodeById = (nodeId) => {
  const { tableName, dbId } = tables.splitNodeId(nodeId);
```

```
const table = tables[tableName];
const query = table
  .select(table.star())
  .where(table.id.equals(dbId))
  .limit(1)
  .toQuery();

return database.getSql(query).then((rows) => {
  if (rows[0]) {
    rows[0].__tableName = tableName;
  }
  return rows[0];
});
};
```

这应该与我们在 seedData 中编写的代码看起来类似，我们使用 node-sql API 根据所提供的 nodeId 来构造一个 SQL 查询。请记住，此 nodeId 是全局唯一的节点 ID，而不是行 ID，因此我们使用 tables.splitNodeId 来提取特定于数据库的信息。

一个我们经常使用的技巧是附加__tableName 属性。在前面的 resolveType 函数中，以及在其他需要将对象绑定回其底层表的地方我们都得到了它的帮助。添加此代码很安全，因为我们没有在 GraphQL 模式中显式公开__tableName 属性，所以恶意使用者无法访问它。

所有这些代码中发生的一件非常微妙但又非常重要的事情是 loaders.getNodeById 返回了一个 promise（这就是可以使用 .then 附加__tableName 的原因），并最终在 resolve 函数中返回该 promise。promise 是 GraphQL 处理异步字段解析的方式，通常在数据库查询和第三方 API 调用中发生。如果你使用的 API 本身并不支持的 promise，那么可以参考 promise API[①]将基于回调的 API 转换为 promise。

最后一步，需要告诉 GraphQLSchema 关于模式中所有可能的类型。如果使用了接口就必须这样做，因为这样 GraphQL 就可以计算实现了接口的类型列表。

```
const Schema = new GraphQLSchema({
  types: [UserType, PostType],
  query: RootQuery,
  mutation: RootMutation,
});
```

这样就完成了！重启服务器，打开 GraphiQL（仍可以在 http://localhost:3000/graphql 找到），然后尝试以下查询：

```
{
  node(id:"users:4") {
    id
    ... on User {
      name
    }
  }
}
```

---

① 参见 MDN 文档 "Promise"。

你应该看到数据返回：

```
{
  "data": {
    "node": {
      "id": "users:4",
      "name": "Roger"
    }
  }
}
```

可以尝试使用其他节点 ID，比如"posts:4"和... on Post。在继续之前，思考一下底层的原理：我们请求了一个特定的节点 ID，它会发起一个数据库调用，然后根据数据库的源数据来针对每个字段进行解析。

现在可以针对当前服务器编写一个非常简单的前端应用程序，不过我们还有更多的模式要填写。让我们先处理其中一些 friends 列表和 posts 连接。

14.2.11 列表

前面提到过，friends 字段应返回 User 类型列表。让我们来一步步地实现这个目标，现在先返回一个简单的 ID 列表。

首先编辑 UserType。打开 types.js 和可以看到一个新的 friends 字段：

```
about: {
  type: new GraphQLNonNull(GraphQLString)
},
friends: {
  type: new GraphQLList(GraphQLID),
  resolve(source) {
    return loaders.getFriendIdsForUser(source).then((rows) => {
      return rows.map((row) => {
        return tables.dbIdToNodeId(row.user_id_b, row.__tableName);
      });
    })
  }
}
```

我们将 friends 字段设置为返回 ID 的 GraphQLList。GraphQLList 的工作方式类似于前面的 GraphQLNonNull，它在构造函数中封装了一个内部类型。在 resolve 函数内部，我们调用了一个新的加载器（待写），然后将其结果强制转换为我们期望的全局唯一的 ID。

在文件的顶部添加一个 import 语句来为我们新的加载器做准备：

```
import * as tables from './tables';
import * as loaders from './loaders';
```

用新的 getFriendIdsForUser 函数来编辑 loaders.js：

```
export const getFriendIdsForUser = (userSource) => {
  const table = tables.usersFriends;
  const query = table
```

```
    .select(table.user_id_b)
    .where(table.user_id_a.equals(userSource.id))
    .toQuery();

  return database.getSql(query).then((rows) => {
    rows.forEach((row) => {
      row.__tableName = tables.users.getName();
    });
    return rows;
  });
};
```

这就是需要编写的所有新代码，启动 GraphiQL 并运行以下查询：

```
{
  node(id:"users:4") {
    id
    ... on User {
      name
      friends
    }
  }
}
```

确认一下你的结果是否等于如下所示的结果：

```
{
  "data": {
    "node": {
      "id": "users:4",
      "name": "Roger",
      "friends": [
        "users:1",
        "users:3",
        "users:2"
      ]
    }
  }
}
```

14.2.12　性能前瞻性优化

很棒，但我们应该探索一下隐藏在底层的一些业务。当我们解析原始 node 字段时，会执行一个数据库查询（loaders.getNodeById）。然后，在解析完该节点之后，我们执行了**另一个数据库查询**（loaders.getFriendIdsForUser）。如果将此模式扩展到更大的应用程序，可以想象到会触发许多数据库查询——最坏情况下，会是每个字段一个查询。但我们知道在 SQL 中，可以用一个有效的 SQL 查询来表示这两个查询。

事实上 GraphQL 库提供了一种进行此类优化的方式，我们希望"提前查看"GraphQL 查询的其余部分，并执行更有效的解析调用。可能并非在每种情况下都这样做，但在某些产品和工作负载下可能会受益匪浅。

打开 server.js，让我们对 node 字段的 resolve 函数做一些工作。除了 source 和 args 外，GraphQL 还传递了另外两个要解析的变量：context 和 info。稍后将使用 context 来帮助进行身份验证和授权。info 是一个对象包，包含了整个 GraphQL 查询的**抽象语法树**（AST）。我们将做一个简单的 AST 遍历，并决定是否应该运行一个更高效的加载器：

```
node: {
  type: NodeInterface,
  args: {
    id: {
      type: new GraphQLNonNull(GraphQLID)
    }
  },
  resolve(source, args, context, info) {
    let includeFriends = false;

    const selectionFragments = info.fieldASTs[0].selectionSet.selections;
    const userSelections = selectionFragments.filter((selection) => {
      return selection.kind === 'InlineFragment' && selection.typeCondition.name\
.value === 'User';
    })

    userSelections.forEach((selection) => {
      selection.selectionSet.selections.forEach((innerSelection) => {
        if (innerSelection.name.value === 'friends') {
          includeFriends = true;
        }
      });
    });

    if (includeFriends) {
      return loaders.getUserNodeWithFriends(args.id);
    }
    else {
      return loaders.getNodeById(args.id);
    }
  }
}
```

在遍历 AST 的过程中发生了很多事情，我们不会详细讨论其中的大部分细节。如果最终在代码中执行这些前瞻性优化，可以使用 console.log 记录树的每个级别并确定可以访问哪些信息。

本质上，我们是在 node 字段的选择集中查找 User 片段，然后确定该片段是否访问 friends 字段。如果是，那么我们将运行一个新的加载器；否则，我们将退回到运行原始加载器。

下面来看新的 loaders.getUserNodeWithFriends 函数：

```
export const getUserNodeWithFriends = (nodeId) => {
  const { tableName, dbId } = tables.splitNodeId(nodeId);

  const query = tables.users
    .select(tables.usersFriends.user_id_b, tables.users.star())
    .from(
      tables.users.leftJoin(tables.usersFriends)
```

14

```
        .on(tables.usersFriends.user_id_a.equals(tables.users.id))
      )
      .where(tables.users.id.equals(dbId))
      .toQuery();


    return database.getSql(query).then((rows) => {
      if (!rows[0]) {
        return undefined;
      }

      const __friends = rows.map((row) => {
        return {
          user_id_b: row.user_id_b,
          __tableName: tables.users.getName()
        }
      });

      const source = {
        id: rows[0].id,
        name: rows[0].name,
        about: rows[0].about,
        __tableName: tableName,
        __friends: __friends
      };
      return source;
    });
  };
```

　　这开始变得有点复杂，而且只特定于这个产品和我们选择的框架（这是处理性能优化时的一个常见模式）。我们的 SQL 查询现在可以同时获取所有好友和用户的个人资料，从而消除了数据库的多次查询。然后我们把这些朋友数据加载到一个 __friends 属性（我们选择继续保留"私有"属性的前缀），并可以在 types.js 中访问它：

```
friends: {
  type: new GraphQLList(GraphQLID),
  resolve(source) {
    if (source.__friends) {
      return source.__friends.map((row) => {
        return tables.dbIdToNodeId(row.user_id_b, row.__tableName);
      });
    }

    return loaders.getFriendIdsForUser(source).then((rows) => {
      return rows.map((row) => {
        return tables.dbIdToNodeId(row.user_id_b, row.__tableName);
      });
    })
  }
}
```

　　其他应用程序可能会以不同的方式执行前瞻性优化，它们可能在后台预先缓存，而不是将多个

SQL 查询组合为一个查询。重要的一点是，resolve 接收许多参数，并可以使你缩短常规的递归解析流程。

14.2.13 继续讨论列表

friends 字段返回一个完整的 ID 列表（可能需要添加一些内容），但我们真正需要的是一个完整的 User 类型列表。对于大型列表，我们可能希望使用惯用的 GraphQL 连接（很快将实现），但会允许 friends 字段返回每个查询的所有条目。

我们将从删除为性能优化添加的逻辑开始。因为应用程序会有一些变化，所以我们可以在它的能力稳定之后重新评估性能。

```
resolve(source, args, context, info) {
  return loaders.getNodeById(args.id);
}
```

接下来需要将 friends 字段返回的类型更改为 User 列表。由于之前已有了用于通过 ID 来加载任意节点的加载器，因此无须编写太多代码：

```
export const UserType = new GraphQLObjectType({
  name: 'User',
  interfaces: [ NodeInterface ],
  // 注意，现在这是一个函数
  fields: () => {
    return {
      id: {
        type: new GraphQLNonNull(GraphQLID),
        resolve: resolveId
      },
      name: { type: new GraphQLNonNull(GraphQLString) },
      about: { type: new GraphQLNonNull(GraphQLString) },
      friends: {
        type: new GraphQLList(UserType),
        resolve(source) {
          return loaders.getFriendIdsForUser(source).then((rows) => {
            const promises = rows.map((row) => {
              const friendNodeId = tables.dbIdToNodeId(row.user_id_b, row.__tableNam\e);
              return loaders.getNodeById(friendNodeId);
            });
            return Promise.all(promises);
          })
        }
      }
    };
  }
});
```

现在，我们将 friends 类型设置为 GraphQLList(UserType)。由于 JavaScript 变量提升的工作方式，我们必须将 fields 属性更改为函数而不是对象，以获得"递归"类型定义（其中类型返回其自身的字段）。我们对先前检索到的所有 ID 调用了 loaders.getNodeById 加载器。重启服务器，并在

GraphiQL 中执行这类查询：

```
{
  node(id:"users:4") {
    ... on User {
      friends {
        id
        about
        name
      }
    }
  }
}
```

它应该会返回以下数据：

```
{
  "data": {
    "node": {
      "friends": [
        {
          "id": "users:1",
          "about": "Sports!",
          "name": "Harry"
        },
        {
          "id": "users:3",
          "about": "Love books",
          "name": "Hannah"
        },
        {
          "id": "users:2",
          "about": "I'm the best",
          "name": "David"
        }
      ]
    }
  }
}
```

你甚至可以更进一步，查询 friends 的 friends！

14.3　连接

　　下面要实现惯用的连接字段。我们不再是返回一个简单的列表，而是返回一个更复杂（但功能强大）的结构。虽然还有其他工作要做，但连接字段最适合那些较大或无界的列表。在一个查询中返回一个巨大的列表可能被禁止或产生浪费，因此 GraphQL 模式倾向于将这些字段分割成更小的分页块。

　　回想一下，上一章中惯用的 GraphQL 使用了称为**游标**的不透明字符串，而不是使用文字页码。游标对数据的实时更改更有弹性，这可能会导致简单的基于页面的系统中出现数据重复。连接的 pageInfo 字段提供了元数据来帮助发出新请求，而 edges 字段将保存每个项目的实际数据。

我们希望 posts 的查询如下所示，而不是像之前 friends 所使用的列表查询：

```
{
  node(id:"users:1") {
    ... on User {
      posts(first: 1) {
        pageInfo {
          hasNextPage
          hasPreviousPage
          startCursor
          endCursor
        }
        edges {
          cursor
          node {
            id
            body
          }
        }
      }
    }
  }
}
```

现在 posts 字段将返回 PostsConnection 类型，而不是返回 PostType 列表。

除了从 graphql 库中导入更多类型外，还需要在 types.js 中定义 PageInfo、PostEdge 和 PostsConnection 类型：

```
import {
  GraphQLInterfaceType,
  GraphQLObjectType,
  GraphQLID,
  GraphQLString,
  GraphQLNonNull,
  GraphQLList,
  GraphQLBoolean,
  GraphQLInt,
} from 'graphql';


const PageInfoType = new GraphQLObjectType({
  name: 'PageInfo',
  fields: {
    hasNextPage: {
      type: new GraphQLNonNull(GraphQLBoolean)
    },
    hasPreviousPage: {
      type: new GraphQLNonNull(GraphQLBoolean)
    },
    startCursor: {
      type: GraphQLString,
    },
    endCursor: {
```

14

```
      type: GraphQLString,
    }
  }
});

const PostEdgeType = new GraphQLObjectType({
  name: 'PostEdge',
  fields: () => {
    return {
      cursor: {
        type: new GraphQLNonNull(GraphQLString)
      },
      node: {
        type: new GraphQLNonNull(PostType)
      }
    }
  }
});

const PostsConnectionType = new GraphQLObjectType({
  name: 'PostsConnection',
  fields: {
    pageInfo: {
      type: new GraphQLNonNull(PageInfoType)
    },
    edges: {
      type: new GraphQLList(PostEdgeType)
    }
  }
}
```

这些大部分只是类型定义，目前还没有固有的解析函数。不同的应用程序将采用不同的方式和模式来解决连接问题，因此不要把这里的一些实现细节视为你自己工作的福音。

下面需要将 UserType 连接到我们创建的新类型上，并创建实际的 posts 字段。

```
      }
    },
    posts: {
      type: PostsConnectionType,
      args: {
        after: {
          type: GraphQLString
        },
        first: {
          type: GraphQLInt
        },
      },
      resolve(source, args) {
        return loaders.getPostIdsForUser(source, args).then(({ rows, pageInfo }) =\
> {
          const promises = rows.map((row) => {
            const postNodeId = tables.dbIdToNodeId(row.id, row.__tableName);
            return loaders.getNodeById(postNodeId).then((node) => {
              const edge = {
```

```
              node,
              cursor: row.__cursor,
            };
            return edge;
          });
        });

        return Promise.all(promises).then((edges) => {
          return {
            edges,
            pageInfo
          }
        });

      })
    }
  }
};
}
});
```

除了新的参数之外，这和实现 friends 字段的方式很类似。请记住，该字段并不返回 PostType 列表，而是返回一个 PostsConnectionType，它是一个带有 pageInfo 和 edges 键的对象。

我们使用了一个新的加载器方法 getPostIdsForUser，并将 args 传递给解析器。我们将很快实现这个加载器，它不仅会返回相关联的行，而且还会返回一个对应于 PageInfoType 的 pageInfo 结构。然后，我们为每个标识符加载节点，并使用行游标将它们包装成 PostEdgeType。

有很多可以在 JavaScript 和数据库级别上提高效率的方法，但下面通过实现 getPostIdsForUser 来让代码工作。

这个加载器将根据分页参数和分配返回的行所需的游标来确定要获取哪些数据。当支持所有可能性时，基于参数对数据进行切片和分页的算法是相当复杂的，你可以在 Relay 规范中详细了解它。为了简单起见，我们只支持参数 after 和 first。

首先定义新函数并解析参数：

```
export const getPostIdsForUser = (userSource, args) => {
  let { after, first } = args;
  if (!first) {
    first = 2;
  }
```

换句话说，如果用户没有提供 first 参数，那么我们将返回两个帖子。接着开始构造 SQL 查询：

```
const table = tables.posts;
let query = table
  .select(table.id, table.created_at)
  .where(table.user_id.equals(userSource.id))
  .order(table.created_at.asc)
  .limit(first + 1);
```

我们获取 first + 1 行以作为简便的方法来确定是否有超出用户需要的行。我们的查询由

created_at 字段进行 ASC（升序）排序，这对于在后续查询中获得确定性数据非常重要。

接下来解释一下可能被传递的 after 游标：

```
if (after) {
  // 解析游标
  const [id, created_at] = after.split(':');
  query = query
    .where(table.created_at.gt(after))
    .where(table.id.gt(id));
```

本例中的游标是由行 ID 和行日期组成的字符串。通常在大多数系统中游标将基于某个日期，因为在处理大规模数据时，将 ID 保持为递增的整数并不常见。

终于可以执行数据库查询：

```
return database.getSql(query.toQuery()).then((allRows) => {
  const rows = allRows.slice(0, first);

  rows.forEach((row) => {
    row.__tableName = tables.posts.getName();
    row.__cursor = row.id + ':' + row.created_at;
```

请记住，实际上查询的行数比用户请求的多一行，这就是我们必须对返回的行进行切片的原因。我们还为每一行构造游标并设置__tableName 属性，以便将来的 JOIN 查询能正常工作。

现在有了行数据，我们执行它并开始创建 pageInfo 对象：

```
const hasNextPage = allRows.length > first;
const hasPreviousPage = false;

const pageInfo = {
  hasNextPage: hasNextPage,
  hasPreviousPage: hasPreviousPage,
};

if (rows.length > 0) {
  pageInfo.startCursor = rows[0].__cursor;
  pageInfo.endCursor = rows[rows.length - 1].__cursor;
}
```

可以保存对 allRows 的引用来计算 hasNextPage。我们因为不支持参数 before 和 last，所以总是将 hasPreviousPage 设置为 false。设置 startCursor 和 endCursor 与获取 rows 数组的第一个和最后一个元素一样简单。

我们返回了 rows 和 pageInfo 对象来完成加载器。最后，重启服务器，然后尝试一下本节开头描述的查询：

```
{
  node(id:"users:1") {
    ... on User {
      posts(first: 1) {
        pageInfo {
          hasNextPage
```

```
          hasPreviousPage
          startCursor
          endCursor
        }
        edges {
          cursor
          node {
            id
            body
          }
        }
      }
    }
  }
}
```

应该得到这个用户的第一个帖子作为响应结果：

```
{
  "data": {
    "node": {
      "posts": {
        "pageInfo": {
          "hasNextPage": true,
          "hasPreviousPage": false,
          "startCursor": "1:2016-04-01",
          "endCursor": "1:2016-04-01"
        },
        "edges": [
          {
            "cursor": "1:2016-04-01",
            "node": {
              "id": "posts:1",
              "body": "The team played a great game today!"
            }
          }
        ]
      }
    }
  }
}
```

看到那个 endCursor 了吗？现在尝试使用该游标作为 after 值来运行查询：

```
{
  node(id:"users:1") {
    ... on User {
      posts(first: 1, after:"1:2016-04-01") {
        pageInfo {
          hasNextPage
          hasPreviousPage
          startCursor
          endCursor
        }
        edges {
```

```
        cursor
        node {
          id
          body
        }
      }
    }
  }
}
```

这将返回该系列中的下一篇（从 hasNextPage 字段可判断出，这也是最后一篇）帖子：

```
{
  "data": {
    "node": {
      "posts": {
        "pageInfo": {
          "hasNextPage": false,
          "hasPreviousPage": false,
          "startCursor": "2:2016-04-02",
          "endCursor": "2:2016-04-02"
        },
        "edges": [
          {
            "cursor": "2:2016-04-02",
            "node": {
              "id": "posts:2",
              "body": "Honestly I didn't do so well at yesterday's game, but everyon\
e else did."
            }
          }
        ]
      }
    }
  }
}
```

恭喜，你已经实现了基于游标的分页！你或许可以对静态数据使用简单的列表，但使用游标可以防止各种前端 bug 以及相对频繁更新的数据的复杂性。它还使你可以利用 Relay 对分页的理解来快速构建分页或无限滚动的 UI。

14.3.1　身份验证

早些时候我们注意到，在社交网络中友谊是有“级别”的，因为帖子应该受到尊重。例如，如果一个帖子有一个 friend 级别，那么只有 friend 或更高级别（而不是 acquaintance 或较低级别）的朋友才能看到它。

这个主题通常称为**授权**。GraphQL 没有继承关于授权的概念或主张，这使得它可以灵活地实现控制哪些人可以看到模式中的数据。这也意味着我们需要小心确保没有意外地向用户暴露应该隐藏的数据。

我们将向服务器添加一个小的**身份验证**层，它将验证是否允许处理 GraphQL 查询，以及控制查看不同帖子的授权逻辑。我们将使用的技术肯定不是使用 GraphQL 实现这些功能的唯一方法，但是它们应该会使你激发一些可能适用于你的产品的想法。

对于身份验证，我们将使用 HTTP 基本身份验证。现在有无数种用于身份验证的协议，比如 OAuth、JSON Web Token 和 cookie，最终的选择对于每种产品来说都是非常独特的。HTTP 基本身份验证很容易添加到当前的 Node.js 服务器中，这也是本例中选择它的主要原因。

首先，安装 basic-auth-connect 包，它提供了一个非常简单的 API 来允许某些凭证的访问：

```
$ npm i basic-auth-connect@1.0.0 --save --save-exact
```

然后在服务器代码中，导入以下模块：

```
import express from 'express';
import basicAuth from 'basic-auth-connect';

const app = express();
```

在添加 GraphQL 端点之前，添加一个对 app.use 的新调用。请记住，Express 将按添加的顺序触发每个 app.use 函数。如果我们将新的 basicAuth 函数放在 graphqlHTTP 函数之后，那么此顺序将是不正确的。

```
app.use(basicAuth(function(user, pass) {
  return pass === 'mypassword1';
}));

app.use('/graphql', graphqlHTTP({ schema: Schema, graphiql: true }));
```

目前，对于任何使用了正确密码的用户，我们将允许它进行查询。重启服务器，然后尝试运行以下 cURL 命令来测试一个简单的查询：

```
$ curl -XPOST -H 'content-type:application/graphql' http://localhost:3000/graphql -d\
'{ node(id:"users:4") { id } }'
Unauthorized
```

由于没有指定用户名或密码，因此查询失败。尝试下一个命令，并正确地传递凭证：

```
$ curl -XPOST -H 'content-type:application/graphql' --user 1:mypassword1 http://loca\
lhost:3000/graphql -d '{ node(id:"users:4") { id } }'
{"data":{"node":{"id":"users:4"}}}
```

太好了，现在身份验证已在正常工作了。你也可以在 Chrome 和 Firefox 中尝试此操作，它们允许你使用 GUI 输入用户名和密码。

此处的重要概念是，身份验证通常与 GraphQL 模式解耦。将用户名和密码传递到 GraphQL 查询中来验证用户身份（通过 HTTPS）是完全可行的，但惯用的 GraphQL 更倾向于分离这些问题。

14.3.2　授权

下面来处理授权问题。请记住，上一章提出了 viewer 字段的概念，用于表示数据图中的已登录的用户节点。我们将把该字段添加到模式中，并允许解析代码知晓 viewer 的权限。

通过使用 basic-auth-connect 库，我们可以访问每个 Express 请求的 user 属性。关于要如何确定发出每个请求的用户的细节将根据身份验证库的不同而有所区别,但我们只需采用该 request.user 属性并转发给 GraphQL 解析器即可:

```
app.use('/graphql', graphqlHTTP((req) => {
  const context = 'users:' + req.user;
  return { schema: Schema, graphiql: true, context: context, pretty: true };
}));
```

现在，我们不再是为所有请求返回相同的 schema 和 graphiql 设置, 而是为每个 GraphQL 查询返回不同的配置对象。这个新配置将 context 属性设置为用户名, 就像前面示例中的 user1 一样。

下一个问题是如何在 GraphQL 字段中访问该 context?回想一下,在前面的章节中,每个 resolve 函数都会传入一些参数。我们已非常熟悉 args 参数了, 但事实证明 context 参数也已传入了。

通过已知的知识来添加 viewer 字段:

```
const RootQuery = new GraphQLObjectType({
  name: 'RootQuery',
  description: 'The root query',
  fields: {
    viewer: {
      type: NodeInterface,
      resolve(source, args, context) {
        return loaders.getNodeById(context);
      }
    },
```

如果重启服务器，那么可以像下面这样对端点执行 cURL 命令:

```
$ curl -XPOST -H 'content-type:application/graphql' --user 1: mypassword1 http: //loca\
lhost:3000/graphql -d '{ viewer { id } }'
{
  "data": {
    "viewer": {
      "id": "users:1"
    }
  }
}
```

可以使用 ... on User 内联片段来查询更多属性。因为我们把应用程序数据建模为一个图,所以能够以最少的代码修改来提供这种类型的一致 API。非常简洁!

现在不仅顶级 viewer 字段可以访问 context, 而且**所有** resolve 函数都可以访问, 无论它们处在层次结构中的哪个深度。这使得向 posts 字段添加授权检查变得非常简单。

首先查看 resolve 函数中的 context 参数:

```
resolve(source, args, context) {
  return loaders.getPostIdsForUser(source, args, context).then(({ rows, page\
Info }) => {
```

GraphQL 模式不应该直接处理授权逻辑,因为这很可能与你的主代码库中的逻辑重复。相反,这一职责应该落在底层数据加载库或服务中,如这里所演示的那样。

在 getPostIdsForUser 函数中，我们需要从数据库中加载每个帖子的 level 字段后才能使用它。我们要做的就是把它添加到 select 参数中：

```
let query = table
  .select(table.id, table.created_at, table.level)
  .where(table.user_id.equals(userSource.id))
  .order(table.created_at.asc)
  .limit(first + 10);
```

除了运行数据库查询来获取所有的帖子外，还需要运行另一个查询来获取 context 的所有用户访问级别。我们将使用该级别列表来过滤数据库查询的结果。

```
return Promise.all([
  database.getSql(query.toQuery()),
  getFriendshipLevels(context)
]).then(([ allRows, friendshipLevels ]) => {
  allRows = allRows.filter((row) => {
    return canAccessLevel(friendshipLevels[userSource.id], row.level);
  });
  const rows = allRows.slice(0, first);
```

我们正在引用两个尚未实现的新函数：getFriendshipLevels 和 canAccessLevel。在实现它们之前，请注意这可能会给系统引入 bug。之前我们根据 allRows 的长度来计算 hasNextPage，但是现在 allRows 可以根据隐私设置被截断。这凸显了高度关注授权的系统的复杂性。一种简单的缓解方法是直接从数据库中读取更多的行，即将(first + 1)修改为(first + 10)。

getFriendshipLevels 的定义与其他查询类似：

```
const getFriendshipLevels = (nodeId) => {
  const { dbId } = tables.splitNodeId(nodeId);

  const table = tables.usersFriends;
  let query = table
    .select(table.star())
    .where(table.user_id_a.equals(dbId));

  return database.getSql(query.toQuery()).then((rows) => {
    const levelMap = {};
    rows.forEach((row) => {
      levelMap[row.user_id_b] = row.level;
    });
    return levelMap;
  });
};
```

最后使用了一个效率更高的 API 将 rows 数组转换为一个对象（如果你愿意，还可以使用单个 reduce 函数实现此转换）。

最后一部分是 canAccessLevel 函数。因为我们的隐私设置是完全线性的，所以可以将该设置表示为一个数组，并使用索引作为一个简单的比较：

```
const canAccessLevel = (viewerLevel, contentLevel) => {
  const levels = ['public', 'acquaintance', 'friend', 'top'];
```

```
const viewerLevelIndex = levels.indexOf(viewerLevel);
const contentLevelIndex = levels.indexOf(contentLevel);

return viewerLevelIndex >= contentLevelIndex;
};
```

这看起来还不错，是吧？可以用一些查询来测试，使用 user1（即用户名 1 和密码 mypassword1）登录并运行以下查询：

```
{
  node(id: "users:2") {
    ...on User {
      posts {
        edges {
          node {
            id
            ...on Post {
              body
            }
          }
        }
      }
    }
  }
}
```

在返回结果里你将看不到任何帖子。这是因为 context（用户 1）与我们正在访问的节点（用户 2）并不是朋友关系，而访问他们的帖子需要具有 friend 的级别。

现在打开一个无痕窗口，以用户 5 的身份登录并运行相同的查询。你会看到一个帖子！

```
{
  "data": {
    "node": {
      "posts": {
        "edges": [
          {
            "node": {
              "id": "posts:3",
              "body": "Hard at work studying for finals..."
            }
          }
        ]
      }
    }
  }
}
```

这是因为用户 5 实际上是用户 2 的朋友。

这是一个简单的示例，但强调了关于 GraphQL 的两点。

- GraphQL 服务器库通常允许你在某种查询级别的 context 中进行转发；
- GraphQL 模式代码本身不应该考虑授权逻辑，而应遵从底层数据代码。

我们从服务器读取数据已有一段时间了，现在应该尝试用变更来修改一些数据了。

14.3.3 丰富的变更操作

如果应用程序只能从服务器读取数据，那么它能做的就只有这么多了——通常情况下，我们必须上传一些新数据。回顾上一章，在 GraphQL 中，我们称这些更新为**变更**。

我们将添加一个变更到模式中，它将创建一个新帖子。该字段将具有一个帖子正文和友谊隐私级别的字符串参数，它将使我们能够查询更多关于所获取的帖子对象的信息。

在本章的前面，我们在 server.js 文件中添加了一个简单的键值变更。让我们更新该定义，以使用我们期望用于创建新帖子的参数和类型：

```
import { GraphQLSchema, GraphQLObjectType, GraphQLString,
  GraphQLNonNull, GraphQLID, GraphQLEnumType } from 'graphql';

const LevelEnum = new GraphQLEnumType({
  name: 'PrivacyLevel',
  values: {
    PUBLIC: {
      value: 'public'
    },
    ACQUAINTANCE: {
      value: 'acquaintance'
    },
    FRIEND: {
      value: 'friend'
    },
    TOP: {
      value: 'top'
    }
  }
});

const RootMutation = new GraphQLObjectType({
  name: 'RootMutation',
  description: 'The root mutation',
  fields: {
    createPost: {
      type: PostType,
      args: {
        body: {
          type: new GraphQLNonNull(GraphQLString)
        },
        level: {
          type: new GraphQLNonNull(LevelEnum),
        }
      },
      resolve(source, args, context) {
        return loaders.createPost(args.body, args.level, context).then((nodeId) => {
          return loaders.getNodeById(nodeId);
        });
      }
```

```
    }
  }
});
```

首先实例化了一种新对象，即 GraphQLEnumType。上一章只是简要提到了 Enum GraphQL 类型，不过它的工作方式与许多编程语言中的枚举的工作方式类似。由于 level 参数仅应是固定数量的选项之一，因此我们在模式级别使用枚举来强制执行该约定。按照约定，GraphQL 中的枚举应全部大写。

在创建好枚举后，我们会在新的 createPost 变更的 args 属性中使用它。注意，除了参数之外，createPost 还有一个 PostType 类型，这意味着我们最终需要在执行了变更代码之后返回一个 post 对象。该工作实际上被移交到一个新的 createPost 加载器，如下所示：

```
export const createPost = (body, level, context) => {
  const { dbId } = tables.splitNodeId(context);
  const created_at = new Date().toISOString().split('T')[0];
  const posts = [{ body, level, created_at, user_id: dbId }];

  let query = tables.posts.insert(posts).toQuery();
  return database.getSql(query).then(() => {
    return database.getSql({ text: 'SELECT last_insert_rowid() AS id FROM posts' });
  }).then((ids) => {
    return tables.dbIdToNodeId(ids[0].id, tables.posts.getName());
  });
};
```

这主要是针对 SQLite 数据库，但可以想象出它在其他框架或数据存储中的工作方式。我们构造了数据库行，并将其插入数据库中，然后再检索新插入的 ID。

如果你打开了 GraphiQL，应该能够尝试一下这个变更：

```
mutation {
  createPost(body:"First post!", level:PUBLIC) {
    id
    body
  }
}
```

在实际情况下，你可能会遇到更复杂的数据更新场景，如上传文件。具体细节将取决于你使用的服务器语言和库，但它受 Relay 和 GraphQL-JS 的支持。Relay 文档讨论了文件的处理方式，你可以在其他地方找到有关如何在 GraphQL 模式中利用文件的示例[①]。

14.3.4　Relay 和 GraphQL

我们开发的"Facebook 精简版"模式可能很小，但它应该可以让你了解如何在 GraphQL 服务器中构造常用的操作。GraphQL 也恰好兼容 Relay，Relay 是 Facebook 的前端 React 库，可用于 GraphQL 服务器。

除了发布 Relay 本身之外，Facebook 还发布了一个库来帮助你更轻松地使用 Node 来构建一个与

---

① 参见 stack overflow 网站文章 "How Would You Do File Uploads in a React-Relay App?"。

Relay 兼容的 GraphQL 服务器。该 GraphQL-Relay-JS 包减少了我们之前经历过的许多样板代码，尤其是在 Relay 的一些更强大的特性方面。

你应该仔细阅读文档中的所有细节，但我们先简单地转换一些代码来使用这个库。首先需要通过 npm 安装它：

```
$ npm install graphql-relay@0.4.1 --save --save-exact
```

GraphQL-Relay 对于连接字段尤其有用。虽然模式（posts）中只有一个连接字段，但可以想象到，在更大的应用程序中重复每个连接的类型和代码会变得非常麻烦。幸运的是，现在需要的只是一个快速导入：

```
import {
  connectionDefinitions
} from 'graphql-relay';
```

然后删除所有现有的连接类型，这样我们就可以直接跳到 UserType：

```
const resolveId = (source) => {
  return tables.dbIdToNodeId(source.id, source.__tableName);
};

export const UserType = new GraphQLObjectType({
  name: 'User',
```

接着在最底部添加这一行代码来定义 PostsConnectionType：

```
const { connectionType: PostsConnectionType } = connectionDefinitions({ nodeType: Po\
stType });
```

它将在内部生成之前我们手工创建的所有类型：PageInfo、PostEdge 和 PostConnection。如果你加载了 GraphiQL 文档，那么可以进行确认，见图 14-5。

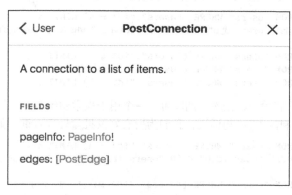

图 14-5　GraphQL Relay

除了连接之外，GraphQL-Relay 库还具有一些功能，可简化节点类型的结构方式以及与 Relay 兼容的变更操作的使用方式。我们将在接下来的 Relay 章节中对此进行更多的探讨，不过 Relay 对变更的工作方式施加了一些规则，类似于连接所需的某些类型和参数的方式。

在一般情况下，Relay 所需的 GraphQL 服务器变化都不是针对 GraphQL-JS 或 JavaScript 的。任何语言的 GraphQL 服务器都可以与 Relay 兼容，希望本章能让你更加熟悉 GraphQL 模式的基本构建块。

14.3.5　性能：*N*+1 个查询

既然模式已稳定，我们可以重新考虑一下性能。在深入讨论之前，请记住不同产品的性能需求可能是完全不同的。工程师应该仔细考虑编写性能更高的代码的成本和收益以及带来额外复杂性的风险。

让我们考虑这样一个查询：

```
{
  node(id:"users:4") {
    ... on User {
      friends {
        edges {
          node {
            id
            about
            name
          }
        }
      }
    }
  }
}
```

在底层，我们当前的 GraphQL 解析代码将触发一个数据库查询来获取"users:4"的节点，一个查询来获取好友 ID 列表，以及每个 friends 边的 *N* 个数据库查询。这通常被称为 *N*+1 查询问题，可以使用 Web 框架或 ORM 轻松实现。可以想象对于一个缓慢的数据库或具有大量边的查询，这会导致性能下降。可以使用以下原生 SQL 对该查询进行可视化：

```
SELECT "users".* FROM "users" WHERE ("users"."id" = 4) LIMIT 1
SELECT "users_friends"."user_id_b" FROM "users_friends" WHERE ("users_friends"."user\
_id_a" = 4)
SELECT "users".* FROM "users" WHERE ("users"."id" = 1) LIMIT 1
SELECT "users".* FROM "users" WHERE ("users"."id" = 3) LIMIT 1
SELECT "users".* FROM "users" WHERE ("users"."id" = 2) LIMIT 1
```

在理想的情况下，只需两个数据库查询即可：一个用于检索初始节点，另一个用于检索**所有**好友（或在我们需要的分页限制内）。换句话说，我们为所有好友批量处理查询，如下所示：

```
SELECT "users".* FROM "users" WHERE ("users"."id" = 4) LIMIT 1
SELECT "users_friends"."user_id_b" FROM "users_friends" WHERE ("users_friends"."user\
_id_a" = 4)
SELECT "users".* FROM "users" WHERE ("users"."id" in (1, 3, 2)) LIMIT 3
```

考虑一下加载用户的工作方式：它是对 loaders.getNodeById 的调用。目前，该函数会立即触发一个数据库查询，但如果我们可以"等待"一段时间，收集需要加载的节点 ID，然后触发类似于上面的数据库查询，那该怎么办呢？GraphQL 和 JavaScript 为批量处理类似的查询提供了直观的技术支持，我们将对此进行实现。

Facebook 维护了一个名为 DataLoader 的库来提供帮助，它是独立于 React 或 GraphQL 的通用 JavaScript 库。可以使用该库来创建**加载器**，这些加载器是自动批量提取相似数据的对象。例如，可以实例化一个 UserLoader 来从数据库中加载用户：

```
const UserLoader = new DataLoader((userIds) => {
  const query = table
    .select(table.star())
    .where(table.id.in(userIds))
    .toQuery();

  return database.getSql(query.toQuery());
});

// 可以在任何地方加载单个用户
function resolveUser(userId) {
  return UserLoader.load(userId);
}
```

请注意，UserLoader.load 将单个 userId 作为参数，但其内部函数的参数是 userIds 数组。这意味着如果我们从多个位置快速连续地调用 UserLoader.load，则可以选择创建更有效的数据库查询。

在我们的应用程序中，大多数代码涉及 loaders.getNodeById，这使其成为自动批处理的理想选择。调用 getNodeById 的代码无须修改；相反，我们将使用 DataLoader 在内部批量提取节点。

首先，从 npm 安装 DataLoader：

```
$ npm install dataloader@1.2.0 --save --save-exact
```

下面来看一下对 loaders.js 的更改。我们将为每个表制作一个数据加载器，这是开始优化的一种合理方法，代码如下所示：

```
import * as database from './database';
import * as tables from './tables';

import DataLoader from 'dataloader';

const createNodeLoader = (table) => {
  return new DataLoader((ids) => {
    const query = table
      .select(table.star())
      .where(table.id.in(ids))
      .toQuery();

    return database.getSql(query).then((rows) => {
      rows.forEach((row) => {
        row.__tableName = table.getName();
      });
      return rows;
    });
  });
};
```

14

createNodeLoader 是一个工厂函数,它返回 DataLoader 的一个新实例。我们创建了一个 SELECT * FROM $TABLE WHERE ID IN($IDS)的查询,它允许我们使用一个查询来选择多个节点。

现在需要调用该工厂函数,并将其存储在一个常量中:

```
const nodeLoaders = {
  users: createNodeLoader(tables.users),
  posts: createNodeLoader(tables.posts),
  usersFriends: createNodeLoader(tables.usersFriends),
};
```

最后将 getNodeById 的定义改为使用对应的加载器:

```
export const getNodeById = (nodeId) => {
  const { tableName, dbId } = tables.splitNodeId(nodeId);
  return nodeLoaders[tableName].load(dbId);
};
```

如果打开 GraphiQL 并尝试执行此查询,你会注意到服务器控制台中的 SQL 日志正在适当地批处理数据库数据的获取操作:

```
{
  user3: node(id:"users:3") {
    id
  }
  user4: node(id:"users:4") {
    id
  }
}
```

```
$ node index.js
{ starting: true }
{ running: true }
SELECT "users".* FROM "users" WHERE ("users"."id" IN ($1, $2))
[ '3', '4' ]
```

注意,高层次的 GraphQL 模式代码完全不知道这种优化,也无须进行修改。通常情况下,你应该倾向于在加载器和数据服务级别上进行优化,以便所有使用者都能享受到这些好处。

DataLoader 是一个简单但功能强大的工具。虽然我们只展示了它的批处理功能,但它也可以作为缓存使用。如果你想了解更多信息,请查看其文档[1]并考虑观看其维护人员发表的演讲[2]。

14.4 总结

本章介绍了很多基础知识。我们设计了一个模式,并从零开始创建了一个 GraphQL 服务器,接着将其连接到一个关系数据库,最后研究了一些性能优化。不管你的生产语言和技术栈是什么,这些概

---

① 参见 GitHub 网站的 graphql/dataloader 页面。
② 参见 YouTube 网站视频 "DataLoader — Source Code Walkthrough"。

念都适用于所有的 GraphQL 服务器实现。此外，这将使你在从前端连接到 GraphQL 服务器时获得更多的理解和上下文环境。

本章使用了 Facebook 维护的 GraphQL-JS 库，但 GraphQL 生态系统正在呈爆炸式增长。以下是你可能想要探索的更流行的选择和技术：

- Ruby 版的 GraphQL；
- Python 版的 Graphene；
- Scala 版的 Sangria；
- Node 版的 Apollo 服务器；
- Node 和 MongoDB 版的 Graffiti-Mongoose；
- 用于托管 GraphQL 服务器的 Reindex 和 Graphcool 等服务。

既然我们已了解了如何使用 GraphQL 和编写 GraphQL 服务器，是时候综合到目前为止介绍的所有内容，并学习有关 Relay 的知识了。

第 15 章
经典 Relay

15

15.1　介绍

注：本章介绍的是经典 Relay。

本章将帮助你了解使用现代 Relay 的心智模型，其中一些 API 已发生变化。从 2018/2019 年起，我们建议使用 Apollo，因为它是 Relay 的绝佳替代品。

如果你有兴趣将本章转换为 Apollo，成为本书的贡献者，请与我们联系①。

在 CS（Client-Server）架构的 Web 应用程序中选择正确的数据架构可能比较困难。当你试图实现一个数据架构时，需要做出非常多的决策。例如：

- 如何从服务器获取数据？
- 如果数据获取失败，该怎么办？
- 如何查询数据之间的依赖和关联关系？
- 如何在整个应用程序中保持数据一致？
- 如何防止开发人员不小心破坏彼此的组件？
- 如何更快地编写特定于应用程序的功能，而不是花时间从服务器来回推送数据？

值得庆幸的是，Relay 对所有这些问题都有自己的理论。而且它是该理论的一种实现，一旦你创建了它，使用起来就是一种乐趣。因此你自然会问：到底什么是 Relay？

Relay 是一个将 React 组件连接到 API 服务器的库。

我们在本书前面已讨论过 GraphQL，但现在还不清楚 Relay、GraphQL 和 React 之间的关系。可以将 Relay 看作 GraphQL 和 React 之间的黏合剂。

Relay 之所以出色，是因为：

- 组件声明它们需要操作的数据；
- 它管理**如何**以及**何时**获取数据；
- 它智能地聚合查询，因此不会获取超出所需内容的数据；

---

① 邮箱 nate@fullstack.io。

- 它为我们提供了清晰的模式来导航对象之间的关系并对其进行变更。

在本章中，我们将看到关于 Relay 最有用的功能之一是 GraphQL 查询与**组件位于同一位置**。这提供了一个好处，即可以清楚地看到直接在组件旁边渲染该组件所需的值的说明。

每个组件都指定它需要什么，然后 Relay 会在进行查询之前确定是否存在重复。Relay 会聚合查询、处理响应，接着会将请求的数据返回给每个组件。

GraphQL 可以独立于 Relay 使用。从理论上讲，我们可以创建一个 GraphQL 服务器来拥有想要的模式。然而，Relay 有一个 GraphQL 服务器必须遵循的规范，以便与 Relay 兼容。我们将讨论这些约束条件。

15.1.1 本章会涵盖的内容

这一章将逐步介绍**如何在客户端应用程序中设置和使用 Relay**。

> ⓘ Relay 依赖于 GraphQL 服务器，我们已在示例代码中提供了它，但不打算讨论该服务器的实现细节。

本章内容如下：

- 解释 Relay 的各种概念；
- 描述如何在应用程序中设置 Relay（使用路由）；
- 演示如何从 Relay 中获取数据到组件中；
- 演示如何使用变更来更新服务器上的数据；
- 重点介绍有关 Relay 的技巧和窍门。

学完本章，你会了解什么是 Relay 以及如何使用它，并为将 Relay 集成到你自己的应用程序打下坚实的基础。

15.1.2 我们正构建的内容

1. 客户端

本章将构建一个简单的书店。它有三个页面。

- 图书列表页面，其中显示了要出售的所有图书（见图 15-1）。

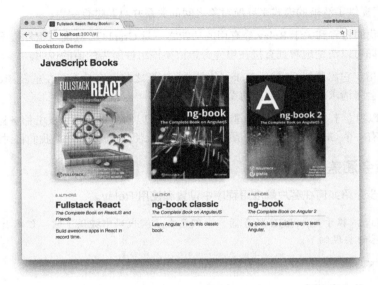

图 15-1　书店页面

- 作者简介页面，其中显示作者的信息以及他们撰写的图书（见图 15-2）。

图 15-2　作者页面

- 图书清单页面，其中显示一本书和该书的作者。还可以在此页面上**编辑**（见图 15-3）。

这里的数据模型很简单：一本书有（且属于）许多作者。

这些数据通过 API 服务器提供给应用程序。

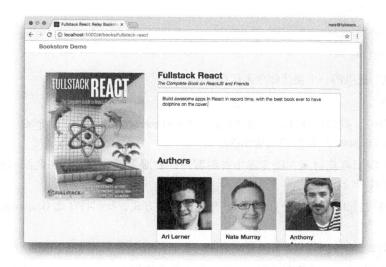

图 15-3 图书清单页面

2. 服务器端

我们已在这个应用程序的示例代码中提供了一个与 Relay 兼容的 GraphQL 演示服务器。**本章不打算讨论服务器的实现细节。**如果你对构建 GraphQL 服务器感兴趣，参见第 14 章。

> 这个服务器是使用 graffiti-mongoose 库创建的。如果你使用的是 MongoDB 和 mongoose，那么 graffiti-mongoose 是使你的模型适应 GraphQL 的绝佳选择。graffiti-mongoose 会使用你的 mongoose 模型，并自动生成一个 Relay 兼容的 GraphQL 服务器。
>
> 也就是说，有一些库可以帮助你从模型中为每种流行语言生成 GraphQL。检查 awesome-graphql[1]列表来查看哪个库是可用的。

3. 尝试运行该应用程序

可以在下载好的代码里的 relay 文件夹中找到本章的项目：

```
$ cd relay/bookstore
```

我们已包含了完整的服务器和客户端。在运行它们之前，需要在客户端和服务器上都运行 npm install 命令：

```
$ npm install
$ cd client
$ npm install
$ cd ..
```

接下来，可以在两个单独的选项卡中分别运行它们：

---

[1] 参见 GitHub 网站的 chentsulin/awesome-graphql 页面。

```
# 选项卡一
$ npm run server
# 选项卡二
$ npm run client
```

或者使用我们提供的一个便捷命令来运行它们：

```
$ npm start
```

当它们运行时，我们应该能够通过 `http://localhost:3001` 访问 GraphQL 服务器，并通过 `http://localhost:3000` 访问客户端应用程序。

在本章中，我们将花时间在浏览器中查**看客户端和服务器**。我们已在此演示服务器上安装了 GraphQL GUI 工具 “GraphiQL”。

Relay 是基于 GraphQL 的，为了更好地了解它的工作方式，我们将在此 GraphiQL 界面中 “手动” 运行一些查询。

4. 如何使用本章

虽然我们将**介绍** Relay 的所有术语，但本章旨在作为使用 Relay 的指南，而不是 API 文档。

在阅读本章时，请随时参考 Relay 网站的官方文档以深入了解细节。

> **ℹ 先决条件**
>
> 这是一个高级章节。我们将专注于使用 Relay，而不是重新介绍编写 React 应用程序的基础知识。假设你对编写组件、使用 props、JSX 以及加载第三方库都比较熟悉。Relay 还需要 GraphQL，因此我们还假设你对 GraphQL 也有一定的了解。
>
> 如果你对这些内容还不熟悉，本书前面有介绍。

> **ℹ Relay 1**
>
> 目前本章介绍的是 Relay 1.x 版本。但现在有一个新版本的 Relay 正在准备中，不过请不要让这阻止你学习 Relay 1。新版本还没有公开发布日期，但 Facebook 员工 Jaseph Savona 在 GitHub 上表示，Relay 2 具有 “明显的 API 差异，但核心概念是相同的，且 API 的变化会使 Relay 变得更简单，更可预测”。
>
> 这里有个好消息是底层的 GraphQL 规范没有改变。因此，Relay 将在未来推出 v2[①]，但我们仍可在生产应用程序中使用 Relay 1。
>
> 如果你对未来的 Relay 更感兴趣，请查看 React 网站 “Relay: State of the State” 一文。

15.1.3　代码结构指南

本章在 `relay/bookstore` 文件夹中提供了应用程序的**完整**版本。

为了将概念拆分成更易于理解的片段，我们将一些组件拆分为几个步骤。我们已将这些中间文件包含在 `relay/bookstore/client/steps` 文件夹中了。

---

① 翻译本书时 Relay 2 已经发布。——译者注

我们的 Relay 应用程序包含一个服务器、一个客户端和几个构建工具，所有这些加起来就构成了相当多的文件和目录。以下是你在项目中可以找到的一些目录和文件的简要概述（如果你不熟悉这些内容，请不要担心，本章将解释你需要了解的所有内容）：

```
-- bookstore
    |-- README.md
    |-- client
    |   |-- config                          // 客户端配置
    |   |   |-- babelRelayPlugin.js          // 通用 babel 插件
    |   |   |-- webpack.config.dev.js        // webpack 配置
    |   |   `-- webpack.config.prod.js
    |   |-- package.json
    |   |-- public                          // 图像和 index.html
    |   |   |-- images/
    |   |   `-- index.html
    |   |-- scripts                         // 辅助脚本
    |   |   |-- build.js
    |   |   |-- start.js
    |   |   `-- test.js
    |   `-- src
    |       |-- components                  // 组件位置
    |       |   |-- App.js
    |       |   |-- AuthorPage.js
    |       |   |-- BookItem.js
    |       |   |-- BookPage.js
    |       |   |-- BooksPage.js
    |       |   |-- FancyBook.js
    |       |   `-- TopBar.js
    |       |-- data                        // graphql 元数据
    |       |   |-- schema.graphql
    |       |   `-- schema.json
    |       |-- index.js
    |       |-- mutations                   // 变更用于触发修改
    |       |   `-- UpdateBookMutation.js
    |       |-- routes.js                   // 我们的 routes
    |       |-- steps/                      // 中间文件
    |       `-- styles                      // css 样式
    |-- models.js                           // 服务器模型
    |-- package.json
    |-- schema.js                           // 服务器端的 graphql 模式
    |-- server.js                           // 服务器定义
    |-- start-client.js
    |-- start-server.js
    `-- tools
        `-- update-schema.js                // 用于生成模式的辅助脚本
```

你可以随意查看我们提供的示例代码，但现在还不需要了解每个文件。我们将介绍所有重要的部分。

15

15.2　Relay 是一个数据架构

Relay 是一个在客户端运行的 JavaScript 库。可以将 Relay 连接到 React 组件，然后 Relay 会从服务器获取数据。当然，服务器也需要遵循 Relay 的协议，我们也将对此进行讨论。

Relay 被设计为 React 应用程序的数据框架。这意味着在理想情况下，我们将使用 Relay 来加载所有数据，并维护应用程序的主要状态以及授权状态。

因为 Relay 有自己的存储，所以它能够缓存数据并有效地解决查询。如果你有两个涉及同一数据的组件，那么 Relay 将把这两个查询组合成一个查询，然后将适当的数据分发给每个组件。这样做的好处是最小化我们需要从服务器调用的数量，但它仍允许各个组件能够在本地指定它们需要的数据。

因为 Relay 自己持有一个数据中央存储，这意味着它与其他持有中央存储的数据架构（如 Redux）并不真正兼容。你不能有两个中央状态存储，因此这使得当前版本的 Redux 和 Relay 基本上不兼容。

Apollo

如果你已在使用 Redux，但是想尝试使用 Relay，那么仍有希望：Apollo 项目是一个受 Relay 启发的基于 Redux 的库。如果你足够谨慎，可以将 Apollo 改装到现有的 Redux 应用程序中。

本章不会讨论 Apollo，但它是一个很棒的库，绝对值得你去研究它。

15.3　Relay 和 GraphQL 约定

我们需要澄清的一件事是 Relay 和 GraphQL 之间的关系。

GraphQL 服务器定义了 GraphQL 模式以及如何根据该模式解析查询。GraphQL 本身允许你定义各种各样的模式。在大多数情况下，它并不决定模式的结构。

Relay 在 GraphQL 之上定义了一组约定。为了使用 Relay，你的 GraphQL 服务器必须遵循一组特定的指导原则。

概括来说，这些约定如下所示：

(1) 一种通过 **ID 获取**任何**对象**的方法（无论类型如何）；
(2) 一种通过分页**遍历**对象之间的**关系**（称为"连接"）的方法；
(3) 一种围绕着数据变化的结构（使用**变更**）。

这三个要求使我们能够构建复杂、高效的应用程序。本章将具体介绍这些通用的指导原则。

让我们直接在 GraphQL 服务器上探索这三种 Relay 约定的实现。然后，本章稍后将在客户端应用程序中实现它们。

Relay 规范官方文档

可以查看有关 Relay/GraphQL 规范的 Facebook 官方文档。

15.3.1　探索 GraphQL 中的 Relay 约定

请确保你已运行了如上所述的 GraphQL 服务器，并在浏览器中打开地址 `localhost:3001`。

请记住，GraphiQL 会读取模式并提供一个文档浏览器来导航这些类型。单击 GraphiQL 中的“Docs”链接以显示模式的“根类型”（见图 15-4）。

图 15-4　带有文档的 GraphiQL 接口

15.3.2　通过 ID 获取对象

在服务器中有两个模型：Author 和 Book。我们要做的第一件事是根据 ID 来查找特定的对象。

假设我们想要创建一个显示特定作者信息的页面。我们可能有一个 URL，比如/authors/abc123，其中 abc123 是作者的 ID。我们希望 Relay 去询问服务器“ID 为 abc123 的作者的信息是什么？”在这种情况下，我们将使用 GraphQL 查询（即将在下面定义）。

然而，目前有一个鸡生蛋还是蛋生鸡的问题：我们不知道任何记录的 ID。

因此，让我们加载作者的 names 和 ids 的整个列表，然后记录下其中一个 ID。

在 GraphiQL 中输入以下查询：

```
query {
  authors {
    id
    name
  }
}
```

然后点击运行按钮（见图 15-5）。

15

图 15-5   GraphiQL 中带有 ID 的作者

现在有了一个作者 ID，我们就可以查询以获得具有**特定** ID 的 author 对象：

查询：

```
query {
  author(id: "QXV0aG9yOjY1ZmJlZjA1ZTAxZmFjMzkwY2IzZmEwNw==") {
    id
    name
  }
}
```

响应：

```
{
  "data": {
    "author": {
      "id": "QXV0aG9yOjY1ZmJlZjA1ZTAxZmFjMzkwY2IzZmEwNw==",
      "name": "Anthony Accomazzo"
    }
  }
}
```

虽然这很方便，但在 author 查询中我们只能接收类型为 Author 的对象，因此它不能满足 Relay 规范的要求。Relay 规范说，我们需要一种通过 node 查询来查询**任何对象**（Node）的方法。

 本章稍后将详细讨论 GraphQL 模式，但值得指出的是，Author 和 Book 类型都实现了 Node-type 接口。

我们已实现了在服务器上通过 node 查找 Node 对象的功能，因此让我们来尝试一下。首先只查询 node 的 id：

查询：

```
query {
  node(id: "QXV0aG9yOjY1ZmJlZjA1ZTAxZmFjMzkwY2IzZmEwNw==") {
    id
  }
}
```

响应：

```
{
  "data": {
    "node": {
      "id": "QXV0aG9yOjY1ZmJlZjA1ZTAxZmFjMzkwY2IzZmEwNw=="
    }
  }
}
```

这个可以正常工作！但它不是很有用，因为我们没有获取到关于作者的任何其他数据。下面尝试获取名称：

查询：

```
query {
  node(id: "QXV0aG9yOjY1ZmJlZjA1ZTAxZmFjMzkwY2IzZmEwNw==") {
    id
    name
  }
}
```

这样会失败并会显示以下错误：

```
Cannot query field "name" on type "Node". Did you mean to use an inline fragment on \
"Author" or "Book"?
```

这到底发生了什么呢？因为 Node 是泛型类型，所以我们不能查询 name 字段。相反，需要提供一个片段，它表示：如果我们查询一个 Author，则返回 Author 特定的字段。因此可以调整查询，如下所示。

查询：

```
query {
  node(id: "QXV0aG9yOjY1ZmJlZjA1ZTAxZmFjMzkwY2IzZmEwNw==") {
    id
    ... on Author {
      name
    }
  }
}
```

响应：

```
{
  "data": {
    "node": {
      "id": "QXV0aG9yOjY1ZmJlZjA1ZTAxZmFjMzkwY2IzZmEwNw==",
```

15

```
        "name": "Anthony Accomazzo"
      }
    }
}
```

可以正常工作了！可以使用 ID 来获取作者。这里的关键思想是，可以通过使用 ID 来查询 node（这是 Relay 的要求），从而查询系统中的**任何对象**。例如，如果有一个 Book ID，则可以使用 node 查询来查找图书。

> 这里一个有用的练习是尝试使用 node 通过 ID 查找 Book。提示：你需要使用 ... on Book 语法在 Book 上添加一个片段，然后指定要检索的 Book 字段。

> **全局唯一 ID**
>
> 这里的含义是，实际上每个对象都有一个全局唯一的 ID。例如，如果你使用传统的 SQL 数据库（如 Postgres），并对每个表使用自增的 ID，那么可能有 ID 为 2 的 Author 和 ID 为 2 的 Book。该如何解决这个问题呢？
>
> GraphQL 服务器解决了此问题。其思想是你必须提出一种约定，例如将表名和数字 ID 嵌入 GUID 中。然后你的 GraphQL 服务器将对这些 ID 进行编码和解码。
>
> 实际上，我们提供的服务器正在发生这种情况。你可能已注意到，模式模型中同时具有一个 id 字段和一个 _id 字段。有什么区别呢？
>
> _id 字段是 MongoDB ID；id 字段是 Relay GUID，它是表名和 _id 字段的组合。

Relay 使用 node 接口来**重新获取对象**。在编写应用程序时，我们可以有几十种方式来加载各种对象。node 接口背后的思想是提供一种一致的、简单的方法，让 Relay 询问服务器："给定这个 ID，这个对象的当前值是多少？"

我们现在可以查询单个 Nodes，接下来需要讨论如何遍历它们**之间**的关系了。在示例应用程序中，我们将在主页上显示一个图书列表，并希望能够加载撰写该书的作者。

在 Relay 中，我们将通过使用**连接**来指示 Author 和 Book 之间的关系。

15.3.3   解读连接

一个作者可能贡献了好几本书。

你如果熟悉传统的关系数据库，或许可能已经见过这种关系的建模方法：

- 一个 authors 表，它具有一个 id 字段；
- 一个 books 表，它具有一个 id 字段；
- 一个 authorships 表，其中包含一个 author_id 字段和一个 book_id 字段。

在这个场景中，对于每个 Author/Book 对，你将创建这个新的"连接模型"，称为 Authorship，它表示为特定 Book 做出贡献的 Author。这种思想有时被称为"多对多关系"。

类似地，Relay 还定义了一个"连接模型"，用来表示两个模型之间的关系。确切地说，Relay 指定了以下**两者**：

(1)"连接"模型，用于指定两个模型之间的关系，并保存分页数据；

(2)"边"模型，用于包装特定于游标和节点（模型）的数据。

第一次使用它时，这可能看起来有点矫枉过正，但要认识到这是一个强大而灵活的模型，它可以在各个模型之间提供一致的分页。

什么是游标

当遍历一组很大的项时，我们需要跟踪每次遍历的位置。例如，假设我们正在对产品列表进行分页。最简单的"游标"可以是当前的**页码**（如第 3 页）。

当然，在实际的应用程序中，你可能会一直向列表中添加和删除项目，因此你可能会发现，在加载第 4 页时会丢失一些记录（因为一些记录已被添加或删除）。

在这种情况下我们能做什么？这就是使用**游标**的地方。**游标**是一个值，它指示我们在遍历列表时的"位置"。虽然实现方式各不相同，但基本的思想是你可以将游标发送到服务器，而服务器会提供下一页的结果。

例如，Twitter 的 API 使用了游标，你可以在 Twitter 的 Developer 网站查看文档"Cursoring"。

让我们在遍历这些连接的地方尝试几个查询。

以下是一个查询，它将得到一个作者和他们所有的书名（见图 15-6）：

```
query {
  author(id: "QXV0aG9yOmZjMjkyYmQ3ZGYwNzE4NThjMmQwZjk1NQ==") {
    id
    name
    books {
      count
      edges {
        node {
          id
          name
        }
      }
    }
  }
}
```

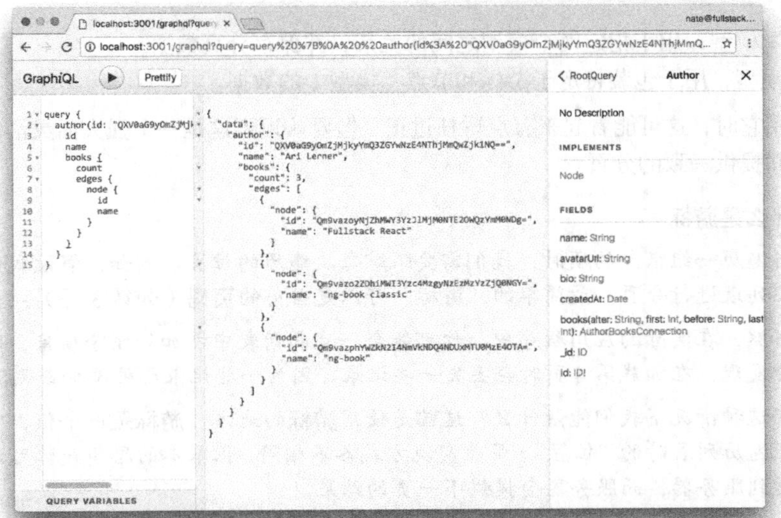

图 15-6　GraphiQL 中查询的包含 Book 的 Author 类型

点击 GraphiQL 接口中的 Author 文档。请注意，在 Author 类型（见图 15-7）上，books 不返回 Book 数组，而是

(1) 接收诸如 first 或 last 之类的参数；

(2) 返回一个 AuthorBooksConnection 类型。

< RootQuery　　　　**Author**　　　　✕

No Description

IMPLEMENTS

Node

FIELDS

name: String

avatarUrl: String

bio: String

createdAt: Date

books(after: String, first: Int, before: String, last: Int):
AuthorBooksConnection

_id: ID

id: ID!

图 15-7　GraphiQL Author 类型

Relay 旨在处理具有大量条目的关系。如果一次要加载的书过多，则可以使用这些参数来限制返回的结果数。我们使用 `first` 和 `last` 参数来表示要检索的项目数。

`AuthorBooksConnection` 有三个字段：

- `pageInfo`
- `edges`
- `count`

`count` 给出了我们所拥有的 `edges` 的总数（在本例中是这个人编写过的书的数量）。

`pageInfo` 为我们提供了页面信息，例如是否有上一个或下一个页面，以及此页面的起始和结束游标是什么。稍后可以使用这些游标来请求下一个（或上一个）页面。

`edges` 包含了 `AuthorBooksEdge` 的列表。在 GraphiQL 接口中查看 `AuthorBooksEdge` 类型，见图 15-8。

图 15-8　GraphiQL `AuthorBooksEdge` 类型

`AuthorBooksEdge` 有两个字段：

- `node`
- `cursor`

从这个记录中，`cursor` 是一个可用于分页的字符串。这里可以看到 `node` 的类型是 Book，即在 `node` 中是我们要找的实际数据。

15

当我们将这些连接用于多对多关系时，也能以相同的方式处理一对多关系。通过使用这个标准来遍历模型之间的关系，就能很容易知道如何访问相关的模型，而无须关心关系的类型是什么。图中所有的元素都是节点和边。

此外，通过将分页作为标准的一部分，我们将为现实世界中的数据集提供便利，因为我们不会同时加载关系（或表）中的每条数据。

将标准化的分页作为 Relay 的一部分使得在 React 应用程序中标准化分页变得更加容易。

 哪部分是 Relay，哪部分是 GraphQL

对比 Relay 与 GraphQL 的连接和边

为了清晰起见，这里谈论的是在 GraphQL 服务器上实现的 Relay 规范。

连接和边的模式以及上面定义的字段是 Relay 规范的一部分。每当需要两个对象之间的关系（这超出了简单数组的范畴）时，我们将使用边/连接范式。

Relay 指定了该约定（例如，我们在检索连接时指定了参数 first 或 last，且连接将返回 edges），而 GraphQL 服务器实现了如何（从数据库）实际获取这些记录的方式。

15.3.4　使用变更修改数据

变更是我们在 Relay/GraphQL 中修改数据的方式。要使用变更修改数据，我们需要：

(1) 找到我们想要调用的变更；
(2) 指定输入参数；
(3) 指定变更完成后我们要返回的数据。

比如说，我们想要修改一个作者的简历，可以执行以下操作：

查询：

```
mutation {
  updateAuthor(input: {
    id: "QXV0aG9yOmZjMjkyYmQ3ZGYwNzE4NThjMmQwZjk1NQ==",
    bio: "all around great guy"
  }) {
    changedAuthor {
      id
      name
      bio
    }
  }
}
```

现在可以从响应中看到，简历已改成了"all around great guy"。

响应：

```
{
  "data": {
    "updateAuthor": {
      "changedAuthor": {
```

```
                "id": "QXV0aG9yOmZjMjkyYmQ3ZGYwNzE4NThjMmQwZjk1NQ==",
                "name": "Ari Lerner",
                "bio": "all around great guy"
              }
            }
          }
        }
```

在本例中，**变更**是 updateAuthor。你可能还记得在第 14 章中，我们通过创建一个**变更查询**来修改 GraphQL 中的数据。服务器为公共数据操作定义了一个变更查询。

举个例子，如果你熟悉创建–读取–修改–删除（Create-Read-Update-Delete，CRUD）的 REST 范式，则可以在这里为模型定义类似的变更：createAuthor、updateAuthor、deleteAuthor。

虽然变更通常在 GraphQL 中使用，但 Relay 毫无疑问会指定一些约束条件来定义**变更**。

客户端的变更可能会有些令人生畏。本章稍后将详细讨论它们。

15.3.5 Relay GraphQL 查询总结

上面仅介绍了编写 Relay 应用程序时要使用的三种查询类型：

(1) 从服务器获取单独的记录；
(2) 使用连接和边遍历记录之间的关系；
(3) 使用变更查询修改数据。

现在我们已研究了数据并回顾了服务器上的约定，下面来看 Relay 是如何在应用程序中工作的。

15.4 将 Relay 添加到应用程序中

15.4.1 快速了解目标

下面开始编写 React 应用程序。

在应用程序中安装 Relay 有相当多的步骤。在介绍这些步骤之前，让我们先来看目标：一个基本的 Relay 容器组件，它可从服务器加载数据并进行渲染。

一旦有了一个可以从 Relay 加载数据的组件，构建应用程序就会变得更加容易。

下面我们将逐步介绍如何构建一个可正常运行的 Relay 应用程序，但了解单文件 "hello world" 示例也可能会有所帮助。以下是可以正常工作的 Relay 应用程序的最小代码。许多细节会是陌生的，而本章的其余部分则专门用于解释如何使用每个想法的细节。现在，只需浏览一下此代码即可了解使用 Relay 涉及的不同部分。

relay/bookstore/client/src/steps/index.minimal.js

```
/* eslint-disable react/prefer-stateless-function */
import React from 'react';
import ReactDOM from 'react-dom';
import Relay from 'react-relay';
```

15

```javascript
import '../semantic-dist/semantic.css';
import './styles/index.css';

// 根据服务器的 URL 进行自定义
const graphQLUrl = 'http://localhost:3001/graphql';

// 用"NetworkLayer"配置 Relay
Relay.injectNetworkLayer(new Relay.DefaultNetworkLayer(graphQLUrl));

// 创建我们将执行的顶级查询
class AppQueries extends Relay.Route {
  static routeName = 'AppQueries';
  static queries = {
    viewer: () => Relay.QL`
      query {
        viewer
      }
    `
  };
}

// 渲染作者列表的基本组件
class App extends React.Component {
  render() {
    return (
      <div>
        <h1>Authors list</h1>
        <ul>
          {this.props.viewer.authors.edges.map(edge => (
            <li key={edge.node.id}>{edge.node.name}</li>
          ))}
        </ul>
      </div>
    );
  }
}

// 一个 Relay 容器，用于指定上面的查询中要使用的片段
const AppContainer = Relay.createContainer(App, {
  fragments: {
    viewer: () => Relay.QL`
      fragment on Viewer {
        authors(first: 100) {
          edges {
            node {
              id
              name
            }
          }
        }
      }
    `
  }
});
```

```
ReactDOM.render(
  <Relay.Renderer
    environment={Relay.Store}
    Container={AppContainer}
    queryConfig={new AppQueries()}
  />,
  document.getElementById('root')
);
```

在上面的示例中，AppContainer 获取了一组作者并将其渲染在列表中。注意，这段代码是**声明性**的。也就是说，代码中没有“向服务器发出 POST 请求并将其解释为 JSON”之类的内容。相反，我们的组件声明了所需的数据，然后 Relay 从服务器获取数据并将其提供给该组件。

15.4.2 作者页面预览

让我们来看另一个例子，它摘自书店应用程序。下面是 AuthorPage 组件的其中一个版本：

relay/bookstore/client/src/steps/AuthorPage.minimal.js

```
class AuthorPage extends React.Component {
  render() {
    const {author} = this.props;

    return (
      <div>
        <img src={author.avatarUrl} />
        <h1>{author.name}</h1>
        <p>
          {/* e.g. '2 Books' or '1 Book' */}
          {author.books.count}
          {author.books.count > 1 ? ' Books' : ' Book'}
        </p>
        <p>{author.bio}</p>
      </div>
    );
  }
}

export default Relay.createFragmentContainer(AuthorPage, {
  fragments: {
    author: () => Relay.QL`
    fragment on Author {
      name
      avatarUrl
      bio
      books {
        count
      }
    }`
  }
});
```

代码一共分为两部分：`Relay.createContainer` 语句（带有 `Relay.QL` 查询）与 `render()` 函数。

概括来说，这里发生的事情是 `Relay.QL` 查询指定了我们要为该作者加载的数据（见图 15-9）。接着，`author` 对象通过 `props` 传递到组件中，然后我们对其进行渲染。

图 15-9   最少的作者信息

目前还没有讲到使应用程序运行的所有设置。不过后面会讲到，而现在只需知道一旦一切都设置好了，就可以非常容易地将数据加载到组件中（**如果我们改变主意，也很容易修改查询**）。

当在组件上使用 `Relay` 时，请注意 `createContainer` 和 `fragment`。

15.4.3   容器、查询和片段

需要从 Relay 加载数据的组件称为**容器**。容器指定的**片段**本质上是 "部分查询"。片段指定**此组件需要正确渲染的数据**。

我们使用 `Relay.createContainer` 创建了一个 Relay 容器，并传入组件和所需的片段作为参数。

容器指定了需要正确渲染的 `fragment`，但是你必须**执行查询才能渲染片段**。可以认为这类似于需要将组件渲染到 DOM 中。**片段只有在被查询拉入后才会被渲染。**

每个容器都指定一个（或几个）片段，接着我们将执行查询，该查询将使用该片段来获取数据。

也就是说，在此数据对组件可用之前，你必须**执行包含此片段的查询**。稍后将讨论查询的执行。

但首先来谈谈 `Relay.QL` 查询。

15.4.4   在编译时验证 Relay 查询

GraphQL 的一大优点是我们为 API 提供了一种类型模式。在编写客户端代码时，可以利用这个优势。

当我们在组件中编写查询片段时，它看起来如下所示：

code/relay/bookstore/client/src/steps/AuthorPage.minimal.js

```
fragments: {
  author: () => Relay.QL`
  fragment on Author {
    name
    avatarUrl
    bio
    books {
      count
    }
  }`
}
```

但是请注意，我们将查询放在一个很长的 JavaScript 字符串中。它很容易编写，但在处理这些查询的简单实现中，输入错误可能是许多 bug 的根源，因为我们无法验证内容是否格式良好。如果输入的内容有误，在运行其中一个查询之前，我们甚至都不知道有输入错误。

但有一个好消息是，这里有一个自定义的 Babel 插件，它可以**在编译时针对模式来验证这些查询**。

我们将使用 babel-relay-plugin 插件，它可以：

(1) 读取 Relay.QL 反引号字符串；

(2) 解析 GraphQL 查询；

(3) 根据我们的模式验证它们；

(4) 将 Relay.QL 查询转换为一个扩展函数调用。

但是为了验证模式，**我们需要让模式对客户端构建工具可用**。

请记住，我们的模式是**由服务器定义**的。是 GraphQL 服务器定义了数据模型（在本例中是图书和作者）和相应的 GraphQL 模式。

因此如何使服务器模式对客户端构建工具可用呢？**我们需要从服务器将模式导出为 JSON 文件并将其复制出来**。

1. 构建 schema.json

为了向客户端构建工具提供模式，我们将**在服务器中**编写一个将模式导出到 JSON 文件的脚本。

然后，我们将配置 babel-relay-plugin，以便在编译客户端代码时使用这个 JSON 文件。这需要预先做一些工作，但好处是我们将在客户端应用程序中得到编译时验证和 Relay 查询。这可以为我们的团队节省大量时间来查找由于无效查询而导致的 bug。

下面是用来生成 schema.json 的脚本：

relay/bookstore/tools/update-schema.js

```
import fs from 'fs';
import path from 'path';
import { graphql } from 'graphql';
import { introspectionQuery, printSchema } from 'graphql/utilities';
```

15

```
import schema from '../schema';

// 保存完整模式内省的 JSON 以供 Babel Relay 插件使用
const generateJSONSchema = async () => {
  var result = await (graphql(schema, introspectionQuery));
  if (result.errors) {
    console.error(
      'ERROR introspecting schema: ',
      JSON.stringify(result.errors, null, 2)
    );
  } else {
    fs.writeFileSync(
      path.join(__dirname, '../client/src/data/schema.json'),
      JSON.stringify(result, null, 2)
    );
  }

  // 保存用户可读类型系统的模式简写
  fs.writeFileSync(
    path.join(__dirname, '../client/src/data/schema.graphql'),
    printSchema(schema)
  );
};

generateJSONSchema().then(() => {
  console.log("Saved to client/src/data/schema.{json,graphql}");
})
```

看看这里加载的依赖项。除了 fs 和 path，还加载了其他几项：

(1) graphql、introspectionQuery、printSchema from graphql

(2) schema from ../schema

需要注意的一点是，我们没有从 relay 库加载任何内容。这些都是 GraphQL，不涉及 relay 库。我们的 GraphQL 模式**符合** Relay 标准，但它不依赖于任何特定于 Relay 的功能。这个导出模式的过程可以在任何 GraphQL 服务器上完成。

我们不会深入研究模式的实现。本例中使用的是 graffiti-mongoose 辅助库，但这实际上是实现细节。这个 schema 可以是任何 GraphQLSchema 对象。

因此，要将此脚本用于应用程序，只需修改 schema 的路径和输出路径即可。

这其中的原理是，我们告诉 graphql 库来采用模式，然后执行 introspectionQuery 并将模式输出到两个文件中：

introspectionQuery 是一个查询，用于询问 GraphQL 有关其支持的查询的信息。可以在 GraphQL 网站 "Introspection" 一文中阅读更多关于 GraphQL 内省的信息。

(1) 一个机器可读的 schema.json 文件（适用于客户端）；

(2) 一个人类可读的 schema.graphql 文件。

下面是 schema.graphql 文件的一个示例：

relay/bookstore/client/src/data/schema.graphql

```
type Author implements Node {
  name: String
  avatarUrl: String
  bio: String
  createdAt: Date
  books(after: String, first: Int, before: String, last: Int): AuthorBooksConnection
  _id: ID

  # 一个对象的 ID
  id: ID!
}

# 定义一个项目列表的连接
type AuthorBooksConnection {
  # 帮助分页的信息
  pageInfo: PageInfo!

  # 边的列表
  edges: [AuthorBooksEdge]
  count: Float
}
```

如果我们位于此项目的根目录（relay）中，则可以通过运行以下命令来生成此模式：

```
npm run generateSchema
```

如果我们修改过模式（比如向模型添加字段或添加了新模型），则需要运行这个脚本来重新生成模式。如果我们没有重新生成模式并尝试在客户端应用程序中使用新数据，那么 babel-relay-plugin 将抛出编译器错误，因为它使用了旧模式。因此如果我们改变了的模型，则要确保重新生成模式。

注意模式缓存

某些 Webpack 配置（例如从 create-react-app 弹出时生成的默认配置）缓存了编译的脚本。如果你正在使用这样的功能（就像我们在这个应用程序中一样），那么你的模式也会被缓存。

这意味着当你更新模式时，必须清除 react-scripts 缓存。在我的计算机上，这个文件夹保存在 node_modules/.cache/react-scripts 中。因此，每当我们重新生成模式，可以运行以下命令以清除缓存：

```
rm -rf client/node_modules/.cache/react-scripts/
```

在重新生成模式时没有清除此缓存可能导致客户端加载旧的缓存模式，这可能造成混淆。

2. 安装 babel-relay-plugin

要使用 babel-relay-plugin，我们必须做以下事情：

(1) npm install babel-relay-plugin；

(2) 告诉 babel-relay-plugin 我们的 schema.json；

(3) 配置 babel 以使用我们的插件。

要执行第(2)步，请查看 client/config/babelRelayPlugin.js 文件，如下所示：

relay/bookstore/client/config/babelRelayPlugin.js

```
var getBabelRelayPlugin = require('babel-relay-plugin');
var schema = require('../src/data/schema.json');

module.exports = getBabelRelayPlugin(schema.data, {
  debug: true,
  suppressWarnings: false,
  enforceSchema: true
});
```

我们在这里所做的只是通过添加自己的模式和设置一些选项来配置 babel-relay- plugin。下面需要将这个脚本作为插件添加到 babel 配置中。

为此，我们需要在**客户端**的 package.json 中添加了以下内容：

```
"babel": {
  "presets": [
    "react-app"
  ],
  "plugins": [
    "./config/babelRelayPlugin"
  ]
},
```

上面，我们在 package.json 的 babel 配置的插件部分中添加了"./config/ babelRelayPlugin"。

设置自己的应用程序以使用 Relay 时，如果你的应用程序中有一组不同的 presets 和 plugins 也没关系，只要将这个自定义的 babelRelayPlugin 添加到列表中即可。

另外，如果你通过.babelrc 或其他方式配置 babel 时，那么核心思想是将自定义的 babelRelayPlugin 脚本添加到插件列表中。

15.4.5 设置路由

现在有了构建工具，我们可以开始集成 Relay 和 React 了。因为我们正在构建一个多页面的应用程序，所以需要一个路由。对于这个应用程序，我们将使用 react-router 和 react-router-relay。

如果想了解直接使用 Relay（不使用 react-router）的例子，可以查看 relay-starter-kit[①]。

---

① 参见 GitHub 网站的 facebookarchive/relay-starter-kit 页面。

react-router-relay 使用的是 react-router v2.8（而不是 router v4，第 9 章进行了介绍）。

不幸的是，正如你在 GitHub 网站 Issuse "react-router@4 compatibility #193" 看到的，React-Router v4 中还没有计划直接支持 Relay。

也就是说，将 Relay 与其他路由框架（包括 React Router v4）集成在一起也是有可能的。不过本章不会介绍这些内容。

本章将提供运行应用程序所需的所有路由配置，但不会讨论 React Router API。如果你需要查找，可以在 GitHub 网站 ReactTraining/react-router 页面找到 Router 的文档。

react-router-relay 提供了一种方便的方法，可以在路由发生变化时执行 Relay 查询。react-router-relay 还会从 URL 中读取参数并将它们作为参数传递给 Relay 查询。稍后将仔细研究这个特性。

要将 react-router-relay 安装到应用程序中，需要执行以下操作：

(1) 配置 Relay；

(2) 配置 Router；

(3) 使用 react-router-relay 中间件将 Relay 连接到 Router。

下面来看用于执行此操作的代码：

relay/bookstore/client/src/index.js

```js
import React from 'react';
import ReactDOM from 'react-dom';
import createHashHistory from 'history/lib/createHashHistory';
import Relay, {DefaultNetworkLayer} from 'react-relay/classic';
import applyRouterMiddleware from 'react-router/lib/applyRouterMiddleware';
import Router from 'react-router/lib/Router';
import useRouterHistory from 'react-router/lib/useRouterHistory';
import useRelay from 'react-router-relay';

import routes from './routes';

import './semantic-dist/semantic.css';
import './styles/index.css';

// 根据服务器的 URL 进行自定义
const graphQLUrl = 'http://localhost:3001/graphql';

// 使用"NetworkLayer"来配置 Relay
Relay.injectNetworkLayer(new DefaultNetworkLayer(graphQLUrl));

const history = useRouterHistory(createHashHistory)();

ReactDOM.render(
  <Router
    history={history}
    routes={routes}
    render={applyRouterMiddleware(useRelay)}
```

15

```
      environment={Relay.Store}
    />,
    document.getElementById('root')
);
```

第一部分导入依赖项。

然后在 graphQLUrl 变量中配置服务器的 URL。如果服务器使用了其他 URL，请在此处进行配置。例如，我们通常在这里使用特定于环境的变量。

接下来用"NetworkLayer"来配置 Relay。本例中使用的是 DefaultNetworkLayer，它将用于发出 HTTP 请求，但我们也可以使用它来模拟一个 Relay 服务器进行测试，或者使用完全不同的协议。

在这个应用程序中，我们将使用基于散列的路由，因此我们将使用 createHashHistory 来配置 history。

我们将通过以下方式把 Router 根组件绑定到 Relay：

(1) 使用来自 react-router-relay 的 applyRouterMiddleware(useRelay)；

(2) 设置 Relay.Store 到 Router 的 environment 中。

以这种方式设置 Router 可以使 Relay 在应用程序中**可用**，但要实际执行 Relay 查询，我们还有一个步骤：需要在路由上配置 Relay 查询。

15.4.6　将 Route 添加到 Relay 中

让我们来看 route.js：

relay/bookstore/client/src/steps/routes.author.js

```
import Relay from 'react-relay';
import React from 'react';
import IndexRoute from 'react-router/lib/IndexRoute';
import Route from 'react-router/lib/Route';

import App from './components/App';
import AuthorPage from './components/AuthorPage';

const AuthorQueries = {
  author: () => Relay.QL`
  query {
    author(id: $authorId)
  }`,
};

export default (
  <Route
    path='/'
    component={App}
  >
    <Route
      path='/authors/:authorId'
      component={AuthorPage}
```

```
          queries={AuthorQueries}
        />
    </Route>
);
```

这些初始路由中有一个使用 App 组件的父路由和一个使用 AuthorPage 组件的子路由。最终，我们将为应用程序中的每个页面提供一个子组件，但现在让我们按顺序查看以下内容：

(1) App 父组件；

(2) AuthorQueries 以及它如何关联到 AuthorPage 组件；

(3) 深入查看 AuthorPage 组件。

15.4.7　App 组件

顶层 App 组件为应用程序的其余部分建立了包装器：

relay/bookstore/client/src/components/App.js

```
import React, {Children, Component} from 'react';
import {withRouter} from 'react-router';

import TopBar from './TopBar';
import '../styles/App.css';

class App extends React.Component {
  render() {
    return (
      <div className="ui grid">
        <TopBar />
        <div className="ui grid container">
          {Children.map(this.props.children, c => React.cloneElement(c))}
        </div>
      </div>
    );
  }
}

export default withRouter(App);
```

这里将渲染 TopBar 组件和包装了所有子组件（this.props.children）的标记。

在 export App 之前，我们使用了来自 react-router 库的 withRouter 函数来包装它。withRouter 是一个辅助函数，它给组件提供了 props.router 属性。

 如果需要，我们可以让 App 组件成为一个 Relay 容器，但本例中无须 App 组件中的任何 Relay 数据。

15.4.8　AuthorQueries 组件

现在我们了解了 App 组件，下面回到 routing.js 来看 AuthorQueries 查询：

15

relay/bookstore/client/src/steps/routes.author.js

```
const AuthorQueries = {
  author: () => Relay.QL `
  query {
    author(id: $authorId)
  }`,
};
```

请记住，在 Relay 中为了获取组件所需的数据，我们必须执行**查询**。在使用 react- router-relay 时，当我们指定了访问特定的路由时，**就会执行在该路由上定义的查询**。

注意，AuthorQueries 有一个查询：author。这个查询还有一个变量$authorId。$authorId 变量从何而来呢？它其实来自于路由的路径参数：

relay/bookstore/client/src/steps/routes.author.js

```
<Route
  path='/authors/:authorId'
  component={AuthorPage}
  queries={AuthorQueries}
/>
```

在这个路由中，我们将匹配路由/authors/，路径后面的内容将被解释为 authorId。authorId 将作为变量传递给 Relay 查询。

注意 author 查询的一个奇怪之处：它没有指定要获取的数据的"叶节点"。查询在 author(id: $authorId)处停止，这是因为查询将获取哪些特定数据的决定权留给了组件。

在组件（准确地说，是 Relay 容器）中，我们将指定渲染该组件所需的字段。

考虑到这一点，让我们来看 AuthorPage 组件，然后了解其中的 Relay 查询。

15.4.9 AuthorPage 组件

下面的代码指定了渲染 AuthorPage 组件最少所需的字段：

relay/bookstore/client/src/steps/AuthorPage.minimal.js

```
export default Relay.createFragmentContainer(AuthorPage, {
  fragments: {
    author: () => Relay.QL`
    fragment on Author {
      name
      avatarUrl
      bio
      books {
        count
      }
    }`
  }
});
```

在查询的"内部",很容易看出我们要求的是作者的 name、avatarUrl 和 bio。我们甚至可以深入 books 的关系中,并获得此人撰写的图书数量(count)。

但是,现在可能还不清楚如何将其与上面的查询联系起来。我们需要遵守两个约束条件。

首先,这些片段的键名必须与查询的键名匹配。在本例中,因为此组件是使用 author(在 AuthorQueries 中)的查询键名渲染的,所以片段键名必须也是 author(在 AuthorPage 组件的 fragments 中),见图 15-10。

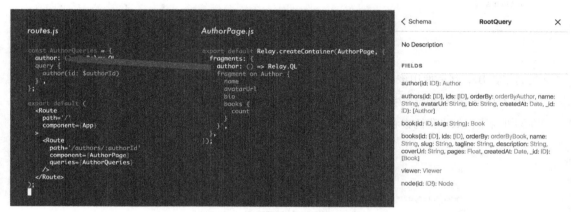

图 15-10　Relay 片段命名

第二个约束是**此片段必须是 query 内部字段类型上的 fragment**。也就是说,我们不会将 fragment 放在 Book 中,因为包含的查询会在 Author 上"结束"。通过查看 GraphiQL 中的 GraphQL 模式可以看到这一点(见图 15-11)。

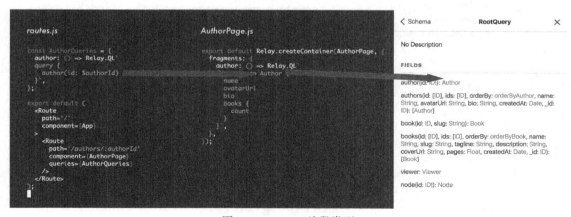

图 15-11　Relay 片段类型

当访问与/authors/:authorId 匹配的路由时,AuthorPage 的 author 片段会被拉入 AuthorQueries 中,然后其结果会从服务器获取并传递到我们的组件中。

15.4.10 试试看

目前只设置了 AuthorPage，但它足以让我们进行尝试。

要进行测试，请确保启动了 GraphQL 服务器和客户端，如上所述。

接着访问在 http://localhost:3001/graphql 的 GraphiQL 服务器，并尝试以下查询：

```
query {
  authors {
    id
    name
  }
}
```

复制作者 ID，然后使用该 ID 访问客户端应用程序，如下所示：

http://localhost:3000/#/authors/QXV0aG9yOmIzOTY2NDVmZmZiZWIxMzc5NTEwYWIxZg==

在浏览器中，如果我们查看网络窗格，可以看到 GraphQL 查询被调用了（见图 15-12）。

图 15-12　在网络窗格中的 Relay GraphQL 调用

在本例中，通过网络发送的查询如下所示：

```
query Routes($id_0: ID!) {
  author(id: $id_0) {
    id,
    ...F0
  }
}
fragment F0 on Author {
  name,
  avatarUrl,
  bio,
  books {
    count
  },
  id
}
```

查询的第一部分（query Routes...）来自于 AuthorQueries，而片段 F0 来自于我们在 AuthorPage 上的 author 片段。同样，请注意将这个片段 F0 放在 Author 之外的任何类型上都没有任何意义，因为 query › author 的子类型是 Author。试图将 Book 或任何其他类型的片段放在这里都是无效的。

15.4.11　具有样式的 AuthorPage

目前所渲染的最小可用的 AuthorPage 看起来不是很好。让我们快速添加一些标记，以使页面看起来更好。

像本书中的许多示例一样，我们将 Semantic UI 用于 CSS 框架。CSS 类名如 sixteen wide column 或 ui grid centered，都来自于 Semantic UI。

在保持相同的 Relay 查询下，我们将把 AuthorPage 标记更改为以下内容（效果见图 15-13）：

relay/bookstore/client/src/steps/AuthorPage.styled.js

```
class AuthorPage extends React.Component {
  render() {
    const { author } = this.props;

    return (
      <div className='authorPage bookPage sixteen wide column'>
        <div className='spacer row' />

        <div className='ui divided items'>
          <div className='item'>
            <div className='ui'>
              <img src={author.avatarUrl}
                alt={author.name}
                className='ui medium rounded bordered image'
              />
            </div>
            <div className='content'>
              <div className='header authorName'>
                <h1>{ author.name }</h1>
```

```
            <div className='extra'>
              <div className='ui label'>
                { author.books.count }
                { author.books.count > 1 ? ' Books' : ' Book' }
              </div>
            </div>
          </div>
          <div className='description'>
            <p> { author.bio } </p>
          </div>

        </div>
      </div>
    </div>

    </div>
  );
  }
}
```

图 15-13　带有样式的作者页面

　　稍后会把作者的图书列表添加到这个页面，但现在让我们构建此站点的"索引"页面，它将显示所有可用图书的列表。

15.5　**BooksPage** 组件

图 15-14 是我们完成后的图书列表页面的样子。

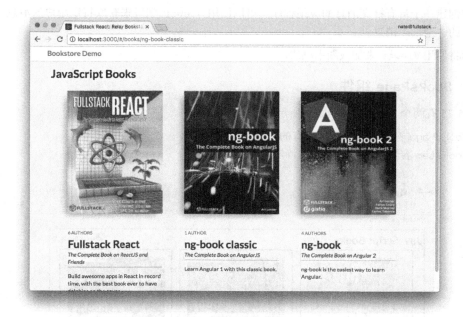

图 15-14　图书列表页面

我们需要做的第一件事是为 BooksPage 创建路由，并为该路由创建查询。

15.5.1　**BooksPage** 路由

BooksPage 将成为应用程序的默认页面，因此我们将使用 IndexRoute 辅助程序来定义此路由：

relay/bookstore/client/src/routes.js

```
<IndexRoute
  component={BooksPage}
  queries={ViewerQueries}
/>
```

让我们来看 ViewerQueries：

relay/bookstore/client/src/routes.js

```
const ViewerQueries = {
  viewer: () => Relay.QL `query { viewer }`,
};
```

在这个页面上，我们将通过 viewer 节点查找图书列表。

严格意义上 viewer 节点并不是 Relay 的一部分，但它是许多 GraphQL 应用程序中常见的模式。其思想是让"viewer"作为应用程序的当前用户。因此在实际应用程序中，经常会看到 viewer 字段接收一个用户标识字段（例如身份验证令牌）作为参数。

想象创建一个带有社交消息的应用程序。可以使用 viewer 字段来获取特定用户的消息，而不是所有用户的"全部"消息。

本例将使用 Viewer 来加载图书列表。

15.5.2　BooksPage 组件

图 15-15 有两个 Relay 容器，如下所示：

(1) BooksPage 容器，用于包含所有的图书；
(2) BookItem 容器，用于渲染一本特定的图书。

图 15-15　图书页面组件

因为 BooksPage 路由在 viewer 上指定了查询，所以我们将在该关键 viewer（在 Viewer 类型上）上指定一个片段。让我们来看这个查询：

relay/bookstore/client/src/components/BooksPage.js

```
export default Relay.createContainer(BooksPage, {
  initialVariables: {
    count: 100
  },
```

```
    fragments: {
      viewer: () => Relay.QL`
      fragment on Viewer {
        books(first: $count) {
          count
          edges {
            node {
              slug
              ${BookItem.getFragment('book')}
            }
          }
        }
      }
      `
    }
});
```

这里有一些新的东西，如下所示：

(1) initialvariables；

(2) 使用 getFragment()组合了一个片段。

1. 片段变量

可以使用 initialVariables 字段为查询设置变量。这里你可以看到我们告诉 Relay 要将$count 设置为100，且可以看到在查询中要获取的是前100本书。

通过使用 viewer，我们不能说"我想要所有的书"。这是因为该服务器是为大型应用程序设计的，且通常不需要加载数据库中的每个项目。通常我们会使用分页。

这个例子中将 count 设为100，因为对于这个简单的应用程序来说100已经足够了。但假设我们想要修改 count 变量，要怎么做呢？

可以使用 this.props.relay.setVariables，如下所示：

```
this.props.relay.setVariables({count: 2});
```

如果调用上面的函数，你会看到我们只加载了两本书，而不是整个集合。

通常，当我们希望组件能够修改正在执行的查询的参数时，可以使用 Relay 变量。

 如果你在尝试通过连接来获取项目列表时忘记设置适当的变量（例如，没有 first 字段），则可能会得到一个错误，如下：{lang=shell,line-numbers=off} Uncaught Error: Relay transform error You supplied the `edges` field on a connection named `authors`, but you did not supply an argument necessary to do so. Use either the `find`, `first`, or `last` argument. in file code/relay/bookstore/client/src/components/BookPage.js. 如果你最近新增了参数、字段或者类型，请尝试更新 GraphQL 模式。

2. 片段组合

这一点很重要：如果你使用子 Relay 组件，则需要使用 getFragment()将子片段嵌入父查询中。

请记住，片段是查询的一部分，在成为已执行查询的一部分之前，它们不会起作用。如果你希望像 BookItem 这样的子组件能够渲染每本书，**那么必须在 BooksPage 查询中包含 BookItem 片段**。

这需要一点时间来适应，我们甚至还没有看到 BooksPage 的 render()函数，因此让我们先查看 render()函数，然后当有更多的上下文时再回到片段组合的想法。

15.5.3　BooksPage render()

以下是 BooksPage 的渲染代码：

relay/bookstore/client/src/components/BooksPage.js

```
class BooksPage extends React.Component {
  render() {
    const books = this.props.viewer.books.edges.map(this.renderBook);

    return (
      <div className="sixteen wide column">
        <h1>JavaScript Books</h1>
        <div className="ui grid centered">{books}</div>
      </div>
    );
  }

  renderBook(bookEdge) {
    return (
      <Link
        to={`/books/${bookEdge.node.slug}`}
        key={bookEdge.node.slug}
        className="five wide column book"
      >
        <BookItem book={bookEdge.node} />
      </Link>
    );
  }
}
```

render()函数有一个基本的包装器。我们获取了 this.props.viewer.books.edges 并且在每条边上调用 renderBook。

 请注意，我们不是在图书本身（node）上调用 renderBook，而是在 edge 上。

在 renderBook 中，我们渲染了一个 Link 组件，具体内容如下所示：

(1) 它链接到/books/${bookEdge.node.slug}；

(2) 它包含一个用 book 对象填充的 BookItem 组件，book 对象可以在 bookEdge.node 中获取到。

让我们更深入地研究 BookItem 组件，然后再返回到 BooksPage 组件以进一步了解 Relay 是如何管理父/子片段的值的。

15.5.4　BookItem

以下是对 BookItem 的 Relay 查询：

relay/bookstore/client/src/components/BookItem.js

```
export default Relay.createContainer(BookItem, {
  fragments: {
    book: () => Relay.QL`
    fragment on Book {
      name
      slug
      tagline
      coverUrl
      pages
      description
      authors {
        count
      }
    }
    `
  }
});
```

我们使用 Book 类型的 book 键定义了一个片段。这个查询用于请求基本的图书信息，如 name、slug、pages 以及查询 authors 以获得 count。

以下是组件的定义：

relay/bookstore/client/src/components/BookItem.js

```
class BookItem extends React.Component {
  render() {
    return (
      <div className="bookItem">
        <FancyBook book={this.props.book} />

        <div className="bookMeta">
          <div className="authors">
            {this.props.book.authors.count}
            {this.props.book.authors.count > 1 ? ' Authors' : ' Author'}
          </div>
          <h2>{this.props.book.name}</h2>
          <div className="tagline">{this.props.book.tagline}</div>
          <div className="description">{this.props.book.description}</div>
        </div>
      </div>
    );
  }
}
```

在 div bookMeta 中，我们显示了一些基本信息，如 authors（作者数量）、name（书名）、tagline（标语）和 description（描述）。

15

我们还将 `this.props.book` 传递给纯组件 FancyBook，该组件仅为该书上的精美 3D CSS 效果提供标记。

15.5.5　`BookItem` 片段

`BookItem` 的 book 片段的有趣之处在于**它没有绑定到特定的查询**。记住，我们在 BooksPage 中使用的查询是从 Viewer 开始的。

这里所做的是要使用这个组件，且它关心的东西与 Book 类型有关。只要将这个 Book 片段组合到父片段的一个有效的位置，我们就可以使用这个 BootItem 组件。

这里的经验法则是，如果你组合了 Relay 组件，那么也要确保组合了它们的片段。

 如果你收到如下警告：

> warning.js:36 Warning: RelayContainer: component BookItem was rendered
> with variables that differ from the variables used to fetch fragment book.

这意味着你忘记了在父查询中包含子片段。

15.5.6　片段值屏蔽

我们还没有讨论过 Relay 的另一个重要功能：数据屏蔽。

其思想是**组件只能看到它们明确要求的数据**。如果组件没有请求特定的字段，**即使已经加载了该数据**，Relay 也会主动地向组件隐藏该字段。

例如，在 BookItem 和 BooksPage 上并行查询。需要注意以下两点：

- BookItem 为图书加载了 slug 字段；
- BooksPage 使用 slug 字段作为 Link 组件的 URL。

回顾一下，以下是 BookItem 的 Relay.QL 查询：

relay/bookstore/client/src/components/BookItem.js

```
export default Relay.createContainer(BookItem, {
  fragments: {
    book: () => Relay.QL`
    fragment on Book {
      name
      slug
      tagline
      coverUrl
      pages
      description
      authors {
        count
      }
    }
    `
  }
});
```

以下是 BooksPage 的 Relay.QL 查询：

relay/bookstore/client/src/components/BooksPage.js

```
export default Relay.createContainer(BooksPage, {
  initialVariables: {
    count: 100
  },
  fragments: {
    viewer: () => Relay.QL`
    fragment on Viewer {
      books(first: $count) {
        count
        edges {
          node {
            slug
            ${BookItem.getFragment('book')}
          }
        }
      }
    }
    `
  }
});
```

你可能会认为，因为我们在 BooksPage 查询中调用了${BookItem.getFragment ('book')}，就意味着 BooksPage 组件可以使用 slug，不过**事实并非如此**。

片段组合**不会使子片段的数据可用于父查询**。如果我们希望能够在 BooksPage 的 render()函数中使用该字段，则必须在 BooksPage 查询中**显式**列出 slug 字段。

一开始数据屏蔽是会让人觉得不方便的特性之一，但随着你的应用程序（和团队）的发展，它会变得非常有用，因为它可以防止组件外部更改导致的 bug。

假设 BooksPage 依赖于 BookItem 中的 slug 字段来加载，但在这条线上的某个地方，有人正在清理 BookItem 并清除了 slug 字段，那么会发生什么呢？BooksPage 会崩溃。

数据屏蔽的思想是**组件之间的这种耦合是不好的**。每个组件应该定义它需要正确渲染的所有内容。数据屏蔽是一种确保每个组件显式定义其需要操作的数据集的方法。

屏蔽是双向的

这种屏蔽还有另一种方式：因为我们**确实**定义了 BooksPage（父级）需要的 slug 字段，所以即使我们传递了 book（通过<BookItem book={bookEdge.node}/>），子级如果没有显式请求，**就不能访问** slug。

任何 Relay 管理的 props 将根据查询使用屏蔽。因此，在编写应用程序时要注意数据屏蔽。如果发现数据意外丢失了（但知道已加载到其他地方），请检查查询，以确保在需要的地方显式请求了组件中的那些特定字段。

15

15.5.7　改进 AuthorPage

现在可以渲染图书列表了，但在作者页面显示作者所撰写的图书列表是一个很好的体验。

鉴于刚刚讨论过的内容，我们知道可以通过以下步骤来添加图书列表：

(1) 在 Relay 查询中请求作者的图书（books）；

(2) 在这个查询中包含 BookItem 片段；

(3) 获取作者的图书清单，并为每本图书渲染一个 BookItem。

现在就开始吧。

获取作者的图书

现在，AuthorPage 只包含作者拥有的图书数量（count）。为了显示完整的图书缩略图并进行链接，让我们修改 AuthorPage 查询以包含更多关于作者图书的数据：

relay/bookstore/client/src/components/AuthorPage.js

```
export default Relay.createContainer(AuthorPage, {
  fragments: {
    author: () => Relay.QL`
    fragment on Author {
      _id
      name
      avatarUrl
      bio
      books(first: 100) {
        count
        edges {
          node {
            slug
            ${BookItem.getFragment('book')}
          }
        }
      }
    }
  `
  }
});
```

这个修改显示了 Relay 和 GraphQL 的优点之一。考虑一下，如果我们使用传统的基于 REST 的 API，那么这种类型的修改会是什么样子呢？我们必须编写代码来查找作者的 id，并向服务器请求作者的图书，而且必须添加代码来优雅地处理错误。在这里我们使用 Relay 所要做的就是将 books() 部分添加到查询中，并在其中填充所需的字段。

> **ⓘ** 注意，我们只是硬编码了想要的前 100 本书。在实际应用程序中，我们可能会像在 BooksPage 中那样设置一个变量。

要记住需要做的另一件事是包含 BookItem 的 book 片段。同样，请注意这里的“父”查询是 author。你可能还记得，它是在路由中的 Author 类型上。但是，你不需要记住这些，只需要知道 BookItem 的 book 片段位于 Book 类型上，就可以将它放在所有允许 Book 类型的查询中。

如何知道子组件需要哪些片段

如果你构建的是第一个 Relay 应用程序，那么可能无法立即清楚地知道应该请求哪些片段。从本质上讲，它应该是组件文档的一部分。同样，为了使用"常规"组件，你可能需要知道它需要哪些 props，而同样，你使用的组件的作者需要记录你将使用什么片段来渲染该组件。

AuthorPage renderBook

现在有了图书，就可以对它们进行渲染了，如下所示：

relay/bookstore/client/src/components/AuthorPage.js

```
class AuthorPage extends React.Component {
  renderBook(bookEdge) {
    return (
      <Link
        to={`/books/${bookEdge.node.slug}`}
        key={bookEdge.node.slug}
        className="five wide column book"
      >
        <BookItem book={bookEdge.node} />
      </Link>
    );
  }
```

接着在 render()函数中：

```
render() {
  const author = this.props.author;
  const books = this.props.author.books.edges.map(this.renderBook);

  return (
    {/* ……此处删减 */}

      <div className='sixteen wide column'>
        <h1>{ author.name }&rsquo;s Books</h1>
        <div className='ui grid centered'>
          { books }
        </div>
      </div>

    {/* ……此处删减 */}
  );
}
```

添加了图书后的作者页面见图 15-16。

15

图 15-16 带有图书的作者页面

15.6 使用变更修改数据

现在我们已知道了以下几点：

(1) 如何从 Relay 中读取一条数据记录；

(2) 如何从 Relay 读取数据列表；

(3) 如何从子组件加载数据。

还有一个关键的问题我们还没有涉及：**修改数据**。在 Relay 中是通过变更来修改数据的。

我们将添加编辑图书元数据的功能。

首先为每本书创建一个新页面。就像之前做的那样，我们将从 Relay 读取初始数据。然后将讨论如何用变更来修改数据。

15.7 构建图书页面

单个图书页面的只读版本没有太多新想法，因此让我们简要地讨论一下。

首先看一下该页面，见图 15-17。

图 15-17 只读的单个图书页面

可以看到，我们显示了基本的图书图片、各个作者信息和图书封面。

以下是 Relay 容器：

relay/bookstore/client/src/steps/BookPage.reads.js

```
export default Relay.createContainer(BookPage, {
  fragments: {
    book: () => Relay.QL`
    fragment on Book {
      id
      name
      tagline
      coverUrl
      description
      pages
      authors(first: 100) {
        edges {
          node {
            _id
            name
            avatarUrl
            bio
          }
```

```
      }
    }
  }`,
},
});
```

在这个片段中，我们将加载 Book 元数据以及前 100 位作者。

让我们看一下 render() 函数：

relay/bookstore/client/src/steps/BookPage.reads.js

```
render() {
  const { book } = this.props;
  const authors = book.authors.edges.map(this.renderAuthor);
  return (
    <div className='bookPage sixteen wide column'>
      <div className='spacer row' />

      <div className='ui grid row'>
        <div className='six wide column'>
          <FancyBook book={book} />
        </div>

        <div className='ten wide column'>
          <div className='content ui form'>

            <h2>{book.name}</h2>

            <div className='tagline hr'>
              {book.tagline}
            </div>

            <div className='description'>
              <p>
                {book.description}
              </p>
            </div>

          </div>

          <div className='ten wide column authorsSection'>
            <h2 className='hr'>Authors</h2>
            <div className='ui three column grid link cards'>
              {authors}
            </div>
          </div>

        </div>
      </div>

    </div>
  );
}
```

这里的大多数标记是带有 Semantic UI 类的 div。我们基本上只是用一个合理的布局来显示图书信息。

对于每个作者的边，我们将调用 renderAuthor：

relay/bookstore/client/src/steps/BookPage.reads.js

```
renderAuthor(authorEdge) {
  return (
    <Link
      key={authorEdge.node._id}
      to={`/authors/${authorEdge.node._id}`}
      className='column'
    >
      <div className='ui fluid card'>
        <div className='image'>
          <img src={authorEdge.node.avatarUrl}
            alt={authorEdge.node.name}
          />
        </div>
        <div className='content'>
          <div className='header'>{authorEdge.node.name}</div>
        </div>
      </div>
    </Link>
  );
}
```

图书页面编辑

现在为图书的数据添加一些基本的编辑。我们希望能够做到的是只要点击任何字段（如标题或描述），就能及时进行编辑。为简单起见，让我们使用现有的内联编辑组件 React Edit Inline Kit。

React Edit Inline Kit（或简称 RIEK）具有一个简单的 API。需要指定以下几项：

(1) 原始值；

(2) 该值的属性名称；

(3) 该值发生变化时要运行的回调。

 你可以在 GitHub 网站 kaivi/riek 页面查看 RIEK 的文档。

为了能够隔离正在执行的操作，让我们将 RIEK 集成到应用程序中，且无须修改 Relay 中的数据。第一步只需使内联表单编辑可以工作，接着处理修改后的处理方法。

以下是在 BookPage 上使用了 RIEK 的新 render() 函数：

relay/bookstore/client/src/steps/BookPage.iek.js

```
render() {
  const { book } = this.props;
  const authors = book.authors.edges.map(this.renderAuthor);
  return (
```

```
<div className='bookPage sixteen wide column'>
  <div className='spacer row' />

  <div className='ui grid row'>
    <div className='six wide column'>
      <FancyBook book={book} />
    </div>

    <div className='ten wide column'>
      <div className='content ui form'>

        <h2>
          <RIEInput
            value={book.name}
            propName={'name'}
            change={this.handleBookChange}
          />
        </h2>

        <div className='tagline hr'>
          <RIEInput
            value={book.tagline}
            propName={'tagline'}
            change={this.handleBookChange}
          />
        </div>

        <div className='description'>
          <p>
            <RIETextArea
              value={book.description}
              propName={'description'}
              change={this.handleBookChange}
            />
          </p>
        </div>

      </div>

      <div className='ten wide column authorsSection'>
        <h2 className='hr'>Authors</h2>
        <div className='ui three column grid link cards'>
          {authors}
        </div>
      </div>

    </div>
  </div>

</div>
);
}
```

我们使用 RIEInput 和 RIETextArea 添加了三个新组件。当数据发生变化时，这三个组件都会调用 handleBookChange 函数。以下是当前的实现：

relay/bookstore/client/src/steps/BookPage.iek.js

```
handleBookChange(newState) {
  console.log('bookChanged', newState, this.props.book);
}
```

此时要做的就是**将变化记录到控制台**。

图 15-18 是把标语改成"The Complete Book on ReactJS and Dolpins"后的截图。

```
bookChanged ▶ Object {description: "The Complete Book on ReactJS and Dolphins"}    BookPage.js:121
  ▼ Object ▦
      __dataID__: "Qm9vazoyNjZhMWY3YzJlMjM0NTE2OWQzYmM0NDg="
    ▶ __fragments__: Object
    ▶ authors: Object
      coverUrl: "/images/books/fullstack_react_book_cover.png"
      description: "The Complete Book on ReactJS and Friends"
      id: "Qm9vazoyNjZhMWY3YzJlMjM0NTE2OWQzYmM0NDg="
      name: "Fullstack React"
      pages: 760
      tagline: "The Complete Book on ReactJS and Friends"
    ▶ __proto__: Object
```

图 15-18　使用 console.log 打印标语

可以在此处看到 newState 具有更新 book 所需的**新值**。我们目前的任务是**通过一个变更把这个变化告诉 Relay**。

 需要说明的是，使用 RIEK 作为表单库是可选的，这里选择它是为了方便。它与 Relay 无关。可以在任何表单库中完成在 Relay 中创建变更的步骤。如果你想构建自己的表单，那非常好，请查看第 6 章。

15.8　变更

Relay 中的**变更**是描述变化的对象。变更是 Relay 中最难适应的方面之一。也就是说，变更的复杂性来自于构建 CS 应用程序所固有的权衡。让我们来看看在 Relay 中创建变更的必要步骤：

在 Relay 中改变数据：

(1) 需要定义一个变更对象；
(2) 需要创建该对象的实例，并传递配置变量；
(3) 然后使用 Relay.Store.commitUpdate 将其发送给 Relay。

Relay 中有 5 种主要的变更类型：

- FIELDS_CHANGE
- NODE_DELETE
- RANGE_ADD

- RANGE_DELETE
- REQUIRED_CHILDREN

因为我们将更新现有对象的字段，所以会编写一个 FIELDS_CHANGE 变更。

 本章不会深入讨论每一种类型的变更。

如果想查看描述每种变更的官方文档，请查阅其官方变更指南。

 同样值得注意的是，初次了解变更可能会有些困难。Relay 2 的主要目标之一是使变更变得更容易使用。

15.8.1　定义一个变更对象

Relay 中的变更都是对象。为了定义一个新的变更，我们创建了 Relay.Mutation 子类。接下来，当我们想要执行一个变更时，就创建此类的一个实例，并用适当的属性进行配置，然后将其提供给 Relay（它负责与服务器进行通信并更新 Relay 存储）。

当创建 Relay.Mutation 子类时，我们必须定义 6 件事描述变更的行为。

(1) 使用哪种 GraphQL 方法来处理这种变更？

(2) 哪些变量将被用作该变更的**输入**？

(3) 此变更依赖于哪些字段才能正常运行？

(4) 此变更会改变哪些字段？

(5) 如果一切进展顺利，此变更的预期结果是什么？

(6) Relay 应该如何处理从服务器返回的实际响应？

我们通过为**每一项定义一个函数**来指定它们的行为。

这可能需要我们比在使用"即用即弃"的 API 时更加小心，但请记住，通过具体描述变更中的每个步骤，我们可以获得 Relay 管理数据统计的好处。

如果看一个具体的例子，就会容易得多，因此让我们使用 FIELDS_CHANGE 进行"更新"。

打开 client/src/mutations/UpdateBookMutation.js。让我们从顶部开始来看看.getMutation：

relay/bookstore/client/src/mutations/UpdateBookMutation.js

```
export default class UpdateBookMutation extends Relay.Mutation {
  // ...
  getMutation() {
    return Relay.QL`mutation { updateBook }`;
  }
  // ...
}
```

创建 Relay.Mutation 子类时，需要指定的第一件事是 GraphQL 变更的节点。这里我们指定使用 updateBook 变更。

可以通过使用 GraphiQL 在模式中找到这个变更并在根上选择 mutation 字段。

在图 15-19 中可以看到, updateBook 接收了一个 input 参数, 类型为 updateBookInput, 并返回一个类型为 updateBookPayload 的条目。

对于 updateBook, 我们用于 updateBookInput 的值将被用作指定**该图书的新值**。

也就是说, 我们将发送一个 id 用于查找正在修改的特定图书, 接着将发送新的值, 如 name、tagline 或 description。

当需要发送此变更时, 传递给 updateBookInput 的值将来自于 getVariables 函数:

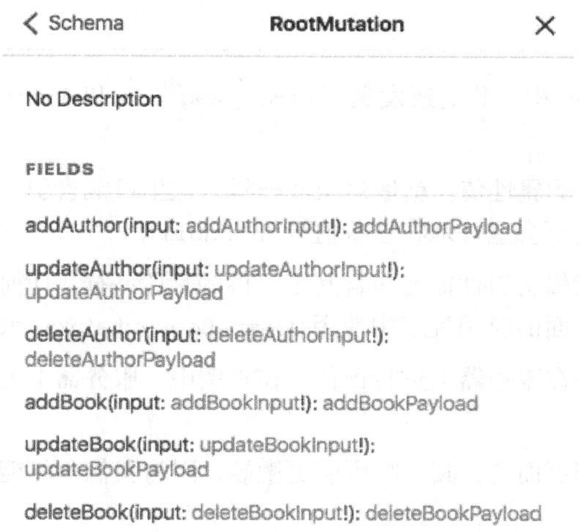

< Schema　　　　**RootMutation**　　　　✕

No Description

FIELDS

addAuthor(input: addAuthorInput!): addAuthorPayload

updateAuthor(input: updateAuthorInput!):
updateAuthorPayload

deleteAuthor(input: deleteAuthorInput!):
deleteAuthorPayload

addBook(input: addBookInput!): addBookPayload

updateBook(input: updateBookInput!):
updateBookPayload

deleteBook(input: deleteBookInput!): deleteBookPayload

图 15-19　updateBook 变更

relay/bookstore/client/src/mutations/UpdateBookMutation.js

```
getVariables() {
  return {
    id: this.props.id,
    name: this.props.name,
    tagline: this.props.tagline,
    description: this.props.description
  };
}
```

这个函数描述了如何为 updateBookInput 创建参数。在本例中, 我们将在 this.props 中获取 id、name、tagline 和 description 的值。

我们必须注意的一件事是确保这个变更具备它需要正确操作的所有字段。例如, 此变更特别需要一个 Book id, 因为这是我们引用正在修改的对象的方式。

要做到这一点, 我们需要指定 fragments, 就像在 Relay 的容器组件中做的那样:

15

relay/bookstore/client/src/mutations/UpdateBookMutation.js

```
static fragments = {
  book: () => Relay.QL`
    fragment on Book {
      id
      name
      tagline
      description
    }
  `
};
```

注意，在 getVariables 中，我们还发送了 name、tagline 和 description，但没有检查它们是否具有值。

Relay 会屏蔽来自变更的属性值，就像对组件一样。这里可能会引入一个小 bug：如果我们忘记指定正确的片段，那么该变更会意外地将这些值设置为 null。

有什么解决方案呢？就像父组件需要包含其子组件的片段一样，任何使用变更的组件也需要包含该变更的片段。我们将在下面的应用程序中使用 UpdateBookMutation 来演示如何做到这一点。

发送这个变更后，它将在服务器上进行评估。在本例中，服务器上的更改非常简单：更新**一个对象**的字段值。

也就是说，对于许多变更而言，其影响可能更微妙，因为我们不可能总是知道变更操作的全部副作用。

此外，我们实际上根本无法确认这次操作是否成功。

为了处理这个问题，我们将要求服务器把所有我们认为可能已更改的字段发回给我们。为此，我们将指定一个所谓的"胖查询"。它之所以"胖"，是因为我们试图捕捉所有可能发生变化的字段：

relay/bookstore/client/src/mutations/UpdateBookMutation.js

```
getFatQuery() {
  return Relay.QL`
    fragment on updateBookPayload {
      changedBook
    }
  `;
}
```

胖查询是一个 GraphQL 查询。本例中只要求 changedBook。因此，一旦在服务器上运行了此变更，我们就要求服务器返回我们希望修改的图书的更新后的新值。

Relay 将获取该 changedBook（它是 Book 类型的对象），查看它的 ID，并再相应地更新 Relay 的存储。

但是，在服务器返回**实际的**响应之前，我们可以选择进行性能优化并指定一个"乐观"响应。乐观响应回答了一个问题：假设这个变更成功执行，响应会是什么呢？

下面是 getOptimisticResponse 的实现：

relay/bookstore/client/src/mutations/UpdateBookMutation.js

```
getOptimisticResponse() {
  const {book, id, name, tagline, description} = this.props;

  const newBook = Object.assign({}, book, {id, name, tagline, description});

  const optimisticResponse = {
    changedBook: newBook
  };
  console.log('optimisticResponse', optimisticResponse);
  return optimisticResponse;
}
```

在这个函数中，我们将旧的 book 与参数值合并在一起。乐观响应会返回一个 newBook，它看起来像我们即将要从 getFatQuery 获得的响应一样。

这种变更很简单：我们拥有原始的图书，并拥有更新后的字段。在这种情况下，**甚至不需要询问服务器**就可以知道变更的结果。

因此我们能做的就是假装用户的操作是成功的。这可以使用户感受到超级响应式应用程序的感觉，因为他们无须等待网络调用即可**立即**看到更改的效果。

如果变更执行成功，那么用户也不会知道。

如果变更执行失败，那么我们会向用户提供错误确认。但我们仍有机会处理这种情况并通知用户，也许告诉他们需要再试一次。

如果应用程序可以接受折中的一致性，那么乐观响应可以极大地改善应用程序的响应时间。

当从服务器返回实际响应时，我们需要告知 Relay 如何处理该数据。

因为有几种不同的方法来更改数据，所以 Relay 变更必须实现一个 getConfigs()方法，该方法用于描述 Relay 处理已更改的实际数据的**方式**。

relay/bookstore/client/src/mutations/UpdateBookMutation.js

```
getConfigs() {
  return [
    {
      type: 'FIELDS_CHANGE',
      fieldIDs: {
        changedBook: this.props.book.id
      }
    }
  ];
}
```

在本例中，因为我们使用了 FIELDS_CHANGE 变更，所以指定了 changedBook 来查找一个与我们正在讨论的图书相匹配的 ID。

15.8.2　内联编辑

既然已定义了变更，下面准备在 BookPage 组件上实现点击编辑。

请记住，我们的变更将在完成后执行一个查询，以检查服务器的 Books 数据的当前值。因此，我们需要将变更片段组合到 **BookPage 查询**中。

正如子 Relay 组件需要组合其片段一样，组件使用的任何变更也需要组合其片段。

现在，在 BookPage 查询中添加变更的片段：

relay/bookstore/client/src/components/BookPage.js

```
fragments: {
  book: () => Relay.QL`
  fragment on Book {
    id
    name
    tagline
    coverUrl
    description
    pages
    authors(first: 100) {
      edges {
        node {
          _id
          name
          avatarUrl
          bio
        }
      }
    }
    ${UpdateBookMutation.getFragment('book')}
  }`
}
```

如果你将来忘记把变更片段添加到查询中，则可能会得到以下信息：

```
Warning: RelayMutation: Expected prop `book` supplied to `UpdateBookMutation` to be \
data fetched by Relay. This is likely an error unless you are purposely passing in m\
ock data that conforms to the shape of this mutation's fragment.
```

解决方案：将变更片段添加到调用组件的查询中。

现在已具备了执行变更的一切准备！让我们更新 handleBookChange 来发出该变更：

relay/bookstore/client/src/components/BookPage.js

```
handleBookChange(newState) {
  console.log('bookChanged', newState, this.props.book);
  const book = Object.assign({}, this.props.book, newState);
  Relay.Store.commitUpdate(
    new UpdateBookMutation({
      id: book.id,
```

```
        name: book.name,
        tagline: book.tagline,
        description: book.description,
        book: this.props.book
    })
  );
}
```

这里使用 Object.assign 创建了一个合并了 this.props.book 和 newState 的新对象。接下来，通过调用 Relay.Store.commitUpdate 并向它传递一个新的 UpdateBookMutation 来执行该变更。

而 Relay 将在幕后执行以下操作：

- 立即使用乐观响应更新视图和 Relay 存储；
- 调用 GraphQL 服务器，并尝试执行变更；
- 接收来自 GraphQL 服务器的回复并更新 Relay 存储。

希望此时乐观响应与实际响应是一致的。但如果不一致，实际的值则会显示在我们的页面上。

15.9 总结

一旦我们掌握了这些基础，那么与手工管理传统 REST API 相比，使用 Relay 是一种非常棒的开发体验。

Relay 和 GraphQL 为数据提供了强大的类型化结构，同时在更改组件数据需求方面提供了无与伦比的灵活性。

Relay 2 即将推出[①]，它承诺会提供更好的性能和开发体验（特别是在变更方面）。即便如此，现在在编写应用程序方面，Relay 1 的功能也已经足够强大。

15.10 参考资料

想了解更多关于 Relay 的信息，请参考以下资源。

- Learn Relay[②]是 Relay 的入门教程。
- relay-starter-kit[③]是带有 React 应用程序的 Relay 的基本实现。
- relay-todomvc[④]是使用了 Relay 的流行的 TodoMVC 应用程序的实现。如果你正在寻找更多变更的例子，那么这是一个很好的起点。
- react-router-relay[⑤]是本章中用于将 React Router 与 Relay 结合使用的集成库。

---

① 翻译本书时 Realy 2 已发布。——译者注
② 参见 How To Graphql 网站。
③ 参见 GitHub 网站的 facebookarchive/relay-starter-kit 页面。
④ 参见 GitHub 网站的 taion/relay-todomvc 页面。
⑤ 参见 GitHub 网站的 relay-tools/react-router-relay 页面。

- GraphQL[1]中的身份验证指南——在某些时候，你可能希望在服务器中添加一些需要身份验证的页面，这篇文章会是一个很好的起点。
- *Relay 2: simpler, faster, more predictable* 幻灯片[2]——如果你想了解 Relay 的动向，请查看 Greg Hurrell 的这些幻灯片。

————————————
① 参见 Apollo Blog 网站文章 "A Guide to Authentication in GraphQL"。
② 参见 Speaker Deck 网站。

## 第 16 章

React Native 16

本章将逐步介绍如何构建你的第一个 React Native 应用程序，但不会深入讨论 React Native。React Native 是一个非常**庞大**的主题，可以单独写一本书了。

 React Native 图书

要更深入地了解 React Native，请访问 FULLSTACK 网站查看我们关于 React Native 的书。

我们将为 React 开发人员解释 React Native。到本章结束时，你将能够使用 React Web 应用程序，并具备将其转变为 React Native 应用程序的知识基础。

如我们目前所见，React 既有趣又强大。本章的目标是通过 React Native 来了解我们喜欢的 React 是如何被用来构建一个原生 iOS 和 Android 应用程序的。

在不深入了解 React Native 底层工作的技术细节的情况下，总结如下。

当我们构建 React 组件时，实际上是在使用**虚拟 DOM** 构建 React 组件的表示形式，而不是实际的 DOM 元素。在浏览器中，React 接收这个虚拟 DOM 并预先计算 Web 浏览器中的元素应该是什么样子的，然后将其交给浏览器来处理布局。

React Native 背后的思想是，我们可以从 React 组件中获取对象表示的树，但不是将其映射到 Web 浏览器的 DOM，而是将其映射到 iOS 的 UIView 或 Android 的 android.view。从理论上讲，我们可以在 Web 浏览器中使用 React 背后的相同思想来构建原生的 iOS 和 Android 应用程序，这就是 React-Native 背后的基本思想。

本章将为原生渲染器构建 React 组件，并重点介绍 React Native 与 Web 中的 React 的区别。

在深入讨论细节前，让我们先从宏观层面开始。至关重要的是，我们不再在 Web 环境中构建，这意味着有不同的 UX、UI，且没有 URL 位置。虽然我们已围绕构建用于 Web 的 UI 建立了思维过程，但这些还不足以转化为在移动原生环境中构建出色的用户体验。

让我们花点时间来看一些非常流行的原生应用程序，并尝试进行使用。与其从用户的角度使用应用程序，不如试着去想象构建应用程序的过程，并注意其细节。例如，如何寻找微动画、设置视图、页面过渡、缓存，以及如何在屏幕之间传递数据，或者在等待信息加载时会发生什么。

一般来说，我们可以在 Web 上使用较少的 UI 设计。然而，在移动设备上，我们的屏幕大小和数据细节更受限制，我们不得不更加关注应用程序的体验。为原生应用构建一个优秀的 UX 需要深思熟虑的执行并关注其细节。

本章的目标之一是强调两种平台之间存在的语法差异和审美差异。

16.1　初始化

本节将重点放在直接获取代码上，因此我们希望启动一个应用程序，这样就可以试验和测试构建的原生应用程序。我们需要一个引导应用程序，以便在学习 React Native 的不同组件时可以使用一个基本的应用程序。

为了引导 React-Native 应用程序，可以使用 react-native-cli 工具。我们需要使用 npm 安装该工具。让我们在全局安装 react-native-cli 工具，以便可以在系统的任何位置进行访问：

```
npm i -g react-native-cli@2.0.1
```

安装文档

有关针对特定开发环境进行 React Native 设置的正式说明，请查阅其官方的入门文档。

安装 react-native-cli 工具后，我们就可以在终端中使用 react-native 命令了。如果返回 "not recognized"（无法识别）错误，请从上方安装文档中查找适用于你的开发平台的入门文档。

```
$ react-native
```

要创建一个新的 React-Native 项目，我们将使用要生成的应用程序的名称来运行 react-native init 命令。例如，我们要生成一个名为 Playground 的 React-Native 应用程序，则命令如下所示：

```
$ react-native init Playground
```

你的命令输出可能与图 16-1 的看起来有些不同，但只要你看到有关如何启动它的说明即可。

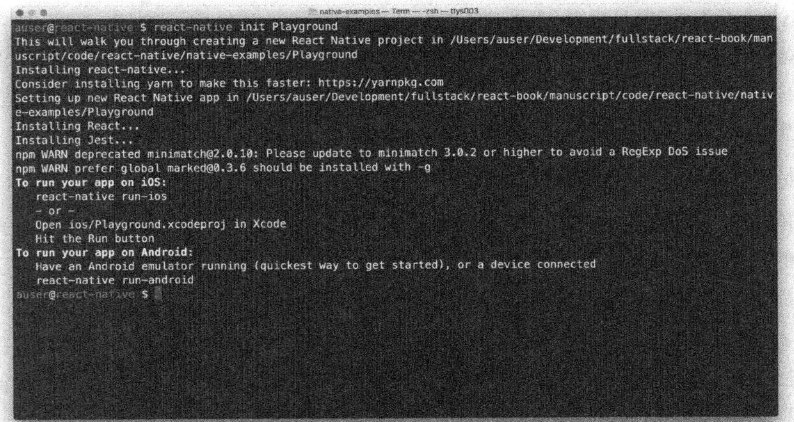

图 16-1　命令输出

现在可以使用刚刚创建的 `Playground` 应用程序来测试和运行代码，这也是我们将在本节中要创建的代码。

16.2　路由

让我们从路由开始，因为它几乎是每个应用程序的基础。

在 Web 中实现路由时，通常是将 URL 映射到特定的 UI。例如，让我们来看一个可能是为 Web 编写的游戏，它使用的是 React Router V2 API，有多个页面。

当我们在 Web 上实现路由时，通常会将一些 URL 映射到特定的 UI。下面是 React Router V2 将 URL 映射到活动组件的示例：

src/routes.js

```
export const Routes = (
  <Router history={hashHistory}>
    <Route path='/' component={Main}>
      <IndexRoute component={Home} />
      <Route
        path='players/:playerOne?'
        component={PromptContainer}
      />
      <Route
        path='battle'
        component={ConfirmBattleContainer}
      />
      <Route
        path='results'
        component={ResultsContainer}
      />
    </Route>
  </Router>
);
```

URL	活动的组件
foo.com	Main -> Home
foo.com/players	Main -> PromptContainer
foo.com/players/ari	Main -> PromptContainer
foo.com/battle	Main -> ConfirmBattleContainer
foo.com/results	Main -> ResultsContainer

React Router 在 URL 和 UI 之间布置了这种漂亮的映射（即声明式）。

当用户被导航到应用程序中的不同 URL 时，不同的组件将被激活。URL 是 React Router 的基础，因此在开篇说明中曾两次提到：

React Router 让 UI 与 URL 保持同步。把**...考虑为**URL 是你的第一个想法，而不是事后的想法。

这是一个干净且易于理解的范式，它使 React Router 变得如此流行。但如果要开发原生应用程序，该怎么办呢？我们没有可以参考的 URL。在原生应用程序中甚至没有类似的 URL 概念映射。

 范式转换 #1——构建 React Native 应用程序时，我们需要以"层"的方式来考虑路由，而不是 URL 到 UI 映射的方式，见图 16-2。

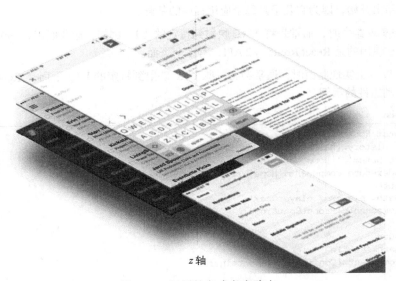

z 轴

图 16-2　以层的方式考虑路由

原生应用程序中的路由层本身是以栈格式进行结构化存储的，大致来说就是一个数组。当我们在 React Native 中的路由之间切换时，只是将路由推入（**导航到视图**）或弹出（**离开视图**）**路由栈**。

> **什么是路由栈**
>
> 　　**路由栈**是指用户在整个应用程序中访问的视图数组。当用户第一次打开应用程序时，路由栈的长度将为 1（即初始页面）。假设用户接下来导航到**我的账户**页面，那么路由栈会有两个条目：初始页面和账户页面。
>
> 　　当用户在虚拟应用程序中导航回主屏幕时，路由栈将**弹出**（或删除最新的）视图，并使路由栈再次只包含一个条目：初始页面。

它来自 Web 浏览器，这是一个不同于映射离散 URL 的范式。我们将管理一个数组来映射路由栈，而不是映射到一个唯一的 URL。

此外，我们不仅会学习将视图组件映射到视图，还将学习如何在路由之间进行过渡。Web 上**通常**有独立的路由过渡，但与 Web 不同的是，当我们从一个屏幕导航到下一个屏幕时，原生应用程序通常需要了解彼此的信息。

例如，我们通常在视图渲染后会有动画，而在路由之间没有过渡。但是在原生应用程序中，在视图渲染后我们仍会保留这些动画，并且需要设计一种方法来让一个路由过渡到导航栈中的下一个路由。

原生设备上的大多数路由过渡是自然分层的，**通常**应该适当地反映用户在应用程序的每个阶段的"旅程"。

在 React Native 中，可以通过**场景配置**来配置这些路由过渡。稍后我们将看到如何定制**场景过渡**，但现在要注意的是不同平台需要不同的路由过渡。

在 iOS 平台上，我们通常会处理三种不同的路由过渡：

- 从右到左
- 从左到右
- 自下而上

通常情况下，当我们在 iOS 上深入相同的层级时，会从右推入一个路由；当它处于不同层级的模态屏幕时，我们将从底部显示一个视图。我们通常会在相同的层次结构中使用从左到右的过渡来推入新视图，并在离开前一个路由后从右到左过渡弹出。

然而，Android 范式略有不同。我们仍可以深入更多内容，但除了硬性地从左到右过渡之外，还有创建**高程**变化的概念。

玩一玩

不管我们开发的是什么设备，最好在正在使用的平台上打开目前流行的应用程序，并注意其屏幕之间是如何进行路由过渡的。

理论已经够多了，让我们回到实现上来。React Native 路由有多种选择。在撰写本文时，Facebook 已表示他们正在为 React Native 开发一个新的路由组件。下面将继续使用久经考验的 `Navigator` 组件来处理应用程序中的路由。

16.3 `<Navigator />`

`<Navigator />`组件也**只是一个** React 组件，就像路由的 Web 版本一样，它是被渲染用于处理路由的 React 组件。这意味着我们可以像视图中的其他任何组件一样来使用它。

```
<Navigator />
```

知道了`<Navigator />`组件只是一个 React 组件以后，我们想知道以下几点。

(1) 它接收的 props 是什么？
(2) 是否有必要将其包装在高阶组件中？
(3) 如何使用单个组件进行导航？

让我们从第(1)条开始，即它接收的 props 是什么？

`<Navigator />`仅需要两个 props，它们都是函数：

- `configureScene()`

16

● renderScene()

每当我们在应用程序中更改路由时，都会调用 configureScene() 函数和 renderScene() 函数。

renderScene() 函数负责确定下一步要渲染的是哪个 UI（或组件），而 configureScene() 函数负责详细说明要实现的过渡类型（如前所述）。

为了完成它们的工作，我们需要接收有关**将要发生的**特定路由变化的一些信息。当然，因为这些是函数，所以它们将使用此信息作为函数的**参数**来调用。

与其讨论，不如让我们看看它在代码中是什么样子的。我们现在从样板开始，并知道它将渲染一个组件：

src/app/index.js

```
export default class App extends Component {
  configureScene(route) {
    // 处理场景配置
  }

  renderScene(route, navigator) {
    // 处理场景渲染
  }

  render() {
    return (
      <Navigator
        renderScene={this.renderScene}
        configureScene={this.configureScene}
      />
    );
  }
}
```

漂亮！可以注意到这也回答了上面的第二个问题。通常，当我们使用 <Navigator /> 组件时，会将其包装在**高阶函数**中，以便处理 renderScene() 和 configureScene() 方法。

16.3.1　renderScene()

下面来看 renderScene() 方法需要如何实现。我们目前知道 renderScene() 函数的两点如下所示。

(1) 目的是弄清楚过渡到新场景时要渲染的 UI（或组件）。

(2) 接收一个表示将要发生的路由变化的对象。

考虑到这两点，让我们来看一个实现 renderScene() 函数的例子：

src/app/index.js

```
renderScene(route) {
  if (route.home === true) {
    return <HomeContainer />
  } else if (route.notifications === true) {
    return <NotificationsContainer />
  } else {
```

```
      return <FooterTabsContainer />
   }
}
```

由于 renderScene() 函数的全部目的是确定下一步要渲染哪个 UI（或组件），因此 renderScene()
函数只是一个大的 if 语句，它根据 route 对象的属性来渲染不同的组件。

下一个问题自然是 "route 对象从哪里来？它是如何获得 home 属性和 notifications 属性的？"

这是 React Native 配置有点奇怪的地方。还记得上面提到过，**每当我们更改应用程序中的路由时，
都会同时调用 configureScene() 和 renderScene()** 吗？不过我们还没有回答如何在应用程序中改变
路由。要回答这个问题，我们需要查看 renderScene() 函数接收的第二个参数——navigator：

```
renderScene(route, navigator) {
   // 渲染场景
}
```

navigator 对象是一个实例对象，我们可以使用它在应用程序中操作当前路由。对象本身包含一
些非常方便的方法，包括 push() 和 pop() 方法。push() 和 pop() 方法是我们在应用程序中通过推入路
由堆或从路由堆栈弹出来实际处理路由变化的方法。

请注意，我们在 renderScene() 方法中接收了 navigator 对象，但是 renderScene() 方法用于选
择下一个场景，而不是**调用**路由更改。为了在渲染场景中真正**使用** navigator 对象，我们需要把它作
为一个属性传递给新路由：

src/app/index.js

```
renderScene(route, navigator) {
   if (route.home === true) {
      return <HomeContainer navigator={navigator} />
   } else if (route.notifications === true) {
      return <NotificationsContainer navigator={navigator} />
   } else {
      return <FooterTabsContainer navigator={navigator} />
   }
}
```

通过这个更改，<HomeContainer />、<NotificationsContainer /> 和<FooterTabsContainer />
都可以访问 navigator 实例，并可以使用 this.props.navigator 从路由栈中调用 push() 方法或 pop()
方法。

假设我们在 home 路由上工作，并希望导航到 notifications 路由。可以采用以下方法将其**推入
导航路由中**：

src/app/containers/home.js

```
handleToNotifications() {
   this.props.navigator.push({
      notifications: true,
   });
}
```

一旦<HomeContainer />组件调用了 handleToNotifications()方法，那么它将使用 route 参数来调用 renderScene()方法，该参数将通过 this.props.navigator.push()方法向下传递**推入**的对象。当 renderScene()看到 route 对象包含的 notifications 属性为 true 时，它会返回<NotificationsContainer />作为下一个要渲染的组件。

如果这还没有马上**奏效**，也不用太担心。我们会经常使用<Navigator />组件，有了更多的经验后，那么我们再往前学习才变得更加有意义。

16.3.2　configureScene()

现在知道了如何在应用程序中更改路由，我们将需要根据将要发生的特定路由变化来告诉应用程序应该进行**哪种过渡类型**（从左到右、从右到左、模态，等等）。从上面的讨论中，我们知道它将发生在之前定义的 configureScene()方法中：

```
configureScene(route) {
    // 配置场景
}
```

传递给 renderScene()方法的 route 对象同时也会传递给 configureScene()方法。可以在 configureScene()方法中使用与 renderScene()方法相同的逻辑：

src/app/index.js

```
configureScene(route) {
    if (route.home === true) {
        // 过渡到 HomeContainer 组件
    } else if (route.notifications === true) {
        // 过渡到 NotificationsContainer 组件
    } else {
        // 展示 FooterTabsContainer 组件
    }
}
```

这里我们会告诉<Navigator />组件在过渡到新 UI 时要使用哪种过渡类型，而不是渲染组件。<Navigator />对象具有 10 种不同类型的场景配置，所有这些都位于 Navigator.SceneConfigs 对象上。

- Navigator.SceneConfigs.PushFromRight（默认）
- Navigator.SceneConfigs.FloatFromRight
- Navigator.SceneConfigs.FloatFromLeft
- Navigator.SceneConfigs.FloatFromBottom
- Navigator.SceneConfigs.FloatFromBottomAndroid
- Navigator.SceneConfigs.FadeAndroid
- Navigator.SceneConfigs.HorizontalSwipeJump
- Navigator.SceneConfigs.HorizontalSwipeJumpFromRight
- Navigator.SceneConfigs.VerticalUpSwipeJump
- Navigator.SceneConfigs.VerticalDownSwipeJump

我们从 configureScene() 方法返回的配置将是用于特定路由更改的过渡类型。

假设用户是在 iOS 上，我们希望除了通知路由外的每个路由都有标准的**从左到右**的过渡，而希望通知路由从底部向上作为**模态**过渡。可以通过更新 configureScene() 方法来实现这个行为，如下所示：

src/app/index.js

```
configureScene(route) {
  if (route.notifications === true) {
    return Navigator.SceneConfigs.FloatFromBottom;
  }

  return Navigator.SceneConfigs.FloatFromRight;
}

renderScene(route, navigator) {
  if (route.home === true) {
    return <HomeContainer navigator={navigator} />
  } else if (route.notifications === true) {
    return <NotificationsContainer navigator={navigator} />
  } else {
    return <FooterTabsContainer navigator={navigator} />
  }
}

render() {
  return (
    <Navigator
      renderScene={this.renderScene}
      configureScene={this.configureScene}
    />
  );
}
```

现在，当用户导航到通知视图时，我们将看到一个很好的 FloatFromBottom 过渡。对于其他路由，我们将获得默认的 FloatFromRight 过渡，因为它是在 configureScene() 方法中指定的。

前面谈到了 Android 与 iOS 相比在路由过渡方面有根本不同，下面来看如何实现。

为了检测应用程序当前运行在哪个平台上，可以使用 react-native 包导出的 Platform 对象。首先需要导出来自 react-native 的 Platform：

src/app/index.js

```
import { Platform } from 'react-native';
```

Platform 对象有一个名为 OS 的属性，它有一个字符串来显示应用程序当前使用的平台。对于 iOS，该字符串是 'iOS'，对于安卓，则是 'android'。

src/app/index.js

```
configureScene(route) {
  if (route.notifications === true) {
```

16

```
    if (Platform.OS === 'android') {
      return Navigator.SceneConfigs.FloatFromBottomAndroid;
    } else {
      return Navigator.SceneConfigs.FloatFromBottom;
    }
  }

  return Navigator.SceneConfigs.FloatFromRight;
}

renderScene(route, navigator) {
  if (route.home === true) {
    return <HomeContainer navigator={navigator} />
  } else if (route.notifications === true) {
    return <NotificationsContainer navigator={navigator} />
  } else {
    return <FooterTabsContainer navigator={navigator} />
  }
}

render() {
  return (
    <Navigator
      renderScene={this.renderScene}
      configureScene={this.configureScene}
    />
  );
}
```

现在，如果我们在安卓设备（或模拟器）上导航到通知路由，那么会得到 `FloatFromBottom-Android` 过渡，而在 iOS 设备上仍会得到 `FloatFromBottom`。

有了 `<Navigator />` 组件，我们现在就可以在 React Native 应用程序中使用路由了，它既适用于 Android，也适用于 iOS。

16.4 Web 组件与原生组件

我们将遇到的 React 和 React-Native 之间第一个区别是内置组件的区别。

在 Web 上，我们可以使用原生的浏览器组件，如 `<div />`、`<a />`、`<span />` 等。但在原生应用程序中，这些元素并不存在。由于我们依赖底层的原生 UI 层来渲染布局，因此不能使用原生的 Web 元素，相反，必须使用 UI 构建器知道如何渲染的元素。幸运的是，React-Native 为我们导出了一堆底层视图管理器能够理解的开箱即用的视图元素（并且使用它们也能很容易地创建我们自己的视图元素）。

大多数情况下，这些元素在概念上没有太大的区别，因此我们不会深入探讨这些区别，不过会介绍一些在创建 React Native 应用程序中最常用的内置组件。

下面的内置组件列表是最常用的组件。由于 React-Native 生态系统非常活跃，因此如果你的应用程序需要一个特定的组件，那么它可能已为你构建好了（如果它还没有实现到 React Native 核心中）。

在实现自己的组件之前,请检查它是否已经构建了,可以通过 npm 网站搜索 react-native 或 JS.coach 网站搜索 react-native 进行查找。

16.4.1 `<View />`

`<View />`组件是使用 React Native 构建 UI 的最基本组件。该组件会直接映射到当前运行应用程序的平台的原生等效组件。它会映射到 iOS 上的 `UIView` 和 Android 上的 `android.view`,甚至是 Web 中的`<div />`。可以像在 Web 上使用`<div />`一样使用`<View />`组件。

16.4.2 `<Text />`

`<Text />`组件用于在 React Native 应用程序中显示文本。需要注意的是,我们无法渲染**没有**包装在`<Text>`文本组件`</Text>`中的任何纯文本。因为视图层不知道如何处理它,所以在向视图添加纯文本时必须显式定义。

16.4.3 `<Image />`

当我们想要显示各种类型的图像,包括网络图像、静态资源、临时本地图像和本地设备(例如相机胶卷/库)的图像时,可以使用`<Image />`组件。

16.4.4 `<TextInput />`

就像在 Web 上一样,我们可以使用一个名为`<TextInput />`的输入字段从用户那里获得用户输入。`<TextInput />`组件是我们从设备上的键盘获取输入的主要方式。它接收的一个特定属性是 `onChangeText()`,并会在输入字段中的文本发生变化时调用这个函数。

16.4.5 `<TouchableHighlight />`、`<TouchableOpacity />`和 `<TouchableWithoutFeedback />`

当我们想要监听 React Native 中的新闻事件时,需要使用一种**可触摸的**组件。当我们第一次使用 React Native 时,这些**可触摸的**组件常常让人感到困惑,因为在 Web 中,我们只需向元素添加一个 `onClick()`属性,它就会变成"可触摸的"。

然而,React Native 中组件的属性不仅**不是** `onClick()`(它是 `onPress()`),而且 React Native 中的大多数组件不知道如何处理 `onPress()`属性。因此,需要将我们感兴趣的所有模块包装在这些**可触摸的组件**中。

每个不同的可触摸组件在被触摸时的效果都略有不同。

- `<TouchableHighlight />`组件将降低组件的不透明度,并允许底色透过组件。
- `<TouchableOpacity />`会降低组件的不透明度,但不显示底色。
- `<TouchableWithoutFeedback />`在按下组件时会调用该组件,但不会向用户提供任何有关组件本身的反馈。

我们将尽量少使用`<TouchableWithoutFeedback />`组件,因为最经常希望在按下**可触摸组件**时向用户提供反馈。

16

少用<TouchableWithoutFeedback />组件

通常情况下，我们希望向用户反馈**可触摸**组件已被按下。这是移动 Web 浏览器不像**原生**应用程序的主要原因之一。

16.4.6　<ActivityIndicator />

React Native 的默认加载指示器是<ActivityIndicator />组件。这个组件可以在多个平台上工作，因为它完全是用 JavaScript 实现的。使用完全用 JavaScript 编写的组件的一个好处是，默认样式会根据应用程序运行的平台进行更新，而无须进行任何定制。

16.4.7　<WebView />

<WebView />组件允许我们在 React Native 应用程序中显示一些 Web 内容。

16.4.8　<ScrollView />

<ScrollView />组件允许我们**滚动**视图。在 Web 中，这通常是自动处理的（并且可以在 CSS 中控制和定义）。但在原生应用程序中，如果内容离开了屏幕，我们将无法看到它。在原生应用程序中，我们希望用户在发生这种情况时能够滚动内容。这就是我们使用<ScrollView />组件的地方。

如果内容比屏幕大（意味着我们必须滚动才能看到它），那么我们将把<View />包装在<ScrollView />组件中。

请记住，<ScrollView />组件最适合相对较小的项目列表，因为高性能的列表对于良好的移动用户体验至关重要。<ScrollView />组件会渲染<ScrollView />中的**所有**元素和视图，无论它们是否显示在屏幕上。因此，React Native 提供了另一种更高效的方式，即使用<ListView />来渲染更大的列表。

16.4.9　<ListView />

<ListView />组件是一个以性能为中心的选择，可用于渲染长数据列表。与<ScrollView />组件不同的是，<ListView />只渲染当前在屏幕上显示的元素。一个有趣的事情是，<ListView />在底层使用了<ScrollView />，但它为我们增加了很多不错的性能抽象。

由于高性能的列表是构建原生应用程序的基础，而且 ListView 与我们在 Web 中使用的列表稍有不同，因此让我们更详细地研究一下如何使用<ListView />。

假设我们正在构建一个类似于 Twitter 的应用程序，并希望创建一个 Feed 组件，该组件将接收一个推文数组并将这些推文渲染给视图。让我们看看如何在 Web 上做到这一点，先使用 ScrollView，接着再使用 ListView 进行实现。（我们将故意忽略样式，因为这不是本练习的重点。）

我们可以在 Web 上这样实现，如下所示。

1. Web 版本

src/feed.js

```js
import PropTypes from 'prop-types';
import React from 'react';

Feed.propTypes = {
  tweets: PropTypes.arrayOf(PropTypes.shape({
    name: PropTypes.string.isRequired,
    user_id: PropTypes.string.isRequired,
    avatar: PropTypes.string.isRequired,
    text: PropTypes.string.isRequired,
    numberOfFavorites: PropTypes.number.isRequired,
    numberOfRetweets: PropTypes.number.isRequired,
  })).isRequired,
};

function Feed({ tweets }) {
  return (
    <div>
      {tweets.map((tweet) => (
        <div>
          <div>
            <img alt="tweet" src={tweet.avatar} />
            <span>{tweet.name}</span>
          </div>
          <p>{tweet.text}</p>
          <div>
            <div>Favs: {tweet.numberOfFavorites}</div>
            <div>RTs: {tweet.numberOfRetweets}</div>
          </div>
        </div>
      )
      )}
    </div>
  );
}
```

我们有一个名为 Feed 的无状态函数式组件，它接收一个 tweets 数组，并为每个 tweet 进行映射，
然后为每个 tweet 显示一些 UI（在本例中为带有一些子元素的<div />）。

2. <ScrollView /> 版本

可以使用<ScrollView />组件实现**相同**的功能，如下所示：

src/app/twitter-scrollview.js

```js
import React, { PropTypes } from 'react';
import { View, Text, ScrollView, Image } from 'react-native';

Feed.propTypes = {
  tweets: PropTypes.arrayOf(PropTypes.shape({
    name: PropTypes.string.isRequired,
    user_id: PropTypes.string.isRequired,
    avatar: PropTypes.string.isRequired,
```

16

```
      text: PropTypes.string.isRequired,
      numberOfFavorites: PropTypes.number.isRequired,
      numberOfRetweets: PropTypes.number.isRequired,
    })).isRequired,
};

function Feed({ tweets }) {
  return (
    <ScrollView>
      {tweets.map((tweet) => (
        <View>
          <View>
            <Image src={tweet.avatar} />
            <Text>{tweet.name}</Text>
          </View>
          <Text>{tweet.text}</Text>
          <View>
            <Text>Favs: {tweet.numberOfFavorites}</Text>
            <Text>RTs: {tweet.numberOfRetweets}</Text>
          </View>
        </View>
      )
      )}
    </ScrollView>
  );
}
```

请注意,这个实现与我们在 Web 上使用的实现非常相似。我们只是将特定的 Web 组件替换为 React Native 的组件,但映射每个 tweet 的实际逻辑是相同的。

下面来看如何使用更高性能的 `<ListView />` 元素来实现相同的功能。

不要担心这里的细节,因为我们很快就会对**如何**使用 `<ListView />` 组件进行详细介绍。我们将以此为例来突出说明使用 `<ListView />` 实现相同功能方面的差异。

src/app/twitter-listview.js

```
import React, { PropTypes, Component } from 'react';
import { View, Text, ScrollView, Image, ListView } from 'react-native';

class Feed extends Component {
  static props = {
    tweets: PropTypes.arrayOf(PropTypes.shape({
      name: PropTypes.string.isRequired,
      user_id: PropTypes.string.isRequired,
      avatar: PropTypes.string.isRequired,
      text: PropTypes.string.isRequired,
      numberOfFavorites: PropTypes.number.isRequired,
      numberOfRetweets: PropTypes.number.isRequired,
    })).isRequired,
  }

  constructor(props) {
    super(props);
```

```
    this.ds = new ListView.DataSource({
      rowHasChanged: (r1, r2) => r1 !== r2,
    });

    this.state = {
      dataSource: this.ds.cloneWithRows(this.props.tweets),
    };
  }

  componentWillReceiveProps(nextProps) {
    if (nextProps.tweets !== this.props.tweets) {
      this.setState({
        dataSource: this.ds.cloneWithRows(nextProps.tweets),
      });
    }
  }
  renderRow = ({ tweet }) => {
    return (
      <View>
        <View>
          <Image src={tweet.avatar} />
          <Text>{tweet.name}</Text>
        </View>
        <Text>{tweet.text}</Text>
        <View>
          <Text>Favs: {tweet.numberOfFavorites}</Text>
          <Text>RTs: {tweet.numberOfRetweets}</Text>
        </View>
      </View>
    );
  }
  render() {
    return (
      <ListView
        renderRow={this.renderRow}
        dataSource={this.state.dataSource}
      />
    );
  }
}
```

<ListView /> 的实现有**很大**不同。让我们来看这些不同之处。

我们会看到的第一件事是将无状态函数式组件切换为允许保持状态的类组件。这是因为组件需要跟踪当前呈现在屏幕上的数据，并监听通过 shouldComponentUpdate() 生命周期 Hook 来更新数据的请求。

当使用<ListView /> 组件时，我们需要做两件事才能正确实现它，如下所示：

● ListView.DataSource 实例；
● 在组件中定义的 renderRow() 函数。

16

ListView.DataSource 实例有点出乎意料，因此让我们先来看一下。我们将看到，首先需要创建一个 ListView.DataSource 类型的新实例，并给它传递一个允许我们自定义其内部工作方式的对象。在这里，我们给它传递了一个 rowHasChanged() 方法，这是 <ListView /> 组件用来确定是否需要重新渲染列表的函数。

src/app/twitter-listview.js

```
this.ds = new ListView.DataSource({
  rowHasChanged: (r1, r2) => r1 !== r2
});
```

退一步来说，如果我们考虑创建高性能列表视图的基本方面，就能轻松检测列表中的行何时发生变化，以避免重新渲染未更改的行，这非常重要。这是 <ListView /> 为我们自动处理的第一个优化。

下一步是实际提供 ListView.DataSource 实例的数据来跟踪并显示给用户。这就是 ds.cloneWithRows() 方法的工作原理。ds.cloneWithRows() 方法将设置（或更新）由 ListView.DataSource 实例内部保留的数据。

src/app/twitter-listview.js

```
this.state = {
  dataSource: this.ds.cloneWithRows(this.props.tweets)
};
```

注意，我们在 constructor() 函数和 getDerivedStateFromProps() 方法中都使用了 ds.cloneWithRows() 方法。

src/app/twitter-listview.js

```
getDerivedStateFromProps(nextProps) {
  if (nextProps.tweets !== this.props.tweets) {
    this.setState({
      dataSource: this.ds.cloneWithRows(nextProps.tweets)
    });
  }
}
```

在这两种情况下，我们都会接收要在屏幕上显示的推文，因此需要确保将它们添加到 dataSource 实例变量中，这意味着在这两种情况下都需要调用 cloneWithRows() 方法。如果不调用 cloneWithRows()（或该方法的其他"亲戚"，稍后将详细介绍），那么 ListView.DataSource 实例上的数据将不会更新。

不可变数据

由 dataSource 实例对象保存的数据是**不可变的**。不可变对象是无法更新或修改的。它一旦被创建，就不能修改或更新。

当我们确实想要修改数据时，必须在其他地方创建一个单独的数据副本，以便能更新本地副本并使用该数据调用 cloneWithRows()。

虽然这可能看起来是一个限制，但这是一个巨大的性能优化，这是我们与 ListView.DataSource 对象进行交互的方式。

前面的示例中没有保留之前 tweets 的副本,因为每次更改时我们都会收到全新的 tweet 数组。但是,如果这些更改是增量的(需要添加/删除 tweet),那么我们需要在其他地方保留**不**在 DataSource 中存储的数据的副本。

现在已将数据保存在 dataSource 实例对象中,接着需要实现一个 renderRow()函数。这个更直接一点,dataSource 实例的数据副本中的每一行都会调用 renderRow()方法,并负责为每一行提供一个要渲染的 UI 组件。

src/app/twitter-listview.js

```
renderRow = tweet => {
  return (
    <View>
      <View>
        <Image source={{uri: tweet.avatar}} />
        <Text>{tweet.name}</Text>
      </View>
      <View>
        <Text>{tweet.text}</Text>
        <Text>Favs: {tweet.numberOfFavorites}</Text>
        <Text>RTs: {tweet.numberOfRetweets}</Text>
      </View>
    </View>
  );
};
```

注意,从<ScrollView />转换为<ListView />实现时,我们将数据中的.map()调用从 render() 函数中移出,并将其转换为 renderRow()函数。可以将 renderRow()函数中的 JSX 当作.map()函数中的 JSX 对待,因为 dataSource 实例中的每个项目都将调用它。

<ListView />组件可以接收一些其他的属性,这里不会详细介绍它们,但知道它们的存在是很有用的。我们会查看一下 renderSeparator()、renderHeader()和 renderFooter()。

这些额外的属性都是可以自解释的,但让我们来看每个属性。

3. renderSeparator()

当 renderSeparator()作为属性传递给<ListView />组件时,它是用于负责返回一个组件的函数,该组件将被渲染为<ListView />中每个项目之间的分隔符。

使用 renderSeparator()属性而不是向组件的样式添加边框是明智的做法,因为它不会向最后渲染的行添加边框。

src/app/twitter-listview.js

```
renderSeparator = (sectionId, rowId) => {
  return <View key={rowId} style={styles.separator} />;
};

render() {
  return (
    <ListView
```

16

```
        renderRow={this.renderRow}
        dataSource={this.state.dataSource}
        renderSeparator={this.renderSeparator}
      />
    );
  }
```

4. renderHeader()

renderHeader()属性接收一个函数，该函数应返回一个组件，该组件将用作<ListView />组件的头部。例如，假设我们想要在 Feed 组件的顶部添加一个用于过滤内容的搜索栏，那么可以使用 renderHeader()方法来实现。

src/app/twitter-listview.js

```
renderHeader = () => <SearchBar />;

render() {
  return (
    <ListView
      renderRow={this.renderRow}
      dataSource={this.state.dataSource}
      renderHeader={this.renderHeader}
    />
  );
}
```

5. renderFooter()

renderFooter()属性允许我们在 ListView 中添加一个页脚。例如，我们可能想要显示一个按钮，以允许用户从推文列表中获取更多推文。

src/app/twitter-listview.js

```
renderFooter = () => <ShowMoreTweets />;

render() {
  return (
    <ListView
      renderRow={this.renderRow}
      dataSource={this.state.dataSource}
      renderFooter={this.renderFooter}
    />
  );
}
```

16.5 样式

React Native 中的样式不像 Web 中的样式那样直接。React Native 将层叠样式表（或简称 CSS）的样式化思想引入原生应用程序的世界，在这里我们将样式化声明应用到组件。正如我们在整个课程中对 React 所做的那样，可以在大多数元素上使用 style 属性将 CSS 规则应用于 React 组件中。React Native 对其元素使用了与 React 相同的方法。

在深入介绍如何对 React Native 组件进行样式设置之前，需要注意的是，React Native 使用的100% 的样式设置都是在 JavaScript 方法中完成的。也就是说，每个核心组件都接收一个 style 属性，该属性接受一个包含组件样式的对象（或对象数组）。在 JavaScript 中，包含-的属性必须以稍微不同的方式处理。我们需要以驼峰式（camel-case）命名样式属性，而不是 background-color 或 margin-left。

如果想要向一个组件添加一个背景颜色样式，则可以这么添加：

src/app/styledViews.js

```
<View style={{ backgroundColor: 'green', padding: 10 }}>
  <Text style={{ color: 'blue', fontSize: 25 }}>
    Hello world
  </Text>
</View>
```

React Native 引入的一个不错的特性（React 的 Web 版本中并没有此特性）是，它可以将数组传递给 style 属性（不需要单独的库），而 React Native 会将它们合并成一个单独的样式。

src/app/styledViews.js

```
const ContainerComponent = () => {
  const getBackgroundColor = () => {
    return { backgroundColor: 'red' };
  };

  return (
    <View style={[ getBackgroundColor(), { padding: 10 } ]}>
      <Text style={{ color: 'blue', fontSize: 25 }}>
        Hello world
      </Text>
    </View>
  );
};
```

就像现在一样，这很简单。如果一个组件有超过 2~3 个样式的属性该怎么办呢？对于这种情况，React Native 会导出一个名为 StyleSheet 的辅助程序。StyleSheet 允许我们创建一个抽象，就像处理基于 Web 的 CSS 样式表一样。

16.5.1　StyleSheet

StyleSheet 对象上有一个 create()方法，它接收一个包含样式列表的对象。然后，可以使用 create()方法返回的 styles 对象，而不是原生的样式对象。

让我们装饰一些组件：

src/app/styledViews.js

```
const styles = StyleSheet.create({
  container: {
```

16

```
    padding: 10,
  },
  containerText: {
    color: 'blue',
    fontSize: 20,
  },
});

class ExampleComponent extends Component {
  getBackgroundColor() {
    return {
      backgroundColor: 'yellow'
    };
  }

  render() {
    return (
      <View style={[
        this.getBackgroundColor(),
        styles.container
      ]}>
        <Text style={styles.containerText}>
          Hello world
        </Text>
      </View>
    );
  }
}
```

使用 StyleSheet 方法有一些好处。一个好处是组件更具可读性。更重要的是，StyleSheet 为我们提供了一些直接将对象应用到 styles 属性时无法获得的性能收益。

现在我们已了解了如何应用样式，下面进入样式的体系结构并使用 Flexbox。

16.5.2　flexbox

flexbox 作为一种技术的存在，它使我们能够以一种有效的方式来定义布局。我们可以在容器中的各项之间进行**布局**、**对齐**和**分配空间**，即使该组件的大小是未知或者是动态的。使用 CSS 创建动态的、通用的布局可能很麻烦，而 flexbox 可以使这一切变得更加简单。

换句话说，flexbox 就是用来创建动态布局的。

flexbox 背后的主要概念是让父元素能够控制所有子元素的布局，而不是让每个子元素控制它们自己的布局。当我们给父元素这个控制时，父元素就变成了一个 flex 容器，其中的子元素就被称为 flex 项。

例如，无须让元素的所有子元素都左移或为每个元素都添加边距，只需让父元素指定其所有子元素都排列在一行中即可。通过这种方式，布局职责就从子组件转移到了父组件，这总体上可以使我们更好地控制应用程序的布局。

要理解 flexbox **最重要**的概念是它基于不同的轴，我们有一个**主轴**和一个**交叉轴**（见图 16-3）。

图 16-3　一个主轴和一个交叉轴

默认情况下，React Native 的**主轴**是垂直的，而**交叉轴**是水平的。从这里开始，以后的内容都会建立在轴的概念上。当我们说"将所有子元素沿**主轴**对齐"时，意思是在默认情况下，父元素的子元素将从上到下垂直布局；当我们说这将所有子元素在交叉轴上对齐时，意思是在默认情况下，子元素将从左到右水平放置。

flexbox 概念的其余部分决定了如何沿主轴和交叉轴对齐、定位、拉伸、展开、收缩、居中以及包装子元素。

让我们来看 flexbox 的属性。

flex-direction

在谈论主轴和交叉轴时，我们一直非常谨慎地在说默认行为。这是因为实际上可以更改哪个轴是主轴，哪个轴是交叉轴。可以使用 flex-direction（在 React Native 中，它是 flexDirection）来指定这个属性。

它可以接收以下两个值之一：

- column
- row

默认情况下，React Native 将所有元素设置为 flexDirection: column 属性。也就是说，元素的主轴是垂直的，交叉轴是水平的，如图 16-3 所示。但是，如果将 flexDirection: row 定义为 row，那么轴就会切换。主轴变成水平的，而交叉轴则是垂直的（见图 16-4）。

16

flex-direction: row

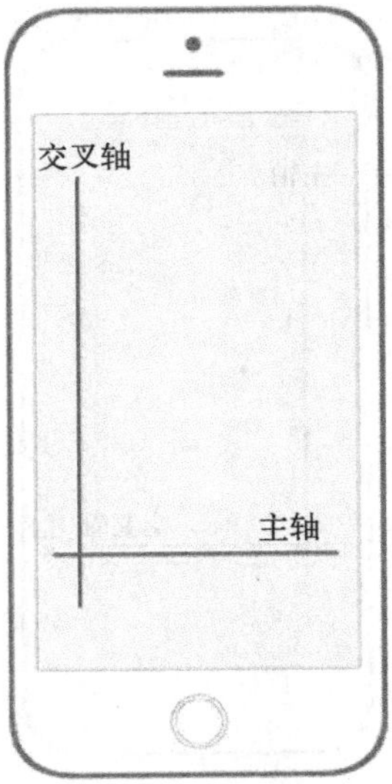

图 16-4   主轴是水平的，交叉轴是垂直的

理解**主轴**和**交叉轴**的概念非常重要，因为**整个布局**依赖于这些不同的设置。

让我们深入研究一些可用于沿这些轴对齐子元素的不同属性。

首先关注**主轴**，为了指定子元素如何沿着主轴排列，我们可以使用 justifyContent 属性。

justifyContent 属性可以接收五个不同的值，我们可以使用它们来改变子元素在主轴上的对齐方式：

- flex-start
- center
- flex-end
- space-around
- space-between

让我们来看这些分别是什么意思。

跟着一起做

在本节，我们强烈建议你在阅读 flexbox 介绍时与我们一起构建一个应用程序。

本书已包含了示例应用程序，或者你也可以简单地创建自己的应用程序，并将示例项目中的 index.ios.js 和 index.android.js 代码替换为以下示例代码。

要创建一个自己的示例应用程序，请使用 react-native-cli 包，如下所示：

```
react-native init FlexboxExamples
```

对于下面的示例，我们将使用以下代码来演示 flexbox 是如何布局子元素的：

src/app/styledViews.js

```
import React, { Component } from 'react';
import { StyleSheet, Text, View } from 'react-native';

export class FlexboxExamples extends Component {
  render() {
    return (
      <View style={ styles.container }>
        <View style={ styles.box } />
        <View style={ styles.box } />
        <View style={ styles.box } />
      </View>
    );
  }
}

const styles = StyleSheet.create({
  container: {
    flex: 1,
  },
  box: {
    height: 50,
    width: 50,
    backgroundColor: '#e76e63',
    margin: 10,
  },
});

export default FlexboxExamples;
```

如果你要创建自己的示例并替换 index.[platform].js 文件，请添加以下代码，以确保该应用程序已经将 React Native 注册进来：

```
import { AppRegistry } from 'react-native'; // 在文件顶部
// ...
// 在文件底部
AppRegistry.registerComponent('FlexboxExamples', () => FlexboxExamples);
```

在这段代码中，对于每个示例，我们唯一要更改的是 styles 对象的 container 键。现在可以忽略 "flex: 1;" 属性（稍后再进行讨论）。

使用上面的代码，我们有了一个应用程序，它的内容会沿主轴（垂直轴）对齐，并添加了 justifyContent: 'flex-start' 键，这导致应用程序中每个子元素都会朝向主轴的起点（见图 16-5）。

图 16-5 justifyContent: 'flex-start'

```
container: {
  flex: 1;
  justifyContent: 'flex-start';
}
```

flexDirection 的默认值是 column，因此当我们没有给 flexDirection 设置值时，它被默认为 column。因为 justifyContent 是以**主轴**为目标的，所以子元素会将其自身对齐到**主轴**的起点（即左上角），然后向下移动。

当我们将值设置为 justifyContent: 'center' 时，子元素将朝着主轴中心对齐（见图 16-6）。

图 16-6 justifyContent: 'flex-center'

```
container: {
  flex: 1;
  justifyContent: 'center';
}
```

当我们将 justifyContent 的值设置为 flex-end 时，子元素则会将其自身对齐到主轴的末端（见图 16-7）。

图 16-7　justifyContent: 'flex-end'

```
container: {
  flex: 1;
  justifyContent: 'flex-end';
}
```

还可以将 justifyContent 的值设置为 space-between，这将对齐每个子项，以便每个子项之间的间隔沿主轴均匀分布（见图 16-8）。

图 16-8　justifyContent: 'space-between'

16

```
container: {
  flex: 1;
  justifyContent: 'space-between';
}
```

最后可以将 justifyContent 值设置为 space-around，它会对齐每个子元素，因此主轴上每个元素周围都有均匀的空间（见图 16-9）。

图 16-9 justifyContent: 'space-around'

```
container: {
  flex: 1;
  justifyContent: 'space-around';
}
```

如果将容器的 flexDirection 值改为 row 而不是 column，那么会发生什么呢？

主轴会切换为横轴，所有的子元素仍将与主轴对齐，不过该**主轴**现在是水平的，而不是**纵轴**（见图 16-10）。

图 16-10 flexDirection: 'row'

```
container: {
  flex: 1;
  flexDirection: 'row',
  justifyContent: 'space-around';
}
```

请注意，我们所做的只是改变了 flexDirection 的值，而布局则是一个全新的、更新过的布局。具备动态更新布局的能力使得 flexbox 变得异常强大。

让我们来看一下交叉轴。为了指定子元素能沿交叉轴对齐，我们将使用 align-items（或 React Native 中的 alignItems）属性。

与 justifyContent 值不同的是，设置 alignItems 属性只有四个可用的值，如下所示：

- flex-start
- center
- flex-end
- stretch

让我们也来逐步看一下它们。

当容器的 alignItems 值被设置为 flex-start 时，所有的子元素都会对齐到交叉轴的起点（见图 16-11）。

图 16-11　alignItems: 'flex-start'

```
container: {
  flex: 1;
  alignItems: 'flex-start';
}
```

当容器的 alignItems 值设置为 center 时，所有的子元素都会对齐到交叉轴的中间（见图 16-12）。

16

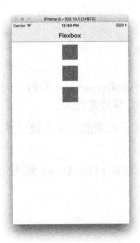

图 16-12　alignItems: 'center'

```
container: {
  flex: 1;
  alignItems: 'center';
}
```

当容器的 alignItems 值被设置为 flex-end 时，所有的子元素都会对齐到交叉轴的末端（见图 16-13）。

图 16-13　alignItems: 'flex-end'

```
container: {
  flex: 1;
  alignItems: 'flex-end';
}
```

当我们将容器的 alignItems 值设置为 stretch 时，交叉轴上的每个子元素都将被拉伸到交叉轴的整个宽度（前提是在 flexDirection: row 时没有指定 width，或者在 flexDirection: column 时没有指定 height）。

每当我们将 alignItems 设置为 stretch 时，每个子元素都将横跨父容器的整个宽度或高度，但前提是子元素**未**设置宽度。这是有道理的，因为如果子元素没有尝试覆盖宽度，flexbox 会尝试自动为其设置。

要查看实际效果，请看图 16-14。请注意，我们在这里也包含了 box 样式，以查看 box 样式是否也被更新了。

将容器设置为 flexDirection: column 后，布局见图 16-14。请注意，当我们使用 flexDirection: column 时，已删除了静态宽度（width）。

图 16-14 alignItems: 'stretch'

```
container: {
  flex: 1;
  flexDirection: 'column',
  alignItems: 'stretch';
},
box: {
  height: 50,
  backgroundColor: '#e76e63',
  margin: 10
}
```

将容器设置为 flexDirection: row 后，布局见图 16-15。请注意，当我们使用 flexDirection: row 时，已删除了静态高度（height）。

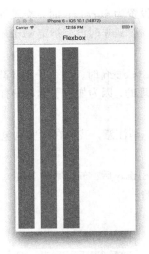

图 16-15　alignItems: 'stretch'

```
container: {
  flex: 1;
  flexDirection: 'row',
  alignItems: 'stretch';
},
box: {
  width: 50,
  backgroundColor: '#e76e63',
  margin: 10
}
```

下面稍微分解一下，由于 flexDirection: row 设置为 row，因此主轴现在水平运行。这意味着 alignItems 会将子元素沿纵轴(新的**交叉轴**)对齐。由于我们已删除了子元素的高度并将 alignItems 设置为 stretch，因此现在子元素将沿着纵轴（交叉轴）拉伸到父组件的整个长度。对于这个例子，就是整个视图的高度。

至此，我们一直在使用单个 **flex 容器**或父元素。如果我们创建嵌套的 **flex 容器，同样的逻辑**也适用于嵌套的容器子元素（flex 子项）。它们将根据嵌套的父组件定位自己，而不是相对于整个视图（就像前面的例子那样）。我们的**整个 UI 都将构建在嵌套的 flex 容器之上**。

16.5.3　其他动态布局

在 flexbox 中没有基于百分比的样式。虽然这会使事情变得更困难，但使用 flexbox 来布局的 UI 是非常强大的，因为无论屏幕大小如何，布局都会按照我们想要的方式显示。

回想一下前面的例子，为什么将 flex: 1 的值设置为 1？因为 flex 属性允许我们为 flex 容器指定**相对宽度**。

正如我们一遍又一遍地看到的那样，flexbox 关注的是将控制权交给父元素来处理其子元素的布局。flex 属性有些不同，因为它允许子元素与其同级元素相比较来指定其高度或宽度。解释 flex 的最好方法就是看一些例子。

让我们从图 16-16 中的视图开始。

图 16-16 视图

它是使用以下样式实现的：

src/app/styledViews.js

```
const styles = StyleSheet.create({
  container: {
    flex: 1,
    flexDirection: 'row',
    justifyContent: 'center',
    alignItems: 'center',
  },
  box: {
    backgroundColor: '#e76e63',
    margin: 10,
    width: 50,
    height: 50,
  },
});
```

如果想要 UI 中有两个小盒子围绕着一个大盒子（见图 16-17），该怎么办呢？

图 16-17　UI 中的两个小盒子围绕着一个大盒子

可以使用完全相同的布局，但现在中间部分的宽度是它周围两个部分的两倍。flex 属性允许我们对此进行动态设置。

src/app/styledViews.js

```
import React, { Component } from 'react';
import { StyleSheet, View } from 'react-native';

const styles = StyleSheet.create({
  container: {
    flex: 1,
    flexDirection: 'row',
    justifyContent: 'center',
    alignItems: 'center',
  },
  box: {
    backgroundColor: '#e76e63',
    margin: 10,
    width: 50,
    height: 50,
  },
});

export class FlexboxLayouts extends Component {
  render() {
    return (
      <View style={[ styles.container ]}>
        <View style={[ styles.box, { flex: 1 } ]} />
        <View style={[ styles.box, { flex: 2 } ]} />
        <View style={[ styles.box, { flex: 1 } ]} />
      </View>
    );
  }
```

```
}

export default FlexboxLayouts;
```

请注意，我们没有添加样式，只是将中间方块的 flex 属性设置为 flex: 2，而其他同级的属性设置为 flex: 1。

可以这样理解 flexbox 布局："确保中间的同级对象沿主轴的大小是第一个和第三个子对象的两倍。"这就是 flex 可以取代基于百分比的布局的原因。在基于百分比的布局中，通常是特定元素在大小上与其他元素相对的布局，这正是我们在上面所做的。

需要注意的是，如果我们将 flex: 1 放在一个元素上，那么这个元素将尝试占用与其父元素相同的空间。在上面的大多数例子中，我们希望"布局区域"是父级视图的大小，这在最初的例子中是整个视图窗口。

让我们更深入地研究一下。

如果想要图 16-18 这样的布局，该怎么办？

图 16-18　给定三个盒子的布局

这个布局看上去就好像是第一个和第三个元素是垂直和水平居中的，但第二个元素一直在底部对齐。

我们以 flexbox 的方式分解该布局，基本上是让第一个和第三个元素在主轴上对齐（都居中），而第二个元素则沿垂直的交叉轴使用 flex-end。为实现此设计，我们需要一种让子元素覆盖从其父元素收到的特定位置的方法。

好消息是有一个 align-self（在 React Native 中是 alignSelf）属性，它允许我们让子元素直接指定它的对齐方式。alignSelf 属性将自己定位在**交叉**轴之间，并且具有与 alignItems **相同**的选项（这是有意义的，因为它是子元素告诉父元素对单个元素设置 alignItems 属性的方式）。

16

src/app/styledViews.js

```
import React, { Component } from 'react';
import { StyleSheet, View } from 'react-native';

const styles = StyleSheet.create({
  container: {
    flex: 1,
    flexDirection: 'row',
    justifyContent: 'center',
    alignItems: 'center',
  },
  box: {
    backgroundColor: '#e76e63',
    margin: 10,
    width: 50,
    height: 50,
  },
});

export class FlexboxLayouts extends Component {
  render() {
    return (
      <View style={[ styles.container ]}>
        <View style={styles.box} />
        <View style={[ styles.box, { alignSelf: 'flex-end' } ]} />
        <View style={styles.box} />
      </View>
    );
  }
}

export default FlexboxLayouts;
```

请注意，我们为实现此布局所做的只是向第二个子元素添加一个 `alignSelf: flex-end` 属性，该属性覆盖了父元素设置的指令（父元素在 `styles.container` 中设置为 `center`）。

让我们看一下 flexbox 在 Web 和 React Native 之间的区别。

当我们听到"React Native 使用 flexbox 进行样式设置"这句话时，其真正含义是"React Native 具有自己的 flexbox（和 CSS）实现，它与 flexbox 类似，但不是一个完全的克隆"。

这些差异可以归纳为两个部分：**默认属性和被排除的属性**。**默认属性**会自动应用到每个元素，而**被排除的属性**是存在于 CSS/flexbox 中的属性，但不存在于 React Native 的实现中。

让我们来看应用于 React Native 的每个元素的默认值：

```
box-sizing: border-box;
position: relative;

display: flex;
flex-direction: column;
align-items: stretch;
flex-shrink: 0;
```

```
align-content: flex-start;

border: 0 solid black;
margin: 0;
padding: 0;
min-width: 0;
```

让我们来看一些不太明显的属性。

box-sizing: border-box

box-sizing 属性使元素的指定宽度和高度不受填充或边框的影响，这是我们认为很自然的事情，但是浏览器的实现是奇怪的，且在默认情况下不是这样的。

flex-direction: column

Web 上的 flex-direction 的默认设置为 row，但 React Native 中 flexDirection 的默认值则是 column。

align-items: stretch

React Native 中的 alignItems 属性默认被设置为 stretch，而在 Web 中则是 flex-start。

position: relative

通过将每个元素默认设置为相对定位，它可以使绝对定位的子元素以直接父元素为目标，而不是典型的"相对位置或绝对位置最近的父元素"。这使得使用绝对定位更加一致，同时默认情况下还允许 left、right、top 和 bottom 值。

display: flex

与 Web 实现不同，我们无须设置 display: flex，因为 React Native 应用程序中的每个元素都已默认设置为 display: flex。

下面来看存在于 Web 但不存在于 React Native 实现的这些属性。

flex-grow、flex-shrink、flex-basis

Web flexbox 中的有这三个可用属性，它们允许元素增加或缩小 flex 项。React Native 有一个类似的属性叫作 flex，但 CSS 中并没有这三个相同的元素。同样重要的是，React Native 中的 flex 属性与 Web 中的工作方式不同。

React Native 上的 flex 是数字而不是字符串，用于指定特定组件大于或小于其兄弟组件。将 flex 设置为 2 的组件占用的空间（垂直或水平取决于其主轴）是将 flex 设置为 1 的组件的两倍。如果 flex 设置为 0，则该组件的大小将根据其宽度和高度而定。这就引出了下一个"被排除"属性，即 px 之外的任何大小的单位。

为了完成基于百分比的布局，我们必须使用上一节中刚提到的 flex。

虽然我们没有直接讨论它们，但是 React Native 允许我们使用 CSS 中已惯用的属性，比如 position、zIndex、minWidth 等。

16.6　HTTP 请求

到目前为止，我们只需要构建一个 React Native 应用程序，而无须发出 HTTP 请求并从外部 API 提取一些数据。React Native 包含了一个使用 fetch API 发出 HTTP 请求的抽象。fetch API 提供了用于获取资源的接口，对于使用过 _XMLHttpRequest 或其他客户端（例如 axios 和 superagent）的人来说，这看起来似乎非常熟悉。

fetch API 使用了 promise，因此，在我们开始将 fetch API 与 React Native 结合使用之前先讨论 promise。

16.7　什么是 promise

根据 Mozilla 的定义，Promise 对象用于处理异步计算，该对象具有一些重要的保证，这些保证很难通过回调方法（处理异步代码的老式方法）来处理。

Promise 对象只是一个值的包装器，该对象在实例化时该值可能未知，也可能已知，它提供了一种在已知（也称为 resolved）或由于故障原因而无法使用（我们将其称为 rejected）后，来处理该值的方法。

使用 Promise 对象使我们有机会为异步操作的最终成功或失败（无论什么原因）来关联功能。它还允许我们使用类似同步代码的方式来处理这些复杂的场景。

例如，考虑下面的同步代码，其功能是在 JavaScript 控制台中打印出当前时间：

```
var currentTime = new Date();
console.log('The current time is: ' + currentTime);
```

这非常简单，可以用 new Date()对象来表示浏览器的时间。现在考虑我们在其他远程机器上使用不同的时钟。举个例子，如果我们要制作"新年快乐"的时钟，并且能够让用户浏览器的时间值与其他人的时间值保持同步，这样就不会有人错过落球仪式。

假设有一个名为 getCurrentTime()的方法来处理获取时钟的当前时间，该方法会从远程服务器获取当前时间。现在使用 setTimeout()来返回时间（就像在向一个慢的 API 发出请求）：

```
function getCurrentTime() {
  // 从 API 获取当前的"全局"时间
  return setTimeout(function() {
    return new Date();
  }, 2000);
}
var currentTime = getCurrentTime()
console.log('The current time is: ' + currentTime);
```

console.log()日志值将返回超时处理程序 ID，它绝对不是当前时间。传统上，可以更新代码以使用回调，以便在时间可用时进行调用：

```
function getCurrentTime(callback) {
  // 从 API 获取当前的"全局"时间
```

```
  return setTimeout(function() {
    var currentTime = new Date();
    callback(currentTime);
  }, 2000);
}
getCurrentTime(function(currentTime) {
  console.log('The current time is: ' + currentTime);
});
```

但是，假如其余部分出错了怎么办？如何捕获错误并定义重试或错误状态？

```
function getCurrentTime(onSuccess, onFail) {
  // 从API 获取当前的"全局"时间
  return setTimeout(function() {
    // 随机决定是否检索日期
    var didSucceed = Math.random() >= 0.5;
    if (didSucceed) {
      var currentTime = new Date();
      onSuccess(currentTime);
    } else {
      onFail('Unknown error');
    }
  }, 2000);
}
getCurrentTime(function(currentTime) {
  console.log('The current time is: ' + currentTime);
}, function(error) {
  console.log('There was an error fetching the time');
});
```

现在，如果希望基于第一个请求值发出请求，该怎么办？举一个简短的例子，让我们再次在内部重用 getCurrentTime()函数（假设它是第二个方法，这可以让我们避免添加另一个看起来很复杂的函数）：

```
function getCurrentTime(onSuccess, onFail) {
  // 从API 获取当前的"全局"时间
  return setTimeout(function() {
    // 随机决定是否检索日期
    var didSucceed = Math.random() >= 0.5;
    console.log(didSucceed);
    if (didSucceed) {
      var currentTime = new Date();
      onSuccess(currentTime);
    } else {
      onFail('Unknown error');
    }
  }, 2000);
}
getCurrentTime(function(currentTime) {
  getCurrentTime(function(newCurrentTime) {
    console.log('The real current time is: ' + currentTime);
  }, function(nestedError) {
    console.log('There was an error fetching the second time');
  })
```

16

```
}, function(error) {
  console.log('There was an error fetching the time');
});
```

以这种方式处理异步会很快变得复杂起来。此外，可以从前一个函数调用中获取值，如果只想获取一个（或其他一些需求），那该怎么办？在处理应用程序启动时尚不可用的值时，有很多棘手的情况需要处理。

进入 promise

另一方面，使用 promise 可以帮助我们避免很多这种复杂性（尽管这不是灵丹妙药）。之前的代码（可以称为意大利面条代码）可以变成更整洁、更同步的版本：

```
function getCurrentTime(onSuccess, onFail) {
  // 使用 Promise 从 API 获取当前的 "全局" 时间
  return new Promise((resolve, reject) => {
    setTimeout(function() {
      var didSucceed = Math.random() >= 0.5;
      didSucceed ? resolve(new Date()) : reject('Error');
    }, 2000);
  })
}
getCurrentTime()
  .then(currentTime => getCurrentTime())
  .then(currentTime => {
    console.log('The current time is: ' + currentTime);
    return true;
  })
  .catch(err => console.log('There was an error:' + err))
```

前面的源代码示例更加简洁明了，并避免了很多棘手的错误处理/捕获。

为了捕获成功时的值，我们将使用 Promise 实例对象上可用的 then() 函数。无论 promise 本身的返回值是什么，都将调用 then() 函数。例如，在上面的示例中，getCurrentTime() 函数使用 currentTime() 值解析（在成功完成时），并在返回值（这是另一个 promise）上调用 then() 函数，依此类推。

要捕获 promise 链中任何地方发生的错误，可以使用 catch() 方法。

在上面的例子中，我们使用一个 promise 链来创建一个接一个被调用的操作**链**。promise 链听起来很复杂，但本质上很简单。本质上可以连续地 "同步" 对多个异步操作的调用。每次对 then() 的调用都是使用前一个 then() 函数的返回值来进行调用的。

如果想要操作 getCurrentTime() 调用的值，那么可以在链中添加一个链接，如下所示：

```
getCurrentTime()
  .then(currentTime => getCurrentTime())
  .then(currentTime => {
    return 'It is now: ' + currentTime;
  })
  // 添加日志: "It is now: [current time]"
  .then(currentTimeMessage => console.log(currentTimeMessage))
  .catch(err => console.log('There was an error:' + err))
```

16.8 一次性使用保证

一个 promise 在任何时候只有以下三种状态：

- 等待中
- 完成（resolved）
- 拒绝（error）

一个**等待中的** promise 只能导致一次完成状态或一次拒绝状态，这可以避免一些非常复杂的错误场景。这意味着只能返回一次 promise。如果我们想要重新运行一个使用 promise 的函数，则需要创建一个**新** promise。

16.9 创建新 promise

可以使用 Promise 构造函数创建新 promise（如上面的示例所示）。它接收一个函数，该函数运行时需要两个参数。

- onSuccess（或 resolve）函数：在成功解决时调用。
- onFail（或 reject）函数：在失败拒绝时调用。

回顾一下上面的函数，可以看到，如果请求成功，那么调用 resolve()函数；如果该方法返回错误条件，则调用 reject()函数。

```
var promise = new Promise(function(resolve, reject) {
  // 如果方法成功，则调用 resolve()函数
  resolve(true);
})
promise.then(bool => console.log('Bool is true'))
```

现在我们已熟悉了 promise，下面在 React Native 应用程序中使用它。这是发出 HTTP 请求的最简单的 GET 实现，fetch()方法接收 URL 作为第一个参数，返回一个 promise，并在解析时包含该响应对象。

假设我们有一个 getGithubUsers()函数，并希望在该函数中调用 API 来从 GitHub 获取一些用户。这个 fetch 调用可以像这样实现：

src/app/styledViews.js

```
const baseUrl = 'https://api.github.com';

export const getGithubUsers = ({ offset }) => {
  return fetch(`${baseUrl}/users?since=${offset}`)
         .then(response => response.json())
         .catch(console.warn);
};
```

当然，除了 GET 请求外，还可以使用 fetch。可以通过传递第二个参数来为请求指定更多细节，该参数包含与请求一起的更多详细信息。

如果我们想要使用 GitHub API 创建一个关于 GitHub 的摘要，则可以通过使用带有第二个参数的 fetch API 轻松地处理这个问题。可以这样实现：

src/app/styledViews.js

```
export const makeGist = (
  activity,
  { description = '', isPublic = true } = {}
) => fetch(`${baseUrl}/gists`, {
  method: 'POST',
  body: JSON.stringify({
    files: {
      'activity.json': {
        content: JSON.stringify(activity),
      },
    },
    description,
    public: isPublic,
  }),
})
  .then(response => response.json());
```

fetch API 有很多可能性，且可以通过 React Native 的实现在各种平台上使用。有关 API 的更多详细信息，请访问 MDN 上的文档 "Using Fetch"。

16.10　使用 React Native 进行调试

编写 React Native 应用程序附带的最好的特性之一是调试体验。React Native 团队的主要目标是采用 Web 上使用的开发工作流，并将其引入原生开发中。

当我们在模拟器上运行应用程序时，可以通过平台的快捷键来打开调试菜单。

- iOS：Cmd + D（或在 PC 上为 Ctrl + D）
- Android：Cmd + M（或 PC 上为 Ctrl + M）

如果这个可以正常工作，那么会打开应用程序内嵌的开发者菜单，见图 16-19。

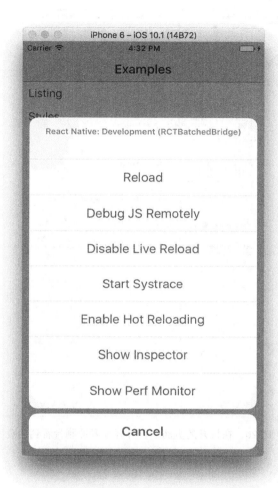

图 16-19　应用程序内嵌的开发者菜单

　　此菜单中有很多不同的调试选项。我们将直接使用的是带有 Debug JS Remotely 标签的菜单项。点击该菜单项会在 Chrome 中弹出一个窗口。

　　如果在我们打开的页面上打开开发者控制台，就会看到实际上可以使用 Chrome 开发者工具调试原生应用程序！

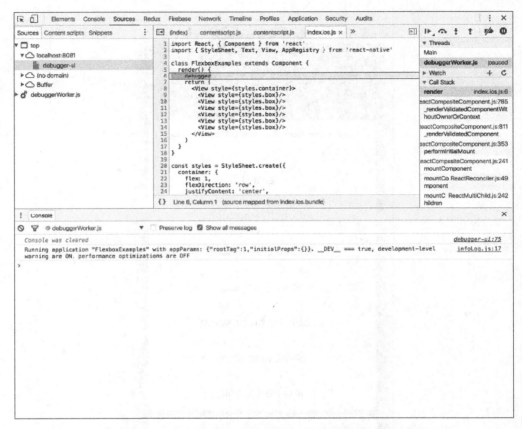

图 16-20   在打开的页面上打开开发者控制台看到的页面

16.11   资料参考

React Native 社区很活跃且一直在增长。

React Native 见面会的数量一直在增长，我们强烈建议你去看看。世界范围内的 React Native 见面会的列表可以在 Meetup 网站上找到。

React Native 团队通过 Discord 提供了一个开放的 React Native 聊天频道。

社区资源可以在 npm 网站上找到。